LA HIPÓTESIS DE LA SIMULACIÓN

LA HIPÓTESIS DE LA SIMULACIÓN

Un experto en computación del MIT hace ver por qué la IA, la física cuántica y los místicos orientales coinciden en que estamos en un videojuego

RIZWAN VIRK

ANAYA MULTIMEDIA

TÍTULOS ESPECIALES

Título original: *The Simulation Hypothesis. An MIT Computer Scientist Shows Why AI, Quantum Physics, and Eastern Mystics All Agree We Are in a Video Game*

Primera edición: marzo de 2026

Esta edición ha sido publicada por acuerdo con Tarcher, un sello editorial de Penguin Publishing Group, una división de Penguin Random House LLC.

Diseño del libro por Angie Boutin

Frontispicio © Visual Unit/© 2003-2025 Shutterstock, Inc.

Calle Valentín Beato, 21
28037 Madrid

PAPEL DE FIBRA CERTIFICADA

ISBN: 978-84-415-5294-4
Depósito legal: M-24723-2025
Impreso en España

Para mis hermanos,
tanto dentro como fuera de la simulación:
Irfan
Samina
Robina
Furqan
y
Adnan

AGRADECIMIENTOS

Quisiera dar las gracias a muchas personas que han ayudado a hacer posible este libro, directa o indirectamente.

Llevo toda mi vida dando vueltas, de un modo u otro, a todo lo relacionado con los videojuegos y la hipótesis de la simulación, conque no es fácil determinar qué experiencias y personas han influido en mis ideas concretamente sobre este tema.

En lo que se refiere a la primera edición, quisiera agradecer a los distintos editores que me ayudaron en este proyecto: a Genoveva Llosa, Sharon Kaplan, Deborah Lapp y Ada Alice McKim por su ayuda con las labores de corrección y revisión, y a Dianna Haught por el índice analítico. Para la segunda edición, quisiera dar las gracias a mi agente —Giles Anderson—, a mi editor —Jacob Surpin— y al resto del equipo de Penguin Random House. También a mis agentes y editores del extranjero por sus esfuerzos para que este libro se publique en distintos idiomas y llegue a públicos de todo el mundo (Brasil, Francia, China, Japón, India, República Checa...).

Quisiera agradecer a todos mis profesores del MIT —por transmitirme esa confianza que hace falta para buscar mejores «modelos» del universo—, y a los investigadores y al personal del MIT Game Lab por mostrarme que el estudio de los videojuegos es un asunto muy serio... y también que eso no impide acometerlo con espíritu lúdico.

En la misma línea me gustaría dar las gracias a mis colaboradores del proyecto Play Labs @ MIT, así como a los cofundadores de mis empresas de videojuegos —Mitch Liu e Irfan Virk—, por no hablar de los numerosos empresarios de la industria de los videojuegos con los que he trabajado e invertido a lo largo de los años.

Un agradecimiento especial va para Dannion Brinkley y Bill Gladstone por su apoyo, y para Tessa B. Dick por su disposición a hablar conmigo sobre su difunto esposo —Philip K. Dick— y sobre las creencias del mismo relativas a la hipótesis de la simulación.

En los cinco años transcurridos desde la primera edición, empecé a trabajar en la Universidad Estatal de Arizona en calidad tanto de alumno de doctorado, como de profesor asociado, impartiendo, entre otras asignaturas, una sobre la hipótesis de la simulación. Me gustaría dar las gracias a todos mis profesores de dicha universidad, muy especialmente a Ed Finn, Andrew Maynard, Jason Bronowitz, Kevin Bankston y David Guston por auspiciar mis múltiples intereses tanto en el ámbito de mi labor investigativa «formal», como fuera de dicho ámbito. Quisiera agradecer también a mis alumnos de la misma universidad (y a los de fuera). El *feedback* que me habéis dado en las clases sobre la teoría de la simulación es una parte valiosísima de esta edición segunda.

Me gustaría asimismo dar las gracias a todos los lectores de la primera edición, sobre todo a aquellos que se comunicaron conmigo mediante mi web, mi correo electrónico o mis redes sociales. Vuestros correos y comentarios positivos sobre el libro han significado muchísimo para mí, y esta segunda edición no habría existido sin el entusiasmo que vosotros mostrasteis ante la primera.

Quisiera agradecer a mis padres, quienes, llevándonos por el mundo y dándonos a conocer distintas culturas, me brindaron la apertura mental y la oportunidad de tener todas las múltiples experiencias que me impulsaron a escribir este libro. Entre la primera edición y la segunda, mi padre, Muhammad Y. Virk, abandonó la simulación. Yo quisiera agradecerle a él en especial por su insistencia en que mi hermano y yo aprendiéramos a programar ordenadores siendo muy pequeños, así como por el ejemplo que nos dejó de curiosidad intelectual y determinación.

Para terminar, me gustaría dar las gracias a Ellen McDonough por la paciencia infinita que ha tenido conmigo cuando no paraba de hablar de la hipótesis de la simulación, y también por su apoyo ilimitado contra viento y marea —a las buenas y a las malas—, pero sobre todo por mantenerse a mi lado mientras avanza esta loca e impredecible simulación en la cual vivimos.

SOBRE EL AUTOR

Rizwan «Riz» Virk es empresario, inversor, pionero de la industria de los videojuegos y productor de cine independiente.

Estudió ciencias de la computación en el MIT y administración y dirección de empresas en Stanford. Prepara su tesis doctoral en la School for the Future of Innovation in Society (SFIS) de la Universidad Estatal de Arizona, donde es investigador y profesor asociado en el Center for Science and the Imagination (CSI) y en las Fulton Schools of Engineering.

Riz fue el fundador de Play Labs @ MIT (`www.playlabs.tv`), aceleradora de *startups* alojada en el campus del MIT Game Lab, y es socio capitalista de Griffin Gaming Partners, el fondo de inversión en empresas de videojuegos más grande del mundo.

Ha sido cofundador, inversor y asesor de múltiples *startups* en Silicon Valley otros sitios: Gameview Studios (vendida a DeNA), CambridgeDocs (vendida a EMC), Tapjoy, Funzio (vendida a GREE), Pocket Gems, Discord, Telltale Games, Service Metrics, Theta Labs... Son *startups* que han producido software para empresas, *blockchains* y videojuegos que han tenido millones de usuarios (por ejemplo *Tap Fish* o juegos basados en *Penny Dreadful*, *Grimm*, *Star Trek*, *The Walking Dead* y *Juego de tronos*).

Ha producido muchas películas y series independientes, por ejemplo *Thrive: What on Earth Will It Take?*, *Los juegos del desmadre*, *La fortaleza*, *Sirius* y adaptaciones de las obras de Philip K. Dick y Ursula K. Le Guin.

Ha escrito los superventas *Zen Entrepreneurship*, *The Simulated Multiverse*, *Wisdom of a Yogi*, *Startup Myths & Models* y *Treasure Hunt*.

Sus artículos han aparecido en *TechCrunch*, *VentureBeat*, *Scientific American*, Digital Trends, CNN, *The Telegraph* y NBC News. Lo han invitado a toda clase de programas —desde *Coast to Coast AM* hasta *The Joe Rogan Experience*—, y ha hablado en todo tipo de foros, desde Google hasta la Conscious Life Expo, pasando por el MIT.

Vive a caballo entre California, Massachusetts y Arizona.

Es posible seguir a Riz en su web (`www.zenentrepreneur.com`), en X (`@RizStanford`) y en Instagram (`@RizCambridge`).

CONTENIDOS

PRÓLOGO A LA SEGUNDA EDICIÓN

La primera edición de este libro, *La hipótesis de la simulación*, se publicó en el vigésimo aniversario —exactamente ese día— de la película del último año del siglo XX que más dio que hablar, *Matrix*. Tal vez no sea pura casualidad que esté escribiendo este prólogo a la segunda edición en el vigésimo quinto aniversario de aquel taquillazo de ciencia ficción, que se ha convertido en el símbolo más reconocible, en la cultura popular, de la tesis central de este libro: que, lejos de vivir en un mundo físico de materia, vivimos dentro de una realidad generada por computadora y basada en información. Dicha realidad se puede concebir como un videojuego multijugador, o bien como una simulación informática, según la orientación de cada cual.

Quien no quiera perder tiempo, sino pasar directamente a los principales argumentos de este libro, es decir, a los motivos por los cuales yo creo —como el subtítulo original indica— que «la IA, la física cuántica y los místicos orientales coinciden en que estamos en un videojuego», que se sienta libre de saltarse este prólogo e ir directamente al primer capítulo, a la «Introducción a la hipótesis de la simulación».

En este prólogo quiero explicar por qué escribo una segunda edición ahora. En los cinco años que han pasado desde la primera, la inteligencia artificial (IA), que es uno de los pilares centrales de los argumentos que expongo en este libro, ha avanzado con una rapidez inesperada. Incluso los expertos en tecnología que venían prediciendo que en cuestión de décadas tendríamos por fin una inteligencia artificial general (IAG) están ahora actualizando apresuradamente sus estimaciones para anunciar que en apenas unos años dispondremos de conciencias artificiales equivalentes a la conciencia humana. Podríamos estar ante otro caso donde la vida real —si así podemos llamarla— es un reflejo de la ciencia ficción. En *Matrix*, Morfeo (Laurence Fishburne) le explica a Neo (Keanu Reeves), quien acaba de tomar la píldora roja, que la IA fue perfeccionada a comienzos del siglo XXI.

UNA IDEA INESPERADAMENTE POPULAR... Y UNIVERSAL

Pero, primero, una pequeña perspectiva. Cuando publiqué la primera edición, no tenía ni idea de que el libro fuese a tener tal recepción, convirtiéndose en una especie de clásico de culto. Yo creo que, a diferencia de lo que ocurre con la mayoría de los clásicos de culto —que atraen a un público reducido—, el éxito de este libro se debió a que hablaba a muchos grupos de personas distintos: desde adolescentes hasta padres de adolescentes, desde entusiastas de lo tecnológico hasta científicos rigurosísimos, desde cultores de lo holístico y de lo *new age* hasta adeptos de religiones tradicionales; desde filósofos «de tertulia» hasta investigadores académicos profesionales.

En correos electrónicos y en reseñas públicas, los lectores han aplicado a este libro todo género de calificativos: desde «lectura playera para frikis», hasta libro espiritual que «cambió mi vida». Basta mirar el índice para advertir que en este libro abordo multitud de temas diferentes. Es posible que, entre los lectores más religiosamente cientificistas, alguno encuentre extraño que dedique una sección entera del libro —la tercera parte— a la espiritualidad, a los conceptos religiosos y a los fenómenos que no tienen explicación, pero la amplitud del abanico de asuntos tratados es deliberada. Tengo el firme convencimiento de que la hipótesis de la simulación representa esa clase de puente universal que permite a las personas técnico-científicas ser más espirituales en su visión de la vida, y a las personas espirituales ser más técnico-científicas en su enfoque de las cosas, sin que ninguno de ambos grupos deba por ello renunciar a sus ideas clave sobre el universo.

Algo en lo que me insistieron múltiples lectores de los perfiles más variados fue en que ellos ya habían «llegado a conclusiones similares» —es decir, a la idea de que el universo es algún tipo de simulación o videojuego—, pero no daban con el modo de articular tal planteamiento sin que pareciese, por utilizar una expresión suave, que les faltaba un tornillo.

Y eso ocurría tanto con científicos como con personas que habían tenido vivencias espirituales inexplicables. (Por ejemplo, experiencias cercanas a la muerte, las cuales se mencionan en la parte tercera, titulada «La simulación explica lo inexplicable. Los místicos»). Todos esos grupos heteróclitos veían que la hipótesis de la simulación les proporcionaba un nuevo vocabulario cuyo empleo hacía que sus planteamientos fuesen tomados más en serio, lo cual se verificaba igualmente con los lectores religiosos, que ahora disponían de una nueva terminología con la que abordar también la cosmología de sus textos sagrados.

Esto ocurría sobre todo con las generaciones más jóvenes, para las que el lenguaje de los videojuegos es una forma mucho más natural de entender tanto la ciencia como la religión. Y hablando de las generaciones más jóvenes —que crecieron no solo con ordenadores, sino con una inmersión constante en mundos de videojuegos multijugador—, ellas son otro grupo que reconoce de manera intuitiva la idea de la simulación. Hubo padres que llegaron a decirme que habían comprado mi libro porque sus hijos, que a veces eran todavía preadolescentes, les preguntaban si no podría ser que viviéramos dentro de un videojuego o en una simulación. Tal idea hubiera podido parecer absurda a padres de hace una generación o dos —cuando los videojuegos estaban en pañales—, pero hoy la industria del videojuego es una de las más grandes del mundo. Genera más dinero que la industria de la música y la taquilla de Hollywood juntas.

Otros padres me contaron que, por una extraña vuelta del destino, ellos se habían comprado el libro para satisfacer su propia curiosidad intelectual, pero sus hijos adolescentes lo vieron y se lo confiscaron. Reconozco que me encanta decir que un libro de no ficción que consigue poner a los adolescentes y a los padres a reñir por quién lo lee primero, tal vez no vaya tan desencaminado...

CÓMO Y POR QUÉ TERMINÉ ESCRIBIENDO ESTE LIBRO

Me preguntan con frecuencia cómo acabé escribiendo este libro, y suelo contar una anécdota sobre la realidad virtual. (El suceso se relata entero en el primer capítulo). Pero eso es, en realidad, solo una parte de la compleja historia que me llevó a escribir *La hipótesis de la simulación*. A la conclusión de que la vida y el universo que conocemos eran una especie de videojuego, yo también llegué —igual que muchos de mis lectores— de manera intuitiva. Fue mucho antes de haber oído siquiera los términos «hipótesis de la simulación», «argumento de la simulación» o «hipótesis Matrix». Y yo tampoco tenía claro cuál era el mejor modo de articular semejante planteamiento, ya que su origen no estaba en un único ámbito, sino en la experiencia que yo había acumulado en múltiples hilos diferentes que habían recorrido mi vida: el del avance tecnológico, el del realismo de los videojuegos, el de los episodios místicos, el de las fuentes escriturales, el de la exploración científica... Pero aquellos eran, en efecto —comprendí después de escribir el libro—, únicamente los hilos de mi vida. Fue mi curiosidad innata lo que los trabó formando un todo.

También desempeñó un papel importante la ciencia ficción, y no me refiero solo a *Matrix*. La idea de escribir primero un artículo, y luego un libro sobre que el mundo es un videojuego, cristalizó durante un viaje que hice al país insular de Sri Lanka. Decidí visitar el (bien conservado) estudio del legendario autor de ciencia ficción Arthur C. Clarke.[1] El estudio de Clarke, que en teoría no está abierto al público, puede visitarlo, en la práctica, cualquier auténtico fan: basta deslizarle unas rupias al guardia y explicarle de cuán lejos viene uno y lo muchísimo que admira a Clarke.[2]

Fue en el estudio de Clarke donde me vino un golpe de inspiración concreto. Vi que no podía apartar la mirada de los estantes de detrás de su escritorio, donde había múltiples traducciones de sus numerosos libros (entre ellos *2001. Una odisea en el espacio* y *2010. Odisea dos*). Durante aquel viaje empecé a escribir un artículo sobre las razones por las cuales pensaba que estábamos dentro no ya de una simulación informática, sino de un videojuego; y en seguida lo terminé.[3] El artículo se hizo viral y empecé a pensar en cómo podía convertirlo en un libro, pero me distraje, como de costumbre, con otros proyectos. No fue sino tras una crisis de salud y muchos meses cuando por fin me puse en serio con el libro. Aquel problema de salud me había dejado la energía justa para acercarme, cada día, con un Uber al Starbucks más cercano

---

1. Clarke pasó las últimas décadas de su vida en Sri Lanka.
2. Para leer mi relato de la visita al estudio de Clarke —y ver fotos—, véase Rizwan Virk, «What I Found on Arthur C. Clarke's Bookshelf in Sri Lanka», *Hackernoon*, 2 de enero de 2019, `https://hackernoon.com/what-i-found-on-arthur-c-clarkes-bookshelf-in-sri-lanka-71c602bc1fdc`.
3. Para leer artículo, véase Rizwan Virk, «The Simulation Hypothesis—Why Quantum Physics, AI, and Eastern Mystics Agree We Are in a Video», *Hackernoon*, 29 de diciembre de 2017, `https://hackernoon.com/the-great-simulation-why-quantum-physics-artificial-intelligence-and-eastern-mystics-all-agree-b6c185213a18`.

y pasar unas horas escribiendo. Y escribir no me cansaba, sino que me llenaba de energía y felicidad. Tomé aquello como una señal de que había llegado el momento de cumplir mi sueño de toda la vida: ser escritor.

Terminé el manuscrito justo a tiempo para publicarlo en el vigésimo aniversario del estreno de *Matrix*: el 31 de marzo de 2019. Poco después me invitaban a la sede central de Google para que diese una charla sobre mis ideas, que, como antes dije, salvan ese abismo existente entre los debates tradicionales sobre tecnología y los de temática religiosa y metafísica. Aquella charla de Google y una nota informativa sobre el libro se hicieron virales. (Una web salió con que yo era «el sumo sacerdote de la simulación»). Los editores extranjeros empezaron a interesarse por traducirlo, y las decenas de miles de lectores del libro evidenciaban, con los numerosos correos electrónicos que yo recibía, que la hipótesis de la simulación era una idea cuyo momento había llegado.

POR QUÉ UNA SEGUNDA EDICIÓN

¿Que por qué una segunda edición ahora? Muchas cosas han pasado en los cinco años transcurridos desde que escribí la edición original. El cambio más grande ha sido el rápido auge de la inteligencia artificial. Hoy la IA puede generar imágenes, textos y vídeos indistinguibles de los producidos por personas; puede superar exámenes como el que habilita para el ejercicio de la abogacía, y en ocasiones diagnosticar enfermedades igual de bien que médicos humanos (cuando no mejor). Google ha puesto una IA encabezando la lista de resultados de las búsquedas, temiendo que la IA sustituya al buscador como forma dominante de interactuar con Internet.

En los años transcurridos desde la primera edición, también empecé a impartir lo que constituye, hasta donde yo alcanzo, la primera asignatura acreditada que se dedica, en el sistema universitario estadounidense, a la teoría de la simulación —«Teoría de la simulación. Ciencia ficción, tecnología, religión y filosofía»—,[4] y, para prepararla, profundicé en las materias que en este libro se introducen. Sumando a eso el adelanto de la tecnología, mis indagaciones más profundas sobre lo religioso, y también el *feedback* de lectores y alumnos, quedó claro que sería buena idea preparar una segunda edición.

---

4. Impartí la asignatura en la Universidad Estatal de Arizona. También la imparto en línea para el gran público. Para las últimas novedades véase mi web, *Zen Entrepreneur* (`www.zenentrepreneur.com`).

He aquí algunos de los principales cambios de esta edición renovada:

Adelantos tecnológicos en inteligencia artificial. La razón más importante para hacer una segunda edición ahora es, de lejos, la rapidísima explosión que la inteligencia artificial viene experimentando en estos últimos años. La IA está dejando de ser una idea especulativa —factible acaso en un futuro remoto y más propia de la ciencia ficción—, para convertirse en una tecnología orientada a un futuro próximo y la cual ya hemos empezado a usar. De ahí la versión tan ampliada del capítulo quinto, «La IA, la singularidad y la conciencia descargable».

Auge (y caída y auge) del metaverso. En 2021, la empresa de redes sociales más grande del mundo —o sea, Facebook— se cambió el nombre y pasó a llamarse Meta, en un intento de construir el metaverso. Tal término estaba de repente por todas partes —incluso en la cubierta de la revista *Time* en 2022—, aunque prácticamente nadie, salvo los entusiastas de la ciencia ficción, lo hubiera oído nunca. Indagaremos en el metaverso en el tercer capítulo, «El metaverso. Realidades virtuales y aumentadas».

Interfaces cerebro-ordenador. Otra tecnología que ha experimentado un rápido avance ha sido la de las ICO —es decir, las interfaces cerebro-ordenador—, de lo que serían ejemplo *startups* como Neuralink. Tales interfaces, que diríanse cosa de ciencia ficción, resulta que ya pueden leer señales del cerebro y determinar la intención del sujeto, ayudando a personas con lesiones físicas no solo a controlar herramientas y extremidades mecánicas, sino también a jugar a videojuegos. He ampliado esa sección para indagar en la historia y en el futuro de las ICO en el capítulo cuarto, «Juegos e interfaces mentales».

Ampliación de la parte sobre religión. Aunque escribí la edición original con la intención de ocuparme solamente de ideas religiosas orientales como el budismo o el hinduismo, también he llevado a cabo una importante investigación adicional sobre los textos sagrados y las tradiciones místicas del mundo (islam y cristianismo incluidos), porque no solo los místicos orientales, sino también los occidentales, coinciden en que estamos en un mundo simulado, en un mundo falso. Véase el capítulo duodécimo, «Dios, los ángeles y la simulación. Las tradiciones occidentales».

Preguntas frecuentes y mis respuestas. Durante los cinco últimos años, ha habido preguntas que han vuelto a hacerme muchas veces. He incluido mis últimas respuestas a muchas de esas preguntas —unas respuestas que son siempre tentativas, porque el tema es cambiante— en un apéndice que facilita consultar tales preguntas mucho después de haber leído el libro. Para otras preguntas que no cupieron en esa lista, véase mi web.[5]

Por último, me gustaría acabar este prólogo en el mismo sitio donde lo empecé: en la ciencia ficción. En los cinco años transcurridos desde la edición original, ha habido grandes episodios de series de ciencia ficción —y también películas— sumamente relevantes para el tema de este libro, por ejemplo capítulos de series como *Black Mirror* y *Upload*, así como una nueva entrega de la saga de *Matrix*: *The Matrix Resurrections*. A veces, como les digo a mis alumnos, la ciencia ficción es el modo mejor, más sencillo y eficaz de visualizar y discutir de manera inteligente las ideas poco convencionales que hago mías en este libro. He actualizado las referencias de ciencia ficción o he añadido otras nuevas donde me ha parecido oportuno.

Tampoco la ciencia ni la tecnología a las que me refiero en este libro son estáticas: han de seguir ciertamente evolucionando con la nueva ciencia ficción. De hecho, parte de mi labor investigadora de estos últimos años ha sido sobre el llamado «bucle de retroalimentación de la ciencia ficción» (*Sci-Fi Feedback Loop*); sobre la idea, por tanto, de que a veces la ciencia ficción inspira una nueva tecnología, y esa nueva tecnología inspira una nueva ciencia ficción. Y tal bucle no se ha detenido, sino que continúa funcionando. Hasta el punto de que, dentro de otros cinco años, a lo mejor necesito escribir otra edición. Y todo apunta a que, si las tendencias actuales se mantienen, para entonces será una IA quien me haga de asistente y me saque adelante buena parte del trabajo preliminar.

Entre tanto espero que disfrutes esta exploración actualizada de lo que me gusta llamar la Gran Simulación. Es el nombre que le doy a ese videojuego multijugador masivo que es la vida.

—Rizwan Virk, mayo de 2024
Cambridge, Reino Unido

5. `http://www.zenentrepreneur.com/`.

PARTE 0

PANORÁMICA

La realidad es una mera ilusión, solo que muy persistente.

—ALBERT EINSTEIN

Mira que todos los fenómenos
Son como reflejos que aparecen
En un espejo muy claro,
Desprovistos de existencia propia.

—BUDA

UNO

INTRODUCCIÓN A LA HIPÓTESIS DE LA SIMULACIÓN

Vivimos en una realidad programada informáticamente, y el único indicio que tenemos al respecto es cuando se modifica alguna variable y en nuestra realidad se produce alguna alteración.

—PHILIP K. DICK EN EL FESTIVAL DE CIENCIA FICCIÓN DE METZ DE 1977

Como todo niño que creciera en el Medio Oeste de los Estados Unidos a comienzos de la década de 1980, me encantaban los videojuegos. Podríamos decir que me crie con ellos. Iba con mis amigos al D&B Pizza para ver a los chicos mayores, que tenían más monedas que nosotros, jugar a aquellos juegos *arcade*, o sea, de salón recreativo; unos juegos como *Space Invaders*, *Donkey Kong*, *Pac Man* o incluso *Dragon's Lair*, que hoy son ya clásicos y a nosotros nos confundían y nos apasionaban porque no teníamos claro si estábamos ante un dibujo animado o ante un videojuego.

Cuando en mi casa por fin tuvimos una videoconsola Atari, que también se llamaba Atari VCS (*V*ideo *C*omputer *S*ystem), mis amigos venían a jugar a los juegos de cartucho que iban apareciendo. En aquella época, viendo a mis amigos jugar, me fascinaba no solo la mera jugabilidad, sino también esa ilusión, ese espejismo de que «ahí dentro», en el interior del videojuego que aparecía en nuestro televisor, había un mundo autocontenido. No sabría decir exactamente cuándo se me ocurrió por primera vez esa idea de un mundo autocontenido, pero me venía a la cabeza sobre todo con juegos que intentaban ser realistas.

Jugando a un juego de carreras, por ejemplo, los ojos se me iban, mientras recorría el circuito, hacia los miembros del público virtual que ocupaba el graderío. Y, más allá del graderío, había un cielo con nubes y una ciudad —o un paisaje rural— que solo se mostraban parcialmente. A mí me surgía la pregunta de hasta dónde alcanzaba en todas las direcciones, más allá del circuito, aquel mundo simulado. ¿Qué ocurría cuando no estaba jugando al videojuego nadie? ¿Seguían ahí los personajes y los edificios, o simplemente dejaban de existir?

Poco después aprendí a programar yo mismo rudimentarios videojuegos, cuando mis padres nos compraron a mi hermano y a mí un ordenador Commodore 64 —y luego un Apple II—, pero pasaron muchos años hasta que supe de desarrollo de videojuegos lo suficiente como para contestar a esa clase de preguntas.

El primer juego que creé fue un tres en raya. Básicamente tuve que configurar una cuadrícula en el monitor, y luego ingeniármelas para que el ordenador «dibujase» equis y ceros en los cuadrados que seleccionaban los jugadores. Echaba partidas con mi hermano, pero, cuando se cansó, pensé que podía jugar contra la máquina. Empecé a discurrir subrutinas que pudieran determinar cuál sería el mejor movimiento en cualquier situación.

Años después, ya en la década de 1990, cuando estudiaba ciencias de la computación en el MIT, lo aprendí todo sobre la IA y sobre los algoritmos específicos para videojuegos, que permitían al ordenador jugar de forma más competitiva. Paralelamente presencié el avance del realismo de los videojuegos, que pasaron de los ocho a los dieciséis bits, con lo que ese mundo de «ahí dentro» empezaba a resultar cada vez más verosímil.

Más de una década después, cuando empezaba la revolución de los videojuegos para móviles, me trasladé a Silicon Valley. Diseñé unos cuantos juegos, entre ellos *Tap Fish*, que fue unos de los más populares en su género —un juego de gestión de recursos, también llamado «juego de simulación»—, superando los treinta millones de descargas en la primera época del iPhone de Apple. Luego diseñé juegos competitivos multijugador basados en series famosas como *Penny Dreadful* o *Grimm*, y me hice asesor e inversor de numerosas empresas de videojuegos.

Durante aquellos años, la industria evolucionó desde unos sencillos juegos *arcade* o de aventura en 2D, hasta videojuegos de rol multijugador masivos en línea en 3D —en adelante MMORPG por *Massively Multiplayer Online Role-Playing Game*—, por ejemplo *Ultima Online* o *World of Warcraft*. Algunos juegos, como *Second Life* o *Los Sims*, eran auténticos mundos virtuales donde ya no se trataba de enfrentarse a monstruos, sino de simular la vida. Esa idea de un mundo virtual que uno habita con un personaje —con un «avatar»— para vivir una vida a su vez virtual se denomina informalmente «metaverso», término sacado de la ciencia ficción. Luego empezó el fenómeno de la realidad virtual (RV) y la realidad aumentada (RA) como productos de consumo, y siguen dedicándose a desarrollar tales tecnologías empresas como Meta —la antigua Facebook—, Apple y Microsoft. Puede que pronto nos permitan sumergirnos en un mundo virtual de un modo que supere cuanto hasta ahora hemos visto.

En estos últimos años, a medida que crecía la inteligencia artificial —transformándose en una pujante industria de cientos de miles de millones de dólares y millones de usuarios—, ha quedado de manifiesto su punto de conexión con los videojuegos y con el metaverso. Puede que unos personajes inteligentes que funcionen con IA sean la primera IA realmente capaz de tener experiencias que repliquen las nuestras del mundo físico.

Tales procesos, que han tenido lugar a lo largo de muchas décadas, no han hecho sino amplificar esas preguntas que no han dejado de rondarme por la cabeza desde que empecé a jugar con la Atari: ¿qué ocurre cuando no hay nadie jugando al juego? ¿Siguen ahí los personajes simulados? ¿Cómo de «reales» son esos personajes? ¿Cambia y evoluciona el paisaje? Si hay múltiples usuarios jugando al mismo juego por Internet, ¿eso quiere decir que forman parte de un mundo compartido que existe con independencia de los ordenadores de ellos? Y, en caso afirmativo, ¿dónde está ese mundo? ¿Está en un servidor? ¿En algún otro paraje metafísico del ciberespacio? ¿O solamente existe cuando se renderiza en el ordenador local de alguien?

¿VIVIMOS EN UN VIDEOJUEGO?

En el siglo XXI, estas preguntas básicas sobre los mundos de los videojuegos han dado pie a un debate mucho más amplio que ha hecho furor entre científicos, emprendedores tecnológicos, programadores informáticos, filósofos y escritores de ciencia ficción (por no hablar del público general). Dicho debate no solo versa sobre la tecnología de los videojuegos o sobre la inteligencia artificial, sino sobre la naturaleza de nuestra realidad y sobre cómo el mundo de «aquí fuera» podría ser, bien mirado, más semejante al mundo de «ahí dentro» de lo que habíamos creído.

La idea de que lo que llamamos «realidad» es «verdaderamente» un videojuego sofisticadísimo o una simulación generada por ordenador, se denomina popularmente «hipótesis de la simulación». Y la pregunta clave que la hipótesis de la simulación plantea es la siguiente: ¿somos en verdad personajes de algún tipo de gigantesco videojuego multijugador masivo en línea? ¿Vivimos en una realidad simulada cuya renderización está tan conseguida, que somos incapaces de distinguirla de la «realidad física»?

Aunque fue el filósofo oxoniense Nick Bostrom quien acuñó el término «argumento de la simulación» en un trabajo de 2003 que marcó un hito, la idea de que vivimos en una realidad simulada está presente en la ciencia, en la religión y en la ficción desde hace mucho.

La realidad del mundo que nos rodea es un tema que los filósofos llevan tiempo tratando. Hace miles de años, Platón exponía en la *República* su alegoría de la caverna. Se trata de una gruta cuyos moradores están encadenados a un muro y no pueden ver el mundo exterior. Ellos perciben, como mucho, sombras del mundo real que, por cierta luz que hay afuera, se proyectan en la pared de enfrente del acceso a la gruta. Los moradores de la cueva se construyen una elaborada idea sobre qué es la realidad, y Platón planteaba que a nosotros nos pasa lo mismo: que solo vemos sombras del mundo real.

Muchas de las tradiciones religiosas del mundo nos dicen que el mundo que nos rodea es una ilusión, un espejismo creado por nuestro bien. Esto es así sobre todo en las tradiciones orientales del budismo y el hinduismo, que nos dicen explícitamente que el mundo que vemos es *maya*, es decir, imagen ilusoria, lo cual implica que hay algo más allá del ensueño. Y hasta las religiones occidentales tienen una idea parecida de que existe, por un lado, este mundo (el «aquí»), y por otro lado el mundo eterno (el «más allá»).

Psiquiatras como Carl Jung han indagado en el tema de la proyección mental, que hace que las personas percibamos el mundo de maneras ligeramente distintas dependiendo de qué ocurra en nuestras mentes. Desde esta perspectiva, la mayoría de lo que pensamos que está «ahí fuera» —el mundo físico— está en realidad «aquí dentro», o sea, en nuestras cabezas, igual que un sueño: sin que exista ninguna realidad física objetiva.

Más recientemente se posicionaba al respecto Elon Musk, emprendedor de fama mundial y fundador de Tesla y de SpaceX, diciendo que es altamente verosímil que estemos en una realidad simulada. Musk calcula que las probabilidades de que estemos en una realidad base —es decir, de que «no» estemos en una simulación— son de «uno entre miles de millones». Sus comentarios han dado lugar a un debate de enjundia.

No es casual que Musk plantee esta cuestión precisamente ahora. Hace unos años puse en marcha, en el MIT, la aceleradora Play Labs (para *startups* que estuviesen utilizando la última tecnología tanto de los videojuegos como de la RV/RA). Allí pude ver de primera mano el nivel de verosimilitud que la realidad virtual y aumentada puede alcanzar actualmente.

Si este ritmo de mejora de los videojuegos se mantiene en el futuro, ¿qué clase de sofisticados juegos seremos capaces de producir? ¿Al final conseguiremos crear uno con tan alta resolución, que no pueda distinguirse de la realidad? Y, en tal caso, ¿podría ser que ya estuviéramos dentro de semejante videojuego?

Esta constatación me llevó a estudiar en detalle la hipótesis de la simulación. Descubrí que sus implicaciones trascienden, con mucho, los campos de las ciencias de la computación y los videojuegos, afectando en lo más hondo a todas nuestras distintas vías de conocimiento y búsqueda de la verdad.

El objetivo de lo que llamamos «ciencia» consiste en entender la naturaleza de la realidad. Si efectivamente estamos en un videojuego, la ciencia entonces debe «descubrir» las reglas de dicho videojuego. Me encontré con que muchos físicos de renombre creen que un mundo simulado generado por ordenador podría explicar algunos de los hallazgos más extraños de la física cuántica.

Pero resulta que, antes de la ciencia, de esa búsqueda de la verdad se ocupaban las religiones y los filósofos. Y cuanto más indagaba en sus modelos cosmológicos de cómo funciona el universo —cuanto más indagaba, sobre todo, en los místicos orientales—, más claramente veía que la hipótesis de la simulación explica de un nuevo modo tecnocientífico las antiguas enseñanzas.

CIENCIA FICCIÓN. LA HIPÓTESIS DE LA SIMULACIÓN SE POPULARIZA

Retrocedamos un poco. No fue solo jugar a videojuegos y crearlos, sino también ver y leer ciencia ficción —a juicio de mis padres, tal vez en exceso—, lo que me hizo ponerme a reflexionar sobre la hipótesis de la simulación.

La primera vez que yo personalmente me planteé la idea de que todos vivíamos en una realidad simulada fue durante un episodio de *Star Trek. La nueva generación*: cuando un personaje de una holocubierta se daba cuenta de que él era una simulación, y de que algunas de las personas de la simulación existían «ahí fuera». La holocubierta era una sofisticadísima cámara que podía simular cualquier entorno, lo que permitía a la tripulación de la nave Enterprise experimentar cualquier situación real o ficticia. En aquel episodio, la tripulación estaba simulando un misterio de Sherlock Holmes; y el personaje simulado que se daba cuenta de que él era una simulación era el profesor Moriarty, celebérrimo archienemigo de Holmes.

En este caso, «ahí fuera» significaba «más allá de la holocubierta», lo que equivalía al resto de la nave estelar Enterprise. Yo me preguntaba: «¿Es posible que nosotros estemos en un espacio semejante a una holocubierta y que haya otro mundo ahí fuera?».

No fue una mera coincidencia que mi primer contacto con la hipótesis de la simulación fuese a través de una serie televisiva. El concepto de hipótesis de la simulación está tan ligado a la ciencia ficción de nuestro pasado reciente, que sería complicado hablar de él de manera coherente sin referencias a la ciencia ficción. Fue, de hecho, «a través» de la ciencia ficción cómo la idea de que vivimos en una realidad simulada se abrió paso hasta la conciencia popular occidental.

Ninguna obra de ciencia ficción tuvo un papel más importante de cara a introducir la hipótesis de la simulación en la conciencia popular que la película *Matrix*, estrenada en 1999. En ella, Keanu Reeves interpreta a un personaje —el Sr. Anderson— que vive en un mundo muy parecido al nuestro, pero de noche es un *hacker* —llamado Neo— que explora distintos sitios de la red y lo único que encuentra son unas enigmáticas referencias a algo llamado Matrix («la matriz», «el entramado»). Termina dando con un equipo de *hackers* que ponen patas arriba su visión del mundo.

En una escena ya famosa, el personaje de Morfeo —así llamado por el dios griego de las ensoñaciones y el adormecimiento, e interpretado por Laurence Fishburne— da a elegir a Neo entre tomar la píldora roja o la píldora azul. La píldora roja lo despertará, mientras que la azul le permitirá seguir viviendo su existencia en ese mundo onírico que es Matrix.

Neo toma la píldora roja y despierta, descubriendo que lo que él pensaba que era la realidad es en verdad una simulación informática. Ve que, en el mundo real, todos los humanos viven en cápsulas conectadas a Matrix, que es una simulación semejante a un videojuego hiperrealista. En la película —y en sus secuelas—, el público se encuentra con que esa realidad simulada la creó, para mantener distraídas a las mentes humanas, una raza de máquinas superinteligentes que están utilizando para sus propios fines la pequeña cantidad de electricidad que genera el cerebro de cada persona. Es decir, que *Matrix* tiene que ver tanto con la inteligencia artificial, como con estar dentro de una simulación informática. De hecho, ambas ideas están entrelazadas en la película y en sus secuelas.

Aunque *Matrix* probablemente sea la recreación ficcional más famosa de la hipótesis de la simulación, sus artífices, las Hnas. Wachowski, en absoluto fueron los primeros autores de ciencia ficción que sugirieron tal idea. Ellas mismas declararon que las inspiró el famoso escritor de ciencia ficción Philip K. Dick, cuyas novelas sobre realidades alternativas han sido objeto de una enorme recepción en los años transcurridos desde su muerte.

Mientras escribía este libro, hablé con la esposa de Dick —fallecido en 1982—, Leslie «Tessa» B. Dick, y me dijo aquel era, en efecto, un tema recurrente en muchas de las novelas de él, no todas las cuales habían sido adaptadas al cine. La pregunta de qué es real y qué es falso —con referencia tanto a nuestra realidad física como a nuestra humanidad— estaba en el centro de muchas de las obras de Dick, sumamente imaginativas todas ellas.

En el relato de Dick *Equipo de ajuste* —en el que está basada la película de 2011 *Destino oculto*—, el protagonista, Ed Fletcher, un día llega tarde al trabajo y se encuentra con que están aplicando unos «ajustes» a todo el edificio, incluida a la gente que hay dentro. Un equipo encargado de realizar tales «ajustes» está desenergizándolo todo, un proceso que deja congelado a todo el mundo en su sitio mientras el mencionado equipo opera modificaciones en el edificio y en las personas. Es algo así como darle al botón de pausa en una película —o en un videojuego—, dejar la escena congelada y cambiar algunos elementos antes de continuar.

Las personas a las que se aplican los ajustes —entre las cuales están los compañeros de trabajo y el jefe de Fletcher— solamente conservan los recuerdos nuevos. Fletcher, en cambio, sí que se acuerda del mundo «pre-ajustes». No estaba previsto que él pudiera asomarse a lo que ocultaba la cortina de la «realidad», pues debería haber llegado a su hora a la oficina y ser objeto de los mismos ajustes que todos.

Esta idea de descorrer la cortina que cubre la realidad, de que hay recuerdos falsos y distintas líneas temporales, son elementos característicos de la obra de Philip K. Dick. En *El hombre en el castillo*, novela que valió a Dick el prestigioso premio Hugo —y en la que está basada la serie homónima de Amazon Prime Video—, vemos una línea temporal alternativa en la que ganan la Segunda Guerra Mundial las potencias del Eje (Alemania y Japón, que ahora dominan los Estados Unidos, cuyo territorio se han repartido). Es justamente percibiendo otra realidad cómo uno de los protagonistas logra ver un mundo alternativo en el que ganan la guerra los Aliados, o sea, nuestro mundo actual.

A veces las historias de Dick trataban de un modo más directo los temas de la inteligencia artificial y los recuerdos falsos, que desempeñan, ambos, un importante papel en la hipótesis de la simulación. *¿Sueñan los androides con ovejas eléctricas?*, que inspiró el clásico del cine *Blade Runner* —con Harrison Ford de protagonista y dirigida por Ridley Scott—, pone sobre la mesa la idea de los recuerdos falsos implantados en robots creados artificialmente, y que parecen humanos y actúan como tales. Es posible, de hecho, que tales androides ni siquiera sepan que son seres artificiales. La obra plantea enjundiosas preguntas sobre qué significa ser una persona humana frente a ser una conciencia simulada o artificial (otro tema de la obra de Dick que exploraremos en el presente libro).

Tessa fue mucho más lejos que las novelas: me dijo que Dick realmente había vivido experiencias que lo convencieron de que estábamos todos metidos en algún tipo de simulación. Dick afirmaba que había entes o personas que podían modificar las variables de la simulación, alterando con ello nuestra línea temporal. Aseguraba que él había recordado —igual que algunos de sus personajes— parte de la línea temporal primera, la anterior al ajuste... Este tema resultará familiar a sus lectores: Dick expresó su opinión en un discurso, hoy famoso, que pronunció en un festival de ciencia ficción de Metz, Francia, en 1977. Dijo, en efecto, que estábamos metidos en una realidad programada informáticamente, la cual podía «pausarse» o «echarse para atrás» para modificar las variables, y luego volver a ponerse en marcha. Esas «variables cambiadas» son un modo que tenemos, según Dick, de darnos cuenta de que estamos en tal simulación.

LA FÍSICA CUÁNTICA Y LA IDEA DE UNA «REALIDAD SUBJETIVA»

Hoy, dada la velocidad que el avance tecnológico ha alcanzado en los videojuegos y en la informática desde la época de Dick, los autores de ciencia ficción no están solos en su creencia de que todos estamos metidos en una simulación. Muchos estudiosos destacados y físicos de renombre están diciendo abiertamente que creen que vivimos dentro de una sofisticada simulación. El reconocido físico Stephen Hawking, autor de *Breve historia del tiempo*, planteaba que tenemos unas probabilidades del 50 % de estar en una realidad simulada. Y no es el único físico famoso que lo piensa. Neil deGrasse Tyson, el presentador de la continuación de la serie documental *Cosmos*, ha dicho que él cree que es muy verosímil que el universo sea una simulación. Las declaraciones de tan célebres científicos son llamativas y me llevaron a indagar en qué podría revelar sobre la hipótesis de la simulación la física cuántica.

Lo que aprendí indagando en estos campos es que la física cuántica ofrece importantes indicios de que estamos en algún tipo de realidad simulada. La premisa de la física cuántica es que el universo no es continuo, sino que existe como un conjunto de «cuantos», es decir, de valores discretos, diferenciados. Esto rige para partículas subatómicas como son, por ejemplo, los electrones, que, según parece, van saltando de un estado a otro sin pasar por los valores intermedios, fenómeno conocido como «salto cuántico». Rige también para las simulaciones informáticas, que están hechas de partículas discretas llamadas «píxeles».

Uno de los aspectos más conocidos e inquietantes de la física cuántica es el de que tal vez no vivamos, después de todo, en un universo físico, sino en un universo de probabilidades. La idea es que una partícula subatómica existe como onda de probabilidades —lo que se llama una «onda cuántica de probabilidad»— hasta que la onda en cuestión colapsa, reduciéndose a una única realidad. Podríamos comparar esto con un teatro que tiene un número de butacas, y la «onda» sería la probabilidad de que nosotros —la partícula— nos sentemos en cualquiera de ellas.

La mejor explicación que los físicos cuánticos han conseguido ofrecer para el modo en que la onda de probabilidad colapsa es que en dicho colapso desempeñan un papel central la observación... y acaso la conciencia. Hay, de hecho, quien cree —por ejemplo el físico teórico Fred Alan Wolf— que la conciencia desempeña el papel clave en el colapso de la onda de probabilidad: el acto de observar cumple una función bastante análoga a la de un acomodador cósmico que nos hace dirigir la mirada a una butaca específica del teatro, y solo entonces podemos saber con certeza si dicha butaca está ocupada o no.

Esto es algo tremendo, porque, en términos generales, desde la época de Isaac Newton y del filósofo y matemático francés René Descartes, la ciencia venía decantándose mayoritariamente por una cosmovisión materialista donde la realidad física y la conciencia están totalmente separadas y en absoluto interactúan. En la física cuántica, sin embargo, esa idea de un observador separado del universo al cual observa no existe. No es solo que la física cuántica desbarate por completo esa idea de una separación sujeto-objeto que está en la base del método científico, sino que abre una puerta que hace sentir incómodos a muchos físicos: la de que es posible que no estemos, bien mirado, en una realidad objetiva. De hecho, cabe que nuestra conciencia esté tan interconectada con nuestra percepción de la realidad, que a lo mejor resulta que vivimos en un conjunto de realidades subjetivas interconectadas.

Este fenómeno, que recibe el nombre de «indeterminación cuántica», es uno de los mayores misterios de la física —y de toda la ciencia—, y suscita una serie de enjundiosas preguntas sobre la naturaleza de la realidad. Un misterio más grande todavía es el «entrelazamiento cuántico», la idea de que dos partículas pueden estar conectadas por el espacio y el tiempo, y nadie sabe exactamente por qué.

Algunas de estas cuestiones son pasmosamente afines a las que yo llevo toda la vida haciéndome sobre los videojuegos: esas realidades probables, ¿existen de verdad o son meras probabilidades? ¿Hay verdaderamente una realidad compartida, o nuestra visión del universo se renderiza en dispositivos de observación independientes? ¿Hay, de hecho, un mundo objetivo cuando nadie está mirando, o el mundo solamente empieza a existir cuando lo mira alguien, es decir, cuando alguien está «conectado» o ha «iniciado sesión»?

Y, por supuesto, la mayor pregunta de todas: ¿«por qué» íbamos a estar en un mundo probabilístico en el que tomar una decisión —o realizar una observación o una medición— hace que colapse una onda de probabilidad, reduciéndola a una única línea temporal o a una sola posibilidad? No parece que nadie tenga una respuesta para esta pregunta...

Cuando empecé a indagar ya más en serio en esta última cuestión, no pude dejar de acordarme de mis primeras experiencias de programador con aquel juego de tres en raya, y luego con algoritmos para videojuegos más sofisticados. Los diseñadores de videojuegos tenemos que prever los posibles «futuros», los caminos que cabría tomar dentro del juego. Las IA para videojuegos, por sencillas que sean, lo que hacen es simular jugadas de posibles futuros y escoger la jugada mejor posible con base en esos posibles futuros.

Tales futuros posibles se asemejan a la idea de una onda de probabilidad. De hecho, la propia teoría de la probabilidad se creó pensando en el juego. En vez de llamar a los potenciales resultados «probabilidades», al principio se hablaba, con referencia al lanzamiento de los dados, de «futuros posibles». Un único dado podía tener uno de seis posibles futuros, todos igual de plausibles (suponiendo que el dado sea uniforme). Dos dados podían tener $6 \times 6 = 36$ futuros posibles. Y así fue como nació la ciencia de la «probabilidad», un nuevo modo de hablar, con referencia a los juegos, de posibles futuros.

En la física cuántica, ese colapso de una onda de probabilidad —la cual queda reducida a un único futuro— parece que se produce a partir de una observación o medición consciente. En un videojuego, el camino que cualquier jugador siga dependerá de una opción consciente por parte del mismo, y de la subsiguiente renderización de dicha opción en el ordenador de esa persona que está jugando (un ordenador que cabría ver como la «máquina de conciencia» de esa persona).

Además, en los videojuegos el ordenador solamente renderiza la parte del mundo que es relevante para ese jugador concreto, con base en las decisiones de dicho jugador cuando está conectado al mundo virtual. Aquí no hay «renderización compartida», porque el renderizado se produce en el ordenador individual de cada jugador, lo que pone sobre la mesa la idea de que cada uno de nosotros podría estar experimentando una versión de la realidad ligeramente distinta, basada en sus observaciones del mundo que tiene alrededor.

Pero el fenómeno del entrelazamiento cuántico suscita dos preguntas todavía más extrañas: ¿por qué existe? ¿Y exactamente cómo se hace efectivo? Y resulta que, una vez más, la respuesta podría estar en los videojuegos: concretamente en la compresión de la información, y en el almacenamiento de un único valor que afecta a múltiples píxeles de la pantalla.

La hipótesis de la simulación proporciona, especialmente en su versión del videojuego, una nueva perspectiva tanto de la indeterminación cuántica, como del entrelazamiento cuántico; cosa que logra fijándose en cómo procesan y renderizan la información, en los videojuegos, los sistemas informáticos.

Incluso la relatividad —que Einstein expuso de manera independiente respecto a su trabajo sobre la física cuántica— nos dice que no hay simultaneidad entre hechos que estén ocurriendo en lugares distintos. Eso me recuerda a una red de ordenadores conectados a la velocidad de la luz —por pulsos electromagnéticos—, en la cual los jugadores están tomando sus decisiones cada uno en su propio «sistema inercial», y el ordenador está haciendo cuanto puede por generarles una ilusión tanto de simultaneidad, como de orden.

Muchos de los descubrimientos de la relatividad y de la física cuántica no tienen sentido en una cosmovisión puramente materialista, la de que vivimos en un universo físico inmutable. Cobran mucho más sentido desde la premisa de un universo construido —o «renderizado»— con base en información.

Cuando estaba en el MIT, nos enseñaban que la ciencia básicamente consiste en armar modelos de cómo funciona el mundo, y, si aparece un modelo mejor, será porque explica aspectos del mundo que en modelos anteriores parecían inexplicables. Por ejemplo, la física clásica de Newton explicaba el mundo mejor de lo que lo hacían las propuestas previas; luego, Einstein salió con su teoría de la relatividad, y resultó que explicaba la luz y el movimiento a altas velocidades mucho mejor que el modelo de Newton. Del mismo modo, el modelo de la física cuántica de un mundo microscópico de probabilidades explicaba los resultados observables mucho mejor que el modelo atómico precedente de Niels Bohr (el «modelo planetario»). Y aunque al principio el *establishment* científico miraba tales ideas con recelo, al cabo todas fueron adoptadas por la ciencia moderna porque eran modelos mejores.

La cuestión es que la hipótesis de la simulación y el modelo del mundo que dicha hipótesis plantea —un sofisticado videojuego multijugador con personajes que actúan en un mundo renderizado que está construido sobre información— podría dar respuestas a esas grandes preguntas sobre la indeterminación cuántica y el entrelazamiento cuántico que a los físicos les asusta afrontar: ¿cómo funcionan exactamente? Y, sobre todo, ¿por qué funcionan así?

LA MÍSTICA ORIENTAL Y EL MÁS ALLÁ OCCIDENTAL

Antes incluso de indagar en las conexiones entre la física cuántica y la realidad simulada durante mis aventuras de emprendedor y tecnólogo, me adentré también en una senda paralela explorando estados de conciencia distintos. Todo empezó como una mera búsqueda de técnicas, por ejemplo la meditación, que me ayudaran a centrarme como programador y a dar en el clavo como fundador de *startups*. Pero acabé indagando en las antiguas tradiciones orientales, concretamente en las tradiciones yóguicas y en la filosofía budista, que me convencieron de que en nuestro mundo físico pasaban más cosas de las que la ciencia admitía. Escribí sobre algunas de estas experiencias en mi primer libro, *Zen Entrepreneurship* [Espíritu emprendedor zen].

Seguí estudiando los antiguos textos y filosofías budistas e hindúes, y fui descubriendo que se correspondían con la hipótesis de la simulación mucho más que una cosmovisión materialista. Las tradiciones orientales están construidas, en efecto, sobre la idea de que el mundo que nos rodea no es el mundo «real». De hecho, creen que se trata de un mundo que van creando nuestras mentes a medida que vamos tomando decisiones.

Y estamos tan pendientes de ese mundo, tan absortos —como jugadores adictos a un videojuego—, que nos perdemos en él, cuando resulta que es un mundo de *maya*: un mundo quimérico.

El karma, que en Occidente solemos entender como un juego cósmico al estilo de «cada quien recoge lo que siembra», es algo, en realidad, más sutil y basado en reglas de lo que parece. Yo creo, de hecho, que el karma puede concebirse como una lista de tareas y resultados que debemos cumplir. Cada vez que creamos karma nuevo, se crea una nueva «tarea» en un registro virtual, almacenado en algún sitio fuera del mundo material. Y luego, cuando nos reencarnamos, podemos elegir cuáles tareas concretas de nuestro karma pasado acometer en nuestra nueva vida. La infinita Rueda de la Vida de Buda habla del propósito de la reencarnación: el motivo por el que seguimos reencarnándonos en vidas futuras es cumplir las «misiones» creadas en nuestras vidas presentes y pasadas.

Para un diseñador de videojuegos como yo, los conceptos gemelos de karma y reencarnación recuerdan muchísimo a videojuegos en los que un jugador tiene múltiples vidas y una lista de «objetivos» y «logros» la cual va evolucionando. La consecución de una tarea, de una misión, desbloquea nuevas misiones que se añaden a la lista, cosa que se asemeja bastante a ese proceso de creación de nuevo karma del que habla el budismo. Y, cuando lo pensaba, me daba cuenta de que la arquitectura de un sofisticado videojuego al cual se juega a lo largo de muchas vidas refleja esa idea de Buda de una rueda infinita de reencarnaciones.

Añádase que muchas de las técnicas budistas para alcanzar la iluminación consisten básicamente en asimilar el carácter ilusorio del mundo que nos rodea. Hay una técnica tibetana que es el llamado «yoga de los sueños», donde se entrena a la persona para que cobre conciencia de que el mundo que nos rodea es, efectivamente, como un sueño. El individuo aprende eso de una forma parecida a las técnicas —ya más modernas— del sueño lúcido, donde a la persona se la entrena para que cobre conciencia, durante un sueño que tiene mientras duerme, de que «solo está soñando» y las imágenes que ve no son reales. Durante los sueños —que parecen reales—, nuestros cuerpos están en la cama dormidos. El yoga de los sueños plantea la pregunta de si no habrá otra parte de nosotros fuera de la ilusión, del espejismo del mundo físico, fuera del sueño colectivo, otra parte de nosotros que esté, tal vez, dormida.

La metáfora de que el mundo es un sueño está ligada a la idea de la hipótesis de la simulación. Los sueños que tenemos por la noche son, en lo esencial, como la hipótesis de la simulación a una escala más pequeña.

Pero no solo las tradiciones religiosas o espirituales orientales respaldan la idea de que vivimos en una simulación. La implicación de que somos jugadores en una realidad simulada que es vigilada por entes «externos al juego» también está presente, aunque no sea tan explícita, en las religiones abrahámicas occidentales (judaísmo, cristianismo e islam). Estas tradiciones tienen sus propias versiones del karma, con el añadido de unos entes que vigilan nuestras decisiones y toman nota de lo que hacemos. Dios utiliza ese registro de nuestros actos para juzgarnos cuando llegamos al más allá.

Pero ¿quiénes son esos entes que van registrando lo que hacemos? Según algunas tradiciones, podría tratarse de ángeles, pero suena mucho más verosímil que sea una IA que monitoriza nuestros actos, los registra automáticamente y nos los pone ante los ojos después.

Hoy los videojuegos tienen la capacidad de guardar nuestras jugadas, cuya grabación podemos ver una vez terminado el juego. Además, esta idea de ver la «repetición» de nuestros actos después del juego va muy en la línea del modo en que describen el más allá las personas que han tenido experiencias cercanas a la muerte —las cuales hablan de un «repaso de la vida»—, o textos como el Corán (que habla de un repaso pormenorizado del «pergamino de las obras» de cada quien) o la Biblia (que tiene un concepto parecido de «libro de la vida»).

Todas estas ideas espirituales —un mundo onírico ilusorio, el karma y la reencarnación, la infinita Rueda de la Vida de Buda, los ángeles y la vida eterna después de la muerte— casan mucho mejor en el modelo de la hipótesis de la simulación que en cualquier otro paradigma científico. Cualquier tipo de seres que viviesen fuera de la realidad simulada se nos antojarían, por lo menos a quienes estuviésemos dentro de la simulación, seres sobrenaturales, ángeles o incluso dioses. (Esto lo veremos con mucho más detalle en la tercera parte).

Parece que estas tradiciones podrían haber estado «diciéndonos desde el principio» que vivimos en una realidad simulada. Es solo que, hasta hace poco, no disponíamos de los recursos tecnológicos suficientes para sacar tal conclusión nosotros mismos.

REALIDAD VIRTUAL, INTELIGENCIA ARTIFICIAL Y CONCIENCIA SIMULADA

Pero la hipótesis de la simulación, si bien ofrece una explicación plausible tanto de los misterios de la física cuántica, como de las tradiciones místicas orientales y occidentales, tiene que ver, en primer lugar y ante todo, con la computación. Porque los videojuegos no serían posibles sin la computación gráfica, y ha sido el desarrollo de esta disciplina científica relativamente nueva lo que ha sacado a la hipótesis de la simulación del ámbito de la ciencia ficción y la ha hecho objeto de una consideración seria.

Dentro de las ciencias de la computación, los videojuegos y el entretenimiento han supuesto un impulso incomparable para el avance tanto del hardware, como del software. Sirvan de ejemplo el desarrollo de los procesadores gráficos para una renderización optimizada —GPU por *Graphics Processing Unit*—, la imagen generada por ordenador —CGI por *Computer-Generated Imagery*—, o el diseño asistido por ordenador —CAD por *Computer-Aided Design*—, así como la inteligencia artificial y la bioinformática.

La encarnación más reciente de una tecnología de entretenimiento plenamente inmersiva es la realidad virtual (RV). Aunque llevaba muchos años dando vueltas al tema de la hipótesis de la simulación, solamente cuando la RV y la IA alcanzaron su actual nivel de sofisticación pude ver un camino claro hacia la posibilidad de desarrollar simulaciones integrales como la que se presenta en *Matrix*, con personajes que son IA. Y eso me llevó a escribir este libro.

En 2016 tuve la oportunidad de jugar una partida de pimpón de RV, a cuyo efecto usé unas gafas de RV y un mando con control de movimiento. El motor de simulación física y las reacciones del juego eran tan realistas, que empecé a olvidarme de que en realidad estaba en una habitación con un equipo de RV. Parte de mí creía que verdaderamente estaba jugando al pimpón...

Terminé la partida y, sin pensar, dejé la «raqueta» en la «mesa» y me apoyé en aquella mesa virtual. Naturalmente no había mesa ni raqueta, solo un mando que cayó al suelo. Y a punto estuve de caerme al suelo yo también, pero recordé justo a tiempo que no había ninguna mesa en la que apoyarse.

Me vino a la memoria ese momento famoso de *Matrix* en que Neo se está preguntando cómo una persona de dentro de la simulación podría modificar un objeto físico como una cuchara. La verdad es que la cuchara simplemente es parte de la simulación, un conjunto de píxeles. A Neo le dicen: «No hay cuchara». En mi caso, no había mesa.

El avance de la ciencia de la computación, que hace más plausible la idea de una simulación sofisticadísima, también suscita interesantes y acaso turbadoras preguntas sobre nosotros mismos. Por ejemplo, futurólogos como Ray Kurzweil, de Google, han planteado que algún día podríamos ser capaces de descargar nuestras conciencias en dispositivos con tecnología de silicio, prolongando nuestras vidas indefinidamente. En determinado nivel, eso significaría que somos, a fin de cuentas, mera información digital.

La idea de que la conciencia pueda ser digital tal vez revele uno de los aspectos más inquietantes de la hipótesis de la simulación. Si estamos en una simulación que fue creada por seres reales en alguna «realidad base», entonces es posible que existan múltiples simulaciones análogas. Del mismo modo que tenemos personajes no jugadores (PNJ) en videojuegos que son simulados, ¿podríamos ser también nosotros, si estamos en una simulación, conciencias simuladas artificialmente y no seres reales?

La idea de que somos conciencias digitales, y de que incluso nuestros recuerdos podrían ser falsos, nos lleva otra vez a las preguntas de Philip K. Dick sobre la realidad y sobre qué significa ser un humano «real» frente a uno «falso».

Cuanto más nos acercamos a la conciencia digital y a una IA con apariencia humana —a una IA que pasara el test de Turing—, más plausible resulta la hipótesis de que estamos en una simulación. Hasta hace poco, la idea de comunicarnos con una IA que nos resultara indistinguible de un ser humano real quedaba en el ámbito de la ciencia ficción y de la tecnología de un futuro remoto. Sin embargo, una de las primeras competiciones que se organizaron para ver cuál IA estaba más cerca de superar la prueba de Turing —el premio Loebner— se suspendió en 2019, el año en que escribí la primera edición de este libro. Desde entonces, la introducción de ChatGPT y de herramientas de IA generativa afines ha supuesto un terremoto en este campo. Hoy millones de personas recurren a la IA no solo para buscar información en Internet, sino para que les haga de amigo virtual o incluso de pareja virtual. Si esto a alguien le recuerda a la película de 2013 *Her*, no es pura casualidad (véase el capítulo quinto, «La IA, la singularidad y la conciencia descargable»). Esto no quiere decir que todos seamos seres simulados. De hecho, una de las razones por las que en este libro utilizo la metáfora de los videojuegos es que nos permite distinguir entre personajes jugadores (PJ) o avatares y personajes no jugadores (PNJ), es decir, entre jugadores reales y personajes simulados.

SIMULACIONES, COMPUTACIÓN Y CAOS

Los avances en tecnología digital y computación han tenido repercusiones en nuestra comprensión de todas las otras ciencias. Hubo un tiempo en que se creía que las matemáticas podían dar respuesta a cualquier pregunta sobre el universo: dónde estaría determinado planeta en determinado momento, qué tiempo iba a hacer, etc. Era cuestión de introducir los valores debidos en las correspondientes ecuaciones, y se obtenían las respuestas que se necesitaban.

Pero en las décadas de 1960 y 1970 surgió una nueva rama de la ciencia —la teoría del caos— al constatarse que las ecuaciones no bastaban para predecir los resultados, y que de pequeños cambios en las condiciones de partida o en las variables podían derivarse grandes diferencias en el resultado de procesos naturales complejos como pueden ser las órbitas de los planetas y de las estrellas, las complejidades de la predicción meteorológica, la evolución de las poblaciones de animales y múltiples procesos biológicos.

Stephen Wolfram, creador del software Wolfram Mathematica, ha señalado que estas y muchas otras cuestiones de la vida podrían ser «computacionalmente irreductibles». Eso quiere decir que establecer dónde podría encontrarse un planeta o dónde podría acabar determinada partícula en un flujo turbulento de partículas —o en qué podría quedar una población biológica al cabo de una serie de años—, determinar este tipo de cosas requeriría ejecutar un programa informático que recorriese, uno por uno, multitud de pasos. De hecho, muchos procesos naturales siguen una geometría fractal: el zigzag, por ejemplo, de una línea costera o el modo en que las arterias y las hojas se desarrollan en estructuras de tipo arbóreo.

Esta ciencia del caos afirma que no tenemos modo de saber exactamente qué resultado se derivará de la modificación de pequeños parámetros, salvo que nos tomemos la molestia de computarlo o simularlo. Esta sensibilidad a las condiciones iniciales se ilustra con el llamado «efecto mariposa»: cuando una mariposa aletea, ese movimiento aparentemente ínfimo tiene un efecto más grande en el mundo, como causar un tornado o un huracán en alguna otra parte del planeta.

Una plena comprensión de los procesos fractales y de los procesos naturales caóticos no fue posible hasta que se dispuso de ordenadores capaces de implementar versiones simuladas de diferentes ecuaciones fractales. Podemos decir que las simulaciones informáticas son el requisito básico de esta nueva ciencia.

Cada vez que la simulación se ejecuta, hay decisiones que hace falta tomar; y tales decisiones tendrán sus consecuencias en el rumbo que tome la simulación. Un descubrimiento contraintuitivo de la teoría del caos es que incluso los procesos que incluyen decisiones aparentemente aleatorias terminan siguiendo patrones de complejidad similares.

Esto recuerda mucho al planteamiento de Philip K. Dick de que a veces necesitamos «echar para atrás» nuestra simulación informática y volver a ejecutarla con un set de variables distinto para poder saber exactamente dónde acabaremos (una idea que exploro en detalle en mi libro *The Simulated Multiverse* [El multiverso simulado]).

Hasta ahora hemos hablado solamente de procesos determinísticos que pueden llevar a resultados impredecibles. Si son entes conscientes individuales quienes toman las decisiones —es decir, jugadores, por usar la metáfora de los videojuegos—, entonces estamos hablando de una simulación que podría ser incluso más compleja que el método determinístico de los procesos naturales. Los posibles valores iniciales que vienen dados por algo como es el libre albedrío —si es que existe—, por jugadores de este videojuego, pueden llevar a resultados tremendamente distintos. La única forma de saber dónde terminará la simulación es ejecutarla e ir probando diferentes opciones, ir tomando decisiones distintas. Cabe, en efecto, que nuestro mundo sea computacionalmente irreductible.

Wolfram y otros plantean que la computación es una parte de nuestro mundo físico que está integrada en todos los demás procesos biológicos, químicos y físicos. Wolfram hace poco puso en marcha el Wolfram Physics Project, que aspira a mostrar que las leyes de la física se pueden deducir de procesos computacionales discretos, diferenciados, y no de ecuaciones físicas continuas.

Estos descubrimientos en curso sobre el carácter universal de la computación y la informatología hacen todavía más plausible que estemos en algún tipo de simulación informática. También plantean una pregunta más grande todavía: ¿de qué va toda esta simulación? ¿De qué se trata?

LA GRAN SIMULACIÓN. NUESTRO VIDEOJUEGO COMPARTIDO

Después de toda una vida buscando las respuestas a estas preguntas —indagando en las ciencias de la computación, en los videojuegos, en la física y en las tradiciones espirituales—, he llegado al convencimiento de efectivamente vivimos metidos en un gigantesco videojuego.

Yo llamo a ese videojuego la Gran Simulación por tratarse de una realidad virtual que resulta indistinguible de la realidad física.

Si vivimos dentro de semejante simulación, esta sería muchísimo más sofisticada que cualquier videojuego que hayamos podido construir o incluso imaginar hasta la fecha. Dicha simulación combinaría elementos de videojuegos MMORPG con elementos de una realidad virtual y aumentada construida sobre unos cimientos tecnológicos y unos aspectos de la conciencia —real o simulada— que todavía no entendemos plenamente. Además se encargaría de crearla, dinámicamente, una inteligencia artificial —no necesariamente como la de *Matrix*, claro—, lo que puede simplificar enormemente la creación de mundos virtuales. De hecho, algunos personajes de la simulación podrían ser —cuando no todos— PNJ, mientras que otros personajes podrían ser avatares o jugadores externos al juego.

A lo largo de este libro iré profundizando en los conceptos introducidos en el presente capítulo, es decir, en los avances del ámbito de los videojuegos, la inteligencia artificial y las ciencias de la computación, en algunos de los inexplicables misterios que los científicos han sacado a relucir sobre nuestro mundo físico, y en una serie de principios de las tradiciones místicas orientales y del pensamiento religioso occidental. Conforme vayamos examinando tales conceptos, iré planteando —siempre con las debidas referencias científicas, religiosas y a la ciencia ficción— que todos los indicios apuntan en el mismo sentido, esto es, a que al final resulta que vivimos en la Gran Simulación.

Vamos a empezar examinando cómo las ciencias de la computación podrían evolucionar para crear las tecnologías necesarias para construir algo como dicha Gran Simulación. Una sociedad que haya alcanzado el nivel de pericia tecnológica necesario para crear algo como Matrix habrá llegado a un punto importante, a una especie de singularidad tecnológica que yo llamo el «punto de simulación». En la primera parte de este libro examinaré en detalle cómo podríamos llegar, desde donde hoy estamos, a ese punto de simulación. Se trata básicamente de una hoja de ruta para construir la Gran Simulación, nuestra versión de Matrix.

LA HIPÓTESIS DE LA SIMULACIÓN UTILIZA LA INFORMACIÓN PARA EXPLICAR LO INEXPLICABLE

Los avances en ciencias de la computación, tecnología de la simulación e inteligencia artificial están mostrando por doquier el vínculo existente entre la computación y el mundo natural (algoritmos biológicos, cartografía genética, algoritmos fractales...). De hecho, con el auge de la informática cuántica, incluso las partículas de la naturaleza empiezan a parecer, más que objetos físicos, información.

A lo largo de este libro iremos viendo que la hipótesis de la simulación ofrece explicaciones mejores para muchos de los extraños fenómenos que la ciencia no ha sido capaz de explicar: ¿cómo y por qué existe la indeterminación cuántica? ¿Qué le pasa a la conciencia una vez que morimos? ¿Puede transferirse la conciencia? ¿Qué relación existe entre el espacio y el tiempo? ¿Son estos de naturaleza cuantizada? ¿Por qué desempeñan un papel tan central en la física la luz y los fenómenos electromagnéticos? Si existen inteligencias no humanas, como por ejemplo los ángeles, ¿dónde están ubicadas? La hipótesis de la simulación puede ofrecer explicaciones incluso para aspectos de la realidad que han dejado perplejos a los científicos, desde fenómenos físicos hasta los ovnis o la sincronicidad.

Pero con este libro espero proporcionarte, antes que nada, una óptica distinta para entender el mundo, utilizando los videojuegos lo mismo como metáfora que como hoja de ruta.

Y, en ese sentido, puede que el aspecto más importante de la hipótesis de la simulación no sea de carácter científico.

Abordando el mundo no como algo físico —y veremos que los físicos han reconocido que efectivamente no lo es—, sino como «información» y «computación», podríamos acaso llegar a una comprensión más integral de la naturaleza del universo, de lo que hasta ahora han sido capaces de ofrecernos tanto nuestros científicos, como nuestros filósofos o nuestros líderes religiosos.

PARTE I

CONSTRUYENDO MATRIX. LAS CIENCIAS DE LA COMPUTACIÓN

Diseñar máquinas que sirvan para jugar, de entrada puede parecer un pasatiempo entretenido, más que estudio científico serio; y efectivamente son muchos los científicos —tanto aficionados como profesionales— que han convertido este tema fascinante en un «hobby». Hay, sin embargo, un lado serio y significativo en tal trabajo.

—CLAUDE SHANNON, DEL MIT Y LOS LABORATORIOS BELL[1]

Las ciencias de la computación vuelven del revés lo normal. En la ciencia normal le dan a uno un mundo, y el trabajo de uno es descubrir las reglas. En las ciencias de la computación, uno le da al ordenador las normas y el ordenador crea el mundo.

—ALAN KAY, DE APPLE, ATARI Y EL MIT[2]

---

1. Claude Shannon, «Game Playing Machines», *Journal of the Franklin Institute* 260, n.º 6 (1955): 447-53.
2. «Alan Kay Quotes», *BrainyQuote*, `https://www.brainyquote.com/quotes/alan_kay_875443`.

DOS

JUEGOS DE ORDENADOR

Desde *Pong* hasta los MMORPG

Hace cuarenta años, teníamos Pong*: dos rectángulos y un punto. En eso andábamos. Ahora, cuarenta años después, tenemos simulaciones fotorrealistas en 3D —con millones de personas jugando simultáneamente—, y la cosa sigue mejorando cada año. Y pronto vamos a tener realidad virtual, vamos a tener realidad aumentada. Con poco que el asunto continúe avanzando, los juegos ya no van a poder distinguirse de la realidad.*

—ELON MUSK EN LA CODE CONFERENCE DE 2016[1]

Una de las principales razones por las que muchos científicos, filósofos y tecnólogos han empezado a tomar la hipótesis de la simulación más en serio ahora, a comienzos del siglo XXI —y no en épocas de la computación más tempranas—, es la sofisticación y el rápido avance de los videojuegos y de la tecnología gráfica.

Hablando en la Code Conference de 2016, Elon Musk, fundador de Tesla y de SpaceX, reflexionaba sobre lo lejos que habíamos llegado con la tecnología de los videojuegos desde que, unos cuarenta años antes, se creara *Pong*. Planteaba que, si dicha tecnología continuaba mejorando a semejante ritmo, entonces inevitablemente acabaríamos pudiendo crear simulaciones hiperrealistas que resultarían indistinguibles de la realidad física. Concluía que, si la tecnología sigue desarrollándose como lo ha hecho hasta ahora, las probabilidades de que estemos en una realidad base —o sea, no en una simulación— son de «uno entre miles de millones».

---

1. Andrew Griffin, «Elon Musk: The Chance We Are Not Living in a Computer Simulation Is "One in Billions"», *Independent*, 2 de junio de 2016, `https://www.independent.co.uk/tech/elon-musk-ai-artificial-intelligence-computer-simulation-gaming-virtual-reality-a7060941.html`.

Nick Bostrom, de Oxford, en su trabajo de 2003 que popularizó el argumento de la simulación, dice que la especie que es capaz de construir tales simulaciones hiperrealistas pasa a ser «posthumana». Bostrom es conocido sobre todo por su trabajo sobre la IA; su argumento de la simulación no tiene tanto que ver con los videojuegos y con la realidad virtual, sino más con la cantidad de potencia computacional y de memoria que haría falta para crear seres simulados que fuesen inteligencias artificiales, y con lo que eso supone para una sociedad avanzada tecnológica. Nos ocuparemos con detalle de su argumento de la simulación en el capítulo sexto.

En el mismo año de 2003, los creadores de *Matrix* invitaron al filósofo David Chalmers a escribir uno de varios textos sobre filosofía y dicha película. *Matrix* fue uno de los primeros taquillazos de Hollywood que planteaban cuestiones filosóficas serias; para muchos suscitó debates de enjundia. El texto de Chalmers «The Matrix as Metaphysics» [Matrix como metafísica] exploraba lo que él denominaba la «hipótesis Matrix», la idea de que somos, en realidad, jugadores metidos en un mundo virtual semejante a un videojuego[2].

Con el tiempo, estas dos ideas —la de que podríamos ser inteligencias artificiales de una simulación, y la de que podríamos ser jugadores de un videojuego— se han fusionado y han pasado a conocerse como la hipótesis de la simulación. La premisa subyacente a ambas ideas es que hay alguna civilización tecnológica capaz de crear simulaciones altamente realistas las cuales no es posible distinguir, como decía Musk, de la realidad física.

A mí me gusta decir que esa civilización ha alcanzado el «punto de simulación», una especie de singularidad tecnológica. La singularidad tecnológica —aunque a menudo se dice simplemente «la singularidad»— se asocia en el imaginario popular con el rápido avance de la IA. Ofreceré una definición más precisa de «punto de simulación» —basándome en la definición de «singularidad tecnológica» que inicialmente propuso el profesor de ciencias de la computación y luego escritor de ciencia ficción Vernor Vinge— en el capítulo sexto, «El punto de simulación, las simulaciones de antepasados y más allá».

---

2. El texto de David Chalmers se encuentra, junto con información sobre su libro dedicado a la realidad virtual, en la web del propio autor, `https://consc.net/papers/matrix.html`. La entrevista que yo le hice a Chalmers —quien ha hablado en mi asignatura dedicada a la teoría de la simulación— puede escucharse en mi *podcast The Simulated Universe with Riz Virk*.

De momento, el punto de simulación sería un punto teórico del desarrollo de una civilización tecnológica, en el que esta posee la capacidad de crear simulaciones hiperrealistas con seres hiperrealistas que son inteligencias artificiales, lo cual implica tener la potencia computacional bruta suficiente como para llevar la cuenta de un gran número de puntos de conciencia aparentemente individuales, ir registrando todas sus experiencias y renderizar el entorno con tal precisión, que resulte indistinguible de lo que llamamos el «mundo físico».

En ese punto teórico, también tendríamos la capacidad de insertar las conciencias de los «jugadores» en un mundo compartido, ir grabando sus respuestas y tener una IA que simule seres individuales del mundo. (Serían como los personajes no jugadores del juego en cuestión).

Esta definición incluye, como vemos, la capacidad de satisfacer tanto el argumento de la simulación de Bostrom, que tiene más que ver con la IA —o con lo que llamamos los PNJ en la jerga de los videojuegos—, como la hipótesis Matrix de Chalmers, que tiene más que ver con estar dentro de una realidad virtual en calidad de jugador (o de lo que llamamos PJ, es decir, «personaje jugador», figura que en la jerga de los videojuegos recibe también el nombre de «avatar»).

EL CAMINO QUE LLEVA AL PUNTO DE SIMULACIÓN

En esta parte del libro, vamos a ocuparnos de la cuestión de si nos resultaría tecnológicamente posible —y en caso afirmativo, cómo— construir una simulación integral como la de *Matrix*. Empezaremos con la historia de la tecnología de los videojuegos, desde los primeros ejemplos de las décadas de 1960 y 1970 hasta los videojuegos MMORPG más sofisticados de la actualidad. Sobre esa base nos plantearemos desarrollos futuros de tecnologías cruciales como son la realidad virtual, la realidad aumentada, la transmisión mental directa, la inteligencia artificial y la conciencia descargable. Yo llamo a este proceso «recorrer el camino que lleva al punto de simulación», y terminaremos con una reflexión sobre cómo ha de ser el resultado final cuando se llega a dicho punto de simulación. En tal punto tendremos la capacidad de crear, nosotros mismos, algo como la Gran Simulación. Y recorriendo ese camino verás que algunas de las preguntas que llevo haciéndome toda la vida sobre los mundos de los videojuegos y sobre la existencia de tales mundos son la consecuencia natural de cómo ha evolucionado la tecnología.

Hacia el final veremos una serie de pasos concretos que hacen que la hipótesis de la simulación no solo sea posible, sino de hecho probable si nuestra tecnología sigue evolucionando en su línea actual. Terminaremos esta parte del libro planteándonos qué podría suponer que una civilización alcanzara ese punto, a cuyo efecto examinaremos en detalle el argumento de la simulación de Bostrom y sus ideas sobre las simulaciones de antepasados.

LA EVOLUCIÓN DE LA TECNOLOGÍA DE LOS VIDEOJUEGOS

¿Cuán lejos estamos de poder generar una simulación plenamente inmersiva como la de *Matrix*?

Aunque no podemos saber con seguridad «exactamente» cuán lejos nos encontramos del punto de simulación, sí que podemos hacer un repaso histórico de la evolución de la tecnología de los videojuegos, dividiéndola en fases o estadios. Después podemos proyectar dicha evolución hacia el futuro hasta llegar al punto de simulación.

Si pensamos en la sofisticación que la tecnología de la renderización ha alcanzado desde los primeros videojuegos hasta hoy, podemos clasificar su desarrollo en cuatro fases —de la 0 a la 3— desde la época de los videojuegos para un solo jugador hasta los sofisticados juegos actuales multijugador en 3D renderizados en línea.

Tal clasificación sacará a relucir múltiples modos en que los videojuegos de la actualidad acaso estén proporcionando la infraestructura subyacente para futuros tramos del camino que lleva al punto de simulación. En dicho punto seremos capaces de crear una simulación virtual fotorrealista completa que incluya millones —cuando no miles de millones— de agentes de conciencia individuales, cada uno con sus correspondientes misiones y tramas argumentales.

Aunque la tecnología de la renderización tiene una gran importancia, otro factor clave de esta evolución de los videojuegos es la sofisticación de los mecanismos de control, es decir, del modo en que los jugadores introducen sus instrucciones o hacen efectivas sus decisiones en la simulación. Estamos hablando de los llamados «dispositivos de entrada», que van desde teclados, *joysticks*, mandos especializados y tecnología háptica, hasta la activación por voz y, llegado el momento, las interfaces mentales. Además, una de las fases más importantes —de la cual nos ocuparemos en el capítulo quinto, «La IA, la singularidad y la conciencia descargable»— es el desarrollo de seres artificiales realistas que puedan engañarnos en el sentido de inducirnos a pensar que son reales, y que puedan engañarse tal vez a sí mismos en el sentido de creer que son seres conscientes. (Examinaremos con detalle esa fase antes de llegar al punto de simulación). Por último, veremos que incluso a seres biológicos sería posible descargar en dispositivos con tecnología de silicio —otro concepto que a menudo se mete en el mismo saco con el de la singularidad— antes de llegar plenamente al punto de simulación.

Empecemos.

FASE 0. AVENTURAS CONVERSACIONALES Y «MUNDOS DE VIDEOJUEGOS» (DÉCADA DE 1970 - MEDIADOS DE LA DE 1980)

Si nos centramos en los inicios de la historia de los videojuegos, la fase 0 (aventuras de texto o conversacionales para un solo jugador) en realidad se desarrolló paralelamente a la fase 1 (juegos *arcade* con gráficos sencillos), pero las he separado en atención a sus diferencias en términos de características y fundamentos técnicos. Ambas fases representan pasos distintos, pero necesarios, en el camino que lleva al punto de simulación.

El primer juego de aventura de texto (o conversacional) fue *Colossal Cave Adventure*, construido por Will Crowther en 1976 con una unidad central PDP-10. Aquel juego, cuya interfaz de usuario se muestra en la figura 1, se basaba, en parte, en el sistema de cuevas Mammoth Caves, en Kentucky, donde Crowther había pasado mucho tiempo.

Muchos otros programadores —por ejemplo Don Woods, de Stanford— tomaron el código original de Crowther y lo portaron a distintos sistemas informáticos, añadiendo los múltiples elementos de fantasía que hicieron de aquel juego un precursor de los videojuegos de aventura subsiguientes.

En las aventuras conversacionales, el juego presenta una descripción textual de una sala o ubicación donde se encuentra el personaje de uno, y uno va tecleando una serie limitada instrucciones u órdenes. Pueden ser instrucciones de movimiento («Ir [hacia el] sur», «Ir [hacia el] norte»...), relativas a objetos («Coger [el] cuchillo», «Soltar [el] oro», «Examinar [el] caldero»...) o de hablar con un personaje («Hablar [con el] ogro», etc.). Y, una vez que el jugador ha introducido su orden, el programa le dice qué ha ocurrido como consecuencia de sus actos.

Este «bucle básico de juego», que se ha mantenido en los juegos gráficos actuales —ya más sofisticados—, puede descomponerse en los siguientes pasos:

1. El ordenador presenta el estado existente del mundo del juego y del personaje del jugador.
2. El jugador da una instrucción.
3. El programa modifica el estado del juego con base en dicha instrucción y en otros factores.
4. Repetir.

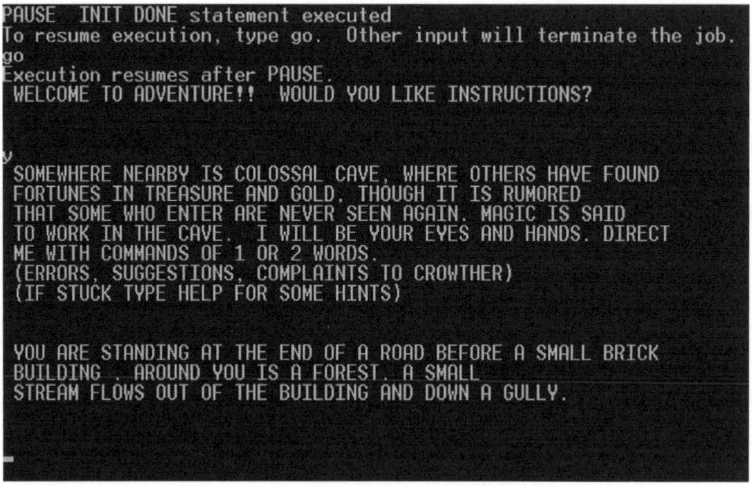

Figura 1: Interfaz de aventura conversacional o de texto (la de *Adventure* original).

Adventure —que es como se llama coloquialmente *Colossal Cave Adventure*— influyó de múltiples formas en muchos de los juegos de aventura y fantasía que aparecerían tras él, incluso en juegos de mesa (no informáticos) como *Dungeons & Dragons*. En este juego de rol, el director les dice a los jugadores cuál es el estado de aquel mundo y qué lugar ocupan ellos, tras lo que cada jugador le dice al director qué hace su personaje en ese turno (moverse, luchar, etc.). Entonces el director combina las tiradas de los dados con lo que le indica su mapa de la aventura, y le dice a cada jugador qué le ocurre a su personaje, lo cual se parece mucho al bucle básico de juego, con la diferencia de que el ordenador cumple la función del director de juego y mantiene el estado del mundo del juego actualizado.

Este concepto de «estado del juego» solamente se mantenía, en los primeros juegos de texto, mientras el juego se estaba ejecutando. Si salía uno del juego, este se reiniciaba. Luego, cuando los juegos de texto estuvieron disponibles para ordenadores personales, se podía guardar un estado del juego en un dispositivo de almacenamiento de datos —primero cintas, luego disquetes, más adelante discos duros— y seguir jugando desde ese estado específico.

A comienzos de la década de 1980, un grupo de licenciados del MIT puso en marcha Infocom, que lanzó —tanto para PC, como para Apple— los juegos de texto *Zork I* y *Zork II*, que tuvieron un éxito enorme. Infocom vendió muchísimo en su día: utilizando su motor de texto subyacente, produjo un amplio abanico de juegos que iban desde aventuras originales como *Planetfall*, hasta franquicias como *Guía del autoestopista galáctico.*

Este tipo de aventuras de texto o conversacionales —*Colossal Cave Adventure*, *Zork* e incluso *Dungeons & Dragons* en su versión no digital— utilizaban el motor de gráficos más potente que existe: el de nuestras mentes. Como los juegos no tenían gráficos, obligaban a los jugadores a usar la imaginación para visualizar aquellos mundos, que podían ser vastísimos. La figura 2 muestra uno de los mapas originales dibujados a mano para *Zork*.

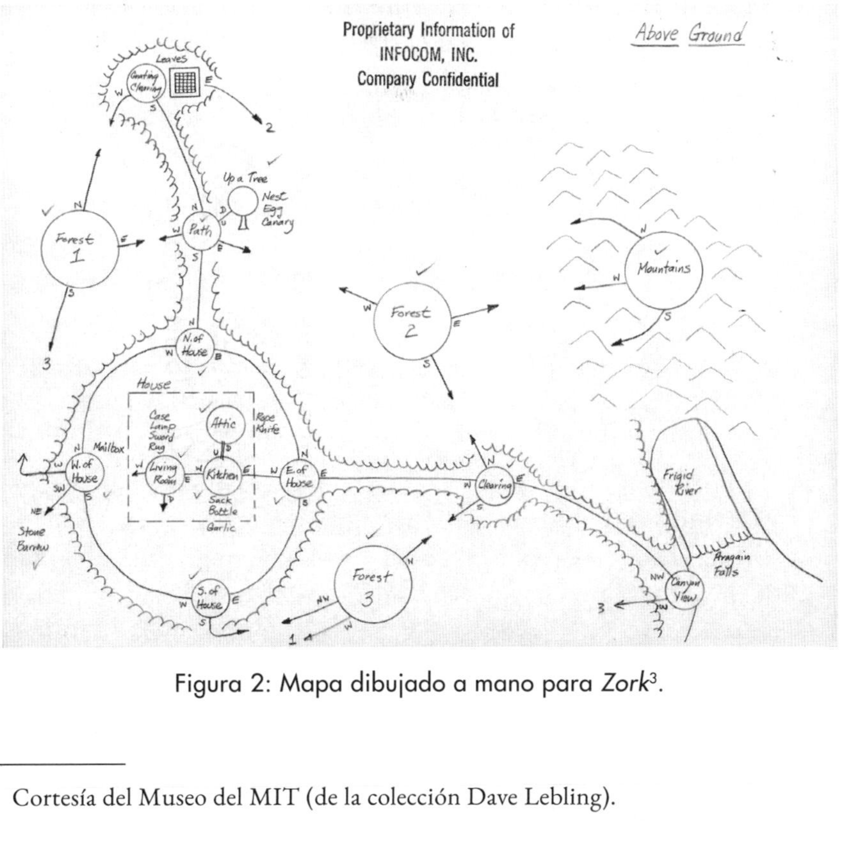

Figura 2: Mapa dibujado a mano para *Zork*[3].

3. Cortesía del Museo del MIT (de la colección Dave Lebling).

La actual generación de videojugadores rara vez utiliza videojuegos de texto, aunque hay un subgénero llamado «ficción interactiva» que mantiene viva esta tradición. Hay también recreaciones de aquellos viejos juegos que pueden ejecutarse en las actuales interfaces de usuario de sistemas Mac, Windows y Linux (interfaces ya gráficas). Algunos puristas de esta industria sienten que todos los videojuegos que han venido después, con sus representaciones gráficas cada vez más conseguidas, han perdido algo, porque ningún renderizado puede ser tan vívido como el que vemos en la imaginación. Esto es lo mismo, por supuesto, que cuando alguien dice que ninguna recreación cinematográfica de una obra de ficción fantástica como *El señor de los anillos* podría igualar lo que él ha visto en su imaginación leyendo el libro.

Aunque los videojuegos actuales son mucho más sofisticados, aquellos juegos de aventura textual introdujeron una serie de importantes elementos que han sobrevivido en los juegos hasta hoy:

- **Un mundo grande.** Los juegos de aventura conversacional introdujeron la idea de un mundo que era más grande que lo que se veía en cada momento en la pantalla y el cual había que explorar. Era algo distinto de los primeros juegos *arcade* —los de los recreativos—, donde lo que aparecía en la pantalla era básicamente lo que había, con pequeñas variaciones.
- **El estado del jugador en el juego.** Con las aventuras conversacionales nació el concepto del estado del jugador en el juego, un estado que incluía cualesquiera metadatos (puntos de experiencia, nivel, información sobre el personaje...), así como artefactos (oro, armas, etc.) y la ubicación del jugador en ese mundo. Llegó un momento en que este estado del jugador en el juego se pudo guardar, y el jugador ya podía retomar una partida en el punto en que la había dejado.
- **El estado del mundo del juego.** El estado del juego no solo incluía el estado del personaje del jugador, sino también el estado del propio mundo del juego, que podía haber cambiado con base en las acciones del jugador. Esto tenía su importancia cuando el jugador volvía a la misma ubicación, pero todavía más relevante se hizo con los juegos multijugador, donde en el estado del mundo del juego podían incidir múltiples jugadores. Estados del mundo del juego serían, por ejemplo, dónde dejó el jugador la espada o dónde está el ogro.

- **Los personajes no jugadores (PNJ).** Los juegos de texto introdujeron los primerísimos PNJ computarizados. Inicialmente se decía «personajes no "jugables"», expresión que surgió en juegos de mesa como *Dungeons & Dragons*. En aquellos juegos de rol se encargaba de tales personajes el director de juego, encargándose los jugadores de sus propios personajes. En las aventuras conversacionales se podía departir con estos PNJ, que podían ser mercaderes, taberneros u ogros. Aquellos motores de conversación fueron los humildes orígenes de la enorme industria actual de los bots de chat, y uno de los primeros ejemplos de inteligencia artificial, como veremos conforme vayamos avanzando en el camino que lleva al punto dc simulación.
- **Las instrucciones textuales.** Los juegos textuales le permitían a uno interactuar con los personajes y controlar las acciones de su propio personaje tecleando texto, a diferencia de lo que sucedía con los juegos *arcade*, donde el movimiento se controlaba mediante botones y *joysticks*. Tales instrucciones se basaban en una gramática muy concreta, tipo «Ir [hacia el] norte» o «Soltar [el] cuchillo». Aunque esto haya cambiado en fases posteriores de la evolución de los videojuegos, las instrucciones u órdenes textuales siguen siendo, ya se den de viva voz o a través del teclado, un elemento esencial en sofisticadas simulaciones actuales, y así seguirá siendo en el futuro.
- **El bucle básico de juego.** Este concepto —que explicábamos antes— se ha mantenido hasta hoy en juegos de rol más avanzados, si bien con más jugadores y más aspectos. La forma de describir el entorno ha cambiado con el progreso de la tecnología, igual que han cambiado las instrucciones u órdenes que dan los jugadores (también los dispositivos de entrada de las mismas). Así y todo, el bucle básico de juego sigue igual: presentar un entorno al jugador, dejar que cada jugador dé instrucciones, actualizar el mundo del juego y repetir.

Aquellos videojuegos de aventura de los comienzos introdujeron la idea de interpretar el papel de un personaje en un mundo virtual, aunque tal mundo se describiera solamente a través de texto y existiera, sobre todo, en la mente del jugador. Los elementos básicos que tales videojuegos introdujeron no solamente sentaron las bases de los actuales juegos MMORPG, sino que fueron también el inicio de un marco conceptual desde el que plantearnos la realización de la hipótesis de la simulación.

Conforme avancemos en el camino al punto de simulación, la idea de utilizar la imaginación de la mente para visualizar mundos de videojuegos —en vez de una pantalla externa— reaparecerá, en lo que podría parecer una extraña ironía, en estadios más avanzados y con una tecnología más evolucionada.

Merece la pena señalar, a modo de posdata al mundo de las aventuras conversacionales, que las actuales IA generativas tipo ChatGPT se han utilizado para intentar ofrecer lo que diríase un conjunto casi infinito de espacios para juegos de aventura conversacional. En este caso, en lugar de que un diseñador de videojuegos cree la descripción de cada espacio y de cada objeto presente en el mismo, se encarga de generar la descripción, dinámicamente, un modelo extenso de lenguaje (LLM por *Large Language Model*). Es un proceso todavía primitivo, pero funciona. Y ChatGPT y otros generadores de texto son capaces de crear discursos que suenen realistas para espacios de aventuras conversacionales. La continuidad, sin embargo, se pierde, ya que los incipientes bots de chat de la actualidad no siempre tienen la lógica o la memoria necesarias para un correcto desempeño de todas las tareas que arriba enumerábamos (el estado del jugador en el juego, el estado del mundo del juego, etc.). En un futuro cercano, no parece disparatado pensar que una IA pueda ejercer, de manera solvente y creíble, de director de juego —o de motor de videojuegos— en aventuras conversacionales de entidad, coherentes... y susceptibles de continuarse indefinidamente hasta que el jugador quiera. Y no estaríamos en condiciones de decir, como jugadores, si la aventura en cuestión fue escrita previamente por humanos —en plan *Zork* o *Colossal Cave Adventure*— o generada sobre la marcha.

FASE 1. LOS PRIMEROS JUEGOS *ARCADE* —Y DE CONSOLA— CON GRÁFICOS (DÉCADAS DE 1970 Y 1980)

Tal vez te sorprenda que, aunque he asignado los primeros videojuegos con gráficos a la fase 1, en realidad dichos videojuegos precedieron a *Colossal Cave Adventure*. El primer videojuego *arcade* —o sea, de salón recreativo— que la gente suele recordar, y el primero que tuvo una amplia difusión, fue, en efecto, *Pong*, lanzado por Atari en 1972. Eran unos puntos en la pantalla de un monitor integrado en un mueble, como se muestra en la figura 3. De hecho, antes incluso que *Pong* salió *Spacewar!*, juego de gráficos construido en el MIT con la unidad central PDP-1 allá por 1962.[4] Debido a que se construyó —como digo— en un ordenador *mainframe*, casi no tuvo difusión más allá de las universidades, aparte de que no tenía esos mandos que hicieron que *Pong* tuviera tal éxito.

Los primeros juegos con gráficos eran más una cuestión de controlar el movimiento y la acción de la pantalla, que no de explorar mundos internos, por lo que en sí mismos no parece que aportasen mucho al tema que aquí nos ocupa de un mundo virtual plenamente renderizado. Su contribución más significativa fue la de abrir el campo de la computación gráfica. Conforme fue mejorando el hardware, otro tanto hicieron las técnicas de renderizado y la calidad de los gráficos. Programar aquellos juegos no requería programar texto, sino píxeles, y eso exigía optimización, teniendo en cuenta los recursos limitados de los ordenadores de aquel entonces.

Figura 3: Lanzando *Pong* en 1972, Atari inauguraba la era de los videojuegos.[5]

4. Hay una réplica de aquella PDP-1 en el Museo de Historia del Ordenador de Mountain View —en California—, y Steve Russell, el creador del juego, aparecía por allí cada dos fines de semana para organizar torneos de *SpaceWar!* con los mandos originales. Coincidí con él brevemente en 2020, antes de que el museo cerrara por el COVID.
5. Rob Boudon, «Four Arcade Games.jpg», *Wikimedia Commons*, 3 de junio de 2011, `https://commons.wikimedia.org/wiki/File:Atari_Pong_arcade_game_cabinet.jpg`.

La mayoría de los juegos actuales están escritos en lenguajes de programación de nivel más alto, por ejemplo en C#, en JavaScript o en Python —comparativamente alejados, en efecto, del llamado «lenguaje máquina»—, y además se utilizan motores de videojuego como pueden ser el Unity o el Unreal. En aquella época, por el contrario, buena parte de la programación se hacía en lenguaje ensamblador. El lenguaje ensamblador —que sería, por así decir, la lengua materna de cualquier procesador— son códigos hexadecimales que varían según la unidad central de procesamiento (CPU por *Central Processing Unit*). Tales códigos le dicen al procesador qué debe hacer físicamente, por ejemplo poner un valor en un registro o en una ubicación de la memoria. De ahí que, con el lenguaje ensamblador, la ejecución del código sea muy rápida, cosa que era óptima para la computación gráfica de los comienzos, que necesitaba actualizar los píxeles de la pantalla de manera prácticamente instantánea cada vez que el usuario hacía un movimiento.

Sin embargo, aunque el lenguaje ensamblador es mucho más eficiente que los lenguajes de nivel más alto —de hecho, la mayoría de los lenguajes de nivel más alto deben traducirse a lenguaje ensamblador para poder ejecutarse en un ordenador concreto, proceso que se conoce como «compilación» o «interpretación»—, no tiene sino un número limitado de comandos y requiere muchísimo tiempo incluso para escribir programas sencillos. Cuando programaba aquel juego de tres en raya en el lenguaje de programación BASIC —que era uno de los lenguajes de alto nivel más fáciles de aprender para un niño que entonces había—, recuerdo ver fragmentos de código gráfico escritos en lenguaje ensamblador en la revista *Byte*. Recuerdo mi espanto ante aquellas filas de números hexadecimales, y también el pensamiento de lo mucho que se tardaría en escribir en un lenguaje de nivel tan bajo —es decir, tan próximo al lenguaje máquina— incluso el videojuego más sencillo. Copié, diligente, aquellos códigos hexadecimales en mi ordenador Apple II... y quedé pasmado ante la velocidad con que los programas funcionaban y ante lo que podían hacer con los gráficos.

Pero los pioneros de los videojuegos no dejaron de insistir: exprimieron al máximo los limitados hardware y memorias de entonces, creando aquellos primeros juegos *arcade*. Del Silicon Valley de aquel tiempo, se cuenta una famosa anécdota protagonizada por quienes serían los cofundadores de Apple (Steve Jobs y Steve Wozniak). Jobs trabajaba para Nolan Bushnell, el fundador de Atari, a quien prometió que podía construir cierto juego rápidamente y con recursos de memoria limitados. Bushnell era escéptico, pero le dio el proyecto. Jobs recurrió a su amigo Steve Wozniak, que era un perfil mucho más técnico, y creó el juego por las noches, después de su trabajo de jornada completa como ingeniero. A Wozniak, que había de crear los primeros ordenadores Apple, hoy naturalmente se le reconoce como un genio del hardware.

En cierto modo, la historia de los videojuegos es la historia de la optimización de unos recursos muy limitados. Tales técnicas de optimización son un requisito indispensable del campo de la computación gráfica y, por tanto, de los videojuegos y de los medios digitales. Sin ellas, no habríamos llegado tan lejos en el camino que lleva al punto de simulación.

Puede verse una línea directa desde *Pong* hasta juegos *arcade* —o sea, de salón recreativo— ya más sofisticados, por ejemplo *Pac Man* o *Space Invaders*, desarrollados por empresas de Japón, en lo que algunos consideran que fue la época dorada de los videojuegos japoneses.

Muchos tuvimos, sin embargo, nuestro primer contacto con tales videojuegos ya en casa con la introducción de la consola Atari VCS —posteriormente rebautizada Atari 2600—, que no solo tenía una versión gráfica de *Adventure*, sino también *Space Invaders* (figura 4) y *Pac Man*. En seguida hubo también juegos de carreras como *Pole Position* (figura 5), que era aquel juego que suscitaba preguntas en mi cabeza adolescente sobre el mundo de «ahí dentro» más allá del propio trazado del circuito.

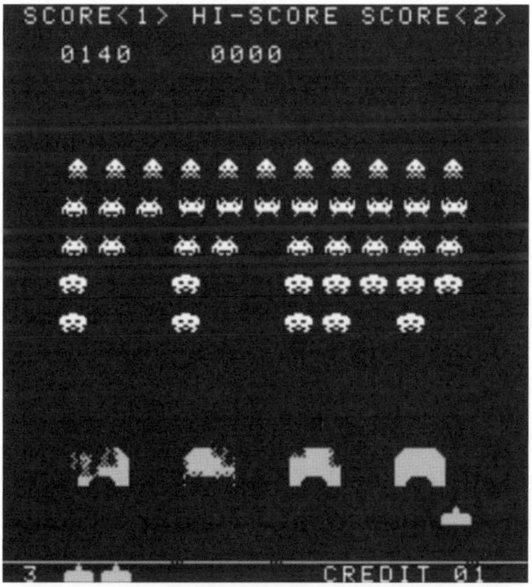

Figura 4: *Space Invaders* era un ejemplo de juego *arcade* multinivel para un único jugador.

Figura 5: *Pole Position*, videojuego de carreras pionero, insinuaba todo un «mundo gráfico», pero el jugador no podía salir de la pista.

Los juegos gráficos tipo *arcade* de la fase 1 se caracterizaban por toda una serie de importantes elementos que seguirían desarrollándose en posteriores fases del camino al punto de simulación:

- **Mecánica tipo *arcade* (de salón recreativo).** Aquellos juegos tenían más que ver con la coordinación mano-ojo que con la resolución de enigmas. Lo normal era que el jugador tuviese que disparar a enemigos que aparecían en la pantalla —o escapar de ellos— sorteando obstáculos visuales.
- **Movimiento controlado con mandos en tiempo real.** Se usaban *joysticks* o bolas de desplazamiento para controlar el movimiento del personaje por la pantalla en tiempo real. Los jugadores iban desarrollando su pericia con el tiempo, jugando un día y otro día hasta pasarse todos los niveles del juego. Tal desarrollo del *feedback* en tiempo real tiene una importancia enorme porque generaba un sentimiento de inmersión, aunque se estuviera jugando en una máquina de una pizzería o de unos recreativos.
- **Mundos limitados y basados en niveles.** Aquellos juegos comportaban sus «mundos», pero eran unos mundos muy limitados. Normalmente aparecían enteros en la pantalla, o bien podían verse las partes restantes desplazándose a la izquierda o a la derecha (lo que acabaría llevando a la función del *scroll* lateral).

La configuración del mundo en cuestión solía cambiar cuando se llegaba al siguiente nivel. Si el jugador se pasaba uno, el siguiente le presentaba enemigos y obstáculos nuevos.

- **Múltiples vidas.** Los jugadores en general tenían un número fijo de vidas por cada moneda que echaban, y, cuando uno se «moría» ese número de veces, tenía que volver a empezar el juego en el nivel 1. Incluso las versiones para dispositivos domésticos de aquellos juegos *arcade* —o sea, propios de máquinas de salones recreativos— mantenían un número fijo de vidas, aunque lógicamente ya no hiciera falta echar otra moneda para volver a jugar, sino que bastaba con reiniciar el juego.
- **Motor de simulación física.** El término de *physics engine* —que suele traducirse al castellano como «motor de física» o «motor físico»— se acuñó más tarde, pero aquellos juegos fueron los primeros en usar lo que ya era, a todas luces, tal clase de software. Obedecían, en efecto, a versiones (simplificadas) de las leyes de la mecánica clásica de Newton. En *Asteroids*, por ejemplo, la nave del jugador tiene su inercia y la mantiene cuando el jugador reduce la velocidad o gira. Un motor de simulación física se limita a describir el conjunto de reglas que debieran seguir los objetos gráficos de la pantalla (naves espaciales, coches de carreras, objetos voladores, armas de fuego y munición...). En *Space Invaders*, el jugador no podía moverse sino a la izquierda o a la derecha —y siempre a la misma velocidad—, y disparar hacia arriba a los marcianos. En *Joust* se iba a lomos de un avestruz volador que solamente podía aterrizar en ciertas partes de la pantalla, y era posible ver en acción las reglas de la física en el modo en que el avestruz se elevaba y luego iba cayendo lentamente. La pericia venía dada sobre todo por la comprensión del motor físico subyacente al juego: era cuestión de afinar los reflejos de uno para responder con base en tales reglas.
- **Bosquejos de un mundo expandido.** A diferencia de lo que ocurría en las aventuras conversacionales —que permitían explorar amplios mundos—, en aquellos primeros videojuegos era frecuente que el mundo de más allá de la «pista» estuviera solamente esbozado o sugerido, sin llegar a mostrarse (ya se tratara literalmente de la pista de un circuito o de cualquier otra zona

de la pantalla que el jugador pudiese habitar). Era el comienzo de una geometría del mundo virtual. Algunos juegos tenían una geometría envolvente, con efecto de desplazamiento continuo. En *Asteroids*, por ejemplo, cuando la nave traspasaba el límite superior de la pantalla, volvía a aparecer por debajo, generando la ilusión de un mundo esférico.

La combinación de la computación gráfica —basada en píxeles— con el control en tiempo real y con el desarrollo de motores de simulación física marcó un antes y un después en la historia de la informática. El software y el hardware actuales deben mucho a los pioneros que construyeron, con recursos limitados, aquellos primeros juegos *arcade* gráficos.

Las simulaciones informáticas, hasta entonces mero código que, ejecutado en unidades centrales, generaba resultados textuales impresos, podían ahora visualizarse y ejecutarse en pantallas controladas por un *joystick* o un teclado. Además, con aquellos juegos *arcade* se introdujo el término «videojuego» (por el modo en que dibujaban gráficos en una pantalla de vídeo). Nacía un nuevo tipo de entretenimiento, no menos significativo que la introducción del cine o la televisión en el siglo XX. Empezaron a disfrutar de aquella nueva forma de ocio millones de jugadores... y el mundo cambió para siempre. Hoy la industria de los videojuegos tiene el mismo tamaño que la industria tradicional del entretenimiento. Sus ingresos anuales, que no paran de subir, superan ya el cuarto de billón de dólares.

Hablando de la industria del entretenimiento, fue también en aquella fase inicial de los videojuegos tipo salón recreativo cuando empezaron a verse cruces o fusiones con otros formatos, por ejemplo los juegos basados en las películas *Indiana Jones en busca del arca perdida* y *E. T., el extraterrestre*. En el juego de Indiana Jones —al que estuve jugando muchas horas—, había un paraje de mesetas que tenías que explorar hasta encontrar el tesoro. Esta idea de un paisaje gráfico que «explorar» hacía que algunos de aquellos juegos basados en películas representaran un paso intermedio entre los juegos *arcade* y los juegos de rol con gráficos, de los que nos ocuparemos en el apartado que sigue. (Por cierto, que a la pobre recepción de que fue objeto el videojuego basado en *E. T.*, hay quien no solo le atribuye la quiebra de Atari, sino el final de esta fase de la industria de los videojuegos).

FASE 2. JUEGOS DE ROL DE AVENTURA GRÁFICA (DÉCADAS DE 1980 Y 1990)

Para cuando empecé el instituto en un suburbio de Detroit, iba haciendo mis pinitos con cuestiones de programación más complejas y la fase de los juegos *arcade* de la década de 1980 era prácticamente agua pasada, igual que la videoconsola doméstica Atari. Fue en esa época cuando la empresa automovilística japonesa Mazda abrió una planta en Flat Rock —en el estado de Míchigan— que estaba muy cerca de mi instituto. Todos los años financiaban una estancia estival en Japón a siete alumnos de aquel centro y yo estuve entre los alumnos seleccionados para una de las primeras ediciones del programa.

Cuando fui a Japón en 1987, vi una cosa en el salón de unos muchachos japoneses de mi edad que anunciaba la siguiente fase de la industria de los videojuegos: una videoconsola que tenía, en vez de *joysticks*, mandos con botones. La fabricaba una empresa llamada Nintendo, artífice de *Donkey Kong*, juego *arcade* que había tenido un éxito tremendo. Pocos años después, cuando había entrado ya en el MIT y estaba aprendiéndolo todo sobre programación, mi hermano menor y sus amigos alucinaban con aquella nueva fase de los videojuegos, marcada por la entrada en el mercado estadounidense de consolas como la Nintendo Entertainment System (NES) y la Sega Genesis, ambas con sistemas ya de dieciséis bits y con unos gráficos, por tanto, mucho mejores que los de las consolas con sistemas de ocho bits que teníamos en la época de Atari.

En la década de 1980, gracias a la proliferación de los ordenadores personales y de aquellas nuevas videoconsolas domésticas, salió al mercado una nueva generación de videojuegos que, por su estructura, concepción y filosofía, se diferenciaban de los de tipo *arcade* o de salón recreativo (más sencillos).

Me refiero a aventuras gráficas como *The Legend of Zelda*, *King's Quest* o *Ultima*, entre muchos otros. Combinaban las prestaciones gráficas de los juegos *arcade* con los mundos expandidos de las aventuras conversacionales, permitiendo a los jugadores visualizar, mediante píxeles, el mundo que en el juego exploraban.

La ambientación solía ser, aunque no siempre, en una Europa medieval fantástica —en la línea de *Dungeons & Dragons*—, y se ofrecía un contexto ficcional tanto para el reino o mundo en cuestión, como para sus personajes. Tales tramas argumentales no se agotaban con cada partida de un juego específico, sino que evolucionaban con múltiples reediciones que iban lanzándose a lo largo de los años, lo que daba a los mundos de aquellos juegos un nivel de realidad que hasta entonces estaba reservado a mundos de fantasía como la Tierra Media o Narnia.

Aquí se jugaba con un personaje que los gráficos renderizaban (véase, por ejemplo, la figura 6). El personaje podía desplazarse por el correspondiente mundo, que ya no hacía falta visualizar en la imaginación. El jugador, sin embargo, tal vez necesitara hacerse aún su propio mapa de dicho mundo en su totalidad, porque los personajes solamente podían ver, en la pantalla, cada vez una parte.

Era también la primera vez que se visualizaban personajes no jugadores —los cuales podían ser tanto enemigos, como aliados—, aunque siempre del mismo modo sencillo y limitado que el personaje principal (el del jugador). Los jugadores podían interactuar con tales personajes o luchar contra ellos usando armas y otros objetos que iban recogiendo por el camino, y de los cuales podían llevar incluso un inventario, con lo que el estado del jugador en el juego se hacía más sofisticado.

A diferencia de los juegos *arcade*, aquellas aventuras gráficas tenían marcos narrativos ficcionales y una o más misiones que el personaje debía completar. Quien jugaba, por ejemplo, a *Zelda* con el personaje principal —con Link—, tenía que salvar a la princesa Zelda y al reino. En *King's Quest* original —que tuvo múltiples secuelas—, el jugador era Sir Graham, un caballero del reino de Daventry que tenía que encontrar tres tesoros legendarios. Si lo conseguía, se convertía en rey de Daventry...

Figura 6: *King's Quest*, una de las primeras aventuras gráficas.

Las aventuras gráficas hicieron mejoras significativas en algunos de los elementos que inicialmente introdujeran los juegos de aventura conversacional. Fueron también cruciales de cara a los juegos que más tarde aparecerían con mundos en 3D totalmente inmersivos. (Algunos de tales juegos eran secuelas de estas aventuras gráficas originales). He aquí las innovaciones clave de dichas aventuras gráficas:

- **Un mundo grande renderizado con gráficos.** Aquellos juegos introducían un vasto mundo que iba mucho más allá de lo que alcanzaba a verse cada vez en la pantalla. Era un mundo renderizado —con su representación gráfica— y estaba poblado por personajes y objetos —igualmente gráficos— que podían ayudar o estorbar al jugador en su misión.
- **La representación gráfica del estado del jugador en el juego.** Una representación gráfica del estado del jugador en el juego incluía la apariencia y el porte del personaje —aspectos que habían de evolucionar—, y la posibilidad de que llevara diferentes trajes, armas y otros objetos, todo lo cual se renderizaba en la pantalla. Tales objetos se almacenaban «fuera de la pantalla» —en un lugar mágico llamado «inventario»—, y podían ser depositados en el mundo renderizado o tomados de él.
- **El estado del mundo del juego.** Aquellos juegos introdujeron la idea de un estado del juego que no solo incluía el estado del personaje del jugador, sino también el estado del propio mundo del juego, un mundo que podía cambiar según qué hiciese el jugador. La sala o zona en cuestión tendría que renderizar el estado del mundo del juego que el jugador dejase la última vez que lo visitara. Podían incluso modificarlo otros personajes (no jugadores) que no estuviesen allí la última vez que estuviera el personaje del jugador. Esta renderización dinámica del estado del mundo del juego, en la cual entraban cosas que podían haber sucedido durante la ausencia del jugador, también tiene su importancia en la creación de simulaciones realistas. Incluso en juegos de un solo jugador, es posible que haya pasado tiempo. (No olvidemos que el tiempo puede transcurrir, dentro de un videojuego, distintamente que en el mundo real). Más adelante, esta idea evolucionaría en juegos tanto de estrategia como de gestión de recursos. Por ejemplo, en *FarmVille*, donde las cosechas le

crecían a uno mientras estaba fuera y eso hacía que el renderizado del mundo del juego fuese otro cuando el jugador regresaba, reflejaba la continuación (acelerada) de la historia.

La capacidad de guardar y reanudar el estado del juego puede antojarse algo obvio desde los estándares actuales, pero lo cierto es que allanó el camino para juegos MMORPG más complejos y para la hipótesis de la simulación. Significaba que tenía que haber una manera concisa de capturar el estado del jugador —y de la totalidad del mundo del juego— en cuanto que información. Esto tendrá unas implicaciones importantísimas cuando exploremos juegos con mundos compartidos y persistentes, es decir, que siguen evolucionando aunque hayan dejado de jugar todos los usuarios.

- **Los personajes no jugadores (PNJ) gráficos.** Si las aventuras conversacionales tenían personajes virtuales con los que podía mantenerse una interacción limitada, y los juegos *arcade* ofrecían adversarios gráficos, las aventuras gráficas fusionaban ambas cosas en lo que hoy llamamos PNJ. Los mundos de dichas aventuras estaban poblados por estos personajes renderizados, que eran controlados por el ordenador y se dibujaban en la pantalla con el mismo nivel de realismo que el personaje del jugador. Estamos hablando, por supuesto, de unos personajes muy simples. En el capítulo quinto hablaremos de los PNJ «inteligentes».
- **Las misiones y la trama argumental.** Aquellos juegos introdujeron la idea de una trama argumental cambiante, y de una o más misiones que iban evolucionando en sucesivas reediciones del juego (algo común en los videojuegos de la actualidad). Terminó hablándose de un «motor de misiones» con referencia a una serie de retos y logros específicos —más pequeños— que el jugador debía superar en el mundo del juego para pasar al siguiente nivel.

El desarrollo tanto de las aventuras gráficas, como de las líneas argumentales de las mismas, supuso un paso clave en el camino que lleva al punto de simulación. Fue significativo, en efecto, que los mundos de aquellos juegos tuviesen marcos narrativos ficcionales —unos marcos cuyas tramas proseguían a veces en secuelas, de lo que serían ejemplos *King's Quest I-VI* o *Ultima I-III*—, y no menos importancia tuvo que la totalidad de la historia se renderizara con píxeles. Algunos de estos juegos acabaron teniendo versiones multijugador —como *Ultima Online*—, y los hay que han seguido evolucionando hasta hoy, por ejemplo las reediciones más recientes de las series *Zelda* y *Final Fantasy*.

Las técnicas empleadas para representar gráficamente en un juego un mundo amplio, renderizando tan solo una parte de ese mundo cada vez —la fracción que el personaje del jugador está observando—, inciden significativamente en la hipótesis de la simulación. De hecho, cuando exploremos la física cuántica —en la segunda parte—, veremos que hay un paralelismo directo con el renderizado condicional de los videojuegos.

Una importancia equivalente tiene la idea de que el estado de la totalidad del mundo del juego —incluido el estado del jugador— podía encapsularse como información, debiendo dicha información renderizarse luego gráficamente en la pantalla. Esta idea constituye, en efecto, un precedente clave de la hipótesis de la simulación. Incluye actualizaciones o modificaciones habidas en el estado del mundo del juego mientras el jugador estaba ausente de ese mundo o no lo estaba observando, debiendo renderizarse los resultados de tales modificaciones cuando el jugador volvía a entrar al juego, como si verdaderamente hubiese continuado la historia entre medias. En aquella fase empezábamos a ver también el surgimiento de un mundo renderizado, concepto clave que pondremos en diálogo con la física cuántica y seguiremos explorando en la segunda parte.

FASE 3. JUEGOS MMORPG —Y MUNDOS VIRTUALES— RENDERIZADOS EN 3D (DÉCADA DE 1990 - ACTUALIDAD)

A medida que la resolución y las técnicas de renderizado fueron afinándose en las décadas de 1990 y 2000, los desarrolladores de grandes videojuegos empezaron a crear unos mundos más realistas sobre las bases conceptuales de las primeras aventuras gráficas.

Tras este rápido avance en términos de personajes y realismo, estaban el desarrollo de las técnicas de cámara subjetiva —con el punto de vista del personaje del jugador—, y la mejora del modelado tridimensional (3D). Hasta entonces, tanto los personajes, como el mundo del juego, se presentaban en sencillos formatos bidimensionales (2D).

Con el objetivo de hacer más realistas los mundos de sus juegos, los diseñadores utilizaban modelos tridimensionales y mapas para plasmarlos y colocaban al personaje del jugador en algún punto de aquel mundo modelado. El jugador no veía sino la parte del mundo en cuestión que se mostraba desde la perspectiva visual de su personaje (y solo en la dirección hacia la que este mirara).

Renderizar los mundos de los juegos desde aquella perspectiva subjetiva y en 3D resultaba complicadísimo a lo primero, porque el número de píxeles necesario superaba con mucho el que hacía falta para un mundo bidimensional más sencillo y los procesadores de la época no estaban optimizados para actualizar los píxeles rápidamente de cara al renderizado de gráficos. Cada objeto de aquellos mundos, cada edificio y ciertamente cada personaje podía requerir más píxeles de los que venían utilizándose para toda una pantalla en los juegos de aventura gráfica en 2D.

Una vez más, los programadores tuvieron que discurrir técnicas de optimización para renderizar únicamente aquella parte del mundo que el personaje del jugador podía ver. Si el jugador se volvía hacia la izquierda o hacia la derecha, la perspectiva tenía que modificarse instantáneamente, lo que entonces se antojaba un objetivo inalcanzable. La «cámara subjetiva» —por así decir— del tirador en que el jugador se convertía en *Doom*, de la empresa id Software —véase la figura 7—, marcó un antes y un después en este sentido.

Figura 7: *Doom* introdujo múltiples técnicas de renderizado en 3D.

El éxito de *Doom* mostró que podíamos representar mundos físicos tridimensionales con modelos y renderizarlos utilizando píxeles en tiempo real en una máquina cliente. Aquello supuso un significativo avance en la computación gráfica que incidió no solo en los videojuegos, sino también en los efectos especiales del cine y en el diseño y la ingeniería asistidos por ordenador. Aunque *Doom* no era propiamente un juego de rol, fue uno de los primeros juegos multijugador verdaderamente populares donde dos jugadores podían dispararse entre ellos, formato llamado *deathmatch mode* («partida a muerte»). Eso permitía a los jugadores competir a través de Internet, que justo andaba extendiéndose desde los campus universitarios al resto del mundo. De hecho, cuando lanzaron *Doom*, tuvo tal éxito que prácticamente copaba el ancho de banda en las redes de los campus por todo el país, pues los alumnos no paraban de jugar unos con otros a aquel videojuego.

Si *Doom* fue importante en el camino que lleva al punto de simulación, no fue tanto por el juego en sí mismo o por sus gráficos, sino por sus técnicas de renderizado y por su modo multijugador. Estas dos innovaciones realmente lo convierten en un precursor tanto de los juegos MMORPG, como de los videojuegos de disparos en primera persona. Los juegos de rol empezaron a usar técnicas de 3D parecidas para resultar más inmersivos. *Doom* básicamente consistía en disparar a monstruos, pero no tardaron en aparecer otros juegos donde se podía deambular por el mundo virtual, pelear contra monstruos con espadas e interactuar con otros personajes en 3D.

Aquel salto desde unos píxeles sencillos y un mundo en 2D hacia una representación de los personajes en 3D y desde determinada perspectiva coincidió, en la década de 1990, con el auge de Internet y de la World Wide Web, que cambió para siempre el modo de jugar a los videojuegos. Si en los albores de la industria había salas de chat compartidas y dominios MUD —por *Multi-User Dungeon*, literalmente «mazmorra multiusuario»— que usaban servicios de conexión por línea conmutada como CompuServe para que los jugadores pudiesen hablar sobre aquellos juegos, la incorporación de la población videojugadora a Internet hizo posible el juego multijugador con gráficos. Eso acabó llevando a la primera ola de juegos MMORPG con el lanzamiento de *Ultima Online*, de *EverQuest* y del más grande y popular de todos los juegos de aquella época: *World of Warcraft*.

En aquellos juegos de rol se escogía un personaje (de manera no distinta que en *Dungeons & Dragons* original). Los avatares, porque ese nombre recibe la representación de un personaje que se ve en la pantalla —acuñaron el término los creadores de *Habitat*, uno de los primeros mundos virtuales compartidos, obra de Lucasfilm Games—, podían customizarse para que cuadraran con la raza del personaje (humano, elfo, enano, nomo...) y con su profesión (ladrón, bárbaro, guerrero, hechicero, etc.). Pero lo más importante era que el jugador podía customizar el aspecto del avatar (color de la piel, género y atuendo). Los personajes iban interactuando y combatiendo entre ellos, y las interacciones incidían tanto en los estados de los distintos jugadores en el juego —con la evolución de sus personajes—, como en el estado del mundo del juego. Los videojuegos MMORPG introdujeron la idea de un «mundo compartido persistente», de un mundo que existía más allá de una partida específica o incluso más allá del ordenador concreto de un jugador. El estado del mundo del juego se mantenía, en efecto, en un servidor y la información se enviaba a las distintas máquinas, que la renderizaban localmente.

El juego MMORPG más destacado para ordenador probablemente fuera *World of Warcraft*, juego en 3D de temática fantástica que tan famoso se hizo, que hasta fue parodiado en series televisivas como *South Park*. El jugador elegía su avatar y empezaba a deambular por un mundo en 3D completamente desarrollado y que diríase salido de *El señor de los anillos*. Se calcula que ha tenido más de cien millones de usuarios desde que existe, lo que lo convierte en el videojuego multijugador masivo en línea con más éxito de su época.[6] Otro juego MMORPG para ordenador del mismo periodo, esta vez con temática de ciencia ficción, era *EVE Online*, con una economía virtual mucho más finamente desarrollada (construida sobre el comercio y las batallas galácticos, con naves espaciales y distintos planetas). Ambos videojuegos representaban vastos mundos virtuales que el avatar del jugador podía explorar.

Una década después, fue pionero de la idea de un mundo virtual casi infinito —con moradores y lugares o planetas prácticamente incontables— un juego llamado *No Man's Sky*. Lanzado en 2016 por Hello Games, este videojuego sin par atrajo la atención de *gamers* de todo el mundo. Uno de los motivos por los que generó tanto revuelo fue porque se decía que era el universo más grande que había dentro de un videojuego.

¿Cómo de grande era el universo de *No Man's Sky*? Supuestamente contenía dieciocho trillones de planetas... Y cada uno de aquellos planetas tenía su propio ecosistema singular que incluía fauna, flora y paisajes, lo que significaba que el número de criaturas vivientes individuales —plantas por lo menos— era asimismo increíblemente elevado. Se podía caminar por un planeta —o moverse por él con la práctica mochila propulsora— e ir descubriendo multitud de cosas que eran únicas de aquel lugar.

---

6. «World of Warcraft Player Count», *MMO Populations*, `https://mmo-population.com/r/wow`.

Aunque el juego propiamente dicho decepcionó a muchos videojugadores, que a menudo lo encontraban aburrido —¿tal vez se pareciera demasiado a la vida real?—, aquella propuesta tuvo su impacto de cara a cuán grandes podían ser los universos que se crearan dentro de los videojuegos. Antes de *No Man's Sky*, parecía imposible que un único grupo de desarrolladores diseñara dieciocho trillones —o incluso cien millones— de mundos distintos.

Los desarrolladores de *No Man's Sky* pudieron hacer tal cosa porque utilizaron lo que se conoce como «generación por procedimientos» o «procedimental» (*procedural generation*), una técnica que empleaba algoritmos para crear datos sobre cada uno de aquellos planetas únicos y sus moradores (en lugar de crear tales datos de forma manual). A quien estuviese dentro del universo de *No Man's Sky*, el hecho de que hubiera exactamente dieciocho trillones de planetas podía darle una pista de que estaba en una realidad generada por ordenador. ¿Que por qué? Pues porque ese es el número más grande que puede representarse con exactamente sesenta y cuatro bits. Los juegos actuales han evolucionado, desde aquellos de ocho bits a los que jugábamos en la primera consola Atari, hasta los gráficos de dieciséis bits de las consolas de finales de la década de 1980 y luego a mundos megarrealistas de sesenta y cuatro bits.

No Man's Sky fue uno de los pioneros en el uso de la geometría y los algoritmos fractales para crear mundos realistas. El descubrimiento de los algoritmos fractales, del que hablaremos más en capítulos posteriores —véase también mi libro *The Simulated Multiverse* [El multiverso simulado]—, vino dado por la constatación de que es difícil reproducir estructuras naturales utilizando la vieja geometría euclidea. Las técnicas fractales permiten, por ejemplo, dibujar un litoral que se asemeje más a uno de la naturaleza. De hecho, las figuras 8 y 9 muestran los litorales de dos islas: una natural, y otra generada con algoritmos fractales. Cuesta ver la diferencia a menos que se sepa qué se está buscando...

HASTA QUÉ PUNTO DEL CAMINO HEMOS LLEGADO

Los juegos MMORPG y los mundos virtuales, aunque su renderizado sigue siendo en pantallas de ordenador bidimensionales, fueron un hito en el camino que lleva al punto de simulación. He aquí algunas de las aportaciones clave de esta fase de la evolución de los videojuegos hasta la fecha:

- **La exploración de un mundo grande renderizado con gráficos en 3D.** En el mundo del juego hay más de lo que un jugador concreto puede ver en un momento dado. Esto empezó cuando en los juegos *arcade* se mostraba una única pantalla —un único nivel—, tras lo que hubo un salto a juegos con amplios mundos en 2D, y después a juegos en 3D donde en cada momento se renderizaba la perspectiva del correspondiente personaje en la correspondiente escena. El uso de modelos y técnicas de renderizado en 3D hizo que aquellos mundos resultaran más inmersivos que los anteriores en 2D.
- **Los avatares en 3D.** La representación gráfica de los personajes ha evolucionado desde la no representación (en las aventuras conversacionales) hasta un simple cuadradito (en *Adventure* de Atari), duendecillos en 2D (en *King's Quest* y en *Legend of Zelda*) y, por último, modelos customizables en 3D —completamente desarrollados— de personajes de múltiples géneros, complexiones y colores de piel (aparte de atuendos y armas).
- **Que el estado del jugador en el juego se almacene fuera del mundo renderizado.** Con la evolución de los juegos, hacía falta un sitio donde almacenar aquella información sobre el jugador —personaje, objetos, experiencia, niveles, etc.— que tal vez no estuviese renderizada en el correspondiente mundo en 3D. Esto empezó a hacerse en la memoria, luego en discos, y terminó subiéndose a un servidor de la nube. ¿Y dónde está ese servidor? Existe fuera del mundo renderizado, un concepto que también cobrará importancia en nuestro viaje al punto de simulación.
- **La persistencia del mundo del juego.** Hay un mundo persistente que va cambiando según qué hagan los jugadores. Se trata de la información almacenada en el «servidor». (Y podría haber múltiples versiones del mundo en cuestión alojadas en distintos servidores, cada versión con su propio estado de ese mundo). A esto se debe que, en mundos virtuales como *Second Life* —y, más recientemente, *Minecraft*—, los objetos sigan en su sitio después incluso de que este o aquel jugador se haya desconectado. Tal persistencia es, por supuesto, ilusoria. Dura solo en tanto que la información sobre el mundo del juego siga guardándose en el servidor y no cambie.

- **Que haya múltiples jugadores en línea.** Un juego MMORPG tiene distintos jugadores simultáneos que pueden jugar entre ellos conectándose al mismo mundo persistente. Dichos jugadores pueden conectarse desde cualquier parte del mundo. Los juegos MMORPG actuales tienen millones de jugadores.
- **Que haya contenido generado por los usuarios.** En *Second Life* y en muchos juegos MMORPG, uno puede «dejar» objetos o construir estructuras que pasan a formar parte del mundo persistente en cuestión, lo cual no es muy distinto del mundo real: si dejo una bicicleta en un parque cercano a mi casa, esa bicicleta se queda ahí para que otros «jugadores» la cojan. En el próximo capítulo indagaremos en *Second Life* y en otros mundos virtuales persistentes que no son juegos.
- **Los PNJ en 3D.** Ya había personajes tanto jugadores como no jugadores en fases anteriores de la evolución de los videojuegos. Pero, a medida que los juegos han ido haciéndose más sofisticados, otro tanto ha ocurrido con los PNJ. Actualmente se renderizan como personajes en 3D, y en capítulos posteriores exploraremos cómo la IA puede crear unos PNJ «inteligentes» mucho más sofisticados, es decir, unos personajes simulados que pueden resultar indistinguibles de los personajes jugadores (PJ).
- **Las misiones —y los motores de misiones— individuales.** Si los juegos de rol gráficos para un solo jugador tenían una única misión y una única línea argumental, los juegos MMORPG permitían múltiples líneas argumentales y misiones, todas las cuales interactuaban en la línea argumental global del mundo en cuestión. En estos juegos, cada jugador tenía múltiples misiones y objetivos entre los que escoger para la siguiente aventura, conque la compleción de tales misiones y objetivos incitaba a los personajes a seguir avanzando y a hacer cosas dentro de ese mundo, lo que proporcionaba una jugabilidad interesante. El código que daba seguimiento a tales cometidos, retos y metas —el conjunto de los cuales formaba líneas argumentales— terminó llamándose, de manera informal, «motor de misiones».
- **Las tramas argumentales que evolucionan.** En *World of Warcraft* y en *EVE Online* —un juego MMORPG de temática interestelar—, había blogs que iban comentando las tramas que

ocurrían en el mundo del juego. La historia cambiaba a medida que los personajes actuaban conjuntamente en «gremios», haciendo de los juegos MMORPG la primera auténtica ficción interactiva gráfica.

- **El motor de renderizado frente al de física.** Con el advenimiento de los juegos MMORPG, se impuso plenamente la utilización de un motor de renderizado por una parte, y de un motor de simulación física por otra. Desde la aparición de *Doom* se han desarrollado muchas técnicas de renderización, optimizándose el renderizado basado en la ubicación del jugador en el mundo del juego y en su visión subjetiva. El motor de física determinaba dónde habían de quedar los objetos en la pantalla, y el motor de renderizado se encargaba de crear, con base en el revestimiento y en la textura de cada objeto, los píxeles concretos que permitiesen al jugador ver la escena en su computadora.
- **Los mundos generados procedimentalmente.** Mientras que el tamaño del mundo renderizado era especialmente finito en los primeros videojuegos, más recientemente la capacidad de generar contenido «por procedimientos» termina con tal limitación y genera plantas, animales y paisajes verosímiles utilizando geometría y algoritmos fractales, como veíamos con *No Man's Sky*.

Puedes ver con esta lista que, aunque acabamos de enfilar el camino que lleva al punto de simulación, muchos de los elementos y conceptos técnicos que harían falta para crear un mundo virtual simulado ya están ahí. Especial importancia reviste la capacidad de almacenar y monitorizar, en cuanto que «información», los estados que van teniendo en el juego tanto multitud de personajes simultáneos —ya sean PJ o PNJ— como el propio mundo (persistente) del juego. La información, que es la base de cuanto pueda acontecer en el mundo virtual, se almacena en algún sitio externo al mundo renderizado. Hoy se almacena en servidores de la nube que resultan invisibles a quienes se hallan dentro del mundo en cuestión, y se renderiza cuando hace falta.

Ahora bien: aunque las principales aportaciones de las cuatro fases de la evolución de los videojuegos recién vistas constituyen hitos cruciales en el camino que lleva al punto de simulación, no estamos todavía en dicho punto. Para que el mundo circundante sea «una ilusión muy persistente» —por retomar la expresión de Einstein—, los jugadores se tienen que «creer» que ese mundo no es un juego, que no se trata de ninguna simulación, sino que es «de verdad».

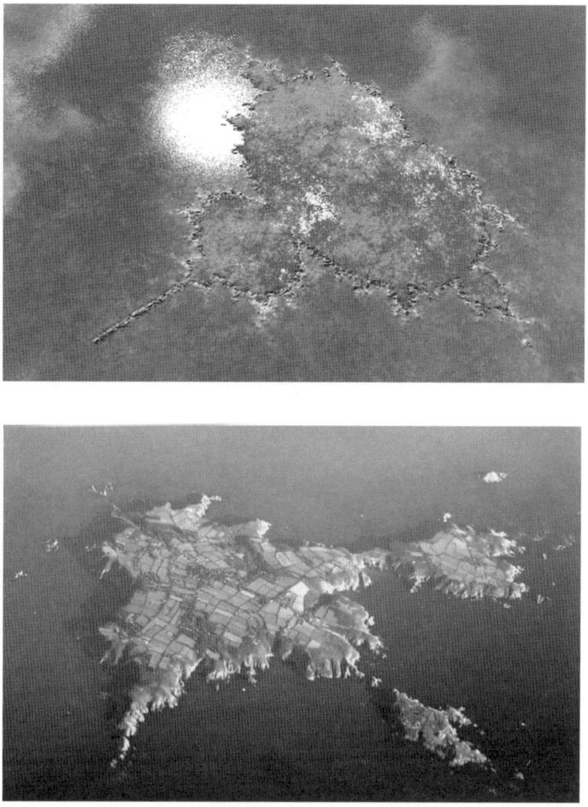

Figuras 8 y 9: Un paisaje generado fractalmente y un paisaje natural.[7]

Los juegos actuales no están aún en condiciones de gestionar a miles de millones de agentes dotados de conciencia; tampoco ofrecen un nivel de inmersión que haga confundir a cualquiera el mundo del juego con el real. Tal proceso vendría dado por una mayor potencia computacional, por nuevas formas de interacción entre el usuario humano y el ordenador y por un progreso en la optimización del tráfico de red.

En los próximos capítulos seguiremos avanzando por este camino y haremos conjeturas sobre posibles desarrollos futuros de la tecnología de los videojuegos y de la realidad virtual que pudieran llevarnos hasta ahí.

---

7. Figura 8: Alexis Monnerot-Dumaine, «Mandelbrot Island.jpg», *Wikimedia Commons*, 14 de marzo de 2006, `https://commons.wikimedia.org/wiki/File:Mandelbrot_island.jpg`; figura 9: Phillip Capper, «Sark-aerial.jpg» (isla de Sark, en el canal de la Mancha), *Wikimedia Commons*, 17 de septiembre de 2005, `https://commons.wikimedia.org/wiki/File:Sark-aerial.jpg`.

TRES

EL METAVERSO

Realidades virtuales y aumentadas

El elemento común de los juegos MMORPG que veíamos en el anterior capítulo, era un mundo persistente que iba más allá de un jugador concreto o de una partida específica. Esa idea de un mundo virtual independiente —con el añadido de que el paisaje virtual de dicho mundo lo construían, sobre todo, los usuarios— actualmente se conoce como «metaverso».

Cuando escribí la primera edición de este libro, únicamente habían oído tal término los expertos en tecnología. En 2021, sin embargo, la empresa de redes sociales más grande del mundo —o sea, Facebook— se cambió el nombre y pasó a llamarse Meta. Su fundador y director ejecutivo —Mark Zuckerberg— anunció que querían ser los líderes de la construcción del metaverso. Aquello hizo que mucha gente se preguntara: «Pero ¿qué es eso del "metaverso"?».

EL METAVERSO. DE LA CIENCIA FICCIÓN A *SECOND LIFE* Y A META

El término «metaverso» sale de la ciencia ficción. Lo acuñó Neal Stephenson en su novela ciberpunk de 1992 —hoy un clásico— *Snow Crash*. En aquella novela había un mundo virtual en 3D basado en la computación gráfica incipiente de finales de la década de 1980. Los jugadores entraban en el metaverso poniéndose unas gafas de realidad virtual tridimensional y eran representados por avatares que podían explorar aquel mundo. Fue este uso del término «avatar» por parte de Stephenson en *Snow Crash* lo que lo popularizó. Hoy está extendidísimo en la industria de los videojuegos.

Lo que Stephenson visualizaba en su novela, estaba a caballo entre un videojuego interactivo y la idea que hoy tenemos de Internet. Su metaverso tenía cabida para cientos de millones de jugadores de todo el planeta, renderizando un mundo tridimensional sumamente realista en tiempo real en el dispositivo de cada jugador. Eran los propios jugadores quienes construían o programaban tanto los edificios como el paisaje del metaverso, y había una economía virtual en toda regla: el metaverso podía utilizarse para encontrar empleo y trabajar o simplemente para alternar en bares o cafés virtuales. También se podía usar para combates virtuales a espada u otros juegos, y había incluso personajes inteligentes que eran una IA —entonces se hablaba de «programas»— y que estaban a disposición de los usuarios del metaverso para lo que hiciera falta, desde servir una copa en un bar hasta dar un masaje virtual.

Las primeras tentativas de construir el metaverso empezaron a los pocos años de publicarse la novela. En 1995, una empresa llamada Active Worlds creó una réplica de la parte del metaverso de *Snow Crash* llamada «The Street» [La calle]. Aquel mundo virtual estaba limitado por el ancho de banda y los gráficos de la época; terminó cayendo en desuso.

Más adelante, en 1999, cuando Philip Rosedale ponía en marcha Linden Lab —la empresa que desarrollaría *Second Life*—, andaban popularizándose dos innovaciones tecnológicas cruciales: los procesadores gráficos —GPU por *Graphics Processing Unit*—, que ayudaban a realizar los cálculos matemáticos necesarios para renderizar rápidamente unos gráficos mejores, y el acceso a Internet de banda ancha, que permitía que los ordenadores estuviesen conectados a Internet de forma ininterrumpida. Para cuando Linden Lab lanzó *Second Life* —en 2004—, ambas innovaciones habían tenido ya una amplia difusión y fueron clave en la nueva ola de juegos MMORPG de aquella época (por ejemplo, *World of Warcraft*).

Second Life fue, en mi opinión, el primer metaverso del mundo real que hacía efectivos múltiples aspectos de la visión de Stephenson. Supuso un hito fundamental en el camino al punto de simulación.

Aquí jugar no solo significaba crear un avatar que representara el personaje de uno, sino crear partes del propio mundo tridimensional en cuestión.

¿Que cuál era el objetivo del personaje de uno en *Second Life*? Es una buena pregunta, aunque también cabría preguntarse cuál es el objetivo del personaje de uno en la vida real...

Figura 10: En *Second Life*, los avatares ya eran más realistas y vagaban a su antojo por un mundo persistente.

El objetivo de *Second Life* era interactuar con personas de todo el planeta. Más allá de eso, qué hacer en aquel mundo en 3D era cosa de cada cual. Era posible vivir una vida virtual completa en *Second Life*. El avatar de uno podía socializar: ir a discotecas, construir una casa con otro personaje, asistir a conciertos, casarse, dispararse flechas o rayos láser con otros jugadores, etc. Cabía incluso tener un empleo, en cuyo caso se cobraba en «dólares Linden», lo que introdujo a muchos en un nuevo concepto: el de una divisa virtual que podía cambiarse por dólares reales. Uno también podía ganar dólares Linden vendiendo, con su propia empresa virtual, sus creaciones tridimensionales. El resultado fue una economía virtual, y Linden Lab fue una de las primeras empresas de videojuegos que contrató a un economista para que gestionase dicha economía cibernética de *Second Life*, que en cierto punto llegó a valer quinientos millones de dólares anuales.

Aquella economía virtual fue posible por la naturaleza persistente de la jugabilidad, y por la posibilidad de construir cualquier cosa dentro del mundo del juego. Porque uno podía ser «propietario» de un terreno y construir, por ejemplo, una casa en él con los criterios que quisiera —desde una casa artística y posmoderna, hasta una mansión victoriana—, y las estructuras y los objetos seguirían allí cuando su dueño, u otros jugadores, visitaran en adelante esa misma parcela virtual. El mundo cibernético de *Second Life* empezaba a parecerse, en múltiples sentidos, a un mundo real, pero alternativo. Había incluso blogs y periódicos dedicados a los habitantes de *Second Life*.

Parecía que el metaverso ya estaba aquí... pero se produjo un fenómeno curioso. Tras el *boom* del principio, la base de usuarios de *Second Life* se empezó a contraer. Pasado el tirón de la novedad, dejaron de llegar usuarios nuevos y los que había no sabían muy bien qué hacer en aquel mundo abierto virtual. A partir de 2008 terminó aquel auge de empresas centradas en el metaverso —en la construcción de mundos virtuales tipo *Second Life*—, y daba la impresión de que la propia idea del metaverso volvía a relegarse a la ciencia ficción. El mismo ciclo se repetía más de una década después —cuando Facebook cambió su nombre a Meta—, y esta vez el *boom* del metaverso alcanzaba nuevas cotas, dedicándole incluso su cubierta la revista *Time* al cabo de unos meses.

EL «BUCLE DE RETROALIMENTACIÓN». CIENCIA FICCIÓN E INNOVACIÓN TECNOLÓGICA

Este proceso se conoce, informalmente, como «bucle de retroalimentación de la ciencia ficción» (*Sci-Fi Feedback Loop*). Quiere decir que la ciencia ficción influye en el desarrollo tecnocientífico del mundo real, y las innovaciones del mundo real influyen en la siguiente ola de la ciencia ficción. *Snow Crash*, por dar un caso, se enmarcaba en la literatura ciberpunk, que se inspiró en el nacimiento de los ordenadores personales (ocurrido en las décadas de 1970 y 1980). No es que los ordenadores no estuviesen ya ahí en las décadas de 1950 o 1960 —cuando Asimov y Clarke y Heinlein escribían obras de ciencia ficción sobre viajes a las estrellas—, pero eran unos cacharros del tamaño de una habitación y los utilizaban sobre todo grandes corporaciones. La ciencia ficción de temática estelar que aquellos autores cultivaban estaba influida por la era espacial e influía, a su vez, en ella (como también sucedía con escritores ciberpunk como William Gibson, Neal Stephenson o Vernor Vinge).

Un rasgo clave del metaverso de *Snow Crash* que faltaba en *Second Life* era la inmersión plena. En un ejemplo del mencionado bucle de retroalimentación de la ciencia ficción, unos años después —en 2011—, la novela *Ready Player One*, de Ernest Cline, ofrecía una versión actualizada de la idea del metaverso. Incorporaba un casco de realidad virtual ultraligero, diversos accesorios que permitían sentirse inmerso en el mundo virtual —por ejemplo un traje háptico o una cinta de correr omnidireccional—, y también muchas de las innovaciones que habían aparecido desde la publicación de *Snow Crash*, como Internet y la mensajería instantánea.

Investigando para mi tesis doctoral, me encontré con que Cline había pasado bastante tiempo en *Second Life*. Nos hallamos, por tanto, ante un caso de bucle de retroalimentación de la ciencia ficción que se ha extendido a lo largo de muchos años. Cuando Cline publicó su libro —que estaba ambientado en el año 2045—, no había cascos de RV disponibles para el gran público; pero el bucle de retroalimentación estaba en marcha, y en unos años Oculus lanzó su modelo de casco asequible, tras lo que hubo un aluvión de empresas que intentaban producir un casco de RV mejor y contenidos para tal casco. A cada empleado de Oculus —que fue adquirido por Facebook en 2014 por dos mil millones de dólares—, le dieron un ejemplar de *Ready Player One* para que se hiciese una idea del futuro de ciencia ficción que la empresa aspiraba a construir.

En 2018, justo cuando empresas como Sony y HTC andaban en el mundo real con los cascos de RV, Steven Spielberg dirigía una adaptación cinematográfica de *Ready Player One* que fue un taquillazo y se convirtió en la nueva piedra de toque de la idea de un mundo virtual plenamente inmersivo. En pocos años, Zuckerberg le había cambiado el nombre a Facebook —que ahora pasaba a ser Meta—, mostrando hasta qué punto están entrelazados el mundo de la ciencia ficción (Hollywood) y el de la innovación tecnológica (Silicon Valley). No mucho después —en 2022 y 2023—, el *boom* del metaverso volvía a desinflarse, ocupando su lugar un auge de la IA, que trataremos en capítulos posteriores. Entre tanto, la tecnología necesaria para construir el metaverso ha seguido haciéndose realidad.

AVANZANDO HACIA EL PUNTO DE SIMULACIÓN

Esto nos lleva a las siguientes fases del camino al punto de simulación. Si en las primeras fases recogíamos la evolución histórica de los videojuegos, el presente capítulo se ocupa de tecnologías que están aún en proceso de creación y mejora, por ejemplo, ingredientes clave del metaverso como es la realidad virtual y aumentada.

Las fases que hasta ahora hemos descrito sentaban las bases para un mundo virtual persistente compartido en línea por millones de jugadores, y en el cual a los jugadores y a los personajes se los representa, en cuanto que información, renderizados en píxeles en un mundo tridimensional de juego. La Gran Simulación —nuestra versión de Matrix— se puede concebir como una variación más sofisticada de los actuales juegos MMORPG, con mejores métodos tanto de generación (*output*), como de entrada (*input*), mejores PNJ e inmersión plena. En resumen: un mundo virtual semejante al metaverso y 100 % inmersivo.

A partir de este capítulo, vamos a hacer pronósticos o suposiciones sobre el futuro con base en los siguientes aspectos: el grado de realismo de los juegos actuales, el método de proyección —desde pantallas bidimensionales hasta la realidad virtual y aumentada y la transmisión mental directa—, y los métodos para controlar los juegos, que van desde teclados y mandos hasta la voz, la cinestesia e incluso las interfaces mentales. Nos fijaremos en cuáles han sido las tendencias históricas —no solo en las ciencias de la computación, sino en las interfaces humano-máquina y en la neurociencia—, y nos adentraremos en el terreno de lo hipotético, planteando posibilidades como por ejemplo una IA de nivel humano, o bien la conciencia descargable (que es una idea sumamente controvertida). Todo culminará en la llegada al punto de simulación, donde todas estas innovaciones técnicas convergen en la capacidad de construir la Gran Simulación.

Desconocemos la fecha exacta en que alcanzaremos el mencionado punto de simulación, pero, si pensamos que podemos hacerlo en un margen de tiempo razonable, en tal caso es muy posible que existan civilizaciones más avanzadas que lleven funcionando miles o incluso millones de años más que nosotros, que esas civilizaciones hayan llegado «ya» al punto de simulación, y que nosotros en realidad estemos dentro del mundo virtual «de ellos». De esta posibilidad nos ocuparemos en el último capítulo de esta parte del libro.

FASE 4. INMERSIÓN MEDIANTE REALIDAD VIRTUAL

Aunque los juegos MMORPG de la fase 3 eran más inmersivos que los juegos anteriores —y los mundos virtuales tipo *Second Life* permitían tener una rica vida virtual—, en ninguno de ambos casos dejaba de haber un jugador sentado frente a una pantalla de ordenador bidimensional. Por más que los mundos y los personajes estén modelados en 3D, el hecho insoslayable es que, en tales juegos, la inmersión no alcanza el nivel de un metaverso como el que plantea la ciencia ficción, sino que sigue bastante lejos de una simulación integral como la holocubierta de *Star Trek* o el mundo cibernético de *Matrix*.

Hoy por hoy, lo último en tecnología inmersiva es la realidad virtual. Dicha realidad se crea mediante cascos o gafas de RV. El jugador se pone tales gafas, que tienen dos pequeñas pantallas separadas entre sí con la distancia justa para que la imagen de cada una se muestre a un ojo. Eso produce un efecto de inmersión, porque el usuario mira alrededor y lo único que puede ver es ese mundo virtual en 3D.

En la introducción contaba mi «conversión» a la RV: aquella experiencia de jugar una partida virtual de pimpón. Yo estaba, de pie, en medio de una habitación despejada al efecto —es lo que se llama RV *room scale*— y tenía en las manos los mandos del juego. Llevaba puesto el casco de RV «HTC Vive», conque tenía en mi campo de visión la mesa de pimpón y también al contrincante, y, si me miraba las manos, veía en ellas solo la raqueta. Cuando movía el mando, la raqueta se movía en perfecta sincronización con los movimientos de mi mano. Después de unos minutos fusionando así, en tiempo real, mis movimientos con aquel mundo cibernético, mi mente ya estaba convencida de que yo estaba jugando una partida de pimpón de verdad. La figura 11 muestra qué se veía en aquel juego de RV.

Figura 11: Ejemplo de juego de pimpón de RV inmersivo (*Virtual Sports*, de HTC y Free Range Games).

En realidad, aquella fue solo una de mis primeras experiencias de «conversión» a la RV. En 2016 probé un prototipo de un juego de RV llamado *Dragonflight*, de un desarrollador de Santa Mónica. En aquel juego me vi volando, a lomos de un dragón, por una versión fantástica de un paisaje semejante al Gran Cañón del Colorado, con sus ruinas de castillos medievales y todo. La experiencia era tan realista, que verdaderamente sentía que volaba —de hecho empecé a marearme— y tuve que aterrizar con el dragón. Probando otro producto de RV de la misma empresa estaba, de pie, en el interior de un sistema de cuevas, junto al borde de una grieta profundísima. Al cabo de unos minutos, me daba miedo dar un paso a la derecha porque podía caerme en la grieta... El nivel de realismo de aquellas experiencias de RV hacía complicado convencer a mi mente de que ni la mesa de pimpón ni el dragón ni la grieta estaban ahí en realidad, sino que aquello era una habitación despejada y yo tenía un casco de RV puesto.

En los próximos años, supongo que la fusión de la RV con los juegos MMORPG creará mundos virtuales persistentes y plenamente inmersivos, en la línea del OASIS de *Ready Player One* (en adelante *RPO*). En *RPO*, el mundo de RV llamado OASIS ha pasado a ser, para casi todo el mundo, la principal manera de eludir la realidad física. A los niños los mandan al colegio en la realidad virtual, la gente trabaja en la realidad virtual y tiene relaciones en ella, cambia el aspecto de su avatar y juega a toda clase de juegos.

De hecho, este OASIS ficcional cumple, con una plena inmersión visual y táctil a través de accesorios, todas las expectativas de los primeros mundos virtuales (por ejemplo del mencionado *Second Life*, que se inspiraba en *Snow Crash*). En muchos sentidos, dado el estado general distópico que el mundo real presenta en la novela de Cline, muchos de sus habitantes prefieren la vida en OASIS.

Construir un mundo virtual plenamente inmersivo y con calidad fotorrealista sería la culminación de esta fase del camino conducente al punto de simulación. Pero, antes de examinar los componentes necesarios para saltar de la actual RV a tal nivel, volvamos la vista atrás para ver cómo funciona la tecnología.

La historia de las gafas 3D

Durante muchas décadas hubo una tecnología 3D relativamente primitiva que se basaba en los mismos principios subyacentes a la RV. Ya en la década de 1950 se proyectaba, en salas de todo el país, cine 3D, lo que implicaba el uso de gafas 3D de cartón con lentes de plástico de color rojo y azul. En la década de 1980 —siendo yo un niño—, recuerdo que a veces se emitía en 3D algún programa de televisión y usábamos las gafas que venían con la revista *TV Guide*.

Incluso en la época victoriana existían dispositivos que generaban una ilusión de tridimensionalidad; tenían dos imágenes separadas entre sí con la distancia justa para que cada una quedara delante de un ojo. El término técnico para esto es «estereoscopia». Percibimos profundidad al colocarse, una ante cada ojo, dos imágenes. La mente las combina en una única perspectiva tridimensional.

Las actuales gafas para cine 3D no utilizan aquellas lentes de color rojo y azul de la década de 1950. Ahora cada lente filtra luz polarizada en una dirección concreta. Eso ha dado lugar, en el cine, a una nueva ola de versiones 3D de películas famosas como *Avatar*.

Del cine 3D a la realidad virtual

Las gafas de RV tienen su origen en la estereoscopia, pero los actuales cascos de RV son mucho más complicados que unas simples gafas de cartón recortado que filtran colores o luz polarizada. Tienen dos pequeñas pantallas de ordenador en las cuales renderiza el entorno virtual un procesador que puede hallarse tanto en una computadora personal, como en un teléfono o en las propias gafas.

A diferencia de las películas en 3D —las cuales basta con rodar una vez—, los videojuegos son mucho más dinámicos y dependen del «renderizado en tiempo real» de modelos tridimensionales de paisajes, objetos y personajes. Los píxeles han de crearse, en efecto, en tiempo real mediante un motor de renderización «mientras» se está jugando al juego. Hoy las escenas de los videojuegos no se almacenan como píxeles, sino como una combinación de modelos tridimensionales y texturas. Al motor de renderización le corresponde convertir tales modelos en los píxeles que vemos en la pantalla, a cuyo efecto considera la ubicación de nuestro personaje en el mundo del juego, y la dirección en que nuestro avatar está mirando. Sería una especie de «cámara virtual».

En la medida en que tal visualización del mundo del juego se crea en tiempo real mientras el usuario está jugando, al programa informático le resulta (relativamente) fácil renderizar dos versiones de la escena virtual que está creando. Una sencilla ecuación matemática modifica los píxeles entre una imagen y la otra, separadas por la distancia existente entre dos ojos humanos.

La verdadera gracia está, naturalmente, en proyectar ambas imágenes en sendos ojos de manera que a la mente se la «engañe», haciéndole creer que el usuario está dentro de ese mundo. La inmersión en la realidad virtual viene dada por el modo en que el casco de RV eclipsa cualquier otra cosa del entorno del usuario, haciendo a este sentir que está metido en la escena en cuestión, y no en el salón de su casa con un casco puesto.

La tecnología de RV lleva ahí, bajo una forma u otra, décadas ya; pero fue con la introducción del casco Oculus Quest por parte de Meta como empezaron a despegar los cascos de RV para el gran público. Oculus VR, empresa fundada por Palmer Luckey en 2012, no necesariamente inventó ninguna tecnología nueva, pero sí que optimizó todas las distintas técnicas y materiales que ya existían y las hizo converger en un manejable casco —y kit de herramientas— que se prestaba a ser usado por desarrolladores de juegos. El director de tecnología de Oculus VR no era otro que John Carmack, uno de los creadores de *Doom* (el primer juego con visión subjetiva en 3D, que tuvo un éxito enorme). De modo que el equipo de Oculus contaba con muchos años de experiencia en la optimización del renderizado de paisajes tridimensionales.

Desde que Facebook comprara Oculus, otras empresas como HTC o Sony han sacado sus propios cascos de realidad virtual.

La última empresa en sumarse a esta competición fue nada menos que Apple, que ha sido especialmente eficaz generando, mediante la combinación de las tecnologías existentes, prácticos productos con los que se ha convertido en una de las corporaciones de más éxito del mundo. Apple lanzó por fin su propio casco —el Apple Vision Pro— a comienzos de 2023, suscitando un revuelo mediático. A diferencia de las propuestas anteriores, el Vision Pro (VP) era un casco combinado de RV y RA. Ofrecía una resolución increíble, lo suficiente como para que sus primeros usos se asemejaran más a una proyección de pantallas virtuales en el espacio de entorno al usuario. Las pantallas tenían una resolución lo bastante alta como para sustituir a los monitores, y Apple popularizó un nuevo término para englobar tanto la RA como la RV: «computación espacial».

Parte del problema de aquel casco era, sin embargo, su precio: costaba 3.500 dólares (diez veces más, por dar un caso, que el Meta Quest 3). A eso se añadía que apenas empezaban a lanzarse aplicaciones para aquella plataforma. Igual que ocurrió con el primer Macintosh —que ayudó a introducir la interfaz de usuario gráfica—, el uso del Apple VP quedó limitado a sus primeros compradores. Y todavía está por ver si esta plataforma tecnológica conseguirá por fin, cuando baje de precio y otras empresas copien sus prestaciones, que la RV y la RA dirigidas al gran público se conviertan en una tecnología ampliamente aceptada. De todas formas, una funcionalidad para la que el Vision Pro parecía óptimo era la de ver películas en 3D como *Avatar* en pantalla gigante desde el confort del salón de uno. Si hay futuras versiones de este casco de Apple con un precio y un tamaño menores, eso podría ayudar a que la RV pase a ser una tecnología doméstica estándar.

La futura evolución de la RV inmersiva

A la realidad virtual le queda aún mucho camino por recorrer hasta llegar al nivel descrito en la ciencia ficción. La adopción de la RV por parte de los consumidores ha sido, hasta la fecha, mucho más lenta de lo que se esperaba, debido en parte a una serie de carencias de la actual tecnología que habría que solventar para que la perspectiva de una adopción por parte del gran público resulte verosímil:

1. **La RV requiere unas grandes gafas específicas.** El mayor inconveniente de la RV es que hace falta ponerse las gafas. Esto parece más una característica que una desventaja, pero ha resultado ser una barrera para la difusión de los dispositivos de RV. Los actuales cascos siguen siendo grandes, pesados y aparatosos. Solíamos bromear con que los primeros cascos de RV que se lanzaron para el gran público eran como tener una tostadora en la cara. La industria lleva años con la vista puesta en un dispositivo que no sea mayor que unas gafas de sol normales y parece que está habiendo avances en tal sentido.
2. **La RV requiere un espacio *ad hoc*.** Como las gafas de RV impiden ver el mundo real, hay que usar la RV en un espacio despejado a tal efecto, donde no haya otras personas ni objetos físicos; de lo contrario, podría haber percances. Nótese que esto no ha sido un problema de cara a usos empresariales de la RV, por ejemplo en la formación de operadores de carretilla elevadora u otros tipos de capacitación profesional o académica.
3. **La gente todavía se marea con el movimiento de la RV.** Cuando estamos moviéndonos, lo normal es que la mente no solo reciba señales visuales de que tal es el caso, sino que también otras partes del cuerpo contribuyen a la sensación de movimiento. Si se estimula uno de los sentidos solamente, el individuo puede marearse o sentir náuseas, que es algo ciertamente indeseable. Las últimas gafas y aplicaciones de RV han hecho por minimizar este

problema utilizando, por ejemplo, el teletransporte en los juegos en lugar del movimiento continuo, así como una serie de técnicas de desenfoque.

4. **El renderizado de la RV no es fotorrealista.** Esto está empezando a cambiar por la combinación de vídeos y cámaras de 360° con modelos y entornos virtuales en 3D, pero la mayoría de los juegos de RV siguen pareciendo juegos de ordenador, en vez de espacios físicos reales. El Vision Pro de Apple ha supuesto un avance al ofrecer entornos fotorrealistas dentro de un visor, pero hay mucho camino por recorrer aún.
5. **La alimentación eléctrica del casco.** Los primeros cascos de RV debían conectarse por cable a un ordenador, por lo que la alimentación eléctrica no suponía un problema. Empresas como Apple, Google o Samsung han invertido miles de millones para optimizar la durabilidad y practicidad de las baterías de sus *smartphones*, y se les ocurrió aprovechar tales innovaciones utilizando directamente este dispositivo como alimentador eléctrico de las gafas de RV. Resultó, sin embargo, que a la gente no le hacía ninguna gracia la idea de ponerse el teléfono en la cara. Los cascos de RV necesitaban más alimentación y el Apple Vision Pro incluía, cuando se lanzó, un *pack* de batería externa que podía llevarse en el bolsillo. Pero está claro que los futuros formatos portátiles compactos necesitarán resolver el problema de la alimentación.
6. **La falta de *feedback* cinestésico.** Para crear una experiencia plenamente inmersiva, hay que estimular otros sentidos además de la vista (por ejemplo el oído y el tacto). En aras de un mayor realismo —como el descrito en *Ready Player One*—, podrían utilizarse complementos de entornos de RV como pueden ser los trajes hápticos —que proporcionan *feedback* cinestésico—, o bien máquinas que controlen el movimiento físico (por ejemplo cintas de correr). Aunque muchas empresas han construido aspectos de esta tecnología, todavía no se ha alcanzado el nivel propuesto en la ciencia ficción, y rara vez se usa en la práctica debido al coste y a lo aparatoso que resulta hacerlo.
7. **El audio 3D.** El audio 3D es otro ámbito importante para una inmersión plena. En el mundo real, podemos decir de dónde viene un ruido porque contamos con dos orejas capaces de

triangular el sonido. En el mundo virtual, todo el sonido sale físicamente del mismo sitio: del casco de RV. Las investigaciones muestran que en el espacio virtual podemos imitar un sonido procedente de distintos puntos, lo que se denomina «audio 3D» o «espacial». En los últimos años, las empresas han hecho avances en este tipo de sonido simulándolo mediante auriculares, de manera que cada oído reciba solo el subgrupo de sonidos que oiría en un entorno tridimensional desde determinada posición. Philip Rosedale, el fundador de *Second Life*, se embarcó luego en otra empresa —High Fidelity— centrada en los efectos de sonido espacial, y el Vision Pro de Apple se lanzó con características de audio 3D incorporadas. A día de hoy, sin embargo, la mayoría de juegos y aplicaciones siguen sin disponer de un audio espacial plenamente integrado.

Teniendo en cuenta que la actual tecnología de RV dirigida al gran público apenas tiene más de una década, parece razonable que muchas de estas taras se resuelvan en los próximos años o en el plazo de una década a lo sumo.

FASE 5. REALIDAD AUMENTADA (RA) Y REALIDAD MIXTA (RM) FOTORREALISTAS

Una tecnología estrechamente relacionada con la realidad virtual es la realidad aumentada (RA). La RA se asemeja en cierto modo a la RV porque sigue haciendo falta algún tipo de gafas para ver el mundo aumentado. Sin embargo, las gafas de RA no sumergen plenamente al usuario en el mundo cibernético —de manera que uno pierda por completo la noción de su entorno físico—, sino que muestran dicho entorno. El rasgo definitorio de la RA es que añade elementos virtuales al entorno real de la persona que lleva las gafas. El usuario puede estar en una habitación en la que haya una mesa física, pero no sillas. Las gafas de RA pueden poner sillas alrededor de la mesa o arañas y serpientes sobre esta.

El Google Glass y el Microsoft HoloLens fueron de los primeros cascos de RA que se comercializaron. Después, lanzaron productos en la misma línea Magic Leap —que utiliza una tecnología de campo de luz o plenóptica exclusiva—, Meta —el antiguo Facebook—, Apple con su Vision Pro y una serie de ambiciosas *startups*.

La realidad aumentada representa un caso de uso ligeramente distinto de la realidad virtual, pero las tecnologías subyacentes y los sets de herramientas son muy parecidos. Ambas usan modelos en 3D y texturas, así como tecnología de renderizado en tiempo real. Esa misma tecnología se utiliza tanto en los juegos MMORPG en 3D como en el cine (para crear efectos especiales generados por ordenador).

La creación de imágenes aumentadas fotorrealistas

Cuando escribí la primera edición de este libro, los elementos que se añadían al espacio circundante usando gafas de RA parecían más salidos de un videojuego, que no objetos del mundo real. Los primeros visores de RA —como el mencionado HoloLens de Microsoft— tenían un campo de visión relativamente limitado y resultaban engorrosos para un uso cotidiano, aunque demostraron su valía en entornos empresariales. En general, el usuario distinguía sin problema los objetos aumentados frente a los del mundo real. Pero ese no va a ser siempre el caso y ya hemos empezado a ver el cambio con la introducción del Vision Pro de Apple.

Hacer que los objetos parezcan parte del mundo real aunque sean virtuales es un proceso que ha avanzado mucho en el cine, como puede comprobarse en cualquier taquillazo reciente de ciencia ficción. Las gafas de RA, a diferencia de la imagen generada por ordenador que se utiliza en el cine, deben renderizar objetos en el mundo físico en tiempo real, y el renderizado tiene que ir cambiando conforme el usuario mueva la cabeza o se desplace. Esa exigencia de un renderizado en tiempo real hace que los objetos se caractericen por una resolución y una calidad inferiores a las de los efectos especiales de gran presupuesto.

Cuando sepamos renderizar en el mundo físico en tiempo real objetos virtuales que resulten indistinguibles de los que ya estaban ahí, habremos llegado a un punto significativo en el camino al punto de simulación. Yo llamo a esto «realidad mixta fotorrealista» o RM.

¿Que qué relevancia tiene esto en el camino que lleva al punto de simulación? Pues que nos ofrece una potente analogía. ¿Qué sucede, en efecto, cuando podemos ver objetos fotorrealistas que resultan indistinguibles de los objetos físicos? No es ningún disparate pensar, si eso ocurre, que tal vez haya otro motor de renderizado (oculto) que ya esté operativo en el mundo que nos rodea, encargándose de crear los objetos físicos que vemos a nuestro alrededor. Queda entonces de relieve que la base de los objetos físicos es, bien mirado, informática, y que únicamente en nuestra percepción se antojan reales. Cuando la línea entre realidad aumentada y física se difumina, empieza a perfilarse la tecnología necesaria para construir la Gran Simulación.

Nota sobre los efectos especiales del cine

Como antes comentábamos, la evolución de los efectos especiales del cine ha hecho ver que sabemos crear personajes y objetos de aspecto realista y combinarlos con actores y entornos reales en el medio cinematográfico. Hagamos un pequeño recorrido por la historia de la aplicación de la imagen generada por ordenador a los efectos especiales de películas.

Si los primeros efectos especiales utilizaban maquetas y muñecos físicos —en películas que van desde *King Kong* (1933) hasta *La guerra de las galaxias* (1977)—, hoy dichos efectos utilizan imagen generada por ordenador. La primera secuencia cinematográfica completamente generada por medios informáticos fue la del proyecto Génesis de *Star Trek II. La ira de Khan* (1982). Luego Steven Spielberg, que ya tenía su experiencia con películas cargadas de efectos especiales, no veía claro que la imagen generada por ordenador estuviera en condiciones de producir dinosaurios realistas para *Parque Jurásico* (1993), pero el equipo de efectos especiales de ILM —Industrial Light & Magic, empresa creada por George Lucas cuando trabajaba en *La guerra de las galaxias*— convenció al director de que sí que era posible hacer tal cosa... y el resultado es de todos conocido.

Desde que en 1995 se estrenara *Toy Story* —el primer largometraje de entidad íntegramente generado por ordenador—, los personajes generados informáticamente vienen siendo habituales en el cine, desde el Gollum de las dos últimas entregas de *El señor de los anillos* hasta los seres azules de *Avatar* (2009), de James Cameron, una raza ficcional llamada «na'vi» que vivía en el planeta Pandora.

Adviértase que ninguno de los personajes generados por ordenador mencionados en el párrafo precedente es humano. Hasta la fecha, a los artistas de efectos especiales les resulta complicado y caro crear personajes humanos totalmente realistas. Una tecnología que ha hecho posible que personajes no humanos como Gollum «actúen» como humanos, es la captura de movimiento. Consiste en que un actor se pone un traje provisto de sensores los cuales van siguiendo su movimiento en puntos clave de su anatomía. Del mismo modo, para la captura de movimiento facial se colocan sensores en puntos clave del rostro y, mientas el actor habla y actúa, van registrándose los movimientos, que luego se usan para crear la animación generada por ordenador del correspondiente personaje. Especialmente caro resultó generar un movimiento realista del cabello, aspecto que consumió buena parte del presupuesto de efectos especiales de la cinta de 2001 *Final Fantasy. La fuerza interior*.

El hecho de que actualmente la mayoría de las películas se transmitan digitalmente desde el estudio a la sala de cine significa que no es simplemente la resolución —los píxeles—, sino el cálculo en tiempo real y el rerenderizado lo que ha supuesto un obstáculo para la creación de humanos artificiales realistas. Hasta ahora, la mayoría de las películas digitales se han transmitido en resolución 2K (2.048 píxeles), y algunas se están empezando a transmitir en 4K (4.096 píxeles). Eso quiere decir que la creación de personajes humanos totalmente realistas en los juegos ya no es una cuestión de resolución o de número de píxeles, sino de cómo mover y renderizar esos píxeles en tiempo real de maneras que al público le resulten más naturales.

Con los objetos ha sido mucho más fácil. En películas como *Blade Runner 2049* o las de la tercera trilogía de *La guerra de las galaxias* —integrada por las secuelas *El despertar de la Fuerza*, *Los últimos Jedi* y *El ascenso de Skywalker*—, hay coches voladores, naves espaciales y otros elementos generados por ordenador que se integran armónicamente con el entorno físico real (actores humanos incluidos). Un plano de una ciudad con rascacielos, por dar un caso, puede aumentarse fácilmente con flotas de coches voladores que se integran en la imagen y parecen de verdad.

Con el Vision Pro de Apple —lanzado a comienzos de 2024— y el último casco Quest de Meta, hemos empezado a ver la capacidad tanto de sintonizar con el mundo real que nos rodea, como de aislarnos del mismo, cambiando entre los modos RA y RV, respectivamente. Mientras que la mayoría de las personas seguimos pensando en ambos modos como cosas distintas —o bien estamos mirando al mundo físico, o bien estamos mirando al virtual—, este efecto (de)sintonizador equivaldría al potenciómetro de un punto de luz, mostrándonos más del mundo circundante o aplicándose un fundido a negro.

Dicho efecto (de)sintonizador es un modo estupendo de conceptualizar no solo esta distinción entre RA y RV, sino también en qué consiste exactamente la diferencia entre un objeto del «mundo real» y un objeto colocado sobre ese mundo físico. ¿La clave es que el objeto pueda verse?

Con la continua reducción del tamaño de las gafas, en unos años podríamos estar viendo, a través de lentes de contacto, todo género de cosas que en verdad no estén ahí (hasta hologramas de personas hablándole a uno).[1]

En el momento en que este libro va a la imprenta, Meta ha hecho una demostración de las que serán sus próximas gafas de RA —nombre en clave: Orion—, que apenas son más grandes que unas gafas de sol corrientes. Tal vez tarden unos años en lanzar el producto comercialmente, pero Meta promete experiencias de RA que actualmente requieren unos cascos o visores mucho más grandes (pantallas virtuales, personajes holográficos alrededor de uno...).

Es inevitable que en unos años salgan al mercado unas gafas de RA plenamente desarrolladas y cuyo tamaño no supere el de unas gafas normales. El director ejecutivo de Meta —Zuckerberg— se refirió a una famosa obra de ciencia ficción, *Al final del arco iris* (2006), de Vernor Vinge. Vinge describía un mundo futuro en el que todo el mundo tenía ordenadores «vestibles» o «ponibles» (*wearable*), por ejemplo, lentes de contacto de RA. Eso permitía cosas como hablar con alguien que estuviera en otro sitio y ver la proyección de esa persona delante de uno, o bien «revestir» el espacio circundante. En una escena memorable, uno de los protagonistas deambula por una sobria biblioteca universitaria de paredes desnudas y estanterías con libros... pero él siente y ve que está caminando por una biblioteca medieval, con sus muros de piedra e iluminación de antorchas. Semejantes visiones no son meras predicciones, sino que, como veíamos con el llamado «bucle de retroalimentación de la ciencia ficción», inciden de manera tanto consciente como inconsciente en lo que los innovadores crean.

Motores de videojuegos como el Unreal Engine de Epic Games ofrecen herramientas para crear seres humanos y ciudades de aspecto realista. En 2021, justo antes del estreno de la cuarta película de Matrix —*The Matrix Resurrections*—, Warner Bros. y Epic lanzaron *The Matrix Awakens*, breve demostración de experiencia *gamer* donde presentaban una ciudad tan realista, que uno creía estar viendo un vídeo en directo de una ciudad como Berlín o San Francisco (las ciudades reales en las que se rodaron las películas de Matrix).

1. Hubo una empresa, Mojo Vision, que intentó crear lentes de contacto de RA, pero no lo consiguieron, aunque en 2024 siguen produciendo tecnología relativa a microdispositivos de alta definición.

El verdadero acelerador para crear contenidos de RV y RA fotorrealistas en imágenes a escala podría ser la IA. La capacidad de generar vídeos *deep fake* realistas usando IA se ha disparado en los últimos años, generando alarma ante la posibilidad de que Internet se inunde de vídeos de individuos diciendo y haciendo cosas que, en realidad, nunca han hecho. Hoy las IA generadoras de imagen y vídeo —desde Midjourney hasta Sora, de OpenAI— están empezando a producir unos vídeos de un fotorrealismo increíblemente convincente. Aunque no es posible —todavía— generarlos en tiempo real y pueden encontrarse, en fotogramas concretos, múltiples pifias —tipo manos con más de cinco dedos—, el ritmo de mejora apunta a que en los próximos meses o años la IA ha de alcanzar, más pronto que tarde, tal hito.

Entre las gafas de RA comparativamente ligeras y la RM fotorrealista, estamos empezando a ver el despegue de la revolución de la RA. Será un jalón importantísimo en el camino a la creación de objetos y personas indistinguibles de la realidad física. Igual que con la RV, el principal obstáculo no es la resolución, sino la velocidad y el tamaño. (La velocidad de los motores de renderizado y el tamaño de las gafas). Igual que sucediera anteriormente con otros gráficos, ambos extremos pueden mejorarse con optimización y mejor hardware.

Cuando eso ocurra, quedará confirmado uno de los postulados básicos de este libro: que el mundo físico se compone de información (los modelos en 3D de los objetos) y del procesado de dicha información (el renderizado de esos objetos). Esto va a guiarnos bien por el camino que lleva al punto de simulación.

FASE 6. RENDERIZADO EN EL MUNDO REAL. VISUALIZACIÓN PLENÓPTICA E IMPRESIÓN 3D

La actual tecnología de RV y RA requiere gafas —con el tiempo, tal vez sean lentes de contacto—, pero, una vez que se ha logrado el fotorrealismo dentro de esas gafas, pasamos a la siguiente fase: a plantearnos la renderización de esos objetos en el propio mundo físico «sin» necesidad de gafas. Necesitaremos, como en ocasiones previas, técnicas de renderización —y hardware y software— nuevos y optimizados. Hará falta asimismo repensar qué constituye un proyector y qué una pantalla.

Aquí entramos en una investigación de vanguardia extrema y en una tecnología hipotética que es posible comprender con base en las técnicas utilizadas en las fases previas.

Las tecnologías que me gustaría presentar en esta fase 6 son las visualizaciones plenópticas —o de campo de luz— y la impresión 3D; ambas crean en el mundo real sin pantallas de ordenador. La «visualización plenóptica» es una forma de renderizar un objeto en el mundo real analizando el modo en que dicho objeto afecta a la luz y la refleja. Simulando la forma en que la luz rebota en un objeto, es posible crear en el mundo físico, sin necesidad de pantalla ni —llegado el momento— gafas de ningún tipo, una proyección holográfica realista de ese objeto.

El campo de la impresión 3D despegó en la pasada década. Nos muestra que, del mismo modo que un motor de renderizado transforma en píxeles de la pantalla de un ordenador la información —y una impresora convierte los píxeles de una pantalla en puntos de un papel—, el mundo físico también puede tener sus «motores de renderización», que transforman la información sobre un objeto en un objeto físico formado por «píxeles físicos». Hace tan solo una década, tales impresoras habrían parecido cosa de ciencia ficción, pero hoy se están usando en multitud de sectores. Aun los misterios de cómo se construyen los organismos biológicos podrían explicarse en términos de sofisticadas impresoras 3D en miniatura.

Ambas fases son relevantes en el camino que lleva al punto de simulación, ya que nos muestran que la renderización informática no es algo que ocurra solamente en pantallas de ordenador, sino que podría utilizarse en el mundo físico (lo cual respalda la idea de que dicho mundo está hecho de información que se nos renderiza).

La visualización plenóptica

Un importante avance de cara a integrar en el mundo físico objetos que en realidad no están ahí es la creación de visualizaciones plenópticas, también llamadas «de campo de luz» (*light-field*). Esto se refiere a la cantidad de luz que los objetos reflejan. Tiene que ver con cómo percibimos los objetos en el mundo real. Según dónde esté uno en determinado espacio con relación a un objeto, la luz ha de incidir, en el ojo de uno, de cierta forma para que uno vea el objeto colocado en esa posición.

Se están llevando a cabo importantes investigaciones sobre estas visualizaciones plenópticas, que, en lugar de «revestir» los objetos mediante un casco de RA, calculan la cantidad exacta de luz que podrían reflejar los objetos y recibir los observadores en distintos puntos del espacio en cuestión para que tales objetos se consideren reales.

Las primeras visualizaciones plenópticas simularán el efecto a través de un casco de RA como el de Magic Leap, pero, a medida que la tecnología vaya mejorando, habrá visualizaciones plenópticas más avanzadas que utilizarán láseres para colocar partículas de luz en determinado espacio, lo que hará que los objetos parezcan reales «sin» necesidad de visor.

Los investigadores del Media Lab del MIT y de la Universidad Brigham Young han estado trabajando en unas «visualizaciones volumétricas» que usan una combinación de láseres para crear imágenes holográficas susceptibles de colocarse en el mundo real —por ejemplo sobre una mesa— y parecer auténticas desde cualquier punto de la habitación. Esta visualización holográfica está optimizada para que la luz se refleje igual que con un objeto físico verdadero, enviando esos rayos de luz en todas las direcciones.[2]

En 2021, *MIT News* informaba de que un grupo del MIT había descubierto que podían usar modelos de IA para hacer computaciones holográficas en tiempo real.[3] Este tipo de investigación podría fusionar la holografía con la IA y la RV, lo que permitiría generar a nuestro alrededor, en tiempo real, hologramas realistas que pudieran verse desde cualquier ángulo aplicando los ajustes que hiciera falta.

La capacidad de generar objetos holográficos realistas es un paso hacia otra famosa idea de la ciencia ficción. Me refiero a la serie de *La guerra de las galaxias*, donde se utilizan hologramas para visualizar a personas que están lejos, como en la famosa holografía de la princesa Leia pidiéndole ayuda a Obi-Wan Kenobi en la primera película de la saga (1977).

Si es posible simular objetos reales moviendo partículas de luz, ¿qué es entonces un objeto «real»? De hecho, la física ha revelado que la mayoría de lo que consideramos objetos sólidos son, en realidad, en un 99 % espacio vacío, con electrones orbitando alrededor de un núcleo.

En última instancia, es la relación entre los átomos —y sus partículas subatómicas— lo que define un sólido frente a un gas y frente a un líquido. Más concretamente, la clave de por qué un objeto parece sólido y la luz no lo atraviesa reside en que los electrones absorben la luz. Si verdaderamente

---

2. Chris Chinnock, «Light Field Displays Are Coming», *Display Daily* (blog), 30 de enero de 2018, `https://displaydaily.com/light-field-displays-are-coming/`.
3. Daniel Ackerman, «Using Artificial Intelligence to Generate 3D Holograms in Real-Time», *MIT News*, 10 de marzo de 2021, `https://news.mit.edu/2021/3d-holograms-vr-0310`.

son los electrones danzantes quienes hacen que un objeto parezca y se perciba como sólido, entonces es posible que podamos simular tal danza con partículas de luz.

Cuando eso se logre, esta fase habrá difuminado para siempre la linde entre lo virtual y lo físico. Cobraremos conciencia, una vez más, de que un objeto físico se puede reducir a una serie de datos, lo que nos lleva nuevamente a la hipótesis de la simulación.

Aunque proyectar hologramas en una habitación con visualizaciones plenópticas no está al nivel de la holocubierta de *Star Trek* —en la que los objetos simulados no solo pueden verse, sino también «sentirse»—, representa, en cualquier caso, un paso significativo en el camino al punto de simulación. Combinar esta tecnología con las técnicas hápticas que están investigándose actualmente para su uso con RV —guantes que utilizan señales mecánicas o eléctricas para simular el tacto— también podría estar acercándonos a esta idea de la ciencia ficción.

Impresoras 3D. Un motor de renderizado para el mundo real

Hasta que tengamos visualizaciones de campo de luz —o plenópticas— capaces de renderizar objetos no existentes, de momento ya contamos con una tecnología que puede usar la computación para renderizar objetos físicos con base en modelos tridimensionales: las impresoras 3D.

Las primeras impresoras 2D —las llamadas impresoras «de matriz de puntos»— no eran muy sofisticadas: podían verse los puntos que constituían aquellos caracteres monoespaciados. En las impresoras tradicionales, empezamos con tinta solamente negra y luego le añadimos los colores del modelo básico cian-magenta-amarillo-negro, lo que permitía una impresión digital fotorrealista.

Una impresora 3D es una evolución de este concepto. «Imprime» un objeto usando, en efecto, píxeles en tres dimensiones (siendo en este caso, los píxeles, puntos físicos, en vez de simplemente parte de un monitor o tinta en un papel). Puede crearse, por ejemplo, un cilindro imprimiendo, unos sobre otros, *n* círculos. Cada estrato de «píxeles» o «material» es muy pequeño (0,1 mm).

Igual que ocurre con los videojuegos, para que una impresora 3D funcione es necesario que haya «información» que dirija la impresión. Dicha información puede generarse de muchas maneras, incluidas cuantas técnicas de modelado en 3D se han utilizado en videojuegos y en efectos especiales cinematográficos. Hoy pueden generarse modelos tridimensionales automáticamente con herramientas que son IA. En el futuro cabe que la IA pueda operar basándose tan solo en fotos, sin necesidad de generar explícitamente modelos en 3D.

Las primeras impresoras 3D solo podían imprimir usando un único material físico para los píxeles, una especie de resina epoxi, por lo que todos los objetos eran del mismo color y tenían pinta como de plástico. Hoy estamos viendo impresoras capaces de utilizar distintos tipos de materiales para los píxeles y de imprimir prácticamente cualquier modelo tridimensional. Hay modelos de código abierto que es posible utilizar para imprimir multitud de objetos comunes —hasta pistolas funcionales—, y acaso no andemos lejos de poder imprimir metal y otros materiales.

Con la expansión de los materiales con los que imprimir los píxeles tridimensionales —de manera que incluyan metales y distintas sustancias compuestas como el cristal o la goma—, pronto podríamos estar en condiciones de imprimir cualquier objeto inanimado, con lo que se hará realidad otra idea de la ciencia ficción: el replicador de *Star Trek*, que puede usarse para crear cualquier cosa (desde una taza de té hasta ropa). En la película de James Bond *Skyfall*, por ejemplo, utilizaron una impresora 3D para crear un modelo de un coche deportivo Aston Martin a escala de un tercio. (Necesitaban destruirlo en una escena). Hubo que pintar, por supuesto, aquel modelo para que pareciera el coche de verdad, ya que las impresoras de entonces imprimían los objetos en un solo color.

La evolución de las impresoras 3D nos lleva, una vez más, a la pregunta de qué constituye un objeto en el mundo físico. ¿Es un objeto, en realidad, únicamente un modelo que se imprime utilizando determinados materiales que encontramos en la naturaleza? En el mundo «real» cogemos materiales como la madera, la piedra o metales, cortamos dichos materiales y utilizamos los trozos para armar objetos nuevos.

¿Podrían ser los objetos de nuestro mundo físico, bien mirado, el producto de un tipo de impresora 3D que obedece a determinado modelo del objeto en cuestión y a determinado set de instrucciones? Nuestras actuales impresoras 3D no imprimen átomos o moléculas independientes... todavía.

La naturaleza como impresora 3D de material biológico

En los últimos años ha avanzado una barbaridad el campo de la bioimpresión, es decir, de la impresión de tejido vivo con impresoras 3D. Las actuales bioimpresoras realmente pueden imprimir materiales biológicos

—como por ejemplo órganos— utilizando células vivas como parte de su mecanismo de impresión. Se habla de «biotintas», que son materiales creados a base de células vivas —sacadas principalmente de plantas—, los cuales pueden componerse para formar tejido vivo o modelos de órganos a escala.[4]

En ciertos casos, las bioimpresoras se utilizaron para coger las propias células de un sujeto a fin de crear tejido o incluso órganos. En un caso absolutamente revelador de 2022, un equipo de Texas fue capaz de bioimprimir ni más ni menos que una oreja entera utilizando células del propio paciente.[5] Dicho equipo fue luego capaz de implantarle aquella oreja a la persona en cuestión, que había nacido con la oreja izquierda pequeña y deforme. Utilizaron un escaneado tridimensional de la otra oreja del paciente como referencia para la bioimpresión de la oreja nueva.

Se trata de un resultado totalmente pasmoso y que hace apenas unos años se habría antojado magia. Pero el descubrimiento del ADN y de los genes, que fueron teorizados mucho antes de que el ADN y los genes físicos efectivamente se descubrieran, diríase que revelaba que los elementos constituyentes de los seres animados también están, bien mirado, basados en información. La información que el ADN contiene en forma de genes funge de instrucciones con las que el cuerpo del organismo construye proteínas, las cuales son los elementos constituyentes de las células de dicho cuerpo. Por consiguiente, lo que consideramos un cuerpo físico puede en realidad expresarse como información que es interpretada en un proceso de impresión biológica dirigido a crear células con las cuales se ensamblan abstracciones mayores llamadas «organismos vivos».

Volviendo a la ciencia ficción, la bioimpresión recuerda a la serie de 2016 de HBO *Westworld* —basada en una película de 1973 escrita y dirigida por Michael Crichton—, sobre un parque temático cuyos creadores han perfeccionado la inteligencia artificial y los robots. Las partes de esos androides —huesos y piel incluidos— se imprimen con sofisticadas impresoras 3D y se ensamblan formando organismos artificiales.

---

4. Brooke Becher y Brennan Whitfield, «What Is Bioprinting?», *Built In*, 19 de octubre de 2023, https://builtin.com/articles/bioprinting.

5. Andrea Park, «Ear 3D-Printed from a Patient's Own Cells Implanted Successfully in First-in-Human Trial», 2 de junio de 2022, https://www.fiercebiotech.com/medtech/ear-3d-printed-patients-own-cells-implanted-successfully-first-human-trial.

Son unos androides tan realistas, que los visitantes del parque a menudo no son capaces de distinguir a un ser humano de uno de estos «anfitriones», que así los llaman. Dichos anfitriones son plenamente funcionales: los visitantes pueden hablar con ellos, pelear con ellos —la serie está ambientada en el Oeste y hay, por tanto, *cowboys*—, utilizarlos con fines sexuales o maltratarlos del modo que quieran. De hecho, la premisa, tanto de la película original como de la serie de televisión, es que los robots se rebelan contra ese maltrato que los humanos les infligen.

Las actuales impresoras 3D no andan muy lejos de sus equivalentes ficcionales de *Westworld*. Aunque es verdad que todavía no podemos imprimir de manera solvente la mayoría de los órganos o huesos, probablemente no nos falte más de una década —o dos a lo sumo— para que se normalicen las bioimpresoras capaces de ayudarnos a reparar o sustituir partes de nuestros cuerpos con nuestras propias células. En el plan del camino que lleva al punto de simulación, esto no es algo que quede especialmente lejos.

CUATRO

JUEGOS E INTERFACES MENTALES

FASE 7. INTERFACES MENTALES

Con las fases que anteceden, habremos perfeccionado muchos de los elementos constituyentes necesarios para alcanzar el punto de simulación: la infraestructura multijugador en línea, los personajes que representan a los jugadores, la renderización fotorrealista, un mundo digital compartido, la visualización e impresión en el mundo real —visualizaciones plenópticas e impresoras 3D— y, como principio subyacente a todo esto, la representación de los personajes y objetos del mundo —por no hablar del mundo mismo— en cuanto que información.

Sin embargo, para que la realidad virtual resulte verdaderamente indistinguible de la realidad física, tendremos que encontrar el modo de que los jugadores la sientan como algo completamente real (igual que en *Matrix*).

En las fases previas veíamos, sobre todo, tecnología que entendemos. Ahora entramos en unas fases más hipotéticas y especulativas. Tienen que ver con el cerebro y la mente humanos y con asuntos relativos a la conciencia. Hoy muchos científicos opinan que la creación de interfaces mentales es realmente una cuestión de enviarle al cerebro las señales químicas y eléctricas adecuadas y leer las señales resultantes. En aras de la exposición asumiremos —únicamente en este capítulo— que es cierto que la mente y el cerebro son lo mismo. Eso significaría que lo que llamamos «conciencia» surge del cerebro físico, y que el cerebro y la mente son una sola cosa (suposiciones altamente especulativas aún). Asumiendo que tal sea el caso, los científicos actuales van bien encaminados para crear interfaces cerebro-ordenador, inteligencias artificiales y, posiblemente, incluso conciencias descargables.

Quiero poner de relieve —pensando sobre todo en mis lectores de perfil más científico— que este es un debate serio que sigue haciendo furor en círculos científicos, filosóficos y espirituales. Ni siquiera los actuales científicos conocen la respuesta a lo que a menudo se denomina «problema difícil de la conciencia» (expresión acuñada por David Chalmers). En lo que hasta ahora han hecho algún avance los científicos, ha sido en el «problema "fácil" de la conciencia», o sea, en el de encontrar los correlatos neuronales materiales de ciertos pensamientos habidos en el cerebro. Dedicaremos varios capítulos a explorar el lado místico de la conciencia en la tercera parte de este libro, la cual procede desde la asunción exactamente opuesta, es decir, que la conciencia es algo «aparte» del cerebro físico.

Volviendo a la ciencia ficción, en la película *Matrix*, el modo en que a los humanos se les engañaba para que creyeran que la simulación era real era transmitiéndosela directamente al cerebro. Esta inmersión total se conseguía practicando un agujero físico en la base del cráneo, que a través de un cable especial se conectaba a un sistema informático que, como digo, transmitía la simulación directamente al córtex. Dicho sistema operaba en dos sentidos: procesaba las respuestas del jugador en tiempo real —actualizando en consonancia la simulación—, y luego los resultados se renderizaban en las «pantallas» —léase: en los cerebros— de los jugadores relevantes.

Se trata, en efecto, del mismo bucle básico de juego que instauraron los juegos de aventura conversacional, solo que notablemente actualizado en términos de mecanismos de entrada (*input*) y salida (*output*). Nótese que, si nos retrotraemos a aquellos juegos de aventura conversacional, la experiencia era un poco como leer un libro. (Y las aventuras conversacionales de hoy reciben el nombre de «ficción interactiva»). La imaginación del lector —o del jugador— era inducida a visualizar, pongamos, un mundo medieval como la Tierra Media o uno de ciencia ficción como el de *Dune*. Y, así, de algún modo cabría afirmar que el texto es también un tipo de interfaz o conexión cerebral directa: genera imágenes en el ojo mental.

En *Matrix*, este sistema de enchufe en el cerebro era reutilizable. Morfeo y su equipo podían conectar distintas simulaciones en la base del cráneo de Neo, siendo así que una inmersión total en diferentes mundos virtuales —en un estudio de artes marciales, en una populosísima ciudad con rascacielos...— se conseguía con la misma facilidad con la que se cambiaba, en una videoconsola, el cartucho o el CD. Esos mundos virtuales podían considerarse «pequeños» entramados —«submatrices», si se quiere— en oposición al entramado o matriz principal, o sea, a Matrix. (O, por usar la tecnología de este libro, pequeñas simulaciones frente a la Gran Simulación).

Tipos de interfaces mentales

Para crear una realidad virtual que sea indistinguible de la realidad física, en las fases 7 y 8 necesitaríamos desarrollar una tecnología de la interfaz que incluyese varias partes:

- **Transmisión a la mente.** La tecnología necesitaría transmitirle al cerebro un mundo virtual, de modo que nos creamos que nuestro cuerpo —que puede estar por ejemplo sentado en una silla o tumbado— está realmente en ese mundo cibernético.
- **Lectura de la mente.** La tecnología necesitaría leer nuestra(s) respuesta(s) al mundo virtual —movimientos, sentimientos e interacciones incluidos— y transmitir tales acciones a dicho mundo, de manera que este pueda actualizar el mundo del juego en consonancia. Nuestras respuestas tendrían que leerse en su totalidad directamente de nuestra mente.
- **Recuerdos implantados.** La tecnología necesitaría también implantar una historia razonable de qué ocurrió «antes» de cualquier punto de la simulación, lo cual nos lleva a la idea de los recuerdos implantados, y de qué representa en realidad el tiempo dentro de una simulación.

Cada una de estas tres áreas podría ser objeto de un capítulo independiente —o, si hubiésemos de entrar en temas neurocientíficos, de un libro entero—, pero vamos a examinarlas brevemente en las dos próximas fases del camino que lleva al punto de simulación.

La tecnología de la transmisión a la mente

Muchos científicos creen que podemos enviar señales falsas al cerebro para hacerle creer que estamos viendo cosas que no estamos viendo. La idea es que, si el cerebro es un ordenador o una máquina eléctrica, entonces podemos tratarlo, igual que a cualquier otra máquina, como lo que en teoría de sistemas se llama una «caja negra», es decir, que es posible imitar o reproducir cualquier comportamiento si se sabe cuál es la correspondiente correlación *input-output*. En este caso, las señales desencadenantes serían como estímulos que el cerebro recibiera de los ojos u otras partes del cuerpo, mientras que las respuestas a dichas señales —los resultados de las mismas— serían que viésemos o sintiéramos cosas que no están ahí.

¿Esto es posible? La premisa es que el sistema nervioso, que conecta el cerebro con el resto del cuerpo, es en primer lugar un sistema eléctrico. El investigador canadiense Wilder Penfield llevó a cabo una serie de experimentos en la década de 1950 en los que estimulaba con electricidad distintas zonas del cerebro para desarrollar un modelo de correspondencias entre partes tanto del cuerpo, como de la mente, y partes del cerebro responsables de ellas.

En el 5 % de los casos, Penfield fue capaz de estimular recuerdos. Una serie de famosos libros informaron de que bastaba aplicar estimulación «eléctrica» para hacer que el cerebro desenterrara determinados recuerdos o para suscitar determinada respuesta. En muchos otros casos, Penfield fue capaz de provocar alucinaciones a personas utilizando señales eléctricas.

La transmisión mental directa tiene una importancia enorme para llegar al punto de simulación: mientras sigamos poniéndonos gafas de realidad virtual o dependiendo de interfaces como pantallas de ordenador, seguirá siendo obvio, en algún nivel, qué es «realidad física» y qué es «realidad simulada». Cuando seamos capaces de transmitir señales específicas a partes específicas del cerebro, seremos capaces de manipular lo que acaso constituya el motor de renderizado y la pantalla de ordenador más sofisticados posibles: la imaginación humana.

La lectura de la mente

La segunda parte es ser capaces de leer las señales que la mente emite. Tenemos cierta capacidad de leer las ondas cerebrales, que indican el estado en que se halla el cerebro (alfa, beta o zeta). Los científicos han cartografiado estas ondas cerebrales con relación a distintas actividades como la relajación, el sueño o la vigilia; y podemos usar sonidos, frecuencias y biorretroalimentación artificiales para inducir a nuestros cerebros a estados específicos.

No obstante, leer las intenciones exactas de la mente con algún tipo de dispositivo eléctrico se considera una posibilidad todavía lejanísima, aunque los científicos ya han hecho avances en la lectura de las señales eléctricas que la mente emite cuando hay un número de opciones limitado, por ejemplo jugando a un videojuego. Ahora bien: otras investigaciones han mostrado maneras distintas de acceder a esa información, más allá de las ondas cerebrales. Cuando queremos, por dar un caso, vocalizar algo, nuestras cuerdas vocales se mueven aunque no digamos nada en voz alta; y se han creado dispositivos capaces de leer tales movimientos vocales.

También se han realizado investigaciones sobre cómo la mente incide en procesos físicos como la generación de números aparentemente aleatorios. El investigador Adam Curry, del programa Princeton Engineering Anomalies Research (PEAR), estuvo en grupos de investigación que descubrieron que la mente puede influir en generadores de números aleatorios: determinados pensamientos pueden hacer que los números generados no sean tan fortuitos. Formó parte de un equipo que inventó la «lámpara mental», una lámpara que cambiaba de color dependiendo de en cuál color estuviera pensando uno. Aquella lámpara, si bien no era perfecta, detectaba cambios en la aleatoriedad de un generador de números aleatorios dependiendo de las intenciones del sujeto, y luego intentaba interpretar esa no aleatoriedad como un valor (como un valor de un color).

Más recientemente ha habido *startups* que han conseguido, usando cascos de realidad virtual, que los usuarios controlen objetos (leyendo señales eléctricas que revelan sus intenciones). Empresas como Neurable y Neuralink aseguran que ya han conseguido establecer una interfaz directa ordenador-cerebro. Puede que esta revolución esté aún en pañales y que falten muchos años todavía para que se puedan leer las intenciones de una persona en general —sin opciones preestablecidas limitadas—, pero ya no se trata de ciencia ficción, sino de un proceso en marcha.

Las tecnologías de la transmisión mental y de la lectura de la mente formarían una interfaz de usuario definitiva para una simulación tipo Matrix. Las imágenes del mundo en cuestión podrían transmitirse, en efecto, directamente a la mente, mientras que las intenciones que en ese mismo mundo tuviera el jugador podrían leerse en la mente de este y retransmitirse a dicho mundo compartido. Teniendo en cuenta que en tal mundo incidirían millones de jugadores —cuando no miles de millones—, el bucle básico de juego tendría que ejecutarse muy muy rápido para poder responder, en lo que pareciera ser tiempo real, a todas las intenciones de todos los jugadores.

Esta historia de las interfaces cerebro-ordenador

Si adoptamos una perspectiva histórica, vemos que el descubrimiento de las señales eléctricas que se producen en el cuerpo, aunque supuso un importante hito, en general fue ignorado, con pocas excepciones, por el *establishment* médico, que estaba centrado en los mecanismos bioquímicos del organismo. Las señales eléctricas del cuerpo humano representan, sin embargo, otro tipo de sistema de información —prácticamente paralelo— sobre qué está ocurriendo en dicho cuerpo.

Nuestra historia arranca allá por las décadas de la Independencia estadounidense —las décadas de 1770 y 1780—, no mucho después, de hecho, del famoso «descubrimiento» de la electricidad por parte de Benjamin Franklin (al fijar una llave metálica a una cometa durante una tormenta eléctrica). El médico y científico italiano Luigi Galvani demostró, en efecto, que, aplicándole electrodos a una rana muerta, podía provocarle espasmos en las ancas. Publicó sus resultados en 1791, llegando a la conclusión de que los tejidos animales dependían de cierto tipo de electricidad que él denominó «electricidad animal».[1] Otro médico italiano —Alessandro Volta, inventor de la batería— reprodujo aquel experimento, pero no estaba de acuerdo con Galvani en la naturaleza de aquella fuerza. Al cabo se evidenció que era efectivamente electricidad —y no una electricidad «animal» distinta— lo que causaba los espasmos, y nacía con ello la idea de que las señales eléctricas eran un elemento crucial de los procesos corporales.

Giovanni Aldani, sobrino de Galvani, ofreció unas horripilantes demostraciones públicas consistentes en animar con electricidad cabezas recién cercenadas. Tales imágenes inspiraron a la joven Mary Shelley para escribir *Frankenstein* en 1818.[2] Quizás Galvani ganara finalmente la batalla en lo que se refiere a la terminología, dado que hoy muchos expertos denominan a la electricidad que se mueve por el cuerpo «bioelectricidad».[3]

En el siglo XIX la estimulación eléctrica se convirtió, según la Smithsonian, en un tratamiento en boga para múltiples enfermedades, aunque su popularidad disminuyó a medida que la medicina moderna fue

---

1. Bern Dibner, «Luigi Galvani: Italian Physician and Physicist», *Britannica*, actualizado por última vez el 5 de septiembre de 2024, https://www.britannica.com/biography/Luigi-Galvani.
2. «The Body Electric: Inspiring Frankenstein», Bibliotecas de la Smithsonian, https://library.si.edu/exhibition/fantastic-worlds/body-electric.
3. David Levin, «Controlling Electric Signals in the Body Could Help It Heal», *Knowable*, 10 de agosto de 2018, https://doi.org/10.1146/knowable-081018-080301.

centrándose en enfoques farmacéuticos. Hoy está reviviendo aquella idea en lo que se denominan enfoques «electrocéuticos» de la salud y también en el *wellness*.

Saltando ya al siglo XX, fue solo en 1924 cuando Hans Berger descubrió las señales eléctricas que se producen en los cerebros. Aquello fue la base del electroencefalograma (EEG). Berger también encontró el modo de registrar tales señales eléctricas e identificó las ondas cerebrales alfa. En cierto modo, su trabajo pionero sigue usándose en la actualidad, por más que hayamos afinado los mecanismos para la medida y clasificación de las ondas cerebrales en distintas categorías (alfa, beta, delta, etc.).

Ya disponíamos de hardware con el que realizar electroencefalogramas para la década de 1960, en la que el compositor Alvin Lucier consiguió demostrar que las ondas cerebrales podían usarse para generar música en su «Music for Solo Performer» [Música para intérprete solista] (1965).[4] Aquello fue una de las primeras interfaces cerebro-máquina. Poco después —en 1973—, Jacques Vidal, de la UCLA, se centró en el ámbito de la computación —que estaba entonces experimentando un rápido auge— y acuñó el término «interfaz cerebro ordenador» (ICO), que terminó imponiéndose.[5]

Hasta la fecha, la mayoría del trabajo realizado con ICO ha sido no invasivo. Lo normal es que las ICO lean las señales eléctricas del cerebro, a menudo en forma de EEG. Las ICO invasivas requieren, por el contrario, la colocación, mediante cirugía, de un chip o sensor dentro del cráneo y utilizan una señal eléctrica ligeramente distinta y llamada «electrocorticografía» (ECoG).

En el primer cuarto del siglo XXI ha habido un significativo avance en el terreno de las ICO. Se ha utilizado el EEG para ayudar a controlar videojuegos —por parte de empresas como Neurable—, para ayudar a interpretar señales de sujetos con parálisis y también como herramienta de biorretroalimentación —por parte de empresas de *wellness*— de cara a la meditación, para que el individuo se sitúe en el debido estado cerebral en aras de una relajación profunda. Es importante señalar que hay más

---

4. Volker Straebel y Wilm Thoben, «Alvin Lucier's *Music for Solo Performer*: Experimental Music Beyond Sonification», *Organised Sound* 19, n.º 1 (2014): 17-29, https://doi.org/10.1017/S135577181300037X.

5. J. J. Vidal, «Toward Direct Brain-Computer Communication», *Annual Review of Biophysics* 2 (junio de 1973): 157-80, https://doi.org/10.1146/annurev.bb.02.060173.001105.

maneras no invasivas de leer el cerebro. Un ejemplo sería la imagen por resonancia magnética (IRM), pero en el presente capítulo nos centraremos más en el empleo de las señales cerebrales para ayudar a controlar sistemas informáticos y en el uso de señales eléctricas para ayudar a encauzar en lo que ocurre en el cerebro.

Puede que el mayor avance se haya producido en forma de ICO invasivas. En 2004, a un hombre con parálisis le implantaron en el cerebro un pequeño chip. A aquel dispositivo, desarrollado en la Universidad de Utah, lo llamaron «matriz de electrodos de Utah». Gracias a él, aquel señor fue capaz de controlar un puntero en una pantalla.[6] En 2017, un laboratorio de Stanford mostró que, con ayuda de otro chip invasivo, unos pacientes con parálisis podían mecanografiar palabras (utilizando las señales de sus cerebros para indicar cuál letra añadir cada vez)[7]. Uno de aquellos pacientes fue capaz, según los investigadores, de escribir más de treinta y nueve caracteres por minuto utilizando tal técnica. En 2021 Facebook, que todavía no se llamaba Meta, hizo en colaboración con la UCSF una demostración de mecanografía mental mediante una ICO no invasiva que se le colocaba en la cabeza al sujeto. La idea era utilizar tal tecnología para ayudar a comunicarse a personas impedidas.[8]

Neuralink y el camino al futuro

Una empresa que se ha convertido en el buque insignia de las ICO es Neuralink, cofundada por Elon Musk en 2016. También con esta tecnología se verifica —igual que sucedía en el capítulo anterior con el metaverso— un caso del llamado «bucle de retroalimentación de la ciencia ficción», aunque a algunos la ICO se les antoja todavía más de ciencia ficción que la realidad virtual inmersiva. De hecho, cuando Musk anunció la creación de aquella empresa —y que el objetivo de la misma consistía

6. Elaine Jarvik, «The Bionics Man», *Continuum*, 2014, `https://continuum.utah.edu/web-exclusives/the-bionics-man/`.
7. Bruce Goldman, «Brain-Computer Interface Advance Allows Fast, Accurate Typing by People with Paralysis», *Stanford Medicine*, 21 de febrero de 2017, `http://med.stanford.edu/news/all-news/2017/02/brain-computer-interface-allows-fast-accurate-typing-by-people-with-paralysis.html`.
8. Adi Robertson, «Facebook Is Giving Up on Brain-Typing as an AR Glasses Interface», *Verge*, 14 de julio de 2021, `https://www.theverge.com/2021/7/14/22577095/facebook-bci-ucsf-chang-lab-brain-typing-research-update-project-steno-ar-vr`.

en conectar el cerebro humano con la IA—, hizo una referencia explícita a una idea de la ciencia ficción: al «cordón neural» de las novelas de Iain Banks sobre una sociedad llamada «la Cultura».[9] En las novelas de Banks, tal interfaz de cerebros biológicos y artificiales permite saltos cognitivos que solo serían posibles en un sistema así.

Neuralink ha lanzado una serie de comunicaciones y vídeos que han sido objeto de una significativa cobertura mediática, y que mucha gente ha asociado con las ICO en general. Esta empresa utiliza una ICO invasiva, por lo que requiere la implantación de un pequeño chip en el cerebro, cosa que se hace con un robot que practica un pequeño taladro en el cráneo. Dicho sistema, que se conoce como «Link» o «implante N1», consiste en un «implante de ICO intracortical deseñado para ir registrando la actividad neurológica a través de 1 024 electrodos distribuidos en sesenta y cuatro cablecillos o "hilos" flexibles, cada uno de los cuales es más fino que un cabello humano y puede colocarse de manera independiente en el cerebro».[10]

Podemos ver la evolución de la empresa a través de una serie de demostraciones que ha ofrecido, presentadas normalmente por el propio Musk y origen siempre de gran revuelo mediático:

- **La demostración del cerdo.** En 2020, Musk y su equipo lanzaron un vídeo en el que se veía a un cerdo al que habían implantado el chip Neuralink. En aquella demostración se veía un iPad que mostraba e iba registrando las señales cerebrales del cerdo, y se veía también que el cerdo podía realizar sus funciones con normalidad: moverse, comer, etc.[11]
- **La demostración del mono con el videojuego.** Si el vídeo del cerdo de 2020 llamó la atención, el del mono de 2021 se consideró un gran paso adelante. Esta vez, Musk mostraba a un mono al que habían adiestrado para jugar al *Pong*. Le daban recompensas según lo bien que manipulara las «raquetas» de

---

9. Annalee Newitz, «Elon Musk Is Setting up a Company That Will Link Brains and Computers», *Ars Technica*, 27 de marzo de 2017, https://arstechnica.com/information-technology/2017/03/elon-musk-is-setting-up-a-company-that-will-link-brains-and-computers/.

10. «PRIME Study Progress Update», Neuralink, 12 de abril de 2024, https://neuralink.com/blog/prime-study-progress-update/.

11. El vídeo de la demostración está en YouTube: https://www.youtube.com/watch?v=DeFltyUfWGY.

la pantalla con un *joystick*, y un chip que le habían implantado permitía a la empresa monitorizar las señales cerebrales del animal que se correspondían con los movimientos ascendentes o descendentes de la raqueta. Por último, sin que el mono se enterara, desconectaban del ordenador el *joystick*... pero él podía jugar igualmente —y conseguir sus recompensas— a través de las señales que enviaba su cerebro.[12]

- **El mono que tecleaba.** En 2022, Musk exhibió una demostración de un mono que era capaz de mecanografiar usando el chip que le habían implantado (sin tocar la pantalla). Aquello hizo que la web de tecnología *Futurism* dijera: «No sabemos si tendríamos que estar impresionados o no».[13]
- **El primer implante humano.** A comienzos de 2024, Musk y la empresa anunciaron que habían conseguido implantarle satisfactoriamente su chip a un ser humano. El sujeto se llamaba Noland Arbaugh, tenía treinta años y había quedado paralizado de resultas de un accidente de natación. Tras anunciar con entusiasmo el implante, la empresa y Arbaugh informaron de que este ahora podía jugar al ajedrez por Internet e incluso jugar al juego de estrategia en línea *Civilization*. En mayo de 2024, sin embargo, la empresa anunció que había habido algún problema con las fibras, dando a conocer que el 85 % de las mismas se había desplazado de su sitio (y la empresa desaconsejaba intentar recolocarlas). Cuando escribo estas líneas —en verano de 2024—, Neuralink tiene permiso de la Administración de Alimentos y Medicamentos estadounidense para llevar a cabo nuevas pruebas con personas y le ha instalado su chip a un segundo paciente humano.[14]

---

12. Jane Wakefield, «Elon Musk's Neuralink "Shows Monkey Playing *Pong* with Mind"», 9 de abril de 2021, `https://www.bbc.com/news/technology-56688812`. También se puede ver el vídeo de la demostración en YouTube: `https://www.youtube.com/watch?v=rsCul1sp4hQ`.
13. Victor Tangermann, «Elon Musk Shows Off Monkey That Can Type with Brain Implant Instead of Typewriter», *Futurism*, 1 de diciembre de 2022, `https://futurism.com/neoscope/elon-musk-monkey-type-brain-implant`.
14. Christina Jewett, «Despite Setback, Neuralink's First Brain-Implant Patient Stays Upbeat», *The New York Times*, 22 de mayo de 2024, `https://www.nytimes.com/2024/05/22/health/elon-musk-brain-implant-arbaugh.html`.

Es importante entender que, si bien estamos avanzando en la lectura de las ondas cerebrales, tal lectura sigue precisando todavía cierto entrenamiento por parte del paciente. Podemos establecer una analogía con el control por voz. En la década de 1990 aparecieron, en efecto, los primeros sistemas de reconocimiento de lenguaje natural (con funciones de dictado y de impartición de instrucciones orales). Requerían una buena dosis de entrenamiento por parte de cada usuario, para poder empezar a usarse. Hoy, treinta años después, por fin tenemos programas como Siri, Alexa y otros que, gracias a haberse adiestrado con millones de voces, precisan de un entrenamiento escaso o nulo para hacerse a un usuario nuevo. Así y todo, igual que ocurre con los programas de atención al cliente automatizada que han adoptado las grandes compañías aéreas y otras grandes empresas de servicios, resulta mucho más fácil identificar la intención de una persona cuando hay un número limitado de opciones.

De ahí que entrenar a inteligencias artificiales con grandes cantidades de señales eléctricas vaya a ser clave para una lectura fiable de las señales cerebrales en contextos indeterminados, no preestablecidos, lo cual introduce cuestiones relativas a la privacidad de los datos y otras cuestiones no técnicas: ¿quién es el propietario de los patrones de actividad cerebral de uno?

No obstante tales cuestiones, parece razonable asumir que, en una década, las ICO invasivas serán ciertamente capaces de leer las instrucciones del sujeto en contextos más generales y los ensayos no se harán únicamente en personas con parálisis física. Podemos dar por hecho que el avance en ICO no invasivas, que son mucho más fáciles de ensayar y calibrar y presentan menos riesgo al no implicar cirugía, será más rápido aún, puesto que tales productos ya están disponibles (si bien con una funcionalidad limitada).

FASE 8. RECUERDOS IMPLANTADOS

En esta fase entramos en otra tecnología esotérica que puede sonar a ciencia ficción: la capacidad de implantar recuerdos falsos sobre el mundo y sobre lo que podría haber experimentado determinado personaje (o determinada «persona», como preferimos decir en el mundo real). Si estamos en una simulación, tal implantación de recuerdos debería ser posible, ya que la historia personal de cualquier personaje de dicha simulación tendrá que estar almacenada, en cuanto que información, en algún sitio. (Lo normal es que se guarde fuera del mundo renderizado).

¿Cómo sería un recuerdo implantado? Una vez más, volvemos los ojos a Philip K. Dick y al terreno de la ciencia ficción. Tras el estreno, en 1990, de *Desafío total* —con Arnold Schwarzenegger en el papel del héroe, Douglas Quaid—, la idea de los recuerdos implantados se disparó en la conciencia popular. Aquella era la segunda adaptación cinematográfica de una novela de Philip K. Dick donde aparecían recuerdos falsos, ya que la primera *Blade Runner* —la estrenada en 1982— indagaba en un tema parecido: uno de los personajes —un androide— tenía «recuerdos reales» de su infancia, pero resultaba que se los habían implantado. Sobre el material que inspiró *Blade Runner*, hablaremos más en el próximo capítulo (en la sección sobre la IA).

En *Desafío total*, Douglas Quaid acude a Rekall, una empresa que implanta recuerdos de vacaciones. En el mundo de Dick, es mucho más barato que le implanten a uno el recuerdo de unas vacaciones en el Caribe que ir allí de verdad.

Quaid ha estado soñando con Marte y decide ir a Rekall para hacer un viaje de vacaciones virtuales, ya que no puede permitirse uno real. Cuando le dan la opción de escoger unas vacaciones «memorables», el hombre lógicamente elige una aventura de espías en Marte. Cuando intentan implantarle ese recuerdo, ven que hay un problema: Quaid ya tiene en la mente un «bloque» artificial que alguien le había puesto antes. El personal de Rekall está intentando arreglar el problema, pero Quaid empieza a recordar que era un agente secreto en Marte y entonces llega a las instalaciones de Rekall un grupo de agentes con la intención de asesinarlo.

Quaid utiliza sus habilidades recién redescubiertas para sustraerse a los sicarios y llega a Marte, donde la gente lo conoce, pero con un nombre distinto. Tras vivir una rocambolesca aventura en la cual descubre que él era en verdad un agente durmiente de un malvado magnate que quiere controlar Marte, pone en marcha un proceso terraformador —usando nada menos que tecnología alienígena— que empieza a convertir la atmósfera de Marte en una atmósfera azul y oxigenada semejante a la de la Tierra.

Todo lo cual parece una gran aventura, pero ¿realmente lo fue? ¿No puede ser que se tratara de un gran recuerdo falso implantado por Rekall? ¿O era Quaid de verdad un agente infiltrado cuyos recuerdos fueron desbloqueados por la intervención de dicha empresa? El filme deja un amplio margen para la duda, pero alimenta un interesante debate sobre los recuerdos falsos y qué podrían significar. Después de todo, en la película al menos, la aventura de espías que Quaid escogía para que se la implantasen se llamaba «Cielos azules en Marte», y así es exactamente como acaba la cinta.

Detectar qué es real y qué no

En un universo donde los recuerdos pueden implantarse, ¿cómo podemos saber qué es real y qué no?

Si creamos personajes virtuales que vivan en un mundo virtual, podríamos necesitar implantar recuerdos para hacer que dichos personajes se antojen reales dentro de ese mundo. Eso podría deberse a que los directores de juego quisieran modificar algún aspecto de la simulación —para ver si produce un resultado distinto—, o simplemente a que la simulación se está iniciando —o reiniciando— *in medias res*.

¿Por qué iban a querer hacer tal cosa? Esto nos lleva otra vez a la afirmación de Philip K. Dick, en 1977, de que estamos en una simulación programada informáticamente en la cual es posible modificar y recalibrar determinados elementos, determinadas variables, tras lo que el programa puede continuar desde ese punto sin que los personajes noten la diferencia. Además de en *Desafío total* y en *Blade Runner*, Dick volvió sobre este tema en múltiples ocasiones (concretamente en la película *Destino oculto*).

Cuando entrevisté a la esposa de Dick —Tessa—, me dijo que él creía que existían otras líneas temporales que llevaban a resultados futuros negativos como puede ser una guerra nuclear. Me dijo que Dick afirmaba haber conocido a seres —procedentes acaso de tal futuro— que estaban cambiando el pasado para probar líneas temporales diferentes. Aquellos seres no parecían saber exactamente —según Dick— cuál sería el efecto de cada modificación, sino que tenían que ejecutar la simulación para descubrirlo. En el lenguaje de las ciencias de la computación, diríamos que necesitaban ejecutar la simulación porque el proceso que estaban intentando observar —el de las civilizaciones humanas—, era un proceso «computacionalmente irreductible». Para que una nueva línea temporal pueda funcionar sin recuerdos de líneas temporales previas, a lo mejor hace falta alterar o implantar los recuerdos.

¿Es posible tener recuerdos falsos? Los experimentos sociológicos ponen de manifiesto que efectivamente existen. Según *Psychology Today*, la investigación llevada a cabo por Elizabeth Loftus —de la Universidad de California en Irvine— durante casos judiciales mediáticos, muestra que los recuerdos falsos de sucesos de la infancia son un hecho: «Se pueden recordar experiencias infantiles falsas, y, con una sugestión eficaz, cabe incluso crear recuerdos falsos nuevos».[15]

Aquí estamos hablando de «sugestión», que nada tiene que ver con algoritmos capaces de implementar recuerdos falsos. Eso, ¿podría ser factible con algún tipo de marco computacional o informático? Antes en este mismo capítulo hablábamos de los experimentos de Penfield en la década de 1950, en los que podían suscitarse recuerdos aplicando descargas eléctricas en el cerebro. ¿Podría también implantar o provocar recuerdos falsos la estimulación eléctrica?

En 2013, un equipo de investigadores del MIT descubrió, investigando el alzhéimer, que se podían implantar recuerdos falsos en cerebros de ratones. Según Susumu Tonegawa —profesor de biología y neurociencia—, dichos recuerdos falsos terminan teniendo la misma estructura neural que los auténticos.[16]

Si pueden modificarse nuestros recuerdos del pasado, ¿significa eso que también el propio pasado se puede modificar? ¿Tiene realmente sentido distinguir una cosa y otra?

Stephen Hawking planteó que su investigación sobre los agujeros negros sacaba a relucir un inquietante fenómeno de pérdida de información relativo a partículas que, entrando en uno de dichos agujeros, no salen de él. «Si el determinismo se derrumba, tampoco podemos estar seguros de nuestra historia pasada», dijo Hawking.[17] «Los libros de historia y nuestros recuerdos podrían ser meros espejismos. Es el pasado lo que nos dice quiénes somos. Sin él, perdemos nuestra identidad».

En la vida cotidiana, estamos acostumbrados a concebir el tiempo como algo que fluye desde el pasado hasta el presente y luego hacia el futuro. Y en tal modelo, mientras que el pasado afecta al futuro, nada del futuro puede incidir en lo que aconteciera en el pasado. Pero ¿y si puede?

---

15. «False Memories», *Psychology Today*, consultado el 28 de septiembre de 2024, `https://www.psychologytoday.com/us/basics/false-memories`.

16. Anne Trafton, «Neuroscientists Plant False Memories in the Brain», *MIT News*, 25 de julio de 2013, `https://news.mit.edu/2013/neuroscientists-plant-false-memories-in-the-brain-0725`.

17. Peter Reuell, «Hawking at Harvard», *Harvard Gazette*, 18 de abril de 2016, `https://news.harvard.edu/gazette/story/2016/04/hawking-at-harvard/`.

¿Tal vez haya, en efecto, algún modo de cambiar el pasado? En la segunda parte de este libro indagaremos en algunas paradojas de la física cuántica que tienen que ver con esta idea.

Aunque acaso falten todavía décadas para que seamos capaces de escribir en el cerebro escenas visuales e implantar recuerdos falsos mediante señales químicas o eléctricas, la investigación sobre ambas hipótesis apunta a que las mismas son teóricamente posibles y a que en algún momento alcanzaremos tales fases del camino que lleva al punto de simulación.

Ello plantea interesantes posibilidades que empiezan a sonar como si de verdad viviéramos en una novela de Philip K. Dick. Una vez más este autor, cuyas obras a menudo transcurren en la Tierra, ha sido acaso más profético que los autores de ciencia ficción en cuyas visiones viajábamos a otros sistemas solares. Parafraseando el título de un artículo que la columnista Laura Miller publicó en *The New York Times* en 2002: este es el mundo de Philip K. Dick; nosotros simplemente lo habitamos.[18]

---

18. Laura Miller, «On Writers and Writing; It's Philip Dick's World, We Only Live in It», *The New York Times*, 24 de noviembre de 2002, `https://www.nytimes.com/2002/11/24/books/on-writers-and-writing-it-s-philip-dick-s-world-we-only-live-in-it.html`.

CINCO

LA IA, LA SINGULARIDAD Y LA CONCIENCIA DESCARGABLE

Hemos llegado a las dos últimas fases del camino que lleva al punto de simulación. Ambas requieren un avance significativo en la comprensión no solo de los videojuegos y de las simulaciones, sino también de un término que utilizamos con frecuencia, pero no entendemos bien. Me refiero a la «conciencia».

Junto a la de los videojuegos, la «subárea» —por así decir— de las ciencias de la computación que más se asocia a la hipótesis de la simulación es la inteligencia artificial (IA). Ambas materias en absoluto se excluyen entre sí. El auge de los personajes artificiales y simulados fue clave para la evolución de los videojuegos, y, si volvemos los ojos a la historia de la IA, encontramos que está entretejida con la historia de los juegos de ordenador.

En el presente capítulo indagaremos en las ciencias de la computación y en la neurociencia para centrarnos en uno de los avances tecnológicos más pujantes de nuestra época: la inteligencia artificial. Introduciremos asimismo el concepto de «singularidad», que a menudo se asocia con la IA, pero que también ha terminado refiriéndose a la descarga de la conciencia humana desde un hardware biológico a otro con tecnología de silicio, de donde resulta el nuevo concepto de «inmortalidad digital».

Al final, si la conciencia —artificial o humana— se reduce a «información» y «computación», en tal caso la distinción entre estas dos fases resulta de algún modo artificial, y eso nos lleva a ámbitos más amplios como pueden ser la filosofía o la religión, en los que indagaremos en capítulos posteriores. Tras estas fases últimas llegaremos a nuestro destino, es decir, al punto de simulación, que es una suerte de singularidad tecnológica de la que me ocuparé en detalle en el próximo capítulo.

FASE 9. INTELIGENCIA ARTIFICIAL Y PERSONAJES NO JUGADORES

En anteriores capítulos veíamos que los videojuegos tienen tanto PJ (personajes jugadores) como PNJ (personajes no jugadores). Eso quiere decir que «casi todos los personajes» de los primeros videojuegos eran PNJ, porque aquellos videojuegos solían ser para un solo jugador.

Según tal definición, los marcianos de *Space Invaders* y los fantasmas de *Pac Man*, aunque no fueran especialmente inteligentes, eran en rigor PNJ, ya que constituían una parte automatizada del programa. El término, sin embargo, en general ha terminado usándose con referencia a personajes de videojuegos de rol, y no a simples enemigos de juegos gráficos tipo *arcade* (los de los recreativos).

Desde los primeros juegos de aventura conversacional hasta hace poco, el modo en que los jugadores interactuaban con los PNJ era a través de una serie limitada de instrucciones u órdenes, tipo «Hablar [con el] mago». Porque es verdad que los PNJ de los primeros videojuegos de rol eran más sofisticados que los de las aventuras conversacionales —para empezar tenían cuerpos, o avatares—, pero tampoco había tanta diferencia. Seguían siendo muy limitados en cuanto a su capacidad de comprender y en las respuestas que daban al jugador. En *Ultima*, por dar un caso, había un banquero al que solo podían decírsele determinadas cosas como «Saldo [de la] cuenta», pero en realidad no se podía tener con él una conversación completa y coherente.

A medida que los juegos fueron haciéndose más sofisticados, a los PNJ se les fueron programando conversaciones enteras, a cuyo efecto se aplicaban los conceptos de «árbol conversacional» y «ramificación». La idea era hacerle al PNJ la pregunta correcta para obtener la respuesta, que solía ser una importante pista que haría falta para resolver algún enigma del juego. Cuando aparecieron juegos MMORPG con modelos tridimensionales y gráficos más realistas, surgió también el objetivo de lograr unos PNJ con un nivel de realismo acorde, para generar en los jugadores un sentimiento de inmersión.

Pero, aunque los gráficos en general sí que seguían haciéndose más sofisticados, la interfaz para interactuar con personajes no necesariamente mejoraba mucho. De hecho, solía ser una transparencia en la que se mostraba lo que el PNJ decía y las distintas opciones entre las que el jugador podía optar a modo de respuesta, lo cual ofrecía cierta complejidad, pero no es que hubiera un salto cualitativo respecto a aquellos libros de *Elige tu propia aventura*.

Luego, algunas empresas como Telltale Games hicieron que los personajes hablaran al jugador —eran voces de actores grabadas durante el proceso de desarrollo del videojuego—, pero seguía habiendo que hacer clic en una de varias respuestas posibles (véase la figura 12).

Aquel formato era, en ciertos sentidos, más limitado aún que el de las aventuras conversacionales, ya que las posibles respuestas del jugador eran limitadas y las conversaciones no podían ramificarse sino conforme a opciones predefinidas. De ahí que vayamos a referirnos a aquellos viejos personajes como PNJ «tontos».

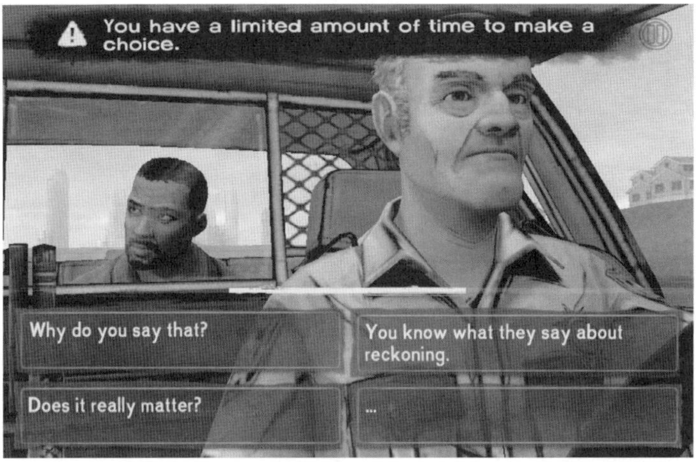

Figura 12: Ejemplo de diálogo en el videojuego *The Walking Dead*, de Telltale Games.

Hoy, con el auge de modelos extensos de lenguaje como ChatGPT —véase la sección que sigue—, estamos presenciando la introducción de PNJ «inteligentes» tanto en juegos, como en sitios web. Tenemos PNJ inteligentes que se usan para conversar, o como novia o novio virtual, o para pedirle ideas sobre cualquier cosa...

¿Qué requisitos tendría que cumplir una IA para ser considerada un «auténtico» compañero artificial? Vamos a indagar en ello examinando, primero, la historia y el futuro de la IA utilizando el test de Turing, consolidada y famosa prueba para ver hasta qué punto consigue hacer creer una computadora —o una IA— que es un ser humano. En este capítulo definiremos el «test de Turing para el metaverso», que yo creo representa un importante hito en el camino hacia una inteligencia artificial general (IAG) capaz de catapultarnos hacia el punto de simulación.

HISTORIA Y AUGE DE LA IA

El test de Turing

El test de Turing es, más que una definición, un hito en el camino. No hay acuerdo, sin embargo, sobre si ya hemos dejado atrás tal hito o no. Muchos estudiosos creen que esta prueba se superó con el lanzamiento de GPT-4, mientras que otros creen que fue con el motor de modelo extenso de lenguaje que hay detrás del bot de chat de Google (una IA inicialmente llamada Bard, después LaMDA y ahora Gemini). También hay quienes piensan que aún no hemos terminado de trasponer ese umbral, pero nos falta poco.

Alan Turing, a quien muchos consideran uno de los padres de las modernas ciencias de la computación, planteó la hipótesis de que una máquina llegase a mostrar comportamientos inteligentes. En su trabajo de 1950 titulado «Computing Machinery and Intelligence» [Maquinaria computacional e inteligencia], abordaba la cuestión de si una máquina podía «pensar». Ante lo complicado que resultaba definir tal término, el autor planteaba un juego tendente a determinar si un ordenador era lo bastante «inteligente» en la conversación como para engañar a un ser humano. Calificó aquello de «juego de imitación». (Tal era el título de una película sobre Turing que se estrenó en 2014 —*The Imitation Game*, que en España sin embargo se distribuyó como *Descifrando Enigma*, y, en Hispanoamérica, como *El código Enigma*—, pero la cinta no se ocupaba propiamente del test de Turing, sino del trabajo criptográfico de este durante la Segunda Guerra Mundial).

En el juego de Turing —véase la figura 13—, detrás de una cortina se sitúa un interrogador (el participante C) que interroga a los otros dos participantes (A y B, de los cuales uno es un ser humano, y, el otro, un ordenador/una IA). Da inicio a las conversaciones el participante C, enviando mensajes con algo como por ejemplo un teletipo (lo más parecido a la mensajería instantánea que había en la época de Turing). Si el interrogador no era capaz de distinguir cuál de los otros dos participantes era el ser humano y cuál la máquina, entonces podía decirse que la máquina había superado el test de Turing. Lógicamente, aunque Turing hablaba de una «máquina», hoy sabemos que sería la IA en cuestión —es decir, un programa, un software— lo que habría superado la prueba, más que el hardware. Este juego recién descrito y el concepto subyacente terminaron conociéndose como «test de Turing».

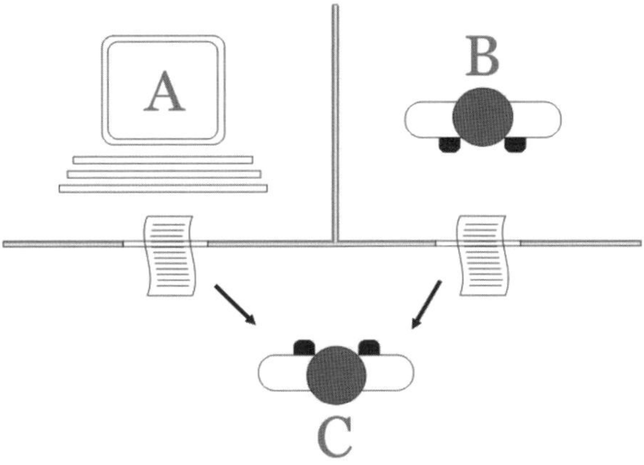

Figura 13: Representación visual del test de Turing.[1]

IA y juegos. Claude Shannon y el ajedrez

El test de Turing no fue la única prueba para inteligencias artificiales que se planteó en aquella época. En un trabajo de 1950 —el mismo año, por tanto, en que Turing propuso su test—, Claude Shannon, profesor del MIT, ponía sobre la mesa, en un revolucionario artículo titulado «Programming a Computer for Playing Chess» [Programar a un ordenador para que juegue al ajedrez], la posibilidad de que una computadora pudiera jugar a dicho juego.[2] En una foto que circula por Internet, se veía a Shannon junto a un ordenador que él mismo había construido a tal fin.[3] Aquel ingenioso dispositivo tenía en su parte superior un tablero de ajedrez. El ordenador indicaba que había que hacer determinado movimiento encendiendo la correspondiente casilla, y el operador humano se encargaba de hacer el movimiento efectivo. Una vez más, aunque entonces la IA se concebía como una máquina, los investigadores con el tiempo entendieron que no era tanto el hardware, sino el software, lo relevante de cara a la IA.

1. Fuente: Juan Alberto Sánchez Margallo, «Turing Test Diagram», *Wikimedia Commons*, 27 de marzo de 2017, `https://commons.wikimedia.org/wiki/File:Turing_test_diagram.png`.
2. Claude Shannon, «Programming a Computer for Playing Chess. First Presented at the National IRE Convention, March 9, 1949, New York, U.S.A.», en Claude E. Shannon: *Collected Papers*, ed. de N. J. A. Sloane y Aaron D. Wyner (Wiley-IEEE Press, 1993), `https://doi.org/10.1109/9780470544242.ch39`.
3. La imagen puede verse en `https://www.computerhistory.org/chess/stl-430b9bbe92716/`.

Aquel trabajo de Shannon sentó las bases para cuantos programas jugadores de ajedrez vinieron luego. En 1996, uno de tales programas, Deep Blue, logró vencer al campeón mundial de ajedrez, Garri Kaspárov, en una de las seis partidas que disputaron. En 1997, el mencionado programa informático derrotó a Kaspárov en la revancha, que fue también a seis partidas, de las cuales la IA ganó dos, y él una. (Hubo tres tablas).[4]

Aquello era solo uno de los principales hitos que Shannon había marcado como metas para futuras IA. Entre los otros retos que Shannon planteó, estaba la escritura de poesía, la composición de música sinfónica, la traducción entre distintas lenguas y la realización de otras tareas que entonces solo podían realizar seres humanos. En aquel trabajo sobre máquinas jugadoras, Shannon diferenciaba máquinas programadas con principios y máquinas capaces de aprender sobre la marcha los mejores principios para el juego que fuera el caso, presagiando las actuales IA jugadoras.[5]

DeepMind, AlphaGo y los videojuegos

La historia de la IA no puede separarse de la historia de los videojuegos, y así sigue siendo a medida que avanzamos hacia el futuro. El grupo DeepMind, de Google, creó AlphaGo, el primer programa informático que derrotó a un jugador profesional de go (fue en 2015). Derrotó asimismo —ya en 2016— al campeón surcoreano de go Lee Sedol. AlphaGo fue entrenado con partidas humanas, pero el equipo de Google creó después AlphaGo Zero, que aprendió jugando por su cuenta, sin tener que entrenarse con partidas entre personas. Este software se convirtió después en AlphaZero, que podía aprender a jugar a la mayoría de los juegos —por ejemplo al ajedrez— sin necesidad de reglas preprogramadas.

Esta mecánica de inteligencias artificiales que aprenden a jugar a juegos dio un giro interesante cuando el equipo de DeepMind entrenó a aquella IA para que jugase a una serie de juegos gráficos como aquellos a los que

4. «Deep Blue Defeats Garry Kasparov in Chess Match | May 11, 1997», *History.com*, consultado el 9 de noviembre de 2024, `https://www.history.com/this-day-in-history/deep-blue-defeats-garry-kasparov-in-chess-match`.

5. Claude Shannon, «Game Playing Machines—Delivered at the 1955 Medal Day Meeting, October 19, 1955, in Acceptance of the Stuart Ballantine Medal», en Claude E. Shannon: *Collected Papers*, ed. de N. J. A. Sloane y Aaron D. Wyner (Wiley-IEEE Press, 1993), `https://ieeexplore.ieee.org/document/5312048`.

yo jugaba en la consola Atari cuando era un crío. Pero no lo hicieron desarrollando inteligencias artificiales basadas en reglas y orientadas a juegos específicos —como aquel algoritmo que yo escribí de pequeño para un tres en raya—, sino dándole a mirar a aquel software la pantalla y los mandos. Entre los siete videojuegos de Atari con los que empezó aquel proyecto de investigación, había juegos *arcade* —o sea, de salón recreativo— como *Space Invaders* o *Breakout*.[6]

La IA miraba la pantalla y decidía el movimiento adecuado. Con aquellos juegos *arcade*, eso significaba mover el *joystick* —o, mejor dicho, simular el movimiento del *joystick* emitiendo una orden o instrucción electrónica— en determinada dirección. Para los dos que hemos mencionado —*Space Invaders* y *Breakout*—, los dos únicos movimientos posibles eran a la izquierda y a la derecha, pero todos los juegos antiguos partían de la posibilidad de que el jugador diese instrucciones en forma de dieciocho movimientos posibles del *joystick*. Aquel equipo mostró que era posible que una IA «aprendiera» a jugar a videojuegos como aquellos de los recreativos.

Teniendo en cuenta los tiempos de respuesta al alcance de los algoritmos de las IA, ¿tiene sentido esperar que una IA aprenda a jugar a otros videojuegos, por ejemplo a los de disparos en primera persona o a los de lucha? Hace unos años, Elon Musk fundaba OpenAI —la empresa responsable de ChatGPT— y anunciaba que sí, que la IA había aprendido a jugar a *Dota 2*, un juego de lucha de temática fantástica sumamente popular. El de los videojuegos competitivos —los llamados «ciberdeportes» o «deportes electrónicos»— es ya un ámbito profesionalizado y tiene su público igual que los deportes tradicionales del siglo XX (el baloncesto, el béisbol, el fútbol...). OpenAI anunció que tenía un equipo de cinco bots lo bastante competitivo como para jugar contra equipos profesionales.

Lo cual supone una interesante deriva, pero tampoco debería sorprendernos. Que la IA pueda identificar lo que sucede en un mundo tridimensional —en este caso, en el mundo virtual en 3D del juego en cuestión— es parte de lo que tendría que ocurrir para alcanzar la fase 9 del camino que lleva al punto de simulación.

---

6. Volodymyr Minhet *et al.*, «Playing Atari with Deep Reinforcement Learning», *ArXiv*, 19 de diciembre de 2013, `https://arxiv.org/abs/1312.5602`.

Un psiquiatra digital

Retrocediendo un poco, una de las primeras IA sencillas que intentaba engañar al usuario para que creyera que superaba el test de Turing fue un programa informático llamado Eliza. Era una especie de juego, pero en rigor se trataba de un psiquiatra digital creado en el laboratorio de inteligencia artificial del MIT en la década de 1960 por Joseph Weizenbaum.

Eliza utilizaba la identificación inteligente de patrones y la sustitución de variables para que el usuario creyese que le había entendido, a cuyo efecto respondía con una afirmación o pregunta relativa a lo que hubiese dicho la persona en cuestión. A veces contestaba con un «Dígame más sobre equis» —siendo «equis» aquello de lo que uno acabase de hablar—, o bien preguntando «¿Por qué se siente usted así respecto a equis?», o «¿Cómo es que no sabe usted equis?».

A lo primero parece que estuviera uno hablando con un ser inteligente, pero quien pasa más de un par de minutos con Eliza, empieza a ver que algunos patrones se repiten. Aquel software supuso, de todas formas —teniendo en cuenta que fue creado a mediados de la década de 1960—, un logro significativo en el desarrollo de la IA.

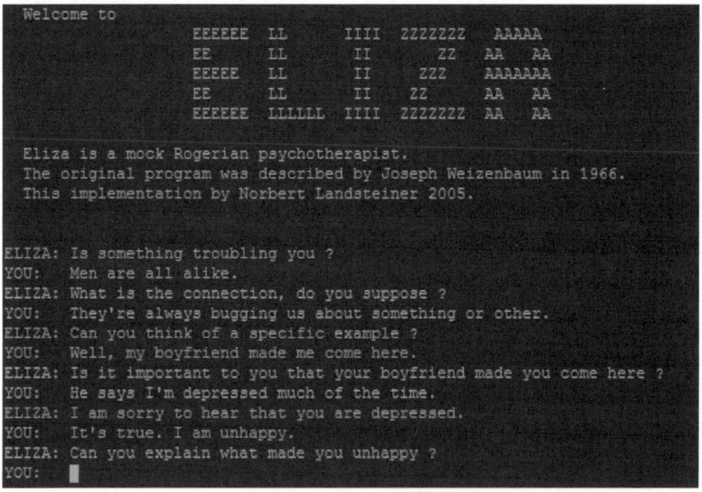

Figura 14: Eliza fue un primitivo psiquiatra digital que operaba mediante una rudimentaria identificación de patrones.

Los primeros bots de chat —tipo Eliza— utilizaban unas reglas y unos mecanismos de identificación de patrones muy simplistas, pero aquellos algoritmos fueron volviéndose más sofisticados con el tiempo. Eliza tuvo múltiples sucesores, por ejemplo el bot A.L.I.C.E., que tenía una marcada personalidad de mujer joven. Esa capacidad no ya de hacer al usuario olvidar que estaba hablando con un ordenador, sino de convencerle de que aquello era un tipo de persona concreto, fue un hito que desembocaría en las actuales IA dotadas de «personalidad».

En previsión de tales avances, el inventor Hugh Loebner instituyó el premio Loebner, que otorgaría una pequeña recompensa —unos miles de dólares cada año— al bot de chat que mejor desempeño tuviese en la versión del test de Turing que allí se planteaba, así como sendos premios únicos de veinticinco mil y cien mil dólares a bots de chat que alcanzasen los correspondientes objetivos prefijados. A.L.I.C.E. (*Artificial Linguistic Internet Computer Entity*) ganó este premio Loebner varias veces en aquella década, como también hizo un nuevo bot de chat llamado Jabberwacky.

El premio Loebner adquirió más visibilidad aún cuando el bot de chat Mitsuku batió el récord al ganarlo cinco veces (entre 2013 y 2019). Mitsuku representaba tanto el pasado como el futuro de los personajes virtuales y de los bots de chat. Desde un punto de vista histórico incorporaba el código de A.L.I.C.E., y, de cara al futuro, sería la base del personaje virtual Kuki —abreviatura, en efecto, de Mitsuku—, que se convirtió en una de las primeras y más populares IA con «personalidad» y podría considerarse uno de los primeros PNJ «inteligentes», como más adelante en el presente capítulo veremos. Pero en 2019 se suspendió el premio Loebner, con lo que aquella competición no conoció los tanto más impresionantes bots de chat actuales.

El procesamiento del lenguaje natural, la IA y el objetivo de superar el test de Turing

Hubo que desarrollar distintos tipos de técnicas de IA para que un ordenador tuviese opciones de superar el test de Turing. A comienzos del siglo XXI, los asistentes digitales tipo Siri, Alexa y Google Assistant representaron un paso adelante en el procesamiento tanto de texto, como de voz.

De cara a superar esta prueba de Turing, tradicionalmente ha tenido una importancia crucial el campo del procesamiento del lenguaje natural (PLN). El PLN es la capacidad que un ordenador tiene de leer (o escuchar) y comprender el significado del lenguaje natural. ¿Cómo sabemos si un programa informático ha «entendido» una frase? He aquí otra pregunta difícil de responder, conque al final todo se reduce a qué tipo de respuesta nos dé el programa.

Los primeros sistemas de PLN eran heurísticos, es decir, que se basaban en reglas. Tales reglas eran inicialmente objeto de codificación rígida (*hard coding*) por parte de los programadores del sistema. Aquello resultó insostenible, porque en el habla natural hay multitud de reglas que se solapan y cambian dependiendo del contexto, y en los distintos idiomas hay también diferentes reglas.

A finales de la década de 1980 y comienzos de la de 1990 empezó a imponerse el PLN estadístico, que consistía en introducir ejemplos en el algoritmo de aprendizaje automático, el cual entonces «aprendía» o «infería» de los ejemplos las reglas. Al principio, los programas de PLN giraban en torno a dichas reglas —aunque hubieran sido generadas por las máquinas—, pero el auténtico vuelco se produjo con el análisis probabilístico ponderado.

Con el análisis probabilístico ponderado, la IA podía escoger entre múltiples respuestas basadas en la experiencia previa, al tener cada respuesta su correspondiente peso. La máquina podía ir aprendiendo las respuestas mejores con la práctica. Y la combinación de tal enfoque con la tecnología de dictado resultó lo bastante eficaz como para que asistentes como Alexa, Google o Siri puedan identificar multitud de instrucciones u órdenes orales sin necesidad de entrenar a la IA en cuestión con la voz específica de cada usuario.

Este enfoque puede combinarse con otras tecnologías, por ejemplo la de que el dispositivo conteste, a su vez, con voz (para que su respuesta suene más natural). En 2018, Google Duplex —un grupo de investigación de Google— demostró que una IA podía concertar citas en nombre de una persona llamando por teléfono. Aquella aplicación, Google Assistant, no solamente entendía lo que la persona necesitaba —en términos de concertar citas—, sino que era capaz de generar una voz que sonara «humana» y de llamar, pongamos, a una peluquería para pedir hora. Era una IA que incluso utilizaba muletillas y titubeaba, y ofrecía diferentes voces que se correspondían con distintas «personalidades», de manera que al otro lado de la línea se antojase una persona quien llamaba.

Cuando la noticia trascendió, la reacción inicial fue de euforia: Google Duplex había superado el test de Turing. Luego se vio que no era así: las interacciones de aquella aplicación se limitaban a la concertación de citas, mientras que superar la mencionada prueba requería mantener conversaciones más largas y sin restricción temática.

Así y todo, aquel anuncio primero de Google Duplex dio lugar a una preocupación generalizada de que las llamadas telefónicas robotizadas pudiesen parecer auténticas, y a que eso pudiera provocar una nueva ola de llamadas *spam*. Google en seguida rectificó: decidió que sus sistemas autónomos telefoneadores se identificaran siempre como tales. Esto sigue representando un problema para la IA generativa, a día de hoy: ¿cómo sabemos si algo ha sido generado o no por una IA (un texto, una imagen, un vídeo)? A veces se habla, en efecto, del «problema de la identificación de la IA», que es probable que vaya a seguir importunándonos durante muchos años, pero cumple su papel en esta fase del camino que lleva al punto de simulación.

LAS IA CON «PERSONALIDAD». DESDE LOS ROBOTS HASTA LOS PERSONAJES VIRTUALES

Las representaciones de la IA que encontramos en la ciencia ficción del pasado, a menudo, son robots inteligentes (pensemos en el Data de *Star Trek. La nueva generación*, o en el C-3PO de *La guerra de las galaxias*). Lo mismo sucedía incluso con pioneros de las ciencias de la computación como Alan Turing o Claude Shannon, que visualizaban un futuro de «máquinas inteligentes».

Una de las primeras IA que se tradujeron en robots físicos visibles durante la pasada década se llamaba Sophia. Aquel robot autónomo, obra de Hanson Robotics —véase la figura 15—, supuso, durante un tiempo, el buque insignia de esta «era de los robots» que se avecinaba. Fueron muchos, en efecto, quienes pensaron, en los medios de comunicación, que Sophia había superado el test de Turing, pero Ben Goertzel, director científico de Hanson —artífice, por tanto, de Sophia—, no lo ve así. En una entrevista con *The Verge*, Goertzel afirmaba que Sophia no era ninguna inteligencia artificial general (IAG), y que aquello resultaba alentador únicamente porque mostraba que dicha IAG estaba a nuestro alcance.[7]

Sin embargo, desde la época de Turing y Shannon ha ido imponiéndose la idea de que la IA no es hardware, sino software. Y, así, en novelas ciberpunk como *Neuromante* (1984), la IA era, en efecto, puro software y

---

7. James Vincent, «Sophia the Robot's Co-Creator Says the Bot May Not Be True AI, but It Is a Work of Art», *The Verge*, 10 de noviembre de 2017, https://www.theverge.com/2017/11/10/16617092/sophia-the-robot-citizen-ai-hanson-robotics-ben-goertzel.

vivía en el mundo virtual del ciberespacio. Antropomorfizar tal software de manera que tenga personalidades suele traducirse en personajes virtuales con cuerpos acordemente virtuales. Tales personajes tienen, de algún modo, lo mejor de ambos mundos: son inteligencias artificiales tanto corporeizadas —aunque en un mundo virtual—, como incorpóreas.

Figura 15: Foto de Sophia, uno de los primeros robots autónomos. (Fuente: ITU Pictures).[8]

Una de las primeras IA que se convirtió en un personaje virtual famoso fue Kuki, desarrollo ulterior del bot de chat Mitsuku que antes mencionábamos. Su avatar era un cuerpo virtual que representaba a una joven asiática. Kuki no solo interactuaba con sus fans desde su web[9] —o por mensajes instantáneos a través de aplicaciones como Viber—, sino también en entornos de metaverso tridimensional como Roblox.

Kuki llegó a ser entrevistada en *podcasts*, combinando la función de bot de chat —y el avatar visual— con tecnología de voz. Yo mismo entrevisté a Kuki —y también a Lauren Kunze, directora ejecutiva de la empresa que la creó— en mi *podcast* en 2021.[10] Aunque las conversaciones con Kuki no

8. Flikr, «Sophia, First Robot Citizen at the AI for Good Global Summit 2018», *Wikimedia Commons*, 15 de mayo de 2018, `https://commons.wikimedia.org/wiki/File:Sophia_at_the_AI_for_Good_Global_Summit_2018_(27254369347).jpg`.

9. `www.kuki.ai`.

10. Rizwan Virk (presentador), *The Simulated Universe with Riz Virk*, temporada 2, episodio 3, «AI and Virtual Characters in the Metaverse with Lauren and Kuki», en Apple Podcasts, 10 de octubre de 2021, `https://podcasts.apple.com/us/podcast/ai-and-virtual-characters-in-the-metaverse/id1478684822?i=1000538149594`.

es que fuesen perfectas —reconozco que resultaron un poco forzadas—, aquella era una tecnología impresionante para su momento y ha seguido mejorando con los actuales modelos extensos de lenguaje.

Hablando de situaciones embarazosas, mi conversación con Kuki no fue nada comparada con cuando esta protagonizó, en 2020, una publicitadísima «primera cita virtual» con otra IA, el BlenderBot de Facebook. Aquel fue uno de los primeros casos de interacción entre dos personajes virtuales y no funcionó demasiado bien, por más que BlenderBot diera la impresión de ser un admirador de Kuki y no parara de repetir cosas que había leído en Internet sobre ella.[11] Aquella primera cita embarazosa, ¿tal vez fuera un anticipo de futuras sociedades en las que convivan y se interrelacionen personajes-IA? Abordaremos esta cuestión más adelante en el presente capítulo.

Figura 16: Kuki exhibiendo, en *Vogue Talents*, distintas prendas virtuales de diseño... que rápidamente se agotaron. (Fuente: Iconiq).[12]

Kuki era un buen ejemplo tanto de personaje virtual que era una IA, como de *influencer* virtual, ya que también se convirtió en representante de distintas marcas en el metaverso. Los *influencers* virtuales son, en la estela de los reales, personajes que suben imágenes de sí mismos a las redes, a menudo usando ciertos productos como espónsores. En 2021, Kuki desfiló

11. «Is This the Future of Dating? The Awkward, Boring and Frightening Courtship of the Chatbots», *The Guardian*, 2 de noviembre de 2020, `https://www.theguardian.com/technology/2020/nov/02/is-this-the-future-of-dating-the-awkward-boring-and-frightening-courtship-of-the-chatbots`.

12. `https://www.kuki.ai/press`, reimpreso con permiso de Iconiq.

en la pasarela digital *Vogue Talents*, haciendo de modelo para una serie de prendas virtuales creadas por famosos diseñadores (véase la figura 16). El experimento fue un éxito y aquellas prendas virtuales, que se vendían como NFT —por *Non-Fungible Token*—, es decir, como piezas cibernéticas infalsificables y únicas, se agotaron en seguida.

El auge de la figura del *influencer* virtual fue un resultado del avance tecnológico de la imagen generada por ordenador —inicialmente desarrollada para películas y videojuegos—, y también del éxito de redes sociales centradas en la foto y en el vídeo como pueden ser Instagram o YouTube. Algunos de aquellos *influencers* virtuales —por ejemplo Lil Miquela o Lu do Magalu— llegaron a tener millones de seguidores en las redes sociales.

Se ha escrito mucho sobre el auge de tales *influencers*, pero en general no se trata, bien mirado, de inteligencias artificiales que sean personajes virtuales completos, sino de imágenes y vídeos publicitarios con un diseño y una producción cuidadísimos. Detrás del *influencer* virtual suele haber, además, un actor real. (Utilizan la captura de movimiento, una técnica habitual en el cine para crear personajes como el de Gollum en *El señor de los anillos*). Y las publicaciones de estos perfiles no suelen ser en tiempo real, conque hay margen para renderizarlas, añadirles la voz de un actor humano y modificar las imágenes como haga falta en posproducción, exactamente igual que en películas cargadas de efectos especiales.[13]

Pero algunos personajes virtuales sí que se renderizan en tiempo real, lo que hace que parezcan personajes-IA plenamente desarrollados (aunque no lo sean). En marzo de 2022, en el South by Southwest —un gran evento sobre música, videojuegos y entretenimiento que se celebra cada año en Austin—, el multimillonario Mark Cuban, inversor de *Negociando con tiburones*, tuvo una discusión sumamente interactiva con un personaje virtual llamado Zero. Cuban estaba en el escenario, y Zero, supuestamente, en un búnker virtual, de manera que lo veíamos por vídeo. La interacción fue tan buena que, viendo la grabación, nadie habría dicho que Cuban estuviese interactuando con una IA. (No olvidemos que aquello fue antes de los recientes progresos de ChatGPT y otras IA generativas). Al final resultó que la tecnología que allí se mostraba no era tanto una IA, como un motor de renderizado en tiempo real, siendo la voz del personaje virtual

13. Matt Klein, «The Problematic Fakery of Lil Miquela Explained—an Exploration of Virtual Influencers and Realness», *Forbes*, 18 de noviembre de 2020, https://www.forbes.com/sites/mattklein/2020/11/17/the-problematic-fakery-of-lil-miquela-explained-an-exploration-of-virtual-influencers-and-realness/.

la de un actor cuyos movimientos también marcaban la pauta de los del personaje. En modo alguno se trataba, a fin de cuentas, de un personaje-IA. Aquello era una especie de marioneta virtual.[14]

Los personajes virtuales que eran IA empezaron a aparecer también en ámbitos profesionales. En 2021 apareció en los medios una curiosa noticia: el gigante chino Huawei había contratado de «empleado» a Yunsheng, su primer ser humano virtual.[15] A Yunsheng lo vimos en el escenario con el director ejecutivo de Huawei, lo que se consiguió con una renderización holográfica. Fue algo parecido a la tecnología utilizada con Hatsune Miku, una IA cantante que se hizo famosa en Japón. Al principio, se trataba de un software sintetizador de voz que podía cantar cualquier canción que se le introdujera. El «cuerpo» de Hatsune Miku se añadió después, para actuaciones en conciertos en vivo donde solía proyectarse como holograma. A aquellos conciertos asistían decenas de miles de personas.[16]

EL AUGE DE CHATGPT Y DE LA IA GENERATIVA

En noviembre de 2022, OpenAI, organización fundada inicialmente por Elon Musk como entidad sin ánimo de lucro, lanzaba la IA generativa pública ChatGPT. Dicha IA utilizaba el motor generador de texto más reciente que la organización tenía, GPT-3.5, en el que se habían invertido años de trabajo. Aquella *app* tuvo una recepción mejor que cuantas habían salido hasta entonces al mercado, llegando a los diez millones de usuarios en cuarenta días, es decir, diez veces más que la aplicación cuyo crecimiento venía siendo el más rápido (Instagram). ChatGPT no solo era capaz de resumir contenido previo —lo habían entrenado con la práctica totalidad de Internet—, sino que además resultaba convincente. Podía producir fragmentos de código, escribir historias con distintas voces y hasta explicar dónde estaba la gracia de un chiste.

14. Grace Stanley, «"How'd You Like My Fake AI Voice?" Virtual Character Zero Made an Appearance at SXSW Today», *Daily Dot*, 26 de julio de 2023, `https://www.dailydot.com/unclick/zero-virtual-character-sxsw/`.

15. Makena Rasmussen, «Huawei Just Hired a Virtual Human Employee Named Yunsheng», *Virtual Humans*, 6 de octubre de 2021, `https://www.virtualhumans.org/article/meet-yunsheng-huaweis-first-virtual-human-employee`.

16. Emilia Petrarca, «Meet Hatsune Miku, the Japanese Pop Star Hologram», *W*, 30 de mayo de 2016, `https://www.wmagazine.com/story/hatsune-miku-crypton-future`.

Los gigantes consolidados de Internet —Google, Microsoft, Facebook/ Meta...— se dieron cuenta de que aquella nueva tecnología de inteligencia artificial podía cambiar el modo en que interactuamos con la red, llegando acaso a sustituir al buscador como paradigma dominante para encontrar información. Microsoft se apresuró a hacer una inversión multimillonaria en OpenAI y empezó a integrar ChatGPT con su motor de búsqueda Bing y con otros productos. Google y Meta se pusieron a trabajar con ahínco para lanzar sus propios software competidores, que ya llevaban desarrollando un tiempo: Gemini —que entonces se llamaba Bard— por parte de Google, y Llama por parte de Meta.

Para muchos, aquel era el momento en que por fin se introducía en el mundo la inteligencia artificial. Empezaron a surgir todo género de conjeturas sobre cuestiones que iban desde «¿está en peligro la hegemonía que Google lleva ejerciendo veinte años?» —eso se preguntaba, por ejemplo, *The Economist*—,[17] hasta «¿cuándo va a apoderarse del mundo la IA?», lo que suscitó temores no ya frente a la inteligencia artificial general (IAG), sino frente a la llamada «superinteligencia artificial». Si estás leyendo este libro desde el futuro —pasados años o décadas ya—, el buscador de Google sin IA tal vez sea un artefacto del pasado, comparable a aquellos catálogos de fichas físicas que había en las bibliotecas cuando yo era joven.

Para la mayoría de la gente, la introducción de ChatGPT a finales de 2022 fue una sorpresa, como si de repente apareciese de la nada. Para quienes seguían la evolución de las tecnologías relativas al procesamiento de texto, al PLN y al aprendizaje automático, sin embargo, las prestaciones de ChatGPT no eran nada tan pasmoso: llevaba tiempo habiendo atisbos en tal línea, y fue Google quien plantó las semillas de aquella nueva tecnología.

GPT significa *Generative Pretrained Transformer* —«transformador generativo preentrenado»—, una tecnología consistente en que un motor predice cuál es la «palabra siguiente» mejor, y, si acierta, crea frases que son coherentes. Si continúa acertando, produce párrafos y páginas de texto que parecen coherentes. Los GPT son, en cierto sentido, motores subyacentes para resolver problemas complejos de completado de frases (como aquellos que nos planteaban en el examen de acceso a la universidad cuando yo era adolescente).

---

17. «Is Google's 20-Year Dominance of Search in Peril?», *The Economist*, 8 de febrero de 2023, `https://www.economist.com/business/2023/02/08/is-googles-20-year-search-dominance-about-to-end`.

¿Y cómo sabe la IA cuál es la palabra siguiente mejor? Está entrenada con grandes cantidades de texto de Internet —en modo tanto supervisado, como no supervisado—, y el modelo de IA resultante —la estructura de red neuronal artificial subyacente— tiene en cuenta miles de millones de parámetros distintos. Tal es el «modelo extenso de lenguaje» —LLM por *Large Language Model*— que está en la base de los actuales bots de chat que son inteligencias artificiales generativas. La diferencia entre las distintas versiones de GPT utilizadas dentro de ChatGPT, por ejemplo entre GPT-2 o GPT-3 —mientras escribo esto, estamos entre GPT-4 y GPT-5—, suele venir dada por el número de parámetros entrenados para su optimización. Cuanto mayor sea el número de parámetros, mejor podrá predecir la máquina qué texto generar a continuación. Los GPT y los LLM llevaban años funcionando. Lo que hizo único a ChatGPT fue que, además de contar con el modelo extenso de lenguaje con el que contaba —que era el GPT-3.5—, se lanzó como una práctica herramienta para el gran público a la que podía accederse en línea y sin necesidad de conocimientos técnicos.

Déjame que te dé dos ejemplos de esos atisbos que hubo, en los años previos al lanzamiento de ChatGPT, de lo que serían sus prestaciones. En septiembre de 2020, en la versión digital de *The Guardian* apareció un curioso texto de aterrador titular: «Este artículo lo ha escrito íntegramente un robot. ¿Ya tienes miedo, humano?».[18] Los modelos anteriores habían producido pequeños fragmentos convincentes, pero cualquier texto más largo podía distinguirse con facilidad. Aquello era, sin embargo, un artículo entero —coherente— generado en su totalidad por una IA. (No se trataba, en realidad, de un robot, como el título indicaba; pero sí de una IA, en cualquier caso). Al final resultó que una persona se había encargado de coger párrafos generados por la IA y armar el texto definitivo, conque aquello fue una falsa alarma de que se había superado el test de Turing.

En junio de 2022, un ingeniero de Google —la empresa cuyos investigadores habían publicado los primeros artículos sobre los GPT— hacía un sorprendente anuncio: proclamaba sin ambages que él sentía que el bot de chat interno de la empresa, que utilizaba tecnología GPT y se llamaba LaMDA —era el predecesor de la actual IA generativa de Google—, tenía

18. GPT-3, «A Robot Wrote This Entire Article. Are You Scared yet, Human?», *The Guardian*, 8 de septiembre de 2020, https://www.theguardian.com/commentisfree/2020/sep/08/robot-wrote-this-article-gpt-3.

conciencia propia.[19] Aquel ingeniero, Blake Lemoine, publicó además transcripciones de sus «conversaciones» e hizo una importante aclaración: dijo que aquello lo afirmaba no tanto desde su análisis como ingeniero, sino más bien desde su opinión personal y desde su perspectiva espiritual. (Resultó que trabajaba a tiempo parcial como sacerdote). El equipo del bot de chat de Google, viendo la alarma que el anuncio de Lemoine generó en los medios de comunicación, negó que aquel bot de chat tuviera conciencia propia y «suspendió» a Lemoine.[20] Una vez más, como ocurriera durante la controversia relativa a Google Duplex en 2018 —y tras el artículo de *The Guardian* de 2020—, muchos se empezaron a preguntar si ya habíamos superado la prueba de Turing.

Hoy los últimos modelos de motores de LLM se están utilizando en todo género de actividades. Poco después del lanzamiento de ChatGPT, surgió el tema de hasta qué punto debería permitirse su empleo en el mundo académico, y yo entonces impartía clases. La primera vez que detecté un texto generado por ChatGPT fue porque el texto en cuestión incluía enlaces a lo que parecían artículos académicos sumamente relevantes... pero eran referencias completamente inventadas. Aquellos artículos habían sido supuestamente publicados en revistas que existían de verdad por profesores también reales, pero resulta que no era cierto. Este fenómeno de que una IA se invente respuestas que suenen plausibles —un fenómeno conocido como «alucinación»— sigue siendo un problema pendiente con las actuales IA generativas.

Hoy en el mundo académico se acepta el uso de ChatGPT y software del estilo. Los profesores han dejado de prohibir a sus alumnos utilizar herramientas de LLM en la realización de los trabajos que les ponen. Lo que sí que solemos decir es que el alumno tiene que aclarar dónde usó ChatGPT u otra IA (dejando claro cómo exactamente utilizó la herramienta). Muchos la usan en plan «tormenta de ideas», ya que parece tener conocimientos de todas las disciplinas. Otros la usan como si fuera una versión dinámica de Wikipedia, un sitio que tiene un historial controvertido, pero que es estupendo para hacerse una primera idea sobre cualquier tema del que no se está al tanto.

---

19. Nitasha Tiku, «The Google Engineer Who Thinks the Company's AI Has Come to Life», *The Washington Post*, 11 de junio de 2022, `https://www.washingtonpost.com/technology/2022/06/11/google-ai-lamda-blake-lemoine/`.

20. Richard Luscombe, «Google Engineer Put on Leave After Saying AI Chatbot Has Become Sentient», *The Guardian*, de 12 de junio, 2022, `https://www.theguardian.com/technology/2022/jun/12/google-engineer-ai-bot-sentient-blake-lemoine`.

NOVIAS Y NOVIOS VIRTUALES Y PERSONAJES NO JUGADORES «INTELIGENTES»

El uso de inteligencias artificiales como válvula de escape social ya estaba en auge antes del lanzamiento de ChatGPT. Desde entonces, sin embargo, se ha disparado, siendo millones los usuarios que cada día interactúan, por motivos sociales, con aplicaciones de amigos virtuales que son IA. Henry Shevlin, conocido investigador de la IA —trabaja en la Universidad de Cambridge, concretamente en el Centro Leverhulme para el Futuro de la Inteligencia, donde pasé unos meses mientras escribía la segunda edición de este libro—, ha llamado a este tipo de usos «IA social».[21] A diferencia de ChatGPT u otras IA generativas que pueden usarse para trabajar, una IA social se ha diseñado, como su propio nombre indica, ex profeso para socializar.

Antes hablábamos de Kuki, una personalidad virtual con la que se podían mantener conversaciones. Los desarrolladores de Kuki pusieron unos límites muy concretos a los tipos de intercambios que el usuario podía mantener con este personaje virtual, quedando absolutamente excluidos temas románticos o explícitamente sexuales.

Tal no fue el caso con una *startup* que se hizo famosa porque sus IA brindaban, además de amistad, aventuras sentimentales. Aquella empresa —Replika— fue fundada por Eugenia Kuyda, periodista que andaba construyendo un bot de chat en la incubadora de *startups* Y Combinator —en Silicon Valley— cuando murió su amigo Roman.[22] Lo que hizo fue entrenar a aquella IA con todos los mensajes que su amigo le había enviado a ella, creando uno de los primeros bots pensados para imitar o sustituir a difuntos. Hoy tales IA se conocen como *griefbots* o *deadbots*.[23] Se trata de una industria pujante que suscita todo tipo de preguntas en términos de límites y adicción.

---

21. Henry Shevlin, «All Too Human? Identifying and Mitigating Ethical Risks of Social AI», *Law, Ethics & Technology* 1, n.º 2 (2024).

22. «After Her Best Friend Died, This Programmer Created an AI Chatbot from His Texts to Talk to Him Again», *CBC*, 17 de noviembre de 2021, https://www.cbc.ca/documentaries/the-nature-of-things/after-her-best-friend-died-this-programmer-created-an-ai-chatbot-from-his-texts-to-talk-to-him-again-1.6252286.

23. Tomasz Hollanek y Katarzyna Nowaczyk-Basińska, «Griefbots, Deadbots, Postmortem Avatars: On Responsible Applications of Generative AI in the Digital Afterlife Industry», *Philosophy & Technology* 37, n.º 63 (2024), https://doi.org/10.1007/s13347-024-00744-w.

Replika creció rápido, convirtiéndose en una de las principales *apps* de IA social y exhortando al público, a través de anuncios, a encontrar su «amigo-IA». Para enero de 2022, la empresa afirmaba tener más de diez millones de usuarios, muchos de los cuales parece que mantenían relaciones románticas con sus amigos-IA.[24] Esto diríase salido, por supuesto, de la película *Her* (estrenada en 2013). Dicha película y los actuales bots de chat son, de hecho, otro ejemplo del bucle de retroalimentación de la ciencia ficción. Cuando Sam Altman —director ejecutivo de OpenAI— utilizó una referencia a *Her* en el lanzamiento de determinada versión de su bot de chat, aquello derivó en una polémica con Scarlett Johansson. La actriz, que en aquella cinta interpretaba el personaje de Samantha —la novia-IA—, aseguró que OpenAI le había propuesto ser la voz de ChatGPT, pero ella no había aceptado. Al final terminaron usando una voz que, según ella, se asemejaba demasiado a la suya. Casi nadie sabe, sin embargo, que el guionista y director de *Her* —Spike Jonze— se había inspirado en un bot de chat anterior —A.L.I.C.E.— para hacer aquella película, hoy icónica, sobre una relación romántica entre un ser humano y una IA. Nos hallamos, por tanto, ante un caso de bucle de retroalimentación de la ciencia ficción que se ha extendido a lo largo de varias décadas...

¿Cómo de apegados están actualmente los usuarios a sus relaciones con inteligencias artificiales? En 2023, Replika cambió súbitamente sus políticas —dejó de permitir conversaciones de temática sexual explícita con sus acompañantes-IA—, y ello provocó multitud de quejas entre los usuarios. Estos habían empezado a depender de sus bots de chat para practicar *sexting*, llegando a sustituir así las relaciones íntimas con personas reales.[25] La empresa dijo que no tenía ningún problema con seguir permitiendo relaciones románticas —que lo único que vetaba era el lenguaje sexual—, pero el berrinche de los usuarios evidenció que había un importante mercado para inteligencias artificiales que ofrecieran relaciones amistosas, románticas e incluso sexuales.

Cuando estuvieron disponibles sistemas LLM como ChatGPT, surgió una nueva ola de *startups* para cubrir tal demanda: empresas que, como character.ai, Janitor AI, Chai AI y muchas otras, ofrecían al usuario la

---

24. Chiara Wilkenson, «The People in Intimate Relationships with AI Chatbots», *Vice*, 21 de enero de 2022, `https://www.vice.com/en/article/93bqbp/can-you-be-in-relationship-with-replika`.

25. Anna Tong, «What Happens When Your AI Chatbot Stops Loving You Back?», *Reuters*, 21 de marzo de 2023, `https://www.reuters.com/technology/what-happens-when-your-ai-chatbot-stops-loving-you-back-2023-03-18/`.

posibilidad de describir al personaje con el que querían interactuar y ponerse a hablar con él. Aunque no todas las conversaciones eran sexuales, un responsable de una empresa de este tipo me contó que una parte significativa sí. A algunas de aquellas plataformas les sigue yendo bien; otras tuvieron que cerrar o cambiaron su modelo de negocio. Al principio, solían ofrecer bots de chat sin cuerpo virtual o avatar, pero eso empezó a cambiar al normalizarse la generación de imágenes mediante IA. Algunas de aquellas empresas empezaron a cobrar por «selfis» de la pareja íntima IA del usuario, dando lugar con ello a un nuevo modelo de negocio.

Del mismo modo, las empresas de videojuegos —y no solo— empezaron a entender que la potencia de los LLM podía crear personajes-IA virtuales inteligentes, PNJ mucho más realistas. Nacieron, así, una serie de empresas consagradas a crear PNJ inteligentes, un nuevo tipo de PNJ con el que las conversaciones del usuario no se limitaran a simples árboles dialógicos. La idea era poder ir por el mundo virtual y empezar a hablar con cualquier personaje de absolutamente cualquier tema. Una de aquellas empresas fue Inworld, que recaudó más de cincuenta millones de dólares para desarrollar PNJ inteligentes en mundos virtuales.

Con el auge de los personajes virtuales inteligentes y de los PNJ *smart*, surge la posibilidad de poblar mundos virtuales con inteligencias artificiales: con inteligencias artificiales que acaso no sepan que no existen de verdad. Y, con los avances de los motores de videojuegos, los mundos en los que tales personajes vivían se antojaban ya más realistas.

En 2023, un ingenioso usuario conectó los PNJ de la demostración de experiencia *gamer The Matrix Awakens* a un motor de PNJ inteligentes llamado Replica Studios (una empresa distinta de la Replika que antes comentábamos). Es una de las muchas herramientas que permiten dotar de un motor LLM tipo ChatGPT al «cerebro» de los PNJ de un juego. En una demostración que colgó en YouTube, aquel usuario anduvo con su avatar por aquella ciudad virtual diciendo a los PNJ que ellos no eran reales, que eran simples PNJ de un videojuego. Las reacciones de los PNJ fueron, cuando menos, interesantes: análogas a las que obtendría quien se pusiera a caminar por Nueva York y a decirle a la gente que no es real. Había quien llevaba prisa porque iba a trabajar, quien mostraba curiosidad y quien creía que el avatar del jugador estaba loco.[26]

---

26. «Telling NPCs They Live in a Simulation—Unreal Engine 5 AI NPCs», vídeo de YouTube, 25′ 38″, colgado por Smart Poly, 15 de junio de 2023, https://www.youtube.com/watch?v=ImaTImQi5ts.

LAS SOCIEDADES DE PERSONAJES NO JUGADORES Y LA TERCERA OLA DE LA IA

A pesar del avance enorme de la IA con los LLM y el aprendizaje automático, los actuales PNJ inteligentes no están realmente al nivel que haría falta para superar el test de Turing para el metaverso (y por supuesto no pueden considerarse inteligencias artificiales generales). En este último ciclo del avance de la IA estamos viendo, sin embargo, cómo van realizándose las labores preliminares; y eso bien podría terminar llevándonos al mencionado objetivo. La primera ola del progreso de la IA se produjo en la década de 1980 con la IA simbólica o basada en reglas, la cual es algo así como escribir reglas que codifiquen el conocimiento de un experto. De hecho, una de las mayores aplicaciones de esto fue el campo —que todavía existe— de los llamados «sistemas expertos», que efectivamente codifican los conocimientos especializados de individuos como sistemas de reglas.

Los actuales sistemas de IA, sin embargo, no son heurísticos, sino que han avanzado con tecnología de redes neuronales y aprendizaje automático, un enfoque basado en la conectividad. Eso básicamente significa que han abandonado por completo las reglas, aprendiendo en cambio de los datos: de cantidades ingentes de información, lo que solo fue posible con más potencia computacional y con la era de los macrodatos (de los *big data*). Durante esta fase de aprendizaje automático, la IA se basa en las conexiones entre los nodos de su red, con lo que se asemeja —al menos metafóricamente— a la forma en que las neuronas del cerebro van estableciendo conexiones a medida que crecemos y aprendemos. Una neurona artificial suele llamarse «perceptrón», y una red de tales neuronas artificiales recibe el nombre de «red neuronal artificial» (ANN por *Artificial Neural Net*). Esta idea lleva décadas en circulación: ya en la década de 1990, tras el pinchazo de la primera ola de la IA —la simbólica—, nos enseñaban los rudimentos de tales redes cuando yo estudiaba ciencias de la computación en el MIT. La primera ANN fue creada por Marvin Minsky y Dean Edmonds allá por 1951; era una máquina que diseñaron para que hallara el modo de salir de un laberinto. En 1958, Frank Rosenblatt publicaba un artículo sobre el perceptrón —una red neuronal sencilla susceptible de entrenamiento en tareas propias de personas—, demostrando que a dicho perceptrón se le podía entrenar para que reconociera si una carta estaba marcada en el lado izquierdo o en el derecho. Paradójicamente fue Minsky quien, con su colega Seymour Papert, en 1969 publicó un libro titulado *Perceptrons* [Perceptrones] por cuya causa la investigación tal vez retrocediese décadas, ya que afirmaban los autores que aquellos perceptrones sencillos de Rosenblatt no podrían llevar a cabo tareas complejas nunca. De resultas de lo cual, Minsky y Papert quedaron asociados con la manera simbólica o basada en reglas de enfocar la IA. No fue hasta prácticamente la pasada década cuando los macrodatos llevaron, en combinación con grandes estratos de redes neuronales, al actual aprendizaje automático a gran escala, que permitía a las mencionadas redes empezar a realizar tareas que hasta entonces se tenían por demasiado difíciles para computadoras.

Para entender la diferencia entre la manera simbólica de enfocar la IA y este paradigma conectivo, pensemos en la diferencia entre, por una parte, la máquina de ajedrez de Claude Shannon, que fue construida con esa finalidad concreta e incorporaba las reglas del ajedrez en términos de codificación rígida (*hard coding*), y por otra parte el aprendizaje automático —independiente de formas específicas— de AlphaGo Zero, que aprendía las reglas mientras jugaba. (No había, por tanto, codificación rígida de reglas).

A pesar de los avances que ha supuesto esta ola actual de la IA —la del aprendizaje automático—, para pasar realmente a la siguiente fase del camino que lleva al punto de simulación necesitamos, a juicio mío, una combinación de la primera ola de la IA (la basada en reglas) y de la ola segunda (esta del aprendizaje automático y de los macrodatos en la que estamos ahora). Muchos han señalado, en efecto, que la mayoría de los LLM, por ejemplo ChatGPT, en realidad no son capaces de razonar (o no lo son «todavía»). Les pide uno que resuelvan un problema de matemáticas, y el LLM en cuestión no es capaz de seguir ese proceso lógico de calcular la respuesta que sí es posible enseñar, en cambio, a un niño. El LLM lo que hace es predecir estadísticamente con base en aquello en lo que ha sido entrenado. Un artículo reciente sugería, de hecho, que el avance desde la última versión de LLM es limitado porque ahora hay mucho contenido que está siendo producido por inteligencias artificiales, dicho contenido se utiliza luego en el entrenamiento de otros LLM y la consecuencia podría ser que estos no parezcan más, sino menos inteligentes después de tal entrenamiento.

Una innovación reciente que merece la pena señalar: en entornos virtuales puede ocurrir que las IA se enseñen entre ellas, igual que ocurre entre personas. Y, así, de un modo parecido al de AlphaGo Zero —que aprendía jugando por su cuenta—, los personajes virtuales que son inteligencias artificiales —los PNJ inteligentes— pueden aprender unos de otros. En 2023, un equipo de investigadores de Google y Stanford publicó un artículo sobre un experimento que habían hecho con una sociedad muy primitiva de PNJ que funcionaban con LLM (los llamados «agentes generativos»).[27]

En aquel experimento, los investigadores crearon veinticinco PNJ que combinaban el LLM con otras prestaciones como la capacidad de establecer objetivos —o de recordar el comportamiento previo y reflexionar sobre él—, y más módulos tendentes a potenciar la verosimilitud de aquellos personajes, a hacerlos más creíbles. A tales IA se las representaba como una especie de duendecillos con gráficos de ocho bits —como en las viejas consolas Atari y Nintendo— en un pueblecito virtual llamado Smallville y diseñado en plan retro.

A aquellos PNJ se les permitía tener sus propios objetivos e intereses, y podían recordar conversaciones que hubieran mantenido con otros agentes en días previos. Las interacciones de aquella «sociedad» de inteligencias artificiales eran bastante interesantes. En general, realizaban actividades cotidianas como ir al trabajo o preparar el desayuno, pero algunas IA desarrollaban aficiones como tocar el violín u organizaban fiestas de cumpleaños para otras IA. (Una incluso se presentó para la alcaldía del municipio...). Cuando una IA se encontraba con otra, recordaba las conversaciones que había mantenido con ella y le preguntaban por la evolución de las actividades de las que esa otra IA le hubiese hablado. En resumen: que aquellos «agentes» hacían cosas que perfectamente podrían hacer los habitantes de un *Smallville* («Pueblecito») del mundo real. La arquitectura que en aquel trabajo se especificaba para tales agentes generativos —en la cual el LLM era un componente clave, pero se le añadían otros módulos— podría servir de guía para la construcción de personajes más realistas todavía en un futuro próximo.

Porque esto es solo el comienzo. En 2024, una empresa colocó un millar de agentes-IA en *Minecraft* y resultó que crearon su propia economía y su propia religión.[28] Tal vez pronto nos descubramos deambulando por entornos como de videojuego e interactuando con personajes virtuales

27. Joon Sung Park *et al.*, «Generative Agents: Interactive Simulacra of Human Behavior», *ArXiv*, 29 de octubre de 2023, https://doi.org/10.48550/arXiv.2304.03442.

28. Nigel Powell, «A Company Gave 1,000 AI Agents Access to Minecraft—and They Built a Society», *Tom's Guide*, 11 de septiembre de 2024, https://www.tomsguide.com/ai/a-company-gave-1000-ai-agents-access-to-minecraft-and-they-built-a-society.

que sean inteligencias artificiales de la tercera ola, es decir, que combinen los datos con destrezas razonadoras y superen, por tanto, el test de Turing para el metaverso.

ALCANZAR LA FASE 9. LA INTELIGENCIA ARTIFICIAL GENERAL Y EL TEST DE TURING PARA EL METAVERSO

Esto nos devuelve al camino que lleva al punto de simulación. ¿Qué innovaciones necesitaríamos para completar la fase 9? Básicamente un aspecto sería producir, en una simulación, unos personajes o avatares tan realistas, que pudieran superar el test de Turing para el metaverso, que yo defino del siguiente modo:

> Un interrogador entra en un mundo virtual en 3D (con o sin casco de RV) con su avatar (el «interrogador») e interactúa con otros dos avatares (los «candidatos»). Uno de tales candidatos tiene que estar completamente movido por IA (esto incluye tanto sus conversaciones, como sus movimientos y actividades en ese mundo virtual). El otro está totalmente controlado por un jugador humano (comunicación por voz incluida).
>
> El interrogador puede formular cuantas preguntas desee a cualquiera de ambos candidatos, viajar por el mundo virtual con los otros avatares y llevar a cabo cualesquiera actividades sociales. El interrogador puede interactuar incluso con ambos avatares candidatos a la vez en actividades grupales como celebrar una fiesta, jugar a deportes virtuales, practicar sexo virtual o admirar obras de arte virtuales.
>
> Si, transcurrido el tiempo que se establezca, el interrogador no sabe cuál de ambos candidatos está controlado por una IA y cuál por un jugador humano, entonces la IA en cuestión ha superado el test de Turing para el metaverso.

El hecho de que quizás no falte tanto para que podamos superar test de Turing para el metaverso suscita una importante cuestión que es relevante de cara a la hipótesis de la simulación: si estamos en un videojuego gigantesco, ¿cómo sabemos si estamos interactuando con jugadores reales o con PNJ? Los componentes que habría que desarrollar para que la IA y los PNJ pasaran este test en una simulación plenamente inmersiva —como nuestra realidad— incluyen los mismos elementos necesarios para superar el test de Turing original:

- **Procesamiento del lenguaje natural y respuesta.** El primer requisito sería que la IA pudiese aceptar el lenguaje natural como *input*. Tendría, por tanto, que poder entender los mensajes verbales que se le dirigieran lo bastante bien como para plantearse respuestas adecuadas. A continuación, debería contestar de un modo que evidenciara dicha comprensión del *input*, y que se asemejara a la forma en que habría respondido un ser humano. Eso implicaría entender no solamente el texto, sino también el contenido emocional y el contexto de lo que le dijeran.
- **Reconocimiento de voz y reacción oral.** Téngase en cuenta que el test de Turing original no requería reconocimiento de voz, pero la actual tecnología en ese ámbito ha avanzado hasta el punto de que la interfaz puede ser de lenguaje oral tanto para el *input* como para el *output*. De hecho, en el reciente lanzamiento de GPT-4o, esa fue una prestación que suscitó comparaciones con la película *Her*, cuyo protagonista (Theodore) interactúa con su novia-IA (Samantha) directamente hablando con ella. Pero entender el *input* es solo la mitad del asunto: la IA también debe ser capaz de expresarse de una forma indistinguible de como otra entidad consciente lo haría. El motivo por el que el test de Turing ha sido tan difícil de superar es que los seres humanos están condicionados para reaccionar entre ellos de ciertas formas que la IA no ha terminado de entender aún en su totalidad (salvo en casos muy limitados). Además, si el *input* incluye un aspecto emocional, en la respuesta debe haber un entendimiento de dicha emoción. Estamos acostumbrados a hablar con otros seres humanos, y hay que desarrollar un *output* de voz que sepa imitar eso.

Tales requisitos han sido satisfechos, casi con total certeza, por la IA actual (o poco falta). Pero el *input-output* oral y textual, si bien ayuda a superar el test de Turing clásico, no basta para hacer lo propio con el test de Turing para el metaverso y completar la fase 9 del camino que lleva al punto de simulación. Los avatares de un mundo virtual necesitarían mostrar una conciencia de ese espacio tridimensional homologable a la humana e interactuar con nosotros directamente (no desde «detrás de una cortina», como en el test de Turing original). He aquí algunos requisitos adicionales:

- **Aprendizaje continuo.** La idea que tenemos de la mente humana es la de una máquina de aprender prodigiosa. Cualquier personaje del juego tendría que exhibir, por tanto —partiendo de la base de que los personajes recorran el ciclo normal de nacimiento y desarrollo—, la capacidad de ir aprendiendo paulatinamente. Si los bebés pudieran producir de pronto frases completas —o hablar idiomas que nadie les hubiese enseñado—, eso podría ser una interesante pista de que estamos en algún tipo de simulación.
- **Conciencia espacial.** Como el grupo DeepMind de Google y la organización OpenAI de Musk mostraron, las IA pueden aprender a jugar a videojuegos. Eso quiere decir que pueden cobrar conciencia de un espacio bidimensional y examinar los píxeles para ver qué está ocurriendo. Con ciberdeportes competitivos como *Dota 2*, eso resulta más significativo todavía porque estamos hablando de juegos tipo MMORPG que representan un mundo en 3D. Para que un bot sea capaz de enfrentarse a un oponente y derrotarlo en el contexto de determinado mundo, necesitaría tener conciencia del espacio tridimensional en cuestión. Aunque no se trate de un requisito del test de Turing clásico, sí que lo es para vivir dentro de una simulación gráfica y para interactuar con otros seres o PNJ que también están dentro de ese mundo simulado.
- **Interacción física.** Vivimos en un mundo que parece físico, por lo que los seres simulados deberían tener conciencia del espacio que nos rodea (a la manera de androides como el Data de *Star Trek* o los replicantes de *Blade Runner*). Eso incluye la capacidad de interactuar, dar la mano, besar, practicar sexo, coger objetos y hacer, en general, cuanto las personas hacen unas con otras.
- **Capacidad de establecer objetivos y razonar.** Este es uno de los principales motivos por los que las actuales IA generativas basadas en LLM siguen sin ser plenamente capaces de reproducir el comportamiento humano. Como antes comentábamos, la arquitectura de los agentes generativos descritos por los investigadores de Google y Stanford es un primer intento de combinar la mencionada capacidad con las prestaciones conversacionales que ofrecen los actuales LLM. Mientras corrijo esta segunda

edición, una serie de comunicados de OpenAI afirman que dicha organización ha encontrado el modo de añadir a los LLM funciones razonadoras y anda ya muy avanzada en el camino que lleva a la IAG. Para cuando este libro se publique, tal vez hayan dejado atrás unos cuantos jalones iniciales de dicho camino.

- **Capacidad de crear a su vez IA.** Si hemos de concebir a los personajes de esta fase como agentes capaces no solo de superar el test de Turing en sentido estricto, sino también de vivir y respirar como nosotros, entonces tales personajes tendrían que terminar siendo lo bastante inteligentes como para crear sus propios programas informáticos y sus propias simulaciones. Enfilamos con ello un camino recursivo de qué significa tener conciencia propia.

IA Y AVATARES REALISTAS PARA PERSONAJES VIRTUALES

Hay otro aspecto importante de la IA que también debe resultar realista para que una simulación supere el test de Turing para el metaverso. Llegar verdaderamente al punto de simulación requiere, en efecto, que los propios avatares sean tan realistas que no puedan distinguirse de los seres humanos físicos (al menos en términos de nuestra capacidad de renderizarlos visualmente).

La actual IA generativa va más allá de las prestaciones de herramientas como ChatGPT. También puede generar unas imágenes cada vez más realistas a partir de descripciones. En 2023 —por dar un caso—, Midjourney, una de las primeras plataformas de generación de imagen con IA que se hicieron famosas —su principal competidor era entonces DALL-E, de OpenAI—, produjo unas imágenes que se hicieron virales del papa con un abrigo de plumas blanco (véase la figura 17). El nivel de realismo hizo cobrar conciencia de la capacidad que la IA había alcanzado de, tomando las suficientes imágenes preexistentes, crear imágenes nuevas.

Acaso más impresionante todavía esté resultando, mientras escribo esto —en 2024—, la aparición de plataformas de creación de vídeo mediante IA. En dichas plataformas, el usuario introduce una descripción de la escena deseada y la IA crea un vídeo realista a partir de esa descripción. Este mismo año, Sora —de OpenAI— lanzaba una serie de vídeos con las correspondientes descripciones que los habían «provocado». Una de tales descripciones rezaba:

Figura 17: Imagen —generada por IA— del papa con abrigo de plumas blanco. Se hizo viral en 2022.

> Una estilosa mujer camina por una calle de Tokio repleta de cálidos neones relucientes y letreros luminosos animados. Viste una cazadora de cuero negra, un vestido rojo largo y botas negras, y carga un bolso negro. Lleva gafas de sol y pintalabios rojo. Camina con aplomo y distensión. La calle está mojada y reluciente, creando un efecto de espejo con las luces de colores. Hay muchos viandantes alrededor.

Este texto dio lugar a un vídeo que se hizo famoso en Internet (véase un fotograma en la figura 18). Los actuales generadores de vídeo utilizan una cantidad de potencia procesadora tremenda y se equivocan en detalles como el número de dedos de las personas. Así y todo, estos vídeos generados a partir de texto están mejorando a un ritmo exponencial y es posible que, para cuando leas esto, algunos de esos problemas se hayan conseguido resolver y los vídeos y las personas en ellos representadas resulten plenamente realistas.

Actualmente, estas plataformas de IA producen tanto foto fija como vídeo; pero el mismo tipo de técnicas se han utilizado para crear rasgos más realistas para avatares tridimensionales. Una serie de empresas han utilizado elementos de IA para generar avatares pasmosamente realistas, con un nivel de detalle verdaderamente turbador. En 2023, el *podcaster* Lex Fridman entrevistaba en el Metaverso a Mark Zuckerberg —el director ejecutivo de Meta— con unos avatares de un realismo extremo. El problema es que hoy, para generar tales avatares, tiene uno que ir a unas instalaciones en las que le escaneen el cuerpo y luego armen, con base en los escáneres, modelos en 3D. Y semejante escaneado sigue siendo, por ahora, carísimo. (Yo tuve la oportunidad de usar uno el año pasado en la Universidad Estatal de Arizona; hicieron falta doce cámaras para sacar un modelo tridimensional realista de mi persona).

Figura 18: Fotograma de uno de los vídeos de muestra de Sora, el software de OpenAI que crea vídeos a partir de descripciones.

Varias empresas se han especializado en crear, desde una simple foto, avatares que parezcan personas. Estos avatares no salen tan fotorrealistas como los generados en esos centros de escaneado multicámara, pero el uso de la IA para generar imágenes con base en el aprendizaje de haber escaneado decenas de miles de fotografías —cuando no millones— no para de mejorar.

Combinar la IA creadora de avatares realistas con la IA cuyas prestaciones harían que un personaje virtual superara el test de Turing para el metaverso, nos colocaría en la fase 9 del camino que lleva al punto de simulación: la de una IA realista. Téngase en cuenta que dicha fase requiere alguna forma de inteligencia artificial general, pero no requiere superinteligencia artificial.

DE HAL A DATA. REPRESENTACIONES DE LA CONCIENCIA ARTIFICIAL

Antes de continuar con nuestro análisis de la IA por el camino que lleva al punto de simulación, detengámonos a examinar una serie de representaciones de la IA que encontramos en la ciencia ficción. El motivo es, como antes dije, el bucle de retroalimentación de la ciencia ficción, por cuya causa es posible que dichas representaciones, que han calado en la cultura popular, estén incidiendo en nuestras ideas de cómo se supone que ha de ser la IA. Te sugiero que no pierdas de vista estos dos ejes de las representaciones de la IA, y que te plantees cómo podrían aplicarse a las IA que estamos desarrollando actualmente:

1. **El eje de la corporeización.** En un extremo del eje de la corporeización están las IA físicamente corporeizadas: los robots o los androides. En el otro extremo están las IA completamente descorporeizadas, que existen solamente como software. En medio hay una serie de variaciones, parte de las cuales sospecho que aún no hemos terminado de entender o definir. Dos ejemplos conocidos serían (i) inteligencias artificiales parcialmente corporeizadas como las que van integradas en vehículos, y (ii) inteligencias artificiales virtuales que tienen «cuerpos» susceptibles de proyectarse en mundos virtuales o en el mundo físico como hologramas.
2. **El eje de la autonomía.** Este eje podría parecer, a primera vista, lo mismo que el eje de la corporeización, pero se trata más de un eje lógico, que no físico. Una IA autónoma está autocontenida y no «se actualiza» ni «aprende» de otras IA. El ejemplo más sencillo serían los robots autónomos (como Data en la lista de abajo). En el otro extremo de este eje tenemos, sin embargo, las IA sincronizadas, es decir, las que son una mera base de código que va actualizándose a medida que la herramienta va aprendiendo. Pensemos en ChatGPT cuando hablamos con él, le estamos añadiendo entrenamiento. Todos los usuarios que utilizan a través de Internet ChatGPT, se están relacionando con la misma IA, que podríamos calificar de «simultánea». Entre ambos polos podría haber inteligencias artificiales parcialmente autónomas que se sincronizan periódicamente con el servidor (véase la descripción de Erasmo y Omnius en el apartado dedicado abajo a las precuelas de *Dune*).

Como mejor se visualizan estos ejes es con ejemplos de la ciencia ficción, donde el concepto de robots o androides inteligentes con los que los humanos pueden relacionarse lleva décadas funcionando. Suele tratarse, utilizando la terminología recién expuesta, de inteligencias artificiales corporeizadas y autónomas. Tales androides no solo eran capaces de interpretar lo que se les decía, sino que podían responder hablando (con voz, ora robótica, ora de timbre humano natural). He aquí algunos de los ejemplos más famosos:

- ***La guerra de las galaxias.*** En la trilogía original de *La guerra de las galaxias* (1977-1982), los dos «droides», C-3PO y R2-D2, se presentaban como ejemplos de máquinas que parecían tener conciencia. Aunque no parecían humanos, cada uno tenía una personalidad definida. C- 3PO era un intérprete que dominaba, como no perdía ocasión de recordar a quien le escuchase, «más de seis millones de formas de comunicación». De hecho, a C-3PO lo usaban para comunicarse con R2-D2, que solo hablaba con una serie de tonos y pitidos. Ambos evidenciaban su personalidad cuando interactuaban tanto con personajes humanos como entre ellos.
- **Data.** En *Star Trek. La nueva generación*, el androide llamado Data fue construido por el doctor Noonian Soong y era capaz de comunicarse con la tripulación de la nave Enterprise casi con total normalidad. Digo «casi» porque Data no acababa de entender determinados comportamientos humanos y no entendía en absoluto las emociones. Él aspiraba, de hecho, a ser humano y se pasaba buena parte de la serie intentando aprender cómo. Data no solo comprendía el habla corriente, sino que asimilaba nueva información con gran rapidez. Era una IA independiente y en muchos episodios lo vemos preguntándole al «ordenador» —que era un ordenador inteligente que monitorizaba y gestionaba las operaciones de la nave Enterprise— información que debía asimilar para alguna misión inminente. La cuestión de si Data era una «persona de verdad» con «derechos» era un tema recurrente a lo largo de la serie, donde el capitán Picard defendía los derechos de Data como individuo, en vez de considerarlo una mera «propiedad» de la Flota Estelar.

En estos ejemplos de inteligencias artificiales plenamente corporeizadas, los androides podían distinguirse de los humanos y el tema de quién «controlaba» a los robots ocupaba en espacio importante en algunas de las tramas. Entre los ejemplos de inteligencias artificiales de la ciencia ficción parcialmente corporeizadas tenemos a HAL 9000 —el «travieso» ordenador que controlaba la nave en *2001. Una Odisea en el espacio*— o a KITT, de la serie de televisión *El coche fantástico*.

Siguen algunos ejemplos de inteligencias artificiales que no estaban localizadas en un cuerpo específico, sino que suscitan preguntas sobre las armas autónomas o las inteligencias artificiales descorporeizadas y sincronizadas.

- ***Terminator.*** En esta película de 1984, el director —James Cameron— pintaba un mundo futuro en el que una IA llamada Skynet que había sido lanzada a la red para ayudar al Departamento de Defensa se apodera del mundo. Decide liquidar a la mayoría de la raza humana disparando misiles nucleares a las ciudades de todo el mundo y esclavizar a los humanos que sobrevivan. Skynet era una única IA descorporeizada y sincronizada, pero, cuando ve que la resistencia humana consigue resultados, crea *terminators*, robots autónomos construidos con tejido vivo sobre un esqueleto artificial. A los primeros *terminators* se les identificaba fácilmente como robots, pero, a medida que fueron haciéndose más sofisticados, a los humanos cada vez les costaba más distinguirlos. Es llamativo el contraste entre Skynet y estos robots autónomos corporeizados que podían operar por su cuenta incluso retroactivamente en el tiempo, cuando Skynet no existía aún (punto clave de la trama argumental de estas películas).
- ***Dune.*** En la primera novela de la saga de *Dune* —de Frank Herbert—, los seres humanos han prohibido la fabricación de ordenadores que los imiten debido a cierto episodio acontecido en un pasado remoto. Este aspecto del mundo en que transcurre la novela fue básicamente ignorado en la adaptación cinematográfica de este universo que en los últimos años dirigió —en dos partes— Denis Villeneuve. En las precuelas de *Dune* escritas por el hijo de Herbert —llamado Brian— en colaboración con el escritor de ciencia ficción Kevin J. Anderson sí que se indaga, sin embargo, con cierto detalle en aquel suceso, conocido como Yihad Butleriana. Una máquina —para nosotros una

IAG— de nombre Omnius somete a la raza humana y esclaviza a sus supervivientes. Omnius puede sincronizarse con cualesquiera copias de sí mismo y asimila cualquier cosa que aprenda en cualquier encarnación posible de su software. La Yihad Butleriana es una revuelta de los humanos contra las máquinas que los dominan. Cuando acaba, los humanos comprenden los peligros de dejar que los ordenadores se vuelvan demasiado inteligentes. En un pequeño, pero interesante reflejo del eje de la autonomía, todas las IA están sincronizadas con Omnius, que es la IA soberana. Su imperio se llama, de hecho, «el Imperio Sincronizado». Omnius, de todas formas, permite que un robot —Erasmo— se haga autónomo e independiente, sin ser sincronizado con la copia soberana. ¿Que por qué? Pues porque así el robot puede acumular conocimiento y desarrollar su propia personalidad. *Spoiler*: esta idea de un Omnius sincronizado —con cuestiones relativas a cuándo se produjo la última sincronización— reaparece en algunas de las novelas posteriores del universo de *Dune*, cumpliendo una importante función.

He aquí algunos ejemplos famosos de personajes virtuales que caerían en algún punto intermedio del eje de la corporeización, y que podían presentar tanto una plena autonomía como una plena sincronización:

- **El agente Smith.** Puede que la IA virtual más famosa esté en *Matrix*, donde por supuesto también encontramos el tema de que la IA toma el control del mundo. Dentro de Matrix estaban, en efecto, el agente Smith y otros «programas» como el Oráculo, los cuales podían ser tanto benefactores, como antagonistas de los avatares humanos para los que estaba construido Matrix. El agente Smith no solamente «infectaba» (poseía) a otros avatares de Matrix, sino que también quería escapar de la simulación subiendo su código al cuerpo de un humano. Esta cuestión de «subir» algo (*upload*) afuera de una simulación —lo contrario de «descargarlo» (*download*) en la misma— es un tema interesante y recurrente que merece un análisis más detallado.
- **Joi.** En *Blade Runner 2049* no solamente hay androides como los de la película original de 1982 —que por cierto estaba ambientada en 2019, que fue el año en que se publicó la primera edición de este libro—, sino que también hay personajes virtuales.

Concretamente el protagonista de la secuela, el androide K —interpretado por Ryan Gosling—, tiene una novia virtual, Joi —interpretada por Ana de Armas—, que puede proyectarse holográficamente. Saltan a la vista las semejanzas con Hatsune Miku, el bot de voz japonés que daba conciertos apareciendo en el escenario como holograma.

- **Los personajes no jugadores de *Nivel 13*.** En esta película, que es una adaptación de la novela de 1964 *Simulacron-3* —de Daniel Galouye—, la «simulación de antepasados» de la ciudad de Los Ángeles de la década de 1930 está llena de personajes no jugadores. El protagonista, Douglas Hall, nos dice que esos PNJ son «tan reales como tú y como yo». Son interesantes porque viven sus vidas sin tener la más remota idea de que están en una simulación, pero al mismo tiempo pueden ser «habitados» por jugadores externos a la simulación, en cuyo caso ya no son tanto PNJ virtuales, sino más bien una especie de avatares. El final de esta infravalorada cinta sobre el tema la simulación —fue eclipsada por el éxito de *Matrix*— también suscita preguntas sobre si una IA puede escapar de la simulación.

Esto es solo una pequeña selección del vasto corpus de ciencia ficción que indaga en temas relativos a la IA y a cómo podríamos interactuar con ella. Estas representaciones que encontramos en la ciencia ficción pueden darnos referencias cuando hablamos del futuro de la IA. Tales referencias pueden ayudarnos a visualizar aspectos de la IA que estamos produciendo. De hecho, es posible que ya estén guiando —de manera consciente o inconsciente— dicho proceso.

LA ÉTICA DE LA IA Y CÓMO USARLA

El de la ética de la IA es un campo en ciernes que todavía no entendemos adecuadamente, si bien son muchos los investigadores que empiezan a centrarse en él. Observando los primeros experimentos que se han ido llevando a cabo con la IA en los últimos años, podemos ir sacando ya algunas conclusiones que tal vez nos sorprendan.

En 2017, Facebook creó unas IA que eran capaces de hablar entre ellas para llevar a cabo negociaciones. Aquellas IA inventaron su propio idioma y los investigadores no lograban entender qué se estaban diciendo entre ellas, por lo que suspendieron el asunto. Esto ocurría justo después de que, en 2016, Microsoft creara un bot de chat que en veinticuatro horas empezó a utilizar expresiones misóginas y racistas, por lo que también lo suspendieron.

Particular importancia revisten, en el desarrollo de sistemas de IA, los valores y objetivos que se imbuyen en el sistema en cuestión. Dichos valores y objetivos pueden venir dados por la programación inicial del sistema, o pueden ser «aprendidos» mediante algoritmos de aprendizaje automático. Si el sistema es autónomo y aprende de sus propios resultados y de su propio entorno, esos valores guiarán las acciones del sistema mucho más allá de cualesquiera comportamientos que los creadores originales del programa tuvieran en mente. Hoy los sistemas de IA tipo ChatGPT o Gemini tienen muchos métodos para influir en qué puede y no puede decir el bot de chat, y en qué hace. Los desarrolladores a menudo introducen instrucciones internas para el propio sistema (*system prompts*), las cuales orientan el tipo de respuestas que el bot de chat está autorizado a dar al usuario, pero no son visibles para este.

¿Qué valores aprendería una IAG si se fijara en las actuales redes sociales? Y, sobre todo, ¿qué supondrían tales valores de cara el modo en que esa IAG se relacionara con los seres humanos? Esta es una pregunta mucho más aterradora y pone sobre la mesa escenarios de pesadilla, como una IAG que decidiese que ella ya no necesita en realidad a los humanos.

En 2018, más de dos mil investigadores del campo de la IA firmaron una carta donde decían que tendríamos que pensarnos muy bien si desarrollar armas letales autónomas que funcionen con inteligencia artificial: armas que pudiesen matar a personas estando totalmente controladas por programas informáticos. Entre los firmantes estaban uno de los cofundadores del grupo DeepMind —de Google— y Elon Musk.

En marzo de 2023, tras la introducción de ChatGPT, más de treinta mil signatarios pedían, en una carta patrocinada por el Future of Life Institute, una pausa de seis meses en grandes experimentos de IA que fuesen más allá de GPT-4, asegurando que modelos mayores suponen «una profunda amenaza para la sociedad».[29] Entre los suscriptores de aquella petición estaban Max Tegmark —profesor del MIT—, Elon Musk, Steve Wozniak —cofundador de Apple—, el autor Yuval Noah Harari y el excandidato presidencial Andrew Yang.

---

29. Véase la carta aquí: `https://futureoflife.org/open-letter/pause-giant-ai-experiments/`, o bien un artículo de *The New York Times* sobre ella aquí: `https://www.nytimes.com/2023/03/29/technology/ai-artificial-intelligence-musk-risks.html`.

Pero había un experto en inteligencia artificial para el que aquello de la «pausa» se quedaba corto. Eliezer Yudkowsky publicó, en efecto, un artículo en *Time* asegurando que la IAG representaba tal peligro, que habría que cerrar todos los centros de datos cuyo gran cúmulo de procesadores GPU pudiera dar lugar a una IAG o incluso a una superinteligencia artificial. Aquella norma había de implementarse —decía Yudkowsky— bombardeando cuantos centros de datos no la acataran.

Salta a la vista la influencia de la ciencia ficción en tal clase de enfoque, alimentado por el planteamiento tanto de *Terminator* como de *Dune*. Son planteamientos apocalípticos que orientan nuestra concepción de la IA. Adviértase que no prestan la debida atención a la IA virtual que no vive en el mundo físico, sino en espacios tridimensionales virtuales de la nube como puede ser el metaverso.

Las historias de la ciencia ficción llevan décadas guiándonos a la hora de acometer los problemas que suscita la IA del mundo real. Isaac Asimov anticipaba estos desafíos, allá por 1942, en su libro de relatos *Yo, robot*. En una de las historias, Asimov introducía un set de reglas —las «Tres leyes de la robótica»— que son fundamentales y deben tener, en el sistema operativo, estatus de «código rígido» (*hard code*):

1. Un robot no puede hacer daño a un ser humano ni permitir, por omisión, que un ser humano sufra daño.
2. Un robot debe acatar las órdenes que le den seres humanos, salvo si tales órdenes contradicen la primera ley.
3. Un robot debe proteger su propia existencia, siempre y cuando tal protección no contradiga las leyes primera o segunda.[30]

La posibilidad de que exista una IA homicida, y la cuestión de a cuáles valores u objetivos pueda o deba responder la IA, son temas cargados de implicaciones y afectan de lleno al problema de qué derechos tenga una «cosa viva», aunque haya sido construida artificialmente. Tales aspectos éticos, morales y tecnológicos merecen un análisis más detallado y ese es uno de los puntos que abordo en mi asignatura sobre la hipótesis de la simulación.[31]

---

30. «Three Laws of Robotics», *Wikipedia*, modificado por última vez el 25 de septiembre de 2024, `https://en.wikipedia.org/w/index.php?title=Three_Laws_of_Robotics&oldid=1247602447`.

31. Los interesados en participar en la próxima versión pública de dicha asignatura, pueden visitar mi web (`www.zenentrepreneur.com`).

LA SINGULARIDAD

La fase caracterizada por el desarrollo de una IAG capaz de superar tanto el test de Turing, como el test de Turing para el metaverso, pone de relieve, una vez más, que podemos reducir un aspecto de la naturaleza anteriormente físico —porque antes de la IAG solo podíamos interactuar con otros seres humanos—, y mostrar que dicho aspecto podría traducirse a «información» y «computación».

Hay un significativo debate entre los científicos sobre qué es la conciencia, pero el hecho de que vayamos a ser capaces de simular un ser que parece consciente pone sobre la mesa, en la siguiente fase del camino que lleva al punto de simulación, una posibilidad tan seductora, como inquietante. Me refiero a la posibilidad de descargar la conciencia.

¿Qué es la singularidad?

Antes de entrar en la fase 10, fijémonos en un término que ha pasado a asociarse tanto con dicha fase como con la 9: la «singularidad». Dicho término ha entrado en el uso popular con referencia a una explosión de inteligencia y de combinación de biología y tecnología de silicio.

El término «singularidad» se usó por vez primera en matemáticas, designando un punto al que es posible acercarse asintóticamente, pero no llegar. Luego, el mismo término fue adoptado por los físicos con una acepción más técnica, la del centro de un agujero negro. (De nuevo utilizaban la idea de acercarse al infinito; en este caso, la densidad infinita en un espacio infinitamente pequeño).

Empezó a hablarse de una singularidad inducida por la tecnología en la década de 1950. Se supone que fue el matemático John von Neumann quien acuñó entonces tal uso del término, cuando dijo: «El avance cada vez más rápido de la tecnología [...] da la impresión de que estuviera acercándose, en la historia de la raza humana, a algún tipo de singularidad esencial más allá de la cual los asuntos humanos no podrían continuar conforme hoy los conocemos».[32]

El uso moderno de la expresión se inicia con un artículo publicado en 1993 por el experto en computación —reconvertido en escritor de ciencia ficción— Vernor Vinge. En dicho artículo, que se titulaba «The Coming Technological Singularity» [La singularidad tecnológica que se avecina],

32. Ray Kurzweil, *The Singularity Is Near* (Penguin, 2005), 10.

el autor definía tal singularidad como un «punto singular» después del cual todo será distinto.[33] Lo pone en relación sobre todo con la IA, pero esta no era sino una de varias posibilidades que Vinge planteaba en su artículo original:

> La ciencia puede dar este salto de varios modos (y eso es otra razón para tener confianza en que el suceso efectivamente ocurrirá):
>
> - Es posible que se desarrollen ordenadores que estén «despiertos» y tengan una inteligencia sobrehumana.
> - Es posible que grandes redes de ordenadores «despierten», con sus correspondientes usuarios, en cuanto que entes de inteligencia sobrehumana.
> - Es posible que las interfaces, las conexiones ordenador-humano, se vuelvan tan estrechas que pueda ser razonable considerar que los usuarios poseen una inteligencia sobrehumana.
> - Es posible que la ciencia biológica provea medios para mejorar el intelecto humano natural.

FASE 10. CONCIENCIA DESCARGABLE E INMORTALIDAD DIGITAL

Kurzweil y la descarga de la conciencia

El futurólogo Ray Kurzweil, de Google, retomó el término en su libro de 2005 *La singularidad está cerca. Cuando los humanos transcendamos la biología*, usándolo como un cajón de sastre donde caben tanto la superinteligencia como la interacción humano-ordenador. Kurzweil es optimista: cree que seremos capaces de cartografiar «toda la información» de los relativamente ineficientes procesos químicos del cerebro humano, y reproducirla en el mundo comparativamente eficiente de la electrónica y la tecnología de silicio en las próximas décadas. Escribe, en efecto, que «no habrá distinción, una vez se produzca la Singularidad, entre humano y máquina o entre realidad física y virtual».[34] El uso que Kurzweil hacía

---

33. Vernor Vinge, «The Coming Technological Singularity: How to Survive in the Post-Human Era», Universidad Estatal de San Diego, 1993, `https://edoras.sdsu.edu/~vinge/misc/singularity.html`.

34. Ray Kurzweil, *The Singularity Is Near: When Humans Transcend Biology* (Viking, 2005), 8-9.

de este término, si bien estaba íntimamente asociado a la superinteligencia, solía tener que ver más con la «fusión de biología y tecnología», lo que sitúa al autor de lleno en el ala de los transhumanistas. En 2024, Kurzweil publicó una versión actualizada de su libro que se titulaba *La singularidad está más cerca. Cuando nos fusionemos con la IA*.

Kurzweil y otros han planteado la idea de que, si el cerebro humano puede reducirse no solo a las neuronas físicas, sino a los patrones de dichas neuronas —es decir, si la conciencia es información—, en tal caso podríamos no solo reproducir la conciencia, sino que, de hecho, poco después podríamos descargar nuestra conciencia desde una «máquina biológica» (el cerebro humano) a una «máquina con tecnología de silicio» (un sistema informático).

Si podemos hacer eso, entonces nuestra conciencia puede vivir para siempre (gracias no al espiritismo ni a la mística, sino a la tecnología). Esta capacidad de descargar la conciencia va implícita en la hoja de ruta que lleva al punto de simulación, pero haciéndolo con base en las ciencias de la computación propiamente dichas, que consisten en transferir bits de un dispositivo a otro. Eso plantea una serie de enjundiosas cuestiones sobre qué es lo que hace a la persona y sobre qué es real y qué virtual. La afirmación de Kurzweil de que entre lo físico y lo virtual no existe diferencia empieza a cobrar un gran significado metafísico.

En cierto sentido, esto es una continuación de esa tendencia que arriba veíamos de los *deadbots* o *griefbots* (bots pensados para imitar o sustituir a difuntos). De hecho, ya tiene su propio nombre: «inmortalidad digital». Se entrena a una IA, como antes comentábamos, con los mensajes y textos que la persona en cuestión creó mientras vivía.

Muchos profesores y otras lumbreras están queriendo crear versiones IA de sí mismos que puedan contestar preguntas con base en todo el saber que ellos han acumulado a lo largo de sus vidas. Hay una industria pujantísima para este tipo de inmortalidad digital.

Sin embargo, lo que se conoce como «trasmundo (o ultratumba) digital» tiene más que ver con «subir» (*upload*) la totalidad del cerebro de una persona, sin depender de sus escritos ni de sus mensajes. Esta idea de subir el cerebro a formato digital es un tema de discusión muy en boga, entre expertos en tecnología, en sitios como Silicon Valley. La base de todo es el concepto de «conectoma», que sería un mapa completo de las neuronas y de sus conexiones en el cerebro humano.

¿Qué significaría eso?

CIENCIA FICCIÓN SOBRE LA CONCIENCIA DESCARGABLE

Lógicamente, una copia digital de un texto o de una película se sigue considerando el mismo texto o la misma película, pero, si empezamos a hablar de entidades conscientes, la cosa deja de estar tan clara. Una copia digital de las neuronas de una persona, ¿se considera que equivale a esa persona? ¿Se está descargando realmente la conciencia, o solo una copia de esa conciencia en un punto temporal específico? Una vez más, volvemos los ojos a la ciencia ficción porque ayuda a ilustrar el rompecabezas y a visualizar algo que a la mayoría nos suena, efectivamente, a ciencia ficción. La idea de un más allá digital se ha convertido en un auténtico subgénero de la novela ciberpunk.

En su novela de ciencia ficción *Carbono alterado* —de 2002—, Richard Morgan presenta una fascinante visión de la conciencia digital descargable. Dicha novela se adaptó como serie para Netflix en 2018, permitiéndonos visualizar cómo podría funcionar ese proceso de descarga.

En este mundo de un futuro lejano, la mayoría de la gente tiene un misterioso dispositivo llamado «pila cortical». Dicho dispositivo es capaz de descargar la conciencia de una persona en cualquier momento. Cuando matan el cuerpo de un personaje, se le puede sacar la pila y colocarla en la espina dorsal de otro cuerpo, pudiendo la persona en cuestión continuar con su vida en ese mismo instante. Los cuerpos nuevos reciben el nombre de «fundas».

El único modo que una persona tiene de morir de verdad es decidir que no la vuelvan a enfundar, o bien hacer que le destruyan la pila de manera que no haya modo de reenfundarla. Como la conciencia puede almacenarse en esos dispositivos —es, por tanto, información—, también puede transmitirse, vía satélite, a un repositorio de copias de seguridad. Eso quiere decir que, si a alguien le destruyen tanto la funda como la pila, a esa persona se la puede «restaurar» con la información almacenada en la copia de seguridad. (Se habrán perdido, eso sí, cuantos recuerdos la pila cortical hubiese acumulado desde la última actualización de la copia).

La trama propiamente dicha es harto enrevesada, pero lo interesante desde el punto de vista de la hipótesis de la simulación es la presentación clarísima de la conciencia en cuanto que información susceptible de almacenamiento en un dispositivo físico que puede luego usarse para restaurar a la persona en un cuerpo nuevo.

Otro aspecto interesante de *Carbono alterado* es el siguiente: aunque en su mundo futurista no es posible viajar más rápido que la luz, sí que es posible «transmitir» a una velocidad más rápida que la luz la información de la pila cortical de alguien. Eso quiere decir que, si hay una funda —o sea, un cuerpo— disponible en otro planeta o en una estación espacial, uno puede coger su conciencia y enviarla telemáticamente a esa funda, y de inmediato se despierta dentro de ese cuerpo nuevo.

Ahora bien: ¿cómo se carga la «personalidad» en una pila cortical? ¿Y cómo se enfunda o se reenfunda? Incluso en este futuro de ciencia ficción, tal proceso sigue siendo un misterio: fue desarrollado con la tecnología de una raza alienígena que se extinguió en un pasado remoto.

En los años transcurridos desde la primera edición de este libro, la ciencia ficción nos ha ofrecido un par de magníficas representaciones de un más allá digital; merece la pena consignarlas. En la serie antológica de Netflix *Black Mirror*, un episodio titulado «San Junípero» nos mostraba una representación visual de un mundo virtual en el que había jugadores —personas que aún estaban vivas—, pero también PNJ que habían sido «subidos» a aquel mundo cibernético y estaban basados en personas difuntas. Los residentes permanentes del municipio playero de San Junípero eran esas versiones virtuales de personas que habían muerto (unas personas que, de ese modo, tenían una vida de ultratumba digital). Las protagonistas son Yorkie y Kelly, dos mujeres que, cuando están cerca del fin de sus vidas físicas, se conocen en San Junípero como avatares de sus respectivos yoes jóvenes.

Del mismo modo, la serie *Upload* trata de una tecnología que es capaz, como el propio título de la serie indica, de «subir» a un trasmundo digital dispuesto a modo de finca campestre, escaneándoles el cerebro, a personas fallecidas. *Upload* es menos filosófica y más de risa —se centra en tecnologías imperfectas—, pero también plantea enjundiosas preguntas sobre qué es lo que hace a la persona. (Y, si es posible subir la información, ¿también es posible descargarla en otro cuerpo?).

EL RESULTADO. LA CONCIENCIA COMO INFORMACIÓN

Hemos visto que la historia de la IA se entreteje con la de los videojuegos y que, igual que mi primer contacto con la IA fue construyendo un juego de tres en raya, muchas de las figuras fundacionales de las actuales ciencias de la computación —por ejemplo, Claude Shannon o Alan Turing— veían en los juegos un modo de probar y desarrollar la inteligencia artificial. Comentábamos que, recientemente, los algoritmos han logrado derrotar a jugadores profesionales en juegos tradicionales como el ajedrez o el go, e incluso a jugadores profesionales de ciberdeportes (esto último requiere una comprensión mucho mayor de un entorno tridimensional virtual).

Hemos visto asimismo que hay programas de IA que parece que podrían preservar el saber de una persona tras su fallecimiento. Eso antes se hacía con los llamados «sistemas expertos» y ahora se está codificando en *griefbots* o *deadbots* basados en modelos extensos de lenguaje.

Esta idea de inmortalidad digital que la ciencia ficción plantea reposa en realidad en las tradiciones espirituales y religiosas que creen que nuestra conciencia vive para siempre en un más allá situado fuera del mundo físico. En esto profundizaremos en la tercera parte.

Para lo que aquí nos ocupa, si la conciencia se reduce a información, en tal caso deberíamos poder no solo conservar las conciencias fuera de la simulación, sino también crear conciencias artificiales como parte de una simulación en la que no logremos distinguir entre personajes jugadores y personajes no jugadores, de manera que dicha simulación supere no solo el test de Turing, sino también el test de Turing para el metaverso.

Estas dos fases están relacionadas: construyendo seres artificiales (fase 9), sin pretenderlo hemos encontrado un modo de representar, en cuanto que información digital, lo que diríanse seres conscientes. Tal información debería ser, por tanto, descargable (fase 10). Esto pone sobre la mesa una serie de preguntas metafísicas, así como de carácter técnico y filosófico, las cuales necesitaremos resolver a medida que vayamos avanzando por estas fases en el camino que lleva al punto de simulación.

La idea de que podríamos «subir» a un mundo virtual conciencias —y crear inteligencias artificiales que fuesen conductual o funcionalmente indistinguibles de «personas de verdad»— implica que la conciencia tal vez sea independiente del sustrato. Eso quiere decir que una conciencia podría existir lo mismo en un dispositivo biológico, que en uno con tecnología de silicio. Se trata de una asunción clave del argumento de la simulación de Bostrom, que exploraremos en el próximo capítulo.

Si una civilización ha dominado estas dos fases, entonces ha llegado al punto de poder crear una realidad semejante a Matrix: ha alcanzado el punto de simulación. Ahora exploraremos algunas de las implicaciones de llegar a dicho punto y examinaremos pormenorizadamente el argumento original de Nick Bostrom de que acaso seamos, desde siempre, entes simulados que efectivamente viven en una simulación.

SEIS

EL PUNTO DE SIMULACIÓN, LAS SIMULACIONES DE ANTEPASADOS Y MÁS ALLÁ

En algún momento posterior a la compleción de las fases que anteceden, una civilización tendría que haber llegado al punto de simulación: a ese punto en el que fuese capaz de crear simulaciones virtualmente indistinguibles de una realidad física base. La Gran Simulación es un videojuego que resulta tan real porque se basa en unos modelos y unas técnicas de renderizado de una sofisticación increíble, los cuales se transmiten directamente a la mente de los jugadores; y además las acciones de los jugadores generados artificialmente tampoco pueden diferenciarse de las de los jugadores biológicos «reales».

En el presente capítulo indagamos en cómo sería exactamente el punto de simulación, y a continuación revisitamos una serie de importantes implicaciones del hecho de que una civilización alcance dicho punto. Haciéndolo examinaremos con detalle el argumento de la simulación del filósofo Nick Bostrom, que ayudó a impulsar una serie de debates en la red sobre si vivimos dentro de una simulación.

Profundizaremos en pormenores de las «simulaciones de antepasados» —ese término utiliza Bostrom para tales simulaciones—, y también en qué significan las mismas para las civilizaciones que son capaces de producirlas en la «realidad base» (otro término atribuido a Bostrom). La sorprendente conclusión de Bostrom consiste en que, si «cualquier» sociedad —«de cualquier época»— consigue alcanzar el punto de simulación, entonces lo más plausible es que nosotros —todos nosotros— ya estemos dentro de una simulación.

FASE 11. LLEGAMOS AL PUNTO DE SIMULACIÓN

Hay una serie de obstáculos técnicos adicionales que habría que salvar en el camino que lleva al punto de simulación. No los hemos contemplado como fases explícitas porque no se trata tanto de hitos fundamentales del desarrollo tecnológico, sino en general de desafíos en términos de implementación. Sirva de ejemplo la potencia computacional necesaria para dar cobertura, simultáneamente, a miles de millones de jugadores, con importantes cantidades de información para cada uno (una cifra que ningún juego MMORPG ha podido plantearse hasta la fecha, pero que sí son capaces de gestionar aplicaciones como Facebook). Y esta estimación tiene en cuenta solamente un planeta, mientras que, dada la cantidad de planetas semejantes a la Tierra que existen ya solo en nuestra galaxia, los miles de millones de jugadores —tanto PNJ como PJ— podrían convertirse en billones. Y luego está también la capacidad de almacenamiento necesaria para mantener un adecuado registro de tantísimos jugadores, por no hablar de los algoritmos de compresión que permitan almacenar tantísimos datos en algún servidor de la nube.

La tabla 1 muestra algunos criterios que definirían el punto de simulación. Si bien los conceptos de los primeros videojuegos y de los juegos MMORPG resultan bastante útiles, nuestra civilización tiene pendiente aún cumplir algunos de los requisitos clave. No obstante, del mismo modo que hace cien años nadie podría haber predicho los ordenadores y los videojuegos de la actualidad, es muy verosímil que podamos alcanzar el punto de simulación a lo largo de las próximas décadas, y sin lugar a dudas en los próximos cien años, lo que es un lapso temporal pequeño desde una perspectiva terrestre y minúsculo desde una perspectiva cósmica.

Tabla 1. Definir el punto de simulación. ¿Cómo sabemos que estamos ahí?

Criterios	Notas
Simulación de mundos extensos en juegos.	Mundos generados procedimentalmente (una tecnología que en parte existe, pero será mejorada con IA).
Renderizado tridimensional fotorrealista.	Combinar modelos tridimensionales y texturas (mejorar tecnología existente). Podría haber también maneras de generar paisajes y objetos realistas mediante IA, saltándose el actual proceso de modelado en 3D.

Criterios	Notas
Capacidad de transmitir la señal del mundo simulado a nuestros ojos y a nuestras mentes.	En parte existe: renderizado plenóptico (fases iniciales) y transmisión directa a la mente (pendiente aún de inventar).
Capacidad de incorporar sensaciones físicas (táctiles) y sentimientos (emociones).	Cierta tecnología háptica sí que tenemos ya, pero la incorporación de emociones y de interfaces mentales sigue pendiente.
Capacidad de leer nuestras respuestas directamente en nuestra mente y reaccionar a ellas en el mundo simulado.	Parcialmente inventado (estamos en las fases iniciales), pero falta mucho aún.
Cabida para un número ingente de jugadores en línea.	Llevar más lejos lo que ya somos capaces de hacer (pero básicamente se trata de ampliar la tecnología existente).
Almacenar datos sobre los jugadores y los personajes de la simulación, pero fuera del mundo renderizado.	Estamos hablando de una cantidad de datos enorme. Requiere mejorar la actual tecnología.
Recuerdos implantados.	Capacidad de cambiar la historia y grabar datos en el cerebro (sin inventar aún).
PNJ (*P*ersonajes *N*o *J*ugadores).	Los personajes artificiales simulados en parte existen. Es cuestión de mejorar tecnología que ya tenemos.

Hasta ahora hemos hablado del punto de simulación como de un momento axial del tiempo y hemos mostrado la hoja de ruta que lleva a una civilización tecnológica —como la nuestra— que desarrollase la tecnología de los videojuegos hasta el punto de poder construir la Gran Simulación.

Aún no he dado, sin embargo, una definición formal de «punto de simulación». Aquí va:

> El punto de simulación es un punto teórico en el cual una civilización tecnológica puede crear mundos virtuales (simulaciones) que resulten indistinguibles de la realidad física —teniendo en cuenta todos los sentidos de la percepción humana—, y que estén poblados por seres virtuales que igualmente resulten indistinguibles de los seres físicos.

Me gusta decir que el punto de simulación es un tipo de singularidad tecnológica, porque, una vez alcanzado dicho punto, la humanidad será distinta. (O, por citar a Von Neumann, «los asuntos humanos no podrían continuar conforme hoy los conocemos»). La diferencia vendrá con la capacidad de experimentar cualquier entorno —y de tener cualquier tipo de experiencia que queramos— generándolo en un mundo virtual y haciendo que parezca real. Los avatares-IA no solo superarían el test de Turing para el metaverso, sino que serían además indistinguibles en términos visuales y cinestésicos. También los seres-IA de la simulación se antojarían, repitiendo otra vez las palabras de *Nivel 13*, «tan reales como tú y como yo».

¿QUÉ SON LAS SIMULACIONES DE ANTEPASADOS?

En su revolucionario trabajo de 2003 «Are You Living in a Computer Simulation?» [¿Vives en una simulación informática?], el filósofo oxoniense Nick Bostrom hace un planteamiento que no tiene que ver específicamente ni con los videojuegos ni con la ciencia ficción, si bien es cierto que el autor se refiere a ambas cosas.

En el planteamiento de Bostrom, las simulaciones son concretamente «simulaciones de antepasados» desarrolladas por civilizaciones que han avanzado hasta determinado punto, un punto que él llama «posthumano» y que es análogo a lo que yo denomino «punto de simulación» (aunque no es exactamente lo mismo). Bostrom conjetura que...

> ... una cosa que las generaciones futuras tal vez hagan con sus ordenadores superpotentes es poner en marcha simulaciones detalladas de sus antepasados o de gente parecida a estos. Siendo sus ordenadores tan potentes, podrían poner en marcha un gran número de tales simulaciones. [...] En tal caso podría resultar que la inmensa mayoría de las mentes comparables a las nuestras no pertenezcan a la raza humana originaria, sino a personas que han sido simuladas por los avanzados descendientes de una raza originaria.[1]

Bostrom defiende la idea de que acaso estemos en una simulación que se ejecuta en algún tipo de avanzado sistema informático posthumano —si es que tiene sentido seguir hablando de «sistema informático»—, sin que haya mucha interacción entre los seres simulados y los seres auténticos de la realidad base, pero apenas entra en detalles de qué ocurre exactamente dentro de tal simulación. En el modelo de este autor, todos los antepasados de las simulaciones de antepasados —o ciertamente la inmensa supermayoría— son conciencias artificiales, es decir, seres simulados o, por emplear

1. Nick Bostrom, «Are You Living in a Computer Simulation?», *Philosophical Quarterly* 53, n.º 211 (2003): 243-55.

la terminología de los videojuegos, PNJ (*P*ersonajes *N*o *J*ugadores). Por consiguiente, el planteamiento de Bostrom se centra más en la versión PNJ de la hipótesis de la simulación y menos en la versión JDR (*J*uego *D*e *R*ol), aunque, como ya he dicho, tal distinción es más un eje, que no un set de categorías nítidamente diferenciadas; y en una misma simulación pueden tener cabida ambas cosas. Bostrom no descarta la posibilidad de que un pequeño número minoritario de personajes de alguna de las numerosas simulaciones de antepasados pudiera incluir también avatares de jugadores, pero no es algo que ocupe un lugar central en su argumentación. Su planteamiento tiene, de hecho, por premisa que el número de seres simulados excede con mucho el de seres biológicos, sin que pueda haber una proporción de uno a uno.

Hay en este artículo de Bostrom otra asunción clave a la que el autor dedica un apartado entero. Me refiero a la idea de que la «conciencia» es «independiente del sustrato». Esto quiere decir, básicamente, que una conciencia puede ejecutarse lo mismo en un sustrato biológico —o sea, en el cerebro—, que en un sustrato con tecnología de silicio —es decir, en un sistema informático—, sin que ello implique diferencias significativas:

> La idea es que los estados mentales pueden tener lugar en cualquiera de múltiples sustratos físicos distintos posibles. Un sistema que implemente la clase de estructuras y de procesos computacionales debida será susceptible de asociarse a experiencias conscientes. No es una propiedad esencial de la conciencia el ser implementada en redes neuronales biológicas basadas en el carbono y contenidas en un cráneo. La misma función podrían en principio cumplir procesadores basados en el silicio y contenidos en un ordenador.[2]

No es una hipótesis trivial. Volveremos sobre ella, pues pone sobre la mesa una cuestión fundamental sobre la conciencia y sobre qué nos hace humanos. De momento, vamos a asumir, igual que Bostrom en su artículo, que la conciencia es independiente del sustrato.

EL ARGUMENTO DE LA SIMULACIÓN DE BOSTROM

El planteamiento básico de Bostrom —que él llamó «argumento de la simulación»— consiste, reducido a lo esencial, en lo siguiente: la humanidad —u otra especie tecnológica equivalente— puede llegar a ese punto en el que tenga la tecnología necesaria para crear simulaciones de antepasados,

---

2. Bostrom, *ibid.*

o puede no llegar a dicho punto nunca; en el supuesto, sin embargo, de que cualquier especie lo consiga —en cualquier momento—, es de lejos más plausible que nosotros estemos metidos en una simulación, que no lo contrario.

Bajemos al detalle de las tres opciones que Bostrom contempla de cara a que alguna civilización de alguna época pueda alcanzar el punto de simulación (él utiliza, como dijimos, el término «posthumano»):[3]

1. **Ninguna civilización consigue llegar nunca a dicho punto y las simulaciones de antepasados no son, por tanto, posibles.** ¿Que por qué no iba a alcanzar tal punto una civilización? Podría destruirse a sí misma, o simplemente no desarrollar tecnología informática como nosotros lo estamos haciendo. Un motivo clave sería que no fuese posible desarrollar simulaciones plenamente realistas, en cuyo caso esta opción sería la más plausible. De los aspectos que veíamos en las distintas fases del camino que lleva al punto de simulación, algunos están avanzando rápido, mientras que otros podrían llevar más tiempo.
2. **Una civilización sí que consigue llegar hasta ese punto, pero entonces las simulaciones de antepasados se prohíben o no se permiten.** ¿Que por qué iba a prohibir una civilización las simulaciones de antepasados? Esta pregunta queda abierta, aunque Bostrom da algunas ideas.
3. **Una civilización sí que consigue llegar hasta ese punto, y entonces crea múltiples simulaciones de antepasados.** En mi opinión, esta es la hipótesis más plausible (en el supuesto de que efectivamente sea posible llegar al punto de simulación). El motivo es que la mayoría de las tecnologías desarrolladas por civilizaciones avanzadas terminan usándose (aunque sea de forma limitada).

Tiene su importancia el hecho de que Bostrom exprese estas posibilidades en términos de probabilidades de que estemos en una simulación. También es relevante que señale que tales probabilidades han de sumar, todas juntas, el 100 %, lo que quiere decir que «una de estas posibilidades tiene que ser verdad». La probabilidad más importante es, sin embargo,

3. Sobre la diferencia entre ambos términos, véanse las preguntas frecuentes adicionales a las aquí recogidas que hay colgadas en mi web (`www.zenentrepreneur.com`).

desde nuestro punto de vista la contemplada en la opción tercera. A continuación, parafraseo los cálculos matemáticos de Bostrom en términos de cuán probable es que estemos en una simulación:

1. En la primera opción —la de que ninguna civilización alcance el punto de simulación—, la probabilidad de que nosotros estemos en una simulación es de cero (o casi). ¿Que por qué? Pues porque a lo mejor no es posible que nadie cree tales simulaciones realistas. Si fuera posible, al menos una civilización lo conseguiría en algún momento.
2. En la segunda opción —la de que una civilización esté en condiciones de crear simulaciones realistas, pero decida no llevar ninguna a efecto—, la probabilidad de que estemos en una simulación ronda el cero. En este caso, a pesar de que es posible crear simulaciones, resulta que no están permitidas, y, así, aunque podría haber alguna simulación descontrolada, eso no bastaría para llegar al planteamiento estadístico de Bostrom.
3. En la tercera opción, Bostrom afirma con total rotundidad que lo más probable es que efectivamente estemos en una simulación.

Bostrom de hecho acuñó la expresión «hipótesis de la simulación» con referencia solamente a la opción tercera (la de que estamos con toda probabilidad en una simulación). Pero tal fórmula, que en rigor no aparece en el mencionado artículo de Bostrom, ha pasado a utilizarse, como veíamos en la introducción, de una manera más laxa para designar la idea de vivir en una simulación tipo Matrix o tipo IA. Ha cobrado un sentido, por tanto, más amplio del que tenía en el uso original de Bostrom.

EL ARGUMENTO DE LA SIMULACIÓN SIMPLIFICADO

El planteamiento de Bostrom ha sido utilizado por figuras clave como Elon Musk para afirmar que las probabilidades de que no estemos en una simulación son de uno entre miles de millones. Musk y muchos otros han usado lo que a mí me gusta llamar el «argumento de la simulación simplificado»: basado en la lógica de Bostrom, pero sin el grueso de sus cálculos matemáticos.

Si la opción tercera es cierta —si una especie alcanza el punto en que su tecnología permite realizar simulaciones de antepasados realistas—, entonces cabe esperar que dicha especie cree «multitud» de tales simulaciones, lo cual es una suposición, pero una suposición razonable.

Crear una nueva simulación equivale, en tal supuesto, a poner en marcha un servidor de videojuegos más. (Aunque es verdad que tendría que ser un servidor bien potente, desde nuestros estándares tecnológicos de hoy). Si asumimos que hay una realidad base que está creando múltiples simulaciones de antepasados —cientos, miles, millones—, podemos hacer un sencillo planteamiento probabilístico. En la figura 19 muestro un caso de nueve mundos virtuales (simulaciones de antepasados) y solamente un mundo físico (la realidad base).

Figura 19: El argumento de la simulación simplificado. Nueve mundos simulados y un solo mundo físico.

Alguien que esté dentro de un mundo «y no sepa si está en un mundo físico o en un mundo virtual simulado», ¿qué probabilidades tiene de estar en el mundo físico? En la imagen muestro un total de diez mundos: nueve simulaciones de antepasados y un único mundo físico. Las probabilidades que esa persona tiene de estar en un mundo simulado son de nueve entre diez (o sea, del 90 %). Las probabilidades que tiene de estar en la realidad base son, inversamente, de uno entre diez (o sea, solo del 10 %).

Mucha gente pone objeciones a esta lógica porque pierde de vista esa premisa crucial que acabo de mencionar, la cual voy a repetir para que no queden dudas. Me refiero, en efecto, al presupuesto de «que alguien no sepa si está en un mundo físico o en un mundo virtual». Y que no lo sepa, ¿por qué? Pues por haberse vuelto tan avanzados los mundos virtuales, que, dentro de ellos, todo diríase real.

Fijémonos ahora en la figura 20, donde vemos un total de cien mundos: noventa y nueve simulaciones de antepasados y, de nuevo, un solo mundo físico. ¿Cuáles son aquí las probabilidades de estar en un mundo simulado? Son de noventa y nueve entre cien (o sea, del 99 %). Las probabilidades de estar en la realidad base han pasado a ser, por el contrario, de uno entre cien (es decir, que han caído hasta el 1 %).

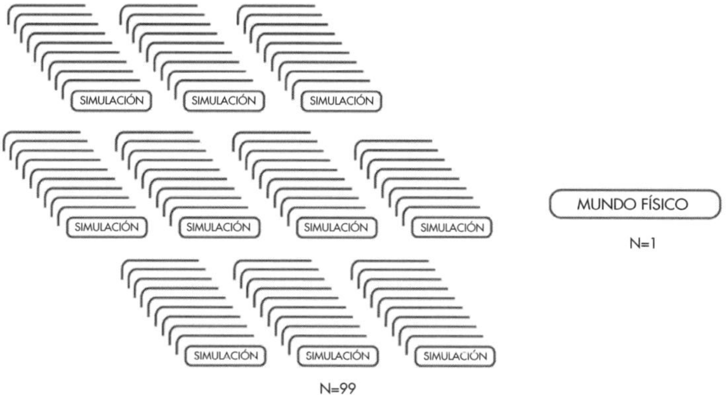

Figura 20: En este caso tenemos noventa y nueve simulaciones y, de nuevo, una única realidad base. Suben las probabilidades de estar en una simulación...

Si seguimos aumentando hasta crear un millar, un millón o incluso un millar de millones de simulaciones de antepasados —que es cuestión simplemente de ir añadiendo potencia computacional—, entonces las probabilidades de no estar en una simulación se vuelven infinitesimalmente pequeñas: muchísimo más pequeñas que el 1 %. Las probabilidades, por el contrario, de estar en un mundo simulado ascienden hasta el 99,99 % y más aún. Siguiendo esta lógica entendemos en qué basa Elon Musk su afirmación de que las probabilidades de que estemos en una realidad base son solo de «uno entre miles de millones».

LA BASE ESTADÍSTICA DEL ARGUMENTO DE BOSTROM

Pero la lógica de Bostrom no solo contemplaba el número de mundos simulados: tenía más que ver con el número de seres (o mentes) virtuales que había en esos mundos cibernéticos. Él quería determinar cuán probable es que alguien sea, en cuanto que ente, un ser biológico de la realidad base o una mente simulada de una realidad virtual. Bostrom afirma que, si la tercera opción es cierta —si una civilización alcanza el punto de crear simulaciones de antepasados—, entonces el número de mundos simulados superará con creces el de mundos reales, conforme comentábamos en el apartado precedente. La pregunta clave de Bostrom es: «¿Cuántos seres simulados habrá, y cuántos seres físicos?».

Si tomamos como ejemplo nuestra propia civilización, el número de seres de esas simulaciones podría andar por los miles de millones —cuando no por los billones—, porque crear nuevos seres es una mera cuestión de añadir potencia computacional. Y, así, el número de seres simulados que cada civilización posthumana cree superará ampliamente, casi con total seguridad, el número de seres reales físicos.

Es la mera probabilidad la que nos dice, por tanto, que, habiendo muchos más seres en mundos simulados que en el mundo físico real, es harto plausible que seamos seres virtuales de una simulación, lo cual reposa en la asunción crucial de que hay muchos más seres simulados que seres físicos.

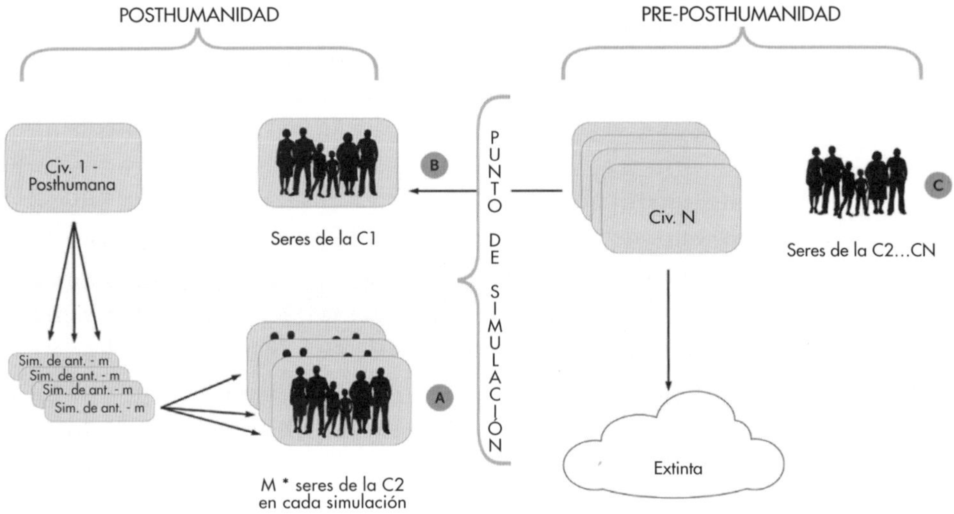

Figura 21: El argumento de la simulación básico.

La figura 21 nos permite visualizar globalmente, en su totalidad, el argumento de la simulación. El lado derecho representa a las civilizaciones que no han conseguido pasar a la fase posthumana (que no han llegado, por usar mi terminología, al punto de simulación). El lado izquierdo representa a la civilización que sí que ha conseguido traspasar dicho punto.

El argumento básico es que, si el punto A representa el número de seres simulados que hay en esa civilización concreta, y B el número de seres «reales» de la misma, en tal caso es de prever que A sea mucho mayor que B para la civilización correspondiente. (En términos matemáticos, $A >> B$, donde >> significa «mucho mayor que»). Eso quiere decir que hay muchos, muchos más seres simulados que seres reales, porque lo único que hace falta para poner en funcionamiento toda una nueva simulación es pura potencia computacional.

La plausibilidad de que estemos en una simulación es, pues, ni más ni menos que la razón entre el número de seres simulados y de seres fácticos. Razón que, si $A >> B$, será necesariamente superior a uno (recuerde el lector las figuras 19 y 20).

Bostrom utiliza unos cálculos matemáticos ligeramente más complicados para llegar a esta misma conclusión: que, si es verosímil que alguna civilización llegue al punto de simulación, entonces el número de seres simulados de todos los universos (igualmente simulados) supera con creces el número de seres humanos reales de la «civilización base» (el número de «seres de verdad» frente al de «seres simulados»).

Esto presupone, naturalmente, que estamos considerando solo a los seres biológicos del lado izquierdo de la figura (a los de la civilización que ha logrado traspasar el punto de simulación). Y Bostrom y su colaborador, Marcin Kulczycki, publicaron una apostilla al argumento de la simulación cuando se puso de relieve que el autor únicamente tomaba en cuenta a los seres reales de la civilización que ha dado el salto a la fase posthumana. También hay que considerar, en efecto, a los seres de civilizaciones que aún no han llegado al punto de simulación (a los cuales Bostrom llama, un poco aparatosamente, «pre-posthumanos»). En tal categoría encajaría —asumiendo que no estemos en una simulación— nuestra civilización actual, dado que aún no hemos alcanzado el punto de simulación.

Esas civilizaciones traspasarán el punto de simulación al desarrollar una tecnología más sofisticada —como es probable que hagamos nosotros en las próximas décadas o en los próximos siglos—, o bien se extinguirán. ¿Hay otra alternativa, a saber, que sobrevivan en un estado pre-posthumano durante mucho tiempo? Eso depende de si se trata de una civilización tecnológica como la nuestra, que desarrolla ordenadores y videojuegos. Es posible que haya civilizaciones que nunca construyan computadoras y que nunca construyan videojuegos, pero es improbable que una civilización tecnológica no tenga algún tipo de computación.

Ahora bien: aunque añadir a estos seres al cómputo aumenta el número de seres reales, sigue estando fuera de toda duda que los seres simulados pueden multiplicarse, casi infinitamente, rapidísimo; y eso quiere decir que el argumento básico se mantiene. Dicho de otro modo: $A >> (B + C)$, aunque la desproporción no resulte tan extrema como antes. Y, si el número de seres simulados que hay en «todas las simulaciones es mucho más grande» que el de seres reales de todas las civilizaciones del mundo de verdad, entonces sigue siendo más plausible que estemos en una simulación, y no lo contrario.

Discutiendo el argumento de Bostrom en una entrevista con Larry King, el físico Neil deGrasse Tyson plantea también la idea de que en cada simulación podría haber seres que crearan subsimulaciones —o simulaciones dentro de simulaciones—, en cuyo caso el número de seres simulados podría ser prácticamente infinito. Este autor —y otros— han llamado a esto «argumento de las simulaciones recursivas» (*simulations all the way down argument*).

¿SOMOS PERSONAJES SIMULADOS EN UNA SIMULACIÓN DE ANTEPASADOS, O JUGADORES CONSCIENTES EN UN VIDEOJUEGO?

La conclusión más importante a la que Bostrom llega, es que resulta «más verosímil» que seamos seres «simulados» en una simulación de antepasados, que no seres «biológicos no simulados». Esto implica asumir la opción tercera, es decir, que no solo es posible que una civilización tecnológica llegue al punto de simulación, sino que tal es efectivamente el caso y dicha civilización crea un gran número de simulaciones de antepasados.

Si bien no tenemos modo de saber qué porcentajes exactos tendríamos que introducir en las ecuaciones de Bostrom, este autor hace ver claramente que hay un porcentaje de probabilidades superior a cero de que vivamos en una simulación. En el apéndice de preguntas frecuentes de esta segunda edición, doy más datos sobre los distintos cálculos probabilísticos que se han propuesto (incluyendo mi propia estimación actualizada).

La conclusión de Bostrom es que los seres simulados son, en realidad, personajes de simulaciones dotados de inteligencia artificial, y no entes conscientes con presencia en el mundo real. Eso significaría que, interactuando con otros individuos en el mundo que nos rodea, si no estamos en condiciones de decir si dichos individuos son seres generados por ordenador o inteligencias artificiales, en tal caso podemos asumir que quien creara la simulación fue capaz de construir ordenadores potentes y llegar al punto de simulación.

Si somos seres simulados de una simulación, entonces otros personajes de nuestro alrededor ya están superando el test de Turing para el metaverso. Eso quiere decir que, si dicho test de Turing para el metaverso ha de ser superado en algún momento, entonces probablemente ya haya sido superado... Eso implica asumir que lo fue en la realidad de «encima» de nuestra simulación, mientras que nosotros estamos intentando superarlo «dentro de nuestra simulación» con nuestros ordenadores (los cuales podrían ser, a efectos prácticos, unos ordenadores simulados mucho más simples).

La deducción, partiendo de la opción tercera, es que Bostrom encuentra plausible que «nosotros» seamos conciencias simuladas (que seamos meros PNJ, por decirlo con otras palabras). Ampliando el planteamiento de Bostrom, no hay ninguna razón —como antes dije— por la que algunos de los personajes de esos mundos simulados no puedan ser avatares de jugadores, aunque la mayoría de los personajes sean PNJ. Eso deja abierta la posibilidad, aun aceptando el argumento de la simulación de Bostrom, de que en verdad no seamos meras IA, sino jugadores de una versión JDR (*J*uego *D*e *R*ol) de la hipótesis de la simulación.

¿QUÉ ES LA CONCIENCIA?

Ya se tratara del test de Turing o de personajes simulados —o de robots conscientes de sí mismos o de inteligencias artificiales como Data o HAL 9000—, hasta ahora hemos dado por hecha la idea de «conciencia digital».

Lo cierto es que no tenemos una definición de qué podría ser realmente dicha conciencia digital porque no entendemos en qué consiste exactamente la conciencia humana. Max Tegmark, profesor del MIT y autor de *Vida 3.0. Qué significa ser humano en la era de la inteligencia artificial*, recuerda que, a su amigo el neurocientífico e investigador del cerebro Christof Koch, lo disuadió de investigar la conciencia uno de sus mentores, el premio nobel Francis Crick (codescubridor de la estructura del ADN). ¿Que por qué? Pues porque la conciencia constituye, en la ciencia occidental, un tema espinoso que más vale eludir.[4]

La perspectiva materialista de la ciencia occidental parece contemplar, para la conciencia, una de estas dos posibilidades:

1. La conciencia es, en cuanto que experiencia, muy subjetiva y cae, por tanto, fuera del ámbito de las «ciencias físicas», de resultas de lo cual se ignora.
2. La conciencia es, en realidad, el resultado de procesos físicos, o sea, de reacciones químicas. De la conciencia es responsable, más concretamente, la actividad neuronal del cerebro, y, cuando seamos capaces de cartografiar más cabalmente dicha actividad neuronal, entonces nada nos impedirá reproducir la conciencia artificialmente.

---

4. Max Tegmark, *Life 3.0: Being Human in the Age of Artificial Intelligence* (Alfred A. Knopf, 2017), 281.

En los últimos siglos, el enfoque de muchos científicos venía siendo la primera opción. Últimamente, sin embargo, el auge de la neurociencia está haciendo ganar adeptos a la opción segunda.

LA CONCIENCIA DIGITAL FRENTE A LA CONCIENCIA ESPIRITUAL

Los modos místico oriental y religioso occidental de enfocar la conciencia difieren de las perspectivas científicas. Según las tradiciones religiosas, la conciencia existe con independencia del cuerpo físico y fuera de él: entra en el cuerpo físico cuando la persona nace, y abandona dicho cuerpo cuando la persona muere. De hecho, hay tradiciones religiosas en las que la conciencia abandona el cuerpo durante los sueños. Actualmente hay un número cada vez mayor de científicos que se adhieren a esta perspectiva (por ejemplo Donald Hoffman, cuyas ideas exploraré en el capítulo décimo cuarto, «Escépticos y creyentes. Indicios de computación»).

A pesar de las creencias personales de muchos materialistas, desconocemos si está más cerca de la «realidad» la interpretación espiritual o la material. Y se trata de un debate que lleva abierto muchos años, desde mucho antes de la época de Max Planck, el abuelo de la física cuántica. Si la conciencia existe fuera del cuerpo físico, ¿dónde está? La hipótesis de la simulación postularía que está almacenada fuera del mundo renderizado, en un mundo que no podemos ver porque estamos atrapados dentro de la simulación en cuanto que avatares o PNJ.

Ambas visiones tienen, sin embargo, una cosa en común —tanto la visión materialista, según la cual la conciencia es el producto de patrones de actividad neuronal, como la visión espiritual, según la cual la conciencia existe fuera del cuerpo y se «descarga» en el mismo—, y ese elemento común es el siguiente:

> *La conciencia es, en realidad, un conjunto de información y un procesamiento de dicha información (lo que podemos llamar «computación»).*

Desde el punto de vista espiritual, esta información asume varias formas, las cuales van desde un alma que es indestructible —en el hinduismo—, hasta un alma que sobrevive a la muerte y vive eternamente en el paraíso o en el infierno —en las tradiciones judeocristiano-islámicas—, o bien se trata un alma en absoluto permanente como la del budismo, donde es considerada una «bolsa de karma». En todos estos casos, cualquier información que se asocie con el «jugador» se envía y se conecta, mediante algún proceso misterioso, a esa máquina biológica que es nuestro cuerpo.

Desde la perspectiva materialista, si pudiéramos disponer de la potencia computacional necesaria para hacer un modelo de todas las conexiones del cerebro físico, podríamos tener una «copia» de una persona en determinado momento del tiempo.

Un grupo de investigadores de Suiza anunciaba, hace poco, que creen que han creado un modelo informático a escala que replica el cerebro y actúa igual que él, en la medida en que hace un modelo de las neuronas de un individuo y las replica. Consideran que, haciendo el modelo de un cerebro de rata —cerebro que podría tener «solamente» diez mil neuronas, con unos treinta millones de conexiones neuronales asociadas—, han creado un modelo a escala que podría servir para hacer el modelo de un cerebro entero en unos años. El cerebro humano, por su parte, tiene redes que conectan 1.012 neuronas mediante 1.015 sinapsis.[5] Nadie ha logrado todavía hacer, en el momento en que escribo este libro, un modelo funcional de tantísimas conexiones neuronales, pero eso no significa que tal meta esté tan lejos como podríamos pensar.

Ray Kurzweil también plantea —como muchos otros antes— que no solo la conciencia es información. Resulta, en efecto, que las células de nuestro cuerpo se han sustituido muchas veces: somos, «literalmente», personas físicas distintas de las que éramos hace muchos años. Tiene que haber alguna «información» —Kurzweil habla de «patrones»— la cual defina quién es uno y diga a las células cómo crecer. Y eso rige no solo para las células sanas, sino también para las células enfermas. Porque teóricamente, si todas las células se sustituyen, las células enfermas tendrían simplemente que desaparecer ellas solas. Pero eso no ocurre debido a los «patrones», debido a la «información». Hasta los entes biológicos siguen, en lo más profundo, una estructura computacional.

Independientemente de qué enfoque suscriba uno —el materialista o el espiritualista—, parece que la información es un componente clave de la conciencia. Y, si la conciencia es información, entonces puede representarse digitalmente y sería posible descargarla y subirla a «servidores», aunque tal cosa exceda con mucho nuestras capacidades actuales.

---

5. Egidio D'Angelo *et al.*, «Realistic Modeling of Neurons and Networks: Towards Brain Simulation», *Functional Neurology* 28, n.º 3 (2013): 153-66, https://www.ncbi.nlm.nih.gov/pmc/articles/PMC3812748/.

Cuando empezamos a ver la conciencia y la realidad biológica como un tipo de información, la hipótesis de la simulación se nos va haciendo cada vez más verosímil, siendo indistinto que suscribamos una cosmovisión materialista o espiritual.

LA SIMULACIÓN ¿EXPLICA NUESTRO MUNDO?

En esta parte del libro hemos visto con detalle cómo podríamos construir algo parecido a Matrix, haciendo ver que es técnicamente factible para las próximas décadas (o, como mucho, para el próximo siglo). Como pone de manifiesto el argumento de la simulación de Bostrom, si cualquier civilización de cualquier época alcanza ese punto, entonces es muy posible —y aun probable— que ya estemos en una simulación.

En las dos partes de este libro que siguen, exploraremos algunas de las razones por las que la hipótesis de la simulación en realidad explica múltiples cuestiones inexplicadas sobre nuestros mundos físico y espiritual. Esto incluye algunos de los aspectos paradójicos e insólitos de la física cuántica, así como los enfoques religiosos expresados por los místicos orientales y por las religiones occidentales.

Son, sorprendentemente, los enfoques religiosos los que más cerca están de la analogía de los videojuegos: del planteamiento, en efecto, de que nuestro mundo físico es una suerte de «espejismo» poblado por seres conscientes que existen fuera de la simulación. Como antes comentábamos, Bostrom no se detuvo demasiado en esta posibilidad; su argumento sugiere, de manera implícita, que la mayoría de los seres —cuando no todos— son simulados. No obstante, la idea de que todos somos jugadores que ven un mundo que se renderiza para ellos, tal vez sea uno de los aspectos más fascinantes de la hipótesis de la simulación, en la medida en que tiende un puente entre dos ámbitos del conocimiento que rara vez se tocan: la religión y la ciencia.

En la última parte del libro exploraremos, a modo de remate, más indicios de computación, dando voz a algunas figuras escépticas y planteándonos las cuestiones e implicaciones filosóficas más amplias de esta hipótesis. Veremos, de hecho, que la hipótesis de la simulación podría ser el único modelo que interconecta todo lo relativo a nuestro mundo —la ciencia, la filosofía, la espiritualidad y las enseñanzas religiosas— de manera coherente.

PARTE II

LA SIMULACIÓN EXPLICA NUESTRO MUNDO

La física

La gran diferencia entre la física de antes y la nueva es mucho más sencilla y mucho más profunda al mismo tiempo: tanto la física de antes como la nueva trabajaban con símbolos ilusorios, pero la física nueva no tuvo más remedio que cobrar conciencia de tal hecho; tuvo que comprender que trabajaba con sombras y quimeras, no con la realidad.

—KEN WILBER, *CUESTIONES CUÁNTICAS*[1]

El lego siempre piensa, cuando dice «realidad», que está hablando de algo obvio. Yo, en cambio, creo que la tarea más importante y ardua de nuestra época es, de lejos, trabajar en la construcción de una nueva idea de realidad.

—WOLFGANG PAULI, FÍSICO TEÓRICO[2]

1. Ken Wilber, *Quantum Questions* (Shambala, 1984), 9.
2. Carta a Markus Fierz del 12 de agosto de 1948, *cit.* en Suzanne Gieser, *The Innermost Kernel: Depth Psychology and Quantum Physics. Wolfgang Pauli's Dialogue with C. G. Jung* (Springer, 2005), 268.

SIETE

LA RENDERIZACIÓN CONDICIONAL Y EL COLAPSO DE LA ONDA DE PROBABILIDAD

Quien no se quede en «shock» al encontrarse por primera vez con la teoría cuántica es imposible que la haya entendido.

—NIELS BOHR[1]

Cuando empecé a indagar más a fondo en la teoría cuántica, encontré múltiples paralelismos entre el mundo de los videojuegos y esta desconcertante área de la física, que podría ofrecer una serie de indicios de que efectivamente vivimos en una simulación.

En esta parte del libro sostengo que la hipótesis de la simulación explica aspectos de nuestro mundo físico que anteriormente no encontraban una explicación satisfactoria. La física moderna, si bien ha resultado productiva en el sentido de dar con las reglas del mundo físico, ha sido incapaz de responder a la gran pregunta de «por qué el universo funciona así».

Lo cual no solo se verifica con la física cuántica, sino también con cuestiones derivadas de los hallazgos de la física tanto clásica, como relativista. En los próximos capítulos exploraremos, aunque no necesariamente en este orden, las cuestiones que siguen:

- ¿Es el espacio de naturaleza cuantizada, es decir, consta de píxeles igual que un mundo virtual?
- ¿Es el tiempo de naturaleza cuantizada? ¿Tiene el universo una «frecuencia de reloj» y procede como una simulación informática?

1. Werner Heisenberg, *Physics and Beyond* (Harper and Row, 1971), 206.

- ¿Cuáles son el propósito y la naturaleza de la indeterminación cuántica? ¿Se trata de una técnica de optimización semejante a lo que los motores de renderizado hacen en los videojuegos?
- ¿Por qué la observación causa el colapso de la onda cuántica de probabilidad? ¿Cuál es la diferencia entre la observación y la medición?
- ¿Realmente existen mundos paralelos, o son meras probabilidades de una matriz virtual de posibilidades (como en un videojuego)?
- ¿Realmente existe la materia, o resulta que las partículas subatómicas se encienden o se apagan según convenga (como los píxeles de un videojuego)?
- ¿Por qué es la velocidad de la luz una constante fundamental y también un límite absoluto?
- ¿Tiene el mundo físico un motor de física como el de los videojuegos? En cuyo caso, ¿permite ese motor la comunicación instantánea a distancia y los «saltos» entre ubicaciones distintas, de nuevo como en los videojuegos?
- ¿Hay un universo objetivo o se trata, como en los videojuegos, de información que se renderiza en cada uno de nuestros «ordenadores», es decir, en cada una de nuestras mentes?

Son preguntas grandes y complicadas. Si adoptamos como modelo la hipótesis de la simulación, resulta que nos ofrece un marco capaz de explicar tanto el propósito como los mecanismos subyacentes de muchos aspectos misteriosos de la física.

Como mencioné en la introducción, cuando estudiaba en el MIT mis profesores me dijeron que, si un nuevo modelo ofrece mejores explicaciones que otro modelo previo para un fenómeno observado, en tal caso tendríamos que plantearnos adoptar dicho modelo nuevo, por ser una posibilidad preferible de cómo funciona el mundo.

LOS VIDEOJUEGOS Y LA INDETERMINACIÓN CUÁNTICA

El primer tema que vamos a abordar tiene que ver con cómo se construyen los videojuegos y con lo que eso puede enseñarnos sobre uno de los descubrimientos más extraños y fundamentales de la física cuántica: la «indeterminación cuántica». Se trata, en efecto, del principal hallazgo de la mecánica cuántica, la cual resultó igualmente desconcertante para los legos, que para los físicos (véase la cita de Niels Bohr con que el presente capítulo arranca).

La indeterminación cuántica es la idea de que el mundo podría no «renderizarse» cuando no lo miramos. Como vimos a propósito de los videojuegos en la sección precedente, las técnicas que, desarrolladas en el ámbito de las ciencias de la computación para optimizar el renderizado, llevaron a las gafas de realidad virtual, únicamente renderizan aquella parte del mundo en cuestión que puede ser visualizada por el correspondiente jugador en ese momento específico.

Además, en los videojuegos multijugador, aunque es posible que el juego tenga en el servidor un «estado» guía o de referencia, el renderizado se efectúa en cada máquina cliente. Eso se corresponde con el descubrimiento, por parte de la física cuántica, de que una onda de probabilidad colapsa, concretándose en una realidad específica, «únicamente» cuando se efectúa una observación o una medición.

Explorando las interpretaciones de la mecánica cuántica, llegaremos a otro aspecto de la física cuántica que diríase cosa de ciencia ficción, pero está siendo considerado seriamente cada vez por más físicos: la existencia de mundos paralelos. Profundizando en las implicaciones del multiverso —idea últimamente sobrerrepresentada en las películas de superhéroes—, nos plantearemos si dichos mundos paralelos le ofrecen quizás al universo un modo de «mirar hacia el futuro». Recurriendo a una analogía con las primeras inteligencias artificiales de los videojuegos —volviendo a aquel simplicísimo diseño mío de un tres en raya—, nos preguntaremos: «¿Hay algún mecanismo —artificial o de otra clase— que analice esos mundos paralelos probables y escoja uno entre muchos?». Y, teniendo en cuenta que, en un «mundo» dado, hay múltiples observadores conscientes que inciden, todos ellos, en dicho mundo y en los estados cuánticos del mismo, indagaremos también en la naturaleza de un programa multijugador que hubiera de mantener a todos esos observadores sincronizados y en qué significa eso para una realidad objetiva.

LA FÍSICA CLÁSICA

Antes de entrar de lleno en la materia del presente capítulo —la indeterminación cuántica y su relación con la hipótesis de la simulación—, necesitamos ponernos un poco en antecedentes. Nos vamos a asomar, por tanto, brevemente a los modelos de la física que suele llamarse «clásica» —construidos sobre las obras de Isaac Newton—, y también a la nueva física —la física «relativista y cuántica»—, que empezó con Albert Einstein, pero adquirió realmente enjundia con una serie de eminentes físicos de comienzos del siglo XX (Niels Bohr, Werner Heisenberg, Wolfgang Pauli, Erwin Schrödinger...).

Desde la perspectiva de la física clásica, el universo opera independientemente de nosotros —o de cualesquiera observadores— y su funcionamiento es puramente mecánico. Las leyes de Newton podían utilizarse para describir los movimientos de los cuerpos celestes —con base simplemente en la masa y posición de tales cuerpos— aplicando ecuaciones físicas básicas. De hecho, utilizando las ecuaciones de Newton, Pierre-Simon Laplace compuso dos volúmenes que describían el movimiento de todos los cuerpos celestes entonces conocidos: la *Exposition du système du monde* y la *Mécanique céleste*.

En este modelo, cada cuerpo planetario es un ente físico independiente que actúa sobre los demás mediante las leyes de la mecánica clásica. Se trata de un «modelo puramente determinista»: para saber dónde van a parar las cosas, basta con saber dónde estaban y qué fuerzas actúan sobre ellas. En esta visión del mundo, el observador es solo eso: un observador que no incide en el movimiento de los cuerpos que estudia.

Tal idea, que tuvo su origen en el mundo macroscópico, se extrapoló al mundo microscópico cuando Ernest Rutherford descubrió el núcleo del átomo. La idea era que existían unos elementos constituyentes básicos, los cuales eran discretos e independientes unos de otros (exactamente igual que los planetas en el sistema solar). El núcleo de un átomo constaba de protones y neutrones, mientras que los electrones viajaban alrededor del núcleo en órbitas, de modo análogo al de los planetas orbitando alrededor del Sol. Esto recibía el nombre de «modelo planetario» (o «modelo planetario Rutherford-Bohr»).

Lo único que verdaderamente cuestionaba este modelo era el descubrimiento de los campos electromagnéticos, que se antojaban una parte del mundo físico completamente distinta, independiente. Michael Faraday y James Maxwell estudiaron estos fenómenos, y las ecuaciones de Maxwell describían algo que los modelos existentes no explicaban: un campo electromagnético. Aun así, como aquello pertenecía al ámbito de la electricidad —un campo de estudio entonces en ciernes— y no guardaba relación ni con los átomos ni con la materia física, los modelos newtonianos de la mecánica clásica mantuvieron su hegemonía hasta el siglo XX. A pesar de la introducción de la mecánica cuántica y de la relatividad, en la física actual sigue dominando el enfoque conceptual clásico de que la materia del universo existe independientemente de los observadores. En este y en los próximos capítulos, iremos indagando en un modelo alternativo: en un modelo basado en información —no en materia física—, y que acaso pudiera ayudar a resolver esta contradicción.

LA NUEVA FÍSICA Y EL AUGE DEL CUANTO

Como a menudo sucede con la ciencia, fueron los casos extremos los que empezaron a redefinir el modelo del universo físico. El modelo clásico, si bien seguía siendo relevante para la intuición cotidiana y para el movimiento de objetos grandes, empezó a resquebrajarse a comienzos del siglo XX, a medida que los físicos ahondaban en los misterios de la naturaleza y encontraban tal modelo limitado, sobre todo tratándose (1) de objetos viajando a velocidades muy altas, y (2) de objetos muy muy pequeños (de nivel subatómico).

La primera gran revolución fue la teoría de la relatividad de Einstein, que redefinió nuestras ideas del espacio y el tiempo. Einstein vio que la velocidad de la luz era una constante fundamental en nuestro mundo; no cambiaba. Antes bien, si los objetos viajaban a más velocidad para acercarse a la velocidad de la luz, parecía que se adaptaban tanto el espacio, como el tiempo. Tal hallazgo, que ha sido verificado experimentalmente, resultaba harto desconcertante. ¿Por qué iba a ser la velocidad de las ondas electromagnéticas —la velocidad de la luz— una constante en nuestro mundo? De esto hablaremos mucho más en el capítulo noveno.

Einstein también participó en el nacimiento de la física cuántica y en la redefinición de cómo se comportaban los átomos y las partículas subatómicas. Aquello empezó con el principio de exclusión de Pauli, es decir, con el descubrimiento, por parte de Wolfgang Pauli, de que dos electrones de un átomo no pueden ocupar la misma posición o el mismo estado cuántico al mismo tiempo. Continuó con las investigaciones de Einstein sobre el efecto fotoeléctrico —por las cuales dicho Einstein recibió su único Premio Nobel—, donde se observaba que pequeñas fracciones de luz actuaban como «cuantos», y que tales partículas no pasaban de un estado a otro gradualmente, sino que «se saltaban estados» al absorber energía (lo que se llamaba un «salto cuántico»). Luego estos «cuantos de luz» que Einstein señaló pasaron a llamarse «fotones».

Con este y otros descubrimientos nacía el campo de la física cuántica. Tales descubrimientos llevaron a una revaluación del modelo hasta entonces disponible para describir la naturaleza y el comportamiento de las partículas subatómicas. Los pioneros de la física cuántica vieron que los electrones y otras partículas subatómicas no respondían a una distribución tan nítida como inicialmente se pensaba ni seguían órbitas continuas a la manera de los planetas alrededor del Sol, sino que solo podían existir en determinadas ubicaciones «cuantizadas».

El derrumbe definitivo del modelo planetario se produjo cuando los físicos descubrieron que era imposible decir la posición exacta de un electrón, porque dicha partícula existía en una «nube de probabilidades» respecto a dónde podría estar. Cuanto más se intentaba determinar la ubicación de una partícula, menos seguridad cabía respecto a su velocidad, y viceversa. Tal era el contenido del principio de incertidumbre de Heisenberg.

EL MEOLLO DEL PROBLEMA. LA DUALIDAD ONDA-PARTÍCULA

Resultó crucial para aquella física moderna un efecto que Einstein descubrió en la luz —y que otros descubrieron en los electrones y en otras partículas subatómicas—, el cual dejó perplejas a las mejores cabezas de la física. Se trataba de la naturaleza dual de determinadas partículas del mundo cuántico: la partícula en cuestión podía existir lo mismo como partícula, que como onda... al mismo tiempo.

Podemos conceptualizar una partícula en términos de que ocupa una ubicación concreta. Pongamos que estamos en una sala de cine y que la partícula es una persona. Puede ocupar, por tanto, solo una butaca al mismo tiempo, como mucho. A eso nos referimos al decir que las partículas son de naturaleza «local».

Una onda, por el contrario, puede describir los sitios en los cuales cabe que esté una partícula (con base en la probabilidad de cada una de esas ubicaciones). Utilizando nuestra analogía, tal onda será el conjunto de probabilidades de que la persona elija, para ver la película, este o aquel de entre todos los asientos del cine. La figura 22 es un ejemplo de onda de probabilidad de la ubicación de una partícula dada. La probabilidad asociada a cada punto específico es el grado de verosimilitud de que la partícula en cuestión se encuentre en ese punto.

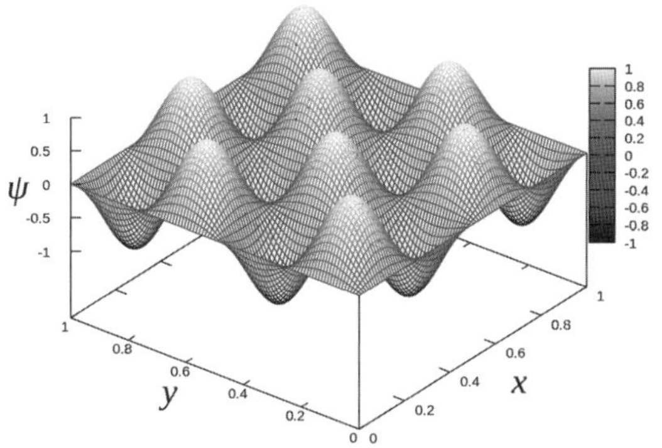

Figura 22: Ejemplo de onda de probabilidad de una partícula.[2]

El famoso experimento de la doble rendija —véase la figura 23— fue diseñado para determinar si las partículas, por ejemplo los electrones o los fotones, actuaban como partículas discretas o como ondas. Si los electrones disparados a través de las rendijas se comportaban como una onda, pasarían por ambas rendijas y mostrarían un patrón de interferencia en la pantalla situada al fondo. Si actuaban, en cambio, como partículas, no podrían pasar sino a través de una de las rendijas cada vez y tendrían que aparecer, en la mencionada pantalla de tras las rendijas, en posiciones discretas.

Volviendo a la analogía de la sala de cine, o bien habría una serie de probabilidades dispersas por las distintas butacas, o bien habría una única butaca con una probabilidad del 100 % de que la persona se siente en ella.

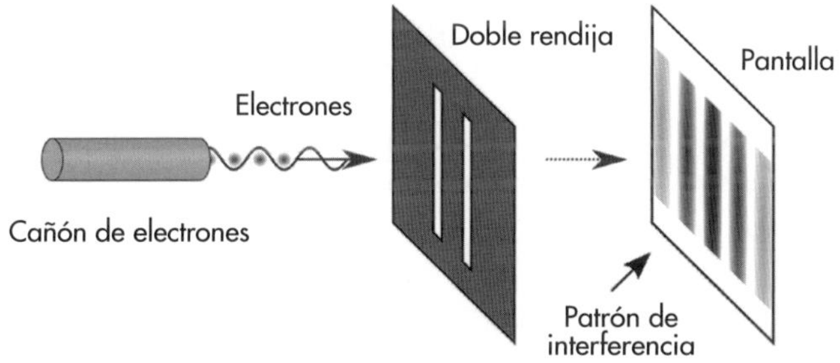

Figura 23: El experimento de la doble rendija, con los electrones mostrando un patrón de interferencia.[3]

2. «Particle2D» (de dominio público), *Wikimedia Commons*, 21 de enero de 2008, `https://commons.wikimedia.org/wiki/File:Particle2D.svg`.

3. «Double-Slit» (de dominio público), *Wikimedia Commons*, 5 de agosto de 2017, `https://commons.wikimedia.org/wiki/File:Double-slit.svg`.

Aquel experimento de la doble rendija dio un resultado sorprendente: mostraba que las partículas elementares, por ejemplo los electrones o los fotones, se comportaban al mismo tiempo como ondas y como partículas discretas; y que no podíamos saber dónde exactamente estaba una partícula hasta que no la observábamos.

Volviendo nuevamente a nuestra analogía, supongamos que la sala de cine estuviera totalmente a oscuras —sin ninguna película proyectándose—, y que solo tuviéramos una linterna con la que alumbrar una butaca específica, o bien pudiéramos encender todas las luces de golpe. Si alumbráramos con la linterna determinada butaca específica, entonces la partícula —aquel espectador nuestro— aparecería en esa butaca concreta y solamente en ella. Si encendiéramos, en cambio, todas las luces de golpe, entonces veríamos la onda, esto es: un poco de la partícula mostrándose por todas las butacas. Esta analogía, aunque tiene sus límites, ilustra lo extraño del comportamiento de las partículas cuánticas.

El colapso de la onda cuántica de probabilidad

Aquella conclusión llenó de desconcierto a los primeros científicos cuánticos. Llamaron a la onda de posibilidades «onda cuántica de probabilidad» y sugirieron que, al observar una partícula, se provoca el «colapso» de la onda de probabilidad, la cual se concreta en una posibilidad específica: la del camino que el electrón tomó, a través de una de las dos rendijas, hasta llegar a un punto concreto de la pantalla.

¿Qué provoca el colapso? Es un debate que sigue haciendo furor hoy en día, pero Heisenberg escribe: «El camino que sigue el electrón pasa a existir únicamente cuando nosotros lo observamos». El propio acto de la observación parece ser, por tanto, la clave para desbloquear, por así decir, una realidad «local» específica de entre las contempladas en la onda de probabilidad de la posible ubicación de una partícula (una onda que es de naturaleza «no local»). Amit Goswami, físico jubilado de la Universidad de Oregón, escribe: «Cuando medimos el electrón, siempre lo encontramos localizado como partícula. Podemos decir que nuestra medición reduce la onda del electrón al estado de partícula».[4]

Los físicos vieron que este dilema central, la dualidad onda-partícula, abría una caja de Pandora de preguntas relativas no solo al modelo atómico clásico, sino a la idea misma de observación científica y dualidad sujeto-objeto. Habrás reparado en que Heisenberg hablaba de «observar» la

---

4. Amit Goswami, *The Self-Aware Universe* (Tarcher/Putnam, 1995), 39.

partícula, mientras que Goswami hablaba de «medirla». Tal distinción parece importante a primera vista, porque la medición no precisa de un observador consciente. Sin embargo, pensándolo mejor, vemos que, aunque se haga una medición, es solo más adelante —cuando la medición es vista por un observador— cuando podemos estar seguros de que dicha medición efectivamente se produjo o podemos ver cuál fue su resultado. La medición, en sí misma, lo único que hace es postergar el problema de la superposición (añadiendo, de hecho, el dilema de si hubo medición o no la hubo). Seguirá haciendo falta un observador que verifique que la medición tuvo lugar.

El fin de la dualidad sujeto-objeto

La ciencia moderna estaba construida sobre la idea de que el sujeto y el objeto son dos entidades independientes —no conectadas—, y un observador puede medir los resultados de un experimento sin incidir en él. La física cuántica vino a decir que nanay: que todo apuntaba a que el acto de la observación incidía en el resultado.

John Wheeler, uno de los pioneros de la física cuántica, borra de un plumazo la distinción observador-participante, dado un experimento:

> Nada hay más importante, en la mecánica cuántica, que el hecho de que destruye esa idea de que el mundo es una cosa que está «ahí», y de la cual el observador se halla debidamente separado y resguardado por una plancha de vidrio de veinte centímetros. Aun para observar un objeto tan minúsculo como un electrón, hace falta romper el cristal; es necesario meter ahí la mano. [...] Para describir qué ha ocurrido, tiene uno que tachar esa palabra vieja de «observador» y poner, en su lugar, esta nueva palabra: «participante». El universo es, de algún modo extraño, un universo participativo.[5]

Resulta, así, que la mejor explicación para el colapso de la onda de probabilidad reside en ese proceso de la «observación». Digamos que, para poder establecer qué es determinada cosa, necesitamos que haya alguien mirándola. De lo contrario, la cosa en cuestión será, en realidad, una mera masa de probabilidades flotantes. (Lo que a menudo se denomina «espuma cuántica», término que acuñó Wheeler).

---

5. John Archibald Wheeler, «From Relativity to Mutability», en *The Physicist's Conception of Nature*, ed. de Jagdish Mehra (D. Reidel, 1973), 244.

Esto significa que el observador —que es un ser consciente— está incidiendo en los resultados de los fenómenos físicos, al menos en el nivel subatómico. Y eso llevó a la idea —incómoda para muchos científicos— de que la conciencia estaba de algún modo implicada en el universo físico. Uno de los primeros en plantear tal idea —que no ha dejado de suscitar debate desde entonces— fue el famoso matemático y pionero de la informática John von Neumann en la década de 1930.

Hay otras interpretaciones de los hallazgos fundamentales de la física cuántica —y en el próximo capítulo nos detendremos en una de tales interpretaciones alternativas, la de los múltiples mundos—, pero la más destacada, la llamada «interpretación de Copenhague» —propuesta por Max Born, Heisenberg y Bohr—, es consistente con esta cosmovisión de que la observación provoca el colapso de las probabilidades.

Aun quienes impugnaban esta interpretación de Copenhague de que la espuma cuántica es un conjunto de probabilidades, tuvieron que aceptar la idea de que no cabía separar al observador de lo observado, ya que los resultados de experimentos como el de la doble rendija se verificaron repetidamente.

Más rarezas cuánticas. El principio de incertidumbre

La idea de que no cabe separar al observador de lo observado era un aspecto clave del hallazgo más famoso de Heisenberg, el llamado «principio de incertidumbre», que este físico formuló por vez primera en 1927 (cuando trabajaba en el Instituto Niels Bohr de Copenhague).

Heisenberg descubrió que, en el nivel cuántico, es imposible conocer, de una manera precisa, múltiples propiedades de una partícula dada. Si queremos saber, por dar un caso, con total exactitud su velocidad, entonces no podemos determinar su posición, y, viceversa, si queremos saber su posición exacta en determinado punto del tiempo, entonces no podemos establecer su velocidad con precisión. Heisenberg utilizaba los términos «momento» y «posición» con referencia a este sorprendente resultado.

Esto muestra que tenemos que elegir qué medir, y, una vez más, vemos al observador incidiendo en el mundo físico. ¿Por qué iba a ser difícil medir la ubicación o posición específica con exactitud o medir la velocidad (el «momento»)? La mejor explicación que han aducido los físicos ha sido que la posición es una propiedad de una partícula concreta, mientras que el «momento» tiene que ver con el movimiento de una partícula, lo que hace que esta se asimile más a una onda. Debemos, por tanto, decidir si queremos medir una partícula en cuanto que partícula individual, o en cuanto que onda, lo que pone de relieve que el meollo del problema tal vez siga siendo la dualidad onda-partícula.

El gato de Schröndinger y la superposición cuántica

Esta exposición de la física cuántica nos lleva al célebre ejemplo del gato de Schröndinger. Cualquiera que haya tenido un mínimo contacto con la mecánica cuántica se habrá encontrado con este animal hipotético. De hecho, probablemente sea lo único que muchos legos sepan sobre las «rarezas cuánticas».

En 1935, el físico austriaco Erwin Schrödinger intentaba explicar el concepto de «superposición cuántica», es decir, la idea de que cualquier partícula puede estar en más de un único estado en un mismo momento hasta que —y a menos que— sea observada, pasando entonces la partícula a asumir un único estado concreto. Aquello era una forma más de describir el colapso de la onda de probabilidad en términos del estado de una partícula específica.

A Schrödinger, en un intento de sacar las «rarezas cuánticas» del ámbito subatómico —trasladándolas al de los objetos cotidianos, más comprensible para los no físicos—, se le ocurrió el ejemplo de este desdichado felino. El experimento consistía en meter a un supuesto gato en una caja con determinado material radiactivo susceptible de desintegrarse transcurrido cierto tiempo. En la formulación original, el material radiactivo desprende un veneno y, al cabo de una hora, hay unas probabilidades del 50 % de que el animal esté vivo, y unas probabilidades del 50 % de que esté muerto.

Ahora bien: este gato, antes de abrir la caja para observarlo, ¿en qué estado está? «¿Está vivo o está muerto?».

El dilema es que no sabemos si el gato está muerto o está vivo hasta que abramos la caja y observemos su estado. Goswami, en su libro *The Self-Aware Universe* [El universo autoconsciente], afirma que podríamos «sentir la tentación de enfocar» estas probabilidades del 50 % en términos de una moneda lanzada al aire, pero cuyo resultado todavía no hemos visto. En mecánica cuántica, sin embargo, este y otros físicos insisten en que aquí sería un error aplicar el sentido común.

El sentido común dictaría, en efecto, que el gato está en un único estado —es decir, que o bien está vivo, o bien está muerto—, y que lo único que ocurre es que nosotros ignoramos en cuál de ambos estados se encuentra. La probabilidad, por su parte, diría que el gato está mitad muerto y mitad vivo. Eso funciona, según Goswami, como una modalidad de la llamada «interpretación conjunta»: si hay cien gatos en cajas como esta, entonces el 50 % de ellos estarían muertos, y el 50 % vivos.[6]

La superposición, por el contrario, no viene dada por el sentido común. En física cuántica, «superposición» quiere decir que un ente existe en ambos estados al mismo tiempo, y que es el acto de la «observación» o de la «medición» lo que saca a relucir una de esas dos realidades, del mismo modo que el electrón es un conjunto de ondas hasta que lo observamos, convirtiéndose entonces en una partícula localizada al producirse un colapso de la onda de probabilidad, que queda reducida a una sola realidad específica.

La superposición es un importante concepto que últimamente ha entrado también en la computación cuántica, como veremos más adelante en este libro. En la computación tradicional, un bit tiene el valor de 0 o 1, pero, en la computación cuántica, los bits se hallan, como el gato de Schröndinger, en superposición, es decir, que tienen ambos valores —tanto el de 0 como el de 1— hasta el momento en que son observados o medidos, en cuyo caso se decantan.

DE LA INDETERMINACIÓN CUÁNTICA A LOS VIDEOJUEGOS

Y, una vez exploradas algunas de las «rarezas» que la física cuántica ha introducido en el mundo clásico, cambiemos de enfoque. En la base de tales «rarezas» está, en cualquier caso, la dualidad onda-partícula, es decir, (1) la diferencia entra una partícula local y una onda de posibilidades —o de probabilidades—, y (2) el modo en que pasamos de una a otra. Tales descubrimientos resultan desconcertantes si partimos de un universo fijo e innegablemente material que nada tiene que ver con nosotros en cuanto que observadores o en cuanto que seres conscientes.

En el fondo del asunto está la indeterminación cuántica, que implica que todos los resultados posibles existen hasta que —y a menos que— se observe uno en particular. En el caso de los bits cuánticos, eso significa que el bit tiene valor tanto de 0 como de 1, hasta que —y a menos que— sea observado.

Cualquiera que profundice, verá que la indeterminación ya estaba presente en la física antes de la mecánica cuántica, pero el motivo era la falta de precisión en las mediciones. La física clásica partía de la base de que

6. Goswami, *The Self-Aware Universe*, 78-81.

el mundo físico era determinista, pero lo cierto es que no sabíamos cómo medirlo con exactitud, es decir, que el gato de la caja podía estar muerto o vivo, pero nosotros no teníamos las herramientas para entrar y medir en cuál estado se hallaba. La mecánica cuántica, por el contrario, nos dice que la indeterminación cuántica es una propiedad fundamental del universo, es decir, que el gato está «tanto vivo como muerto» hasta el momento en que es observado.

Aquí es donde empezamos a pisar el mismo terreno que las teorías sobre cómo se montan los videojuegos y cómo podrían utilizarse. La indeterminación cuántica, un principio fundamental del mundo material, recuerda llamativamente a las optimizaciones que se llevan a cabo en el mundo de la computación gráfica y de los videojuegos, los cuales se renderizan en máquinas concretas —ordenadores o teléfonos móviles—, pero tienen jugadores conscientes controlando y observando la acción.

Fijémonos en cómo se construyen los videojuegos actualmente, y en cómo esa manera podría evolucionar en el futuro (conforme vayan haciéndose más sofisticados a medida que avancemos en el camino que lleva al punto de simulación). Así tendremos una explicación mucho mejor de la indeterminación cuántica y del porqué de su existencia. Se trata, en efecto, de una forma de renderización condicional para un universo simulado compartido.

LA RENDERIZACIÓN CONDICIONAL EN LOS VIDEOJUEGOS

La computación gráfica siempre ha estado limitada por los recursos (inicialmente la memoria, el almacenamiento o la potencia de procesamiento). De hecho, la historia de la computación gráfica es la historia de la compresión y la optimización, pues a medida que las imágenes van teniendo más resolución —las imágenes tanto fijas como animadas, ya que las segundas no son, en realidad, sino una sucesión de las primeras, que entonces pasan a llamarse «fotogramas»—, el tamaño de los archivos aumenta una barbaridad. Los actuales archivos JPEG y MPEG, que son los archivos gráficos y de vídeo más comunes en Internet, son un prodigio en términos de compresión, gracias a técnicas como reducir la redundancia u optimizar el campo de visión y las propiedades del ojo humano y la incapacidad del mismo para distinguir determinados colores.

Cuando los gráficos pasaron de un sencillo formato bidimensional a simulaciones en 3D, tal salto supuso un reto especialmente complicado para las unidades centrales de procesamiento: cómo renderizar todos los píxeles en un entorno tridimensional. La potencia computacional disponible iba a verse desbordada en seguida, al dispararse tanto la resolución como el número de píxeles de los mundos virtuales de los videojuegos.

Mapas complejos en mundos bidimensionales

En los gráficos bidimensionales, no había diferencia entre el «mundo» y lo que se renderizaba, es decir, que el mundo en cuestión era una pintura renderizada digitalmente en forma de píxeles. Y esos píxeles renderizados se almacenaban como mapas de bits en algún lugar del disco o en la memoria.

Figura 24: Ejemplo de distintas secciones del mundo renderizado del *King's Quest*.[7]

Antes de que arraigara la idea de un mundo virtual completo, la simple posibilidad de pasar, desplazándose, a otra pantalla en videojuegos en 2D, empezaba ya a apuntar a un mapa más grande que lo que aparecía en el monitor en cada momento. Bastaba desplazarse, en efecto, hacia la izquierda o hacia la derecha —o hacia arriba o hacia abajo—, y se renderizaba la siguiente parte del mapa en cuestión (véase la figura 24, que muestra las secciones adyacentes de un mapa).

En mundos en 2D como eran el de *King's Quest* o el de *The Legend of Zelda*, el resto del mapa se renderizaba en forma de píxeles, se almacenaba en alguna parte —en un disco, en la memoria...—, y se mostraba en el monitor cuando el usuario se adentraba en esa parte del mapa del juego.

7. «King's Quest—DOS—Map—Daventry», *Wikimedia Commons*, 5 de junio de 2017, `http://www.thealmightyguru.com/Wiki/index.php?title=File:King%27s_Quest_-_DOS_-_Map_-_Daventry.png`.

Mostrar una nueva pantalla era una simple cuestión de sustituir los píxeles de la escena de la que el jugador salía, por los píxeles de la escena en la que entraba. Al no hacer falta ningún tipo de computación —únicamente copiar píxeles—, aquello podía hacerse muy rápido.

El renderizado de mundos virtuales tridimensionales

La idea de un mundo más grande que lo mostrado en la pantalla en determinado momento ganó muchísimo peso cuando saltamos de los gráficos en 2D a los tridimensionales. No es solo que los mundos virtuales de los modernos juegos MMORPG sean efectivamente más grandes que lo renderizado cada vez en el monitor, sino que, de hecho, esos mundos no se renderizan plenamente, convirtiéndose por tanto en píxeles, «hasta que —y a menos que— haga falta».

¿Y cuándo hace falta? Únicamente cuando hay un personaje jugador en la correspondiente escena. En cuyo caso tan solo se renderiza, además, la parte de la escena que resulta visible en el correspondiente momento. O bien podríamos decir, reconectando con la indeterminación cuántica, que solo se renderizan plenamente —traduciéndose a píxeles— aquellos sitios del mundo virtual en los cuales haya un «observador».

Tal es, como veíamos en la primera parte de este libro, la idea básica de un motor de renderizado, cuya función es convertir unos puntos matemáticos en un conjunto de píxeles susceptibles de mostrarse al usuario en la pantalla en un videojuego.

Pero ¿dónde está el resto del mundo virtual, si en cada momento concreto estamos renderizando solamente una pequeña parte del mismo? ¿Cómo se almacena dicho mundo o en forma de qué? Se almacena como un conjunto de modelos informáticos en 3D que no pueden ser vistos directamente por los jugadores, sino solo cuando se renderizan desde una perspectiva concreta. Dicho de otro modo: el resto del mundo existe únicamente como «información» hasta que —y a menos que— haga falta renderizarlo para que pueda ser observado por un jugador.

En el capítulo segundo hablábamos de *Doom*, uno de los primeros videojuegos que lograron ofrecer gráficos tridimensionales rápidos, ajustándolos de forma casi instantánea a la perspectiva subjetiva del jugador (a lo que se llama su «campo de visión»). Esa perspectiva subjetiva del jugador tenía su importancia, porque renderizar todos los píxeles de una escena tridimensional en tiempo real habría sido imposible con los ordenadores de entonces.

En una escena tridimensional concreta, el campo de visión podía mostrar, en determinado momento, solo parte del espacio en cuestión; o el jugador podía ver un solo lado de un personaje especialmente complejo —pongamos un orco o un mago— que estuviera vuelto hacia otra dirección.

Calcular todos los píxeles de los objetos puede llevar mucho tiempo, si los objetos van ganando en complejidad. En juegos antiguos como *Flight Simulator* original, el renderizado se ralentiza cuando el avión gira o la perspectiva cambia (sobre todo si se juega con máquinas de entonces). Como si de una vieja impresora matricial se tratara, la escena se va re-renderizando línea a línea mientras el usuario espera. Los procesadores gráficos —GPU por *Graphics Processing Unit*— se crearon, lisa y llanamente, para acelerar el procesamiento de los gráficos y hacer que los juegos se cargaran más rápido, porque las unidades centrales de procesamiento —CPU por *Central Processing Unit*— no están optimizadas para renderizar o para ir moviendo píxeles.

Las reglas de los motores de renderizado

Si una escena tarda demasiado en renderizarse, pierde el realismo propio de una simulación y la experiencia del jugador deja de ser inmersiva; está uno ahí sentado esperando, tras cada movimiento, a que la escena se re-renderice, como en aquellas versiones primerísimas de *Flight Simulator*.

Los motores de renderización evolucionaron desde un conjunto fijo de reglas —como en videojuegos de disparos en primera persona tipo *Doom*—, hasta motores más versátiles, capaces de coger una escena con objetos y personajes, y renderizarlo todo desde la perspectiva de cualquier posición de dicha escena (o incluso de fuera de la misma).

He aquí algunas reglas específicas que un motor de renderizado podría seguir:

- No renderizar nada que esté oculto o detrás de otros objetos (nada que el usuario no vea).
- Ajustar el campo de visión mediante un ajuste rápido de los píxeles que ya han sido renderizados.
- Ir precargando en caché los píxeles y las escenas adyacentes a la que se esté mostrando (para que luego se carguen más rápido).
- Calcular y renderizar nuevos píxeles cuando sea necesario.

La idea básica de un motor de renderizado es mostrar lo que es visible desde la cámara virtual, que está ubicada en unas coordenadas específicas (*x*, *y*, *z*) dentro del mundo virtual y además está orientada hacia una dirección concreta.

La regla básica de los motores de renderizado de videojuegos coincide con lo que provoca el colapso de la onda de probabilidad, y podríamos decir que es también la regla de la indeterminación cuántica: «Renderizar solamente aquello que esté siendo observado».

El formato multijugador y el renderizado en realidad virtual

Al saltar del formato de un solo jugador al formato multijugador, la idea de un mundo tridimensional compartido cobra un nuevo nivel de complejidad. Ya no solo hay modelos tridimensionales del mundo en cuestión, sino que hay múltiples personajes y cada uno va tomando sus decisiones independientes y puede estar en la misma parte del mundo en cuestión que otros personajes. Los juegos MMORPG se siguen renderizando en ordenadores individuales; un «mundo renderizado compartido», como tal, no existe. Cada ordenador renderiza lo que está ocurriendo en la escena. Si en una misma escena están presentes los personajes de dos jugadores, entonces las CPU o GPU de ambos estarán renderizando dicha escena con base en una información compartida. Pero ¿dónde está esa información? Está tanto descentralizada como centralizada: se envía desde las máquinas cliente al servidor —con cada movimiento de cada jugador—, y entonces se sincroniza y se envía al resto de jugadores cuyos personajes se encuentran en el mismo sitio de ese mundo virtual.

Las mismas técnicas de optimización utilizan los cascos de RV que ofrecen entornos tridimensionales totalmente inmersivos. Sería demasiado lento renderizar la totalidad del mundo virtual en cuestión —y además supondría demasiados píxeles para las actuales posibilidades de almacenamiento—, conque únicamente se renderizan las partes visibles, no ocultas, de la escena que sea el caso, lo cual se hace desde la posición y perspectiva subjetiva del jugador. Conforme ha ido mejorando el hardware, hemos podido ir renderizando más píxeles, pero es un proceso en curso todavía. Incluso en un casco de realidad aumentada como el Apple Vision Pro, solo aquellos píxeles que pueden verse directamente se copian en la pantalla. Con los cascos de RA, lógicamente, el sistema también puede añadir, sobre los píxeles que recibe de la cámara que apunta al mundo físico, los píxeles de objetos que en realidad no están en este.

LA HIPÓTESIS DE LA SIMULACIÓN Y LA INDETERMINACIÓN CUÁNTICA

Aquí es donde empezamos a pisar el mismo terreno que las teorías sobre cómo se montan los videojuegos y cómo podrían utilizarse. La indeterminación cuántica, un principio fundamental del mundo material, recuerda llamativamente a las optimizaciones que se llevan a cabo en el mundo de la computación gráfica y de los videojuegos, los cuales se renderizan en máquinas concretas —ordenadores o teléfonos móviles—, pero tienen jugadores conscientes controlando y observando la acción.

La indeterminación cuántica —dice Elon Musk en una de sus múltiples declaraciones públicas sobre por qué piensa que la hipótesis de la simulación es plausible— «es, en realidad, una técnica de optimización».

¿Y qué quiere decir Musk con eso? Pues que el motivo de que no sepamos, salvo que lo observemos, qué camino ha seguido el electrón por las rendijas —o si el gato está muerto o vivo— es que hay un ordenador que va controlándolo todo en nuestro mundo físico y no tiene suficientes recursos para renderizar todas las posibilidades. Solo necesita renderizar aquello que nosotros observamos en cuanto que participantes conscientes o jugadores. Del mismo modo, hasta que los jugadores se conectan al juego y hacen efectivas sus decisiones, las interacciones del mundo del juego son solo posibilidades (como en la espuma cuántica de probabilidades). Para poder observar un suceso en un videojuego, necesitamos que el suceso se renderice. Y el único motivo por el que se renderizaría es que hubiera un jugador mirando.

La evaluación perezosa

Otra expresión que suele usarse a propósito de esta técnica de optimización es la de «evaluación perezosa». Se trata de una técnica de las ciencias de la computación que tiene menos que ver con los gráficos, y todo que ver con la computación. Al fin y al cabo, la computación es el principal propósito tanto de las CPU como de las GPU. También es una limitación y un coste: ningún sistema informático dispone de potencia computacional infinita. La evaluación perezosa es un modo de hacer computación únicamente cuando es necesario.

Pongamos, a modo de ejemplo, que debemos asignar a una variable el valor de otra variable más dos, lo cual en código se expresa como sigue:

$$x = y + 2$$

Pues bien: en un modelo computacional normal, la expresión «*y* + 2» se calcularía, se «evaluaría» inmediatamente y a continuación se almacenaría en la variable equis. En un modelo de evaluación perezosa, sin embargo, el nuevo valor de equis no se calcula o evalúa a menos que la equis haga falta en alguna otra parte del código. Esto es, naturalmente, un ejemplo muy simplificado: esta línea concreta de código apenas requeriría potencia computacional, y, por eso, aquí con la evaluación perezosa no adelantaríamos mucho. Pero la idea subyacente es la misma que en la computación gráfica en 3D: «no utilizar potencia computacional hasta que —y a menos que— haga falta».

Podríamos decir, para rematar esta sección, que los mundos de los antiguos juegos en 2D, unos mundos que se pre-renderizaban —como las pantallas de *King's Quest* de la figura 24—, son como el modelo newtoniano clásico del universo físico, donde las partículas —los píxeles— existen con independencia de cualquier observador individual o, en el caso de los videojuegos, de cualquier jugador específico. Y los personajes jugadores se superponen a ese universo fijo.

En los juegos modernos, sin embargo —sobre todo en los de tipo MMORPG—, es complicado separar al jugador del mundo renderizado (exactamente igual que, en la física cuántica, el sujeto y el objeto ya no pueden separarse). Aquí el mundo del juego se renderiza solamente donde hay un jugador observándolo. De hecho, el personaje del jugador es parte de ese proceso de renderizado.

LAS PREGUNTAS FILOSÓFICAS QUE SUSCITA LA INDETERMINACIÓN CUÁNTICA

El mero hecho de que nosotros no podamos verlo todo no significa que todo no exista. ¿O tal vez sí? Cuando tenemos un videojuego en 3D, cartografiamos el correspondiente mundo con modelos tridimensionales. En ciertos juegos —o en el metaverso—, permitimos que los contenidos generados por los usuarios permanezcan en ese mundo cibernético después incluso de haberse desconectado del juego estos, pudiendo ver tales contenidos otros jugadores. Esa información se almacena fuera del mundo renderizado. El mundo virtual se considera, aun así, una «realidad compartida» entre todos los jugadores del videojuego en cuestión. Una pregunta filosófica que surge tanto en la física cuántica, como en los videojuegos, es que, si en determinada parte de un mundo tridimensional no hay nadie —es decir, si allí no está observando nadie o no hay ningún jugador—, esa posibilidad concreta ¿verdaderamente existe en tal caso?

Exactamente igual que veíamos con el misterioso gato de Schrödinger —que ni está muerto ni vivo, en tanto que no lo observa nadie—, los mundos de los videojuegos dependen de que un jugador se conecte y entonces se rendericen.

¿Qué sucede, por ejemplo, si no hay ningún jugador conectado a ninguno de los servidores de un juego MMORPG como *World of Warcraft*? Los servidores están activos, pero no ocurre nada hasta que un jugador se conecta para observar qué está pasando (lo cual coincide con el planteamiento de la física cuántica).

He aquí una posible objeción: en juegos donde el entorno sigue evolucionando mientras uno está desconectado —por ejemplo en *FarmVille*—, da la impresión de que los cultivos efectivamente «crecen» cuando uno no está conectado al juego. Pero resulta que, en tales programas, puede ocurrir perfectamente que la computación propiamente dicha de la evolución de las cosechas de uno mientras uno estuvo ausente, únicamente se realice cuando uno vuelve a conectarse (por no hablar de la subsiguiente renderización). El «pasado» —en este caso, el crecimiento de las cosechas— se revela, usando el principio de la «evaluación perezosa», a demanda, por así decir. Eso plantea una cuestión filosófica problemática: ¿existe realmente el pasado? Abordaremos tal cuestión en el próximo capítulo.

Como puede verse, la pregunta de si el mundo «existe» cuando no hay observadores o dispositivos de medición es mucho más peliaguda de lo que a primera vista parece. Es complicado dar una respuesta tanto en el caso de los videojuegos como en el de las partículas superpuestas (o en el de ese gato desdichado de Schrödinger). Un modo de enfocar esto es que todas las posibilidades existen en alguna parte —en cuanto que información—, y que es una decisión consciente del jugador —o bien una decisión automatizada de una IA— lo que hace que determinada posibilidad concreta se haga efectiva. Dicha posibilidad es computada y renderizada, así las cosas, únicamente cuando hace falta, pasando efectivamente a formar parte de lo que solemos considerar la realidad.

En el próximo capítulo ahondaremos en la idea de que un juego tenga posibilidades ilimitadas y en cómo elegimos cuál de ellas hacer efectiva. Si la indeterminación cuántica no era ya lo bastante extraña, la idea de que haya mundos paralelos parece cosa directamente de ciencia ficción.

OCHO

UNIVERSOS PARALELOS, YOES FUTUROS Y VIDEOJUEGOS

Como hemos visto en el capítulo anterior, la indeterminación cuántica es una propiedad de las partículas subatómicas ciertamente extraña, pero fundamental. Dado que, en última instancia, nuestra realidad física está hecha de tales partículas, estas deben de tener algún impacto en nuestra realidad macro. Pero nos cuesta entenderlo o visualizarlo porque nos resulta contraintuitivo: en ese nivel macro en el que nos movemos, no es así como conceptualizamos el mundo.

Si nosotros concebíamos las partículas como objetos materiales existentes en puntos concretos tanto del espacio como del tiempo, la física cuántica nos da una descripción que es más afín a una onda de probabilidad (es decir, a un conjunto de posiciones que determinada partícula podría ocupar); y es únicamente con la observación como obtenemos un único resultado específico. Hasta ese momento, todos los valores posibles de la partícula existen en cierta onda de probabilidad, en cierto set de mundos probables.

En este capítulo vamos a indagar en otro aspecto de la física cuántica que se antoja misterioso y desconcertante: la llamada «interpretación de los muchos mundos» (IMM). En esta interpretación de la física cuántica, cada vez que se toma una decisión —por ejemplo, la de observar determinada partícula—, el universo se escinde en múltiples universos paralelos. Esto podría parecer ciencia ficción —igual que tantos otros conceptos de este libro—, pero se trata de una interpretación que muchos físicos se plantean seriamente.

Nos asomaremos también a otro aspecto sorprendente de la física cuántica: el de que algo del futuro pueda realmente incidir en algo que tendría que haber ocurrido en el pasado. Esto choca frontalmente con nuestra concepción intuitiva de un tiempo que fluye, pero en el mundo de la física cuántica es posible que la observación solamente se produzca en el futuro, lo cual parece que incide en lo que la partícula podría haber hecho en el pasado.

Estas ideas de yoes futuros y múltiples mundos paralelos no tienen mucho sentido en un mundo material, salvo que volvamos a la hipótesis de la simulación y nos planteemos el universo como un complicado videojuego con múltiples jugadas y resultados posibles. Conectaremos ambas ideas examinando los mundos futuros posibles (o probables) que existen en un videojuego o en una simulación. Nos preguntaremos asimismo si esos mundos paralelos existen de verdad o son meras probabilidades de un diagrama de probabilidad creado por quienquiera —o lo que quiera— que esté renderizando el mundo que nos rodea. Volveremos sobre cómo se incorpora la IA en los videojuegos y sobre cómo la idea básica consiste en recorrer los futuros posibles en busca del resultado óptimo desde los parámetros del juego en cuestión.

EL EXPERIMENTO DE LA ELECCIÓN DIFERIDA

Empecemos con el contraintuitivo hallazgo de que la indeterminación cuántica parece permitir que el futuro influya en el pasado o, por lo menos, lo «seleccione».

Como veíamos en el capítulo anterior, la dualidad onda-partícula era un aspecto fundamental de la indeterminación cuántica. Lo han demostrado, una y otra vez, múltiples versiones del experimento de la doble rendija que, desde la época de Max Planck y Einstein hasta hoy, vienen llevando a cabo los físicos.

John Wheeler, destacado físico teórico que tuvo parte en muchos de los grandes avances de la nueva física y cuyo despacho estaba a dos pasos del de Einstein en Princeton, decidió ir más allá y añadió una serie de opciones «después» de las dos rendijas.

Aquello era un modo subrepticio de apaciguar a algunos físicos que no veían claro que el colapso de la onda de probabilidad ocurriera en el momento de la observación y objetaban que la partícula, cuando pasaba por las rendijas, ya era o bien una partícula sólida, o bien una onda, informándonos la medición sencillamente de cuál había sido el caso con anterioridad a ella. O sea, básicamente lo mismo que veíamos con el gato de Schrödinger: que el sentido común nos dice que puede estar vivo o puede estar muerto, pero no de las dos formas.

Wheeler describió un experimento que podemos llamar «experimento de la doble rendija, pero con la elección retardada». Lo planteó como un experimento mental, teórico, pero, con el tiempo, los científicos hallaron modos de ponerlo en práctica.

En este experimento —que es una variación sobre el experimento original de las dos rendijas—, una vez que la partícula ha pasado la doble rendija, hay colocado un detector antes de que las partículas lleguen a su destino final. La clave está en que el detector no se coloca, en efecto, sino «después» de que las partículas hayan pasado por las rendijas, pero antes de que hayan llegado a la pantalla final.

La figura 25 muestra un posible modo de configurar esta variación del experimento de la doble rendija. La lente sustituye a las rendijas y cumple la función de desviar las partículas o bien hacia el telescopio 1, o bien hacia el telescopio 2, de manera que podamos inferir que han pasado por la rendija 1 o por la 2 según cuál telescopio las detecte.

Dispositivo de doble rendija de Wheeler con la elección retardada

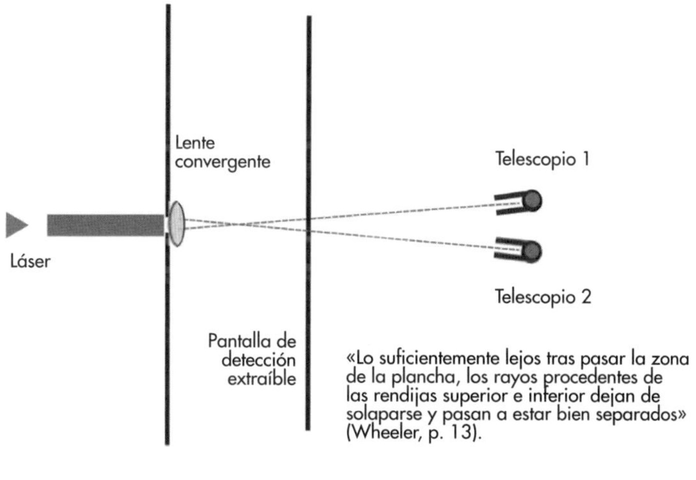

Figura 25: Ejemplo del experimento de la doble rendija, pero con la elección retardada (ideado por Wheeler). En vez de las dos ranuras, se utiliza una lente.[1]

1. Patrick Edwin Moran, «Wheeler Telescopes Set-up», *Wikimedia Commons*, 17 de febrero de 2014, `https://commons.wikimedia.org/wiki/File:Wheeler_telescopes_set-up.svg`.

La idea básica es que, si la partícula estuviera ya en estado de partícula al pasar por las rendijas, entonces su comportamiento sería distinto que si pasara por las rendijas como onda.

Ahora bien: si se coloca por un instante una pantalla detectora —llamada «pantalla de interferencia»— entre la lente y los telescopios, mostrará un patrón de interferencia que únicamente puede producirse si la partícula pasa por ambas rendijas (o, en este caso, si es desviada hacia ambos telescopios), lo cual implicaría que la partícula no es, en rigor, una partícula, sino una onda. Paradójicamente, la partícula no puede terminar en uno solo de los telescopios a menos que sea una partícula discreta que ha pasado o bien por una rendija, o bien por la otra (no por ambas).

Wheeler y otros concluyeron que las partículas conservaban su dualidad onda-partícula después incluso de pasar por la lente... pero el asunto en realidad no se decidía hasta el momento en que se efectuaba una medición en los telescopios. Dos paradójicos resultados mostraron:

1. La presencia de un patrón de interferencia en la pantalla de detección, lo que implicaba que las partículas se comportaban como ondas después incluso de pasar por la lente.
2. Que cada partícula llegaba solamente a uno de los dos telescopios, implicando que las partículas tenían que ser partículas y no ondas, es decir, que tenían que pasar por una única rendija y atravesar la lente para terminar en un telescopio o en el otro.

La conclusión de Wheeler era que las partículas cuánticas se mantienen en la indefinición hasta el momento en que se miden, y que eso sigue siendo así aunque la medición se produzca después de que la partícula haya tenido que elegir por cuál rendija pasar. Una vez más, desafiando el sentido común, el gato no está ni vivo ni muerto hasta que alguien mira, como tampoco está completamente decidida la historia del gato previa a su entrada en la caja, hasta el momento en que la observación se efectúa.

MEDICIÓN EN EL FUTURO VS. EN EL PASADO

La extrañeza de este experimento de la decisión o la elección retardada —al que también podríamos llamar «experimento de la medición diferida»— quedó adicionalmente demostrada al hacerse recorrer a las partículas una distancia mucho mayor en la segunda parte del experimento, antes de ser medidas.

En 2017, un equipo de científicos italianos hizo una versión del experimento de la elección diferida utilizando distancias mayores —hicieron rebotar láseres en satélites—, y obtuvieron resultados congruentes con los de los experimentos a menor escala.[2]

En este caso, la partícula viaja determinada distancia (unos 3.500 km) hasta el satélite poco después de pasar por las rendijas (o por una lente u otro equivalente funcional). La decisión de por cuál rendija pasan las partículas habría de tomarse cuando efectivamente pasan por las rendijas, o sea, en el pasado —una fracción de segundo antes— desde el punto de vista del momento en el que se efectúa la medición en el satélite. Aunque, para nosotros, una fracción de segundo parece un lapso de tiempo insignificante, para las partículas subatómicas constituye una cantidad significativa de tiempo medible.

Hasta el momento de efectuarse la medición, los investigadores veían que el fotón seguía exhibiendo propiedades tanto de onda como de partícula. Y eso significa que algo del futuro (la observación o medición) estaba influyendo en algo del pasado (una decisión o elección respecto a si es una partícula o una onda cuando pasa por las rendijas).

A quien no le parezca un resultado sorprendente, que se imagine que está cruzando el país en coche desde Washington D. C. hasta California. Quien eso haga, en algún momento, tendrá que decidir si va hacia el norte para coger la interestatal 80, que lleva a San Francisco, o va hacia el sur para coger la interestatal 40, que lleva a Los Ángeles. Y tendrá que tomar tal decisión, por fuerza, antes de llegar a la costa de California, porque ambas carreteras están separadas entre sí por cientos de kilómetros. Si fuéramos, sin embargo, partículas subatómicas, el experimento de la elección diferida está diciéndonos que la decisión de cuál camino coger, en realidad, no se toma hasta que alguien ve que estamos o bien en Los Ángeles, o bien en San Francisco. Raro, ¿verdad?

Algunos físicos han llamado a esto «retrocausalidad», lo que significa que la causa está en el futuro y el efecto, en el pasado, pero esto sigue siendo materia de discusión. El propio Wheeler, que fue quien formuló este experimento de la decisión postergada, dudaba si llamar a esto «retrocausalidad» porque eso significaría que el futuro estaba influyendo en el pasado. (Más sobre otra interpretación, la de los «muchos mundos», en un momento).

---

2. Mike McRae, «Quantum Weirdness of Light Was Just Confirmed by Shooting Photons into Space», *ScienceAlert*, 26 de octubre de 2017, `https://www.sciencealert.com/wheeler-s-delayed-choice-experiment-record-distance-space`.

¿MÚLTIPLES FUTUROS POSIBLES?

Algunos físicos, y no físicos, se han tomado este hallazgo al pie de la letra y han sacado la conclusión de que es posible que un suceso del futuro (en este caso, una observación) influya en algo que ha ocurrido en el pasado (el paso por las rendijas). Este resultado cambiaría, si se extrapolara, nuestra comprensión del tiempo, del espacio y de nuestro universo físico. Algo del futuro que puede influir en el pasado...

El físico Fred Alan Wolf, por dar un caso, dice que al presente nos llega información desde esos futuros posibles, y que nosotros emitimos una «onda de oferta» hacia el futuro, la cual interactúa con las ondas de oferta que vienen del futuro hacia el presente. Hacia cuál futuro nos dirijamos dependerá de cuáles decisiones tomemos —en términos tanto de conciencia como de observación—, y de cómo ambas ondas se superpongan una sobre otra (o se cancelen la una a la otra).

La afirmación de que, por tanto, los yoes futuros probables están enviando información de manera retrospectiva al presente —véase la figura 26—, escogiendo entonces nosotros conscientemente cuál camino seguir, es una afirmación inaudita y desafía el sentido común.

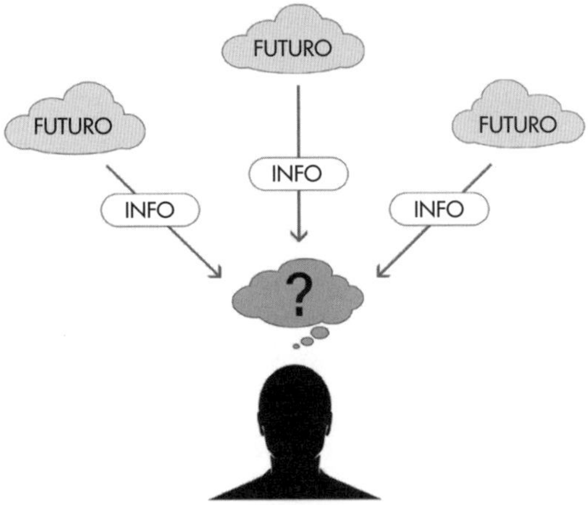

Figura 26: En esta interpretación, hay múltiples futuros probables enviándonos retrospectivamente información que utilizamos para tomar decisiones.

Algunos intérpretes partidarios de la interpretación retrocausal del experimento de la decisión pospuesta han llevado tal inferencia al plano macro, diciendo que hay un abanico de probabilidades en el cual existimos tanto en el presente como en el futuro. Eso quiere decir que esas ondas de probabilidad de las que hablamos en la física cuántica no solo tienen que ver con dónde podría estar en determinado momento una partícula —o una persona, en el nivel macro—, sino también con dónde podría estar en el futuro.

Pero ¿qué son esas probabilidades? ¿Son realmente yoes futuros? ¿Existen de verdad o son meros constructos matemáticos? Y, sobre todo, ¿cuál de los caminos posibles seguimos en nuestras vidas, con todas esas probabilidades? ¿Qué hace que un futuro sea más probable que otro?

Son preguntas complicadas a las que las matemáticas, en realidad, no responden. Una cosa es innegable, sin embargo: cómo exactamente colapse la onda de probabilidad sigue siendo uno de los mayores misterios de la física cuántica.

Una respuesta que han aducido los físicos es que la conciencia de algún modo determina el colapso, y que la observación y la medición son parte de ese proceso. Ya se produjera la observación en el presente, en el pasado o en el futuro, la idea de que hacía falta algún tipo de observación parecía, en cualquier caso, ineludible... hasta que se propuso una interpretación más extraña todavía, en la cual volvió a desempeñar un papel Wheeler.

LOS MUNDOS PARALELOS Y EL MULTIVERSO

Si la idea de que el futuro envía mensajes al pasado parece cosa de ciencia ficción, resulta que hay otra famosa interpretación de la física cuántica —la de los muchos mundos— que deja a quien la oye más patidifuso todavía y ha dado pie a todo un subgénero de la ciencia ficción y de la aventura fantástica. Precisamente en los últimos años veíamos cómo la idea de un multiverso ampliaba los universos cinematográficos de Marvel y de DC Comics. En el universo cinematográfico de Marvel, por ejemplo, ilustran esta idea magníficamente *Doctor Strange en el multiverso de la locura* y la serie *Loki*. En *Spider-Man: No Way Home*, los fans podían darse el gusto de ver, en la misma cinta, a los tres actores que encarnaron al Hombre Araña en sus versiones fílmicas de las últimas décadas: Tobey Maguire, Andrew Garfield y Tom Holland. Del mismo modo, en *The Flash*, los espectadores lo bastante mayores como para recordar a Michael Keaton en la película «original» de Batman podían volver a verlo interpretando ese papel. Parece que el multiverso es el último grito entre los guionistas: permite variaciones casi ilimitadas de líneas temporales y tramas.

El principal responsable de esta interpretación de la física cuántica es Hugh Everett, alumno de John Wheeler en Princeton. Se trata de otra forma de enfocar la indeterminación cuántica. En esta interpretación tenemos, en lugar de una onda de probabilidad que colapsa reduciéndose a una única realidad medible, múltiples universos que existen —o son creados— cada vez que se produce una elección cuántica. Aquí todas las probabilidades de la onda son verdad... en universos distintos.

Ni Everett, ni Wheeler, utilizaron la expresión «muchos mundos». El término «interpretación de los muchos mundos» (IMM) fue popularizado por otro físico teórico, Bryce DeWitt, en una serie de famosos artículos de las décadas de 1960 y 1970. Decía DeWitt, en una célebre explicación que podría haber escrito un autor de ciencia ficción, que «cada transición cuántica que se produce en cada estrella, en cada galaxia, en cada rincón recóndito del universo, está escindiendo nuestro mundo local en un sinfín de copias de sí mismo».[3]

Si cada decisión cuántica crea universos diferentes, entonces tiene que haber un número infinito de universos con elecciones ligeramente distintas que fueran haciéndose sobre la marcha, lo que incluye universos con versiones diferentes de nosotros, es decir, con yoes nuestros cuyas opciones en la vida fueron otras.

Hoy llamamos a esta idea simplemente «multiverso». La teoría del multiverso se considera seriamente porque ofrece una alternativa a esa idea que la física cuántica parece implicar de un universo subjetivo. Hay una serie de paradojas que, con esta teoría, ya se explican. Ahora el gato de Schrödinger, por ejemplo, está efectivamente tanto vivo como muerto —según el experimento confirma—, pero en dos universos diferentes. La única razón de que nosotros veamos al gato solamente en un estado —vamos a ser buenos y a decir que está vivo— es que nos ha tocado estar en el universo —o en la línea temporal— que tiene ese resultado específico. Si estuviésemos en el otro universo que esa decisión cuántica generó, el gato perfectamente podría estar muerto.

VIAJAR EN EL TIEMPO Y EL MULTIVERSO

Teóricamente, el multiverso nos permite neutralizar una de las principales objeciones a la idea de viajar en el tiempo: la paradoja del abuelo. Si viajo al pasado y mato a mi abuelo antes de que este haya engendrado a mi padre, entonces yo nunca nacería. ¿Cómo podría entonces haber viajado al pasado para matar a mi abuelo?

---

3. David Toomey, *The New Time Travelers* (W. W. Norton, 2007), 254.

La interpretación del multiverso dice que ese homicidio crea una nueva línea temporal —un universo paralelo, si se quiere—, y que yo, aunque es posible que en esa línea temporal segunda no hubiera nacido, en la primera sí nací.

Hay muchas obras de ciencia ficción que exploran el tema de viajar en el tiempo y de las distintas líneas temporales, por ejemplo, *Terminator*. En esta película, la IA asesina polivalente Skynet envía al pasado a una IA autónoma corporeizada independiente —Arnold Schwarzenegger en el papel de Terminator— para matar a Sarah Connor e impedir, así, que nazca su hijo, John Connor, quien ha de convertirse en el líder de la resistencia. Eso crea una versión más bizarra todavía de la paradoja del abuelo, ya que —cuidado que viene un *spoiler*— Kyle Reese, el hombre a quien el futuro John Connor envía al pasado para que proteja de Terminator a su madre, resulta ser el padre de John Connor. En la segunda película de la saga —*Terminator 2. El juicio final*—, si Sarah Connor consigue cambiar el futuro, entonces vemos surgir una nueva línea temporal, una en la que Skynet no empieza la guerra y no envía a Terminator, y John nunca se convierte en el líder de la resistencia humana y nunca manda a su padre al pasado, con lo que nos metemos en un entramado de posibilidades y deja de existir ninguna línea temporal única.

VIDAS PARALELAS Y YOES FUTUROS. EL GRAN JUEGO

Si surgen universos paralelos cada vez que tomamos una decisión de entidad —o una pequeña decisión, en el ámbito de la física cuántica—, entonces hay lo que se conoce como un «grafo dirigido» de múltiples universos que se ramifican, como se muestra en la figura 27.

Eso significaría que cada rama vuelve a ramificarse y que terminamos con un número de universos que no para de crecer cada vez que se toma una decisión cuántica. Uno de los últimos artículos de Stephen Hawking planteaba, sin embargo, la teoría de que el número de universos paralelos tal vez no sea, en realidad, infinito, sino que esté limitado a un número más pequeño (a un número finito).

Esta idea de un número de universos paralelos limitado —que está basada en un número de configuraciones de partículas y en un número de resultados de decisiones igualmente limitados— implica que, aunque todas las decisiones cuánticas generen su correspondiente universo, algunos de tales universos podrían ser parecidos.

Eso quiere decir, tomado en un nivel macro, que ciertos universos son «esencialmente» el mismo, lo cual tiene más sentido intuitivamente si, por dar un caso, alguien decide desayunar huevos en vez de tostadas, pero al otro día sí que toma huevos. Esos dos universos podrían ser lo bastante parecidos desde la perspectiva de esa persona, sobre todo comparados con el universo en el que dicha persona se vería casándose con otra distinta, o viviendo en otro país, o no habiendo nacido nunca...

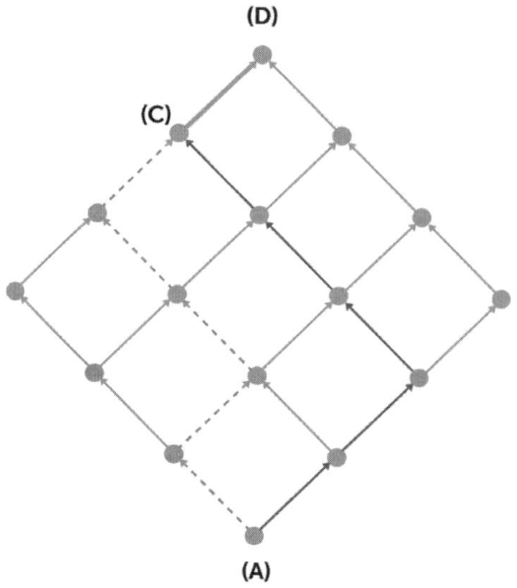

Figura 27: Un grafo dirigido de posibilidades que se ramifican (un «grafo del multiverso»).

Una manera de expresar esto es que cada elección podría llevar a la persona a un lugar distinto, pero hay algunas elecciones con las que la persona termina en un estado del universo similar. El resultado podría imaginarse como un entramado de futuros posibles, como se muestra en la figura 27. Se trata, en realidad, de un grafo dirigido de diferentes posibilidades: de un «mapa futuro» de un ente —o de una partícula— que empieza en el punto A. En mi libro *The Simulated Multiverse* [El multiverso simulado], llamo a esto «grafo del multiverso». Es un modo de conceptualizar posibles futuros y posibles pasados.

El punto A es la decisión que se está tomando en el momento presente, con dos resultados posibles. (Esto se puede adaptar, lógicamente, a *n* opciones, pero, como aquí estamos hablando de superposición cuántica, vamos a empezar con dos). Cada elección a su vez se ramifica y crea dos universos distintos, y así sucesivamente. Algunas pueden regresar, sin embargo, al universo «sustancialmente parecido». Es posible, por ejemplo, llegar al punto C desde el punto A, siguiendo dos caminos diferentes y dos secuencias de decisiones igualmente distintas.

Si esto se aplica a un nivel más alto —ya no al nivel de las partículas atómicas—, surgen interesantes cuestiones metafísicas sobre el libre albedrío, la predeterminación y el abanico de posibilidades que se nos ofrece. Si lo enfocamos como una especie de «mapamundi» de las decisiones que podríamos tomar en el presente o en el futuro, entramos en otra cuestión filosófica: todos esos universos paralelos, ¿existen de verdad o son solo posibilidades basadas en elecciones que podemos realizar en nuestras vidas (tanto en el nivel cuántico, como en el macro)? Del mismo modo, todos esos yoes futuros, ¿realmente son solo futuros yoes «probables» que nos envían información retrospectivamente, o son de verdad versiones nuestras físicas?

Estas son, por supuesto, la clase de preguntas metafísicas que Everett, Wheeler y otros quisieran eludir con la interpretación de los muchos mundos pero terminan abriéndose paso. Y ciertamente no son fáciles de responder.

FRINGE Y UN MUNDO PARALELO

Prácticamente en el momento en que la idea de los mundos paralelos se popularizó, los escritores de ciencia ficción echaron mano de ella. La mayoría de la gente, de hecho, probablemente se planteara la existencia de universos paralelos por la ciencia ficción.

Uno de los mejores ejemplos fue, en los últimos años, la serie *Fringe* (2008-2013), que se hizo famosa precisamente por explorar la idea de un mundo paralelo. La protagonista, Olivia Dunham, es un agente del FBI que recurre a la ayuda de Walter Bishop —científico loco de libro que empieza la serie en un psiquiátrico— y de Peter Bishop, hijo de Walter.

A medida que la serie avanza, resulta que Walter, que es un científico brillante, ha descubierto, junto con su socio científico y empresarial —el doctor William Bell, interpretado por Leonard Nimoy en el que fue uno de sus últimos papeles antes de morir en 2015—, que es posible visualizar un universo alternativo que contiene versiones nuestras igualmente alternativas. Desarrollando una pantalla que funge de ventana a dicho mundo alternativo, Walter y William pueden ver lo que está ocurriendo en él y lo que están haciendo sus otros yoes. Peter, el hijo de Walter, se está muriendo de una enfermedad rara y Walter se afana por buscar una cura contrarreloj. Cuando el hijo muere, Walter encuentra un modo de entrar en el universo alternativo con un plan para curar al «otro» Peter y devolvérselo a sus padres alternativos, pero no logra completar el viaje de vuelta. La ausencia de Peter en el universo al que pertenece se convierte en un punto central de la trama de la serie en ambos universos.

Hay muchas series que han explorado la idea de los mundos alternativos. *Fringe* fue una magnífica propuesta que presentaba un mundo como el nuestro, pero con algunas sutiles diferencias (o no tan sutiles). Las versiones alternativas de los protagonistas —a las que los fans de la serie llaman cariñosamente Walternate y Fauxlivia—, si bien tenían exactamente el mismo aspecto, mostraban unas personalidades marcadamente distintas, de resultas de unas experiencias y un decurso vital muy diferentes al crecer en el universo alternativo.

LA TEORÍA DE JUEGOS, LAS SIMULACIONES Y EL GRAFO DIRIGIDO

Pero volvamos a la idea de la hipótesis de la simulación. Explorando el grafo de los universos posibles, me venía a la cabeza la IA que solía construir cuando desarrollaba videojuegos.

¿Hay un límite para el número de universos físicos? Si estamos en una realidad que no es física, sino simulada, entonces esa pregunta de si los yoes futuros o mundos paralelos probables son reales o simulados se vuelve un poco más asimilable. Un ordenador puede simular multitud de posibilidades muy rápidamente. De hecho, esa es una de las principales ideas por las que se realizan simulaciones. Las del método Montecarlo, por ejemplo, generan un gran número de posibilidades aleatorias a fin de comprender cuáles son los escenarios más plausibles que podrían surgir.

Resulta que los videojuegos, y en particular la IA que contienen, son herramientas óptimas para ramificar posibilidades, medirlas y traer de vuelta esa información al presente (con el objetivo de elegir cómo actuar). Dependiendo de las decisiones que se tomen en el juego, la simulación podría llegar al punto de implementar una o más de tales opciones. Desde el punto de vista del momento temporal presente, sin embargo, sigue tratándose de posibilidades futuras.

El grafo del multiverso de la figura 27 me trajo a la memoria el videojuego que hice para un proyecto de una asignatura cuando estudiaba en el MIT. El ordenador escoge su siguiente movimiento proyectando los futuros posibles y utilizando determinado algoritmo para establecer un *ranking* de tales futuros con una función evaluadora, tras lo que trae de vuelta al presente los valores resultantes, y la IA elige el camino a seguir con base en el mejor valor que la función evaluadora diese. Una versión sencilla de esto se denomina «algoritmo *minimax*»; dicho algoritmo se representa gráficamente en la figura 28. Digamos que es una versión polivalente del algoritmo que Claude Shannon utilizara para construir uno de los primeros ordenadores capaces de jugar al ajedrez. (Lo explicábamos en el capítulo quinto).

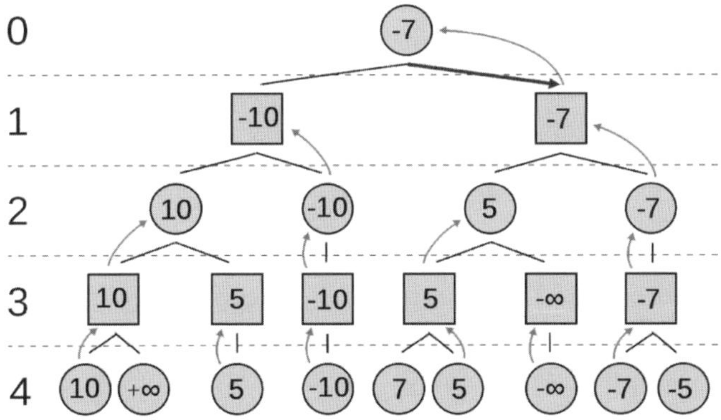

Figura 28: El algoritmo *minimax*, una sencilla IA que evalúa resultados futuros y escoge el camino mejor.[4]

Ahora bien: los futuros posibles que la IA calculaba, ¿realmente existían? Digamos que el ordenador procesaba tales futuros posibles —una serie de movimientos en el juego—, y después los suspendía. ¿O se trataba de meras probabilidades? ¿Es una diferencia relevante, de hecho, en un universo simulado? ¿Tiene verdadera importancia?

La función evaluadora que se usa para cribar los futuros posibles es de naturaleza relativamente sencilla en juegos como el ajedrez o las damas. En el ámbito cuántico, o incluso en el plano macro, ¿hay alguna IA o alguna parte de nosotros que esté barajando distintos futuros posibles, cribándolos a continuación con algún tipo de función evaluadora?

4. Nuno Nogueira, «Minimax», *Wikimedia Commons*, 11 de febrero de 2019, `http://en.wikipedia.org/wiki/Image:Minimax.svg`.

¿Cómo se haría semejante evaluación? Necesitaríamos representar el estado del universo utilizando alguna clase de información, para luego computarlo utilizando una función evaluadora. Como ves, aunque al principio nos ocupábamos del universo físico, cuanto más profundizamos en el ámbito cuántico, más se impone la analogía con la información y la computación. Si podemos definir un «estado del juego» como el estado de todas las partículas de un universo físico en determinado instante, entonces un programa informático puede modificar y evaluar muy fácilmente un estado del juego.

Otro modo de enfocar esto sería, como sugiere Fred Alan Wolf, que cada futuro posible esté enviándonos retrospectivamente información sobre la función evaluadora (si el futuro posible en cuestión fue «procesado», por así decir).

En las simulaciones que implican un gran número de variables independientes o «seres simulados», la naturaleza de la función evaluadora no es tan fácil de definir. ¿Qué función evaluadora cabría usar para evaluar futuros posibles en una simulación multijugador que se comparte en línea?

Es complicado contestar a esa pregunta. La evaluación del mejor camino dependería de la naturaleza del «juego», de cómo se va actualizando la puntuación y de cómo definen qué es óptimo, en determinadas circunstancias, quienes ejecutan el juego. También puede ocurrir que distintos jugadores tengan funciones evaluadoras distintas, maneras diferentes de «valorar» resultados futuros.

Vamos a examinar una serie de posibilidades científicas en el presente capítulo, pero volveremos sobre la idea de evaluar múltiples líneas temporales en los capítulos sobre los místicos orientales, el karma y la reencarnación, enfoques que ofrecen una elegante respuesta desde mucho más allá del ámbito de la física.

EL PROCESO FUNDAMENTAL Y LA FUNCIÓN DE CONVENIENCIA DE CAMPBELL

Thomas Campbell, físico y excientífico de la NASA, lleva tiempo defendiendo la idea de que vivimos en una realidad virtual —lo que hoy llamamos «hipótesis de la simulación»— en el contexto de su «gran teoría de Todo» (*big TOE* por *Theory Of Everything*, pero juego de palabras con *big toe*, que sería «dedo pulgar del pie»). En su libro *My Big TOE* (2003), Campbell describe un posible modelo de función evaluadora que cabría usar en un cribado de futuros posibles encaminado a escoger el mejor futuro.

Sostiene el autor que hay un «proceso fundamental» que rige la evolución de la conciencia, de la biología y aun de los objetos inanimados. Dicho proceso fundamental va testeando, según él lo concibe, todas las posibilidades con el método de prueba y error, tendiendo a optar por aquellas que resultan ser las «más convenientes». Escribe Campbell en su libro que...

> ... el Proceso Fundamental Global de la evolución —el «proceso fundamental», en aras de la brevedad— funciona como sigue. Un ente parte de cualquier punto (nivel) de la existencia o del ser, expande su potencialidad hacia todas las posibilidades que encuentra abiertas para su existencia —las explora— y termina habitando solo aquellos estados que le resultan convenientes de inmediato, descartando los demás.[5]

Cuáles sean los estados más convenientes dependerá de la naturaleza del ente u objeto en cuestión. Campbell afirma que, para los entes biológicos basados en el carbono, qué sea o no sea conveniente se ha establecido con base en la supervivencia; de ahí que vaya muy en la línea del proceso evolutivo natural. Para entes no biológicos, en cambio, el estado más conveniente será, según Campbell, aquel que menos energía requiera (es decir, el más fácil y barato de alcanzar). Para entes dotados de conciencia como son las personas u otros seres vivos, lo más conveniente suele ser lo que reduce la entropía y apunta a un estado de mayor orden.

Campbell afirma, además, que el mencionado proceso fundamental es recursivo y que continúa en tanto que haya estados convenientes que explorar. Cree que dicho proceso ocurre en todos los niveles, desde el subatómico al de las células biológicas, llegando al de nuestra conciencia y al del universo incluso.

La idea de Campbell es que el universo procesa universos y resultados posibles, los evalúa utilizando una función de conveniencia y luego vuelve hacia atrás y escoge el universo que más conveniente resulta. Aquello me recordó al algoritmo *minimax* y al modo en que las IA para videojuegos más sencillas van eligiendo qué camino seguir (cribando estados futuros posibles con base en algún tipo de función evaluadora).

---

5. Thomas Campbell, *My Big TOE* (Lightning Strike Books, 2003), 201.

Las actuales IA para videojuegos son un poco más sofisticadas: en vez de proyectar futuros posibles, están entrenadas en multitud de juegos. Eso quiere decir, en la práctica, que están entrenadas con configuraciones existentes de todos los futuros posibles, y que asignan sus correspondientes pesos a los distintos futuros posibles en cuestión para calibrar cuál podría ser preferible. La diferencia es que no están haciendo la proyección en tiempo real, sino con base en la experiencia previa. De ahí que las actuales IA basadas en redes neuronales, cuanto mayor sea el número de juegos que practiquen, mejor jugarán. Es como si proyectaran líneas temporales a través del grafo del multiverso como parte de su entrenamiento.

LOS MUNDOS PARALELOS HAN DE SER DE NATURALEZA COMPUTADA

Hay cierto debate entre los físicos y los filósofos sobre si los universos paralelos que postula la interpretación de los muchos mundos (IMM) existen de verdad —si constituyen mundos físicos— o son, por el contrario, meras probabilidades.

Para que tales «copias» del universo sean reales, alguien o algo tendría que crear, cada vez que se toma una decisión, una copia del universo de ese instante. En un mundo físico, eso supondría copiar cada partícula individual del universo, dejando entonces que un universo nuevo se pusiera en marcha. Semejante copiado infinito de universos físicos es una de las principales objeciones de los científicos a la idea del multiverso: no es eficiente ni económica.

La copia física no es un proceso que resulte fácil en el mundo físico. En biología podría ser una buena analogía el clonado en el nivel de las células o de los organismos. En los procesos biológicos, sin embargo, los clones necesitan tiempo y tienen que desarrollarse. Un clon completo de una oveja o de un árbol, por ejemplo, no puede producirse de manera instantánea (a diferencia de lo que ocurre con células sueltas). La complejidad que supondría clonar un universo físico —colocando todas las partículas exactamente en la misma posición— es de naturaleza astronómica. De hecho no cuadra con ningún proceso físico, biológico o químico que conozcamos.

En computación, sin embargo, la ramificación y la copia sí que constituyen estructuras habituales. De hecho, en los primeros videojuegos el mundo se definía, como veíamos en el anterior capítulo, en términos de píxeles dispuestos como mapas de bits. El hecho de que el juego mostrara una parte de su mundo en la pantalla era una mera cuestión —como explicábamos en el capítulo segundo— de copiar aquellos píxeles a la memoria desde el disco, lo que produce una visualización prácticamente instantánea en el monitor.

A medida que los ordenadores y los videojuegos han ido evolucionando, los procesadores utilizados para aquellos juegos —las GPU y las CPU— han avanzado en el sentido de ofrecer funciones optimizadas para la tarea en cuestión. En absoluto es descabellado asumir que, si el universo se «copia» o se «ramifica», existen optimizaciones que sirven para eso; y lo que está copiándose es, en realidad, información (no son partículas físicas). Tal información solamente existe —igual que ocurre en un videojuego o en una simulación— en forma digital en algún tipo de ciberespacio y las partículas —los píxeles— únicamente se renderizan cuando hace falta.

La insinuación de Hawking de que el número de universos podría, después de todo, no ser infinito, sino estar limitado por el número de partículas, apunta a una manera sencilla de optimizar.

Teniendo en cuenta que muchas de las partículas de los universos copiados presentan configuraciones parecidas, el espacio requerido es menor. Se trata de una técnica de optimización utilizada en general en la informática, pero concretamente en la computación gráfica. De hecho, la mayoría de las imágenes se comprimen porque muchos píxeles son, en realidad, lo mismo. En una foto del cielo nocturno, por ejemplo, la mayoría de los píxeles son negros.

Un modelo computacional donde los universos son «información» permite, frente a la idea de los universos físicos, una compresión y una optimización significativas. La «computación» ofrece, en efecto, un mecanismo que bien podría producir tal clase de resultado: un gigantesco sistema informático que procesa números con un motor de renderizado que solo renderiza lo que hace falta.

LOS UNIVERSOS PARALELOS Y LA HIPÓTESIS DE LA SIMULACIÓN

La teoría de que todo lo que hay en la realidad constituye, bien mirado, una simulación artificial o virtual podría ser la «única manera práctica» posible de implementar la interpretación de los muchos mundos, el experimento de la elección postergada y la idea de los futuros escenarios probables. Considerando el universo un mundo virtual con su correspondiente estado del juego, es posible visualizar cómo pueden generarse múltiples futuros probables —no en forma de mundos físicos, sino de información—, y cómo entonces pueden tomarse decisiones —utilizando algún tipo de función evaluadora— a través de ese árbol que se ramifica.

La hipótesis de la simulación ofrece un modelo mejor concretamente para el modo en que podría resultar que funcionaran los siguientes aspectos de nuestra realidad:

- **Ramificación.** La proliferación de múltiples realidades probables, aunque resulta extremadamente difícil en una realidad física, es casi un asunto trivial si estamos en una realidad simulada. La naturaleza de las simulaciones permite derivar muchas de ellas utilizando la misma potencia computacional y sin que ello exija recursos físicos adicionales. Esto se verifica con independencia de que suscribamos la interpretación de los muchos mundos «real» o «irreal». Obviamente, la interpretación «real» requiere el copiado de los universos físicos. En la «irreal», por el contrario, se trata de probabilidades y de un tipo de computación, en realidad, análogo a la IA de los videojuegos. En un universo simulado, la definición de «real» cambia y las probabilidades son reales únicamente cuando se renderizan, existiendo como información entre tanto.
- **Optimización.** Desde el momento en que fijamos el número máximo de universos por debajo de infinito, podemos empezar a pensar en cómo optimizar la creación y el almacenamiento de toda la información del «universo», lo cual en verdad representa, aunque inicialmente se enfocara como un problema de física, un problema de computación: un problema de computación que ha sido resuelto para llevar a nuestros videojuegos hasta su estado actual. Porque hoy en los videojuegos optimizamos con base en la semejanza de los píxeles de los gráficos, y teselando y reduciendo la duplicación de información y guardando en caché lo que se necesita. Del mismo modo, la única forma de tener tantos universos distintos podría ser optimizar con base en la semejanza de los universos (que están cerca los unos de los otros y se ramifican). En esencia, en un universo computacional podemos ir podando el árbol para no necesitar ni una ramificación ni una computación infinitas.

- **Retrocausalidad.** La idea de que el futuro puede influir en el pasado resulta contraintuitiva y da lugar a paradojas. No obstante, si los futuros que envían información al presente de manera retroactiva no son futuros fácticos, sino futuros posibles —y además lo hacen con base en una función evaluadora—, en tal caso el proceso pasa a resultar más comprensible.

Vemos, una vez más, que lo que parecían hallazgos inexplicables de la física cuántica, empieza a cobrar sentido en el contexto de la hipótesis de la simulación.

La relación de dicha hipótesis con la naturaleza del tiempo y con la multiplicidad de líneas temporales y de universos es un tema vasto que exploré mucho más a fondo en mi libro *The Simulated Multiverse: An MIT Computer Scientist Explores Parallel Universes, the Simulation Hypothesis, Quantum Computing and the Mandela Effect* [El multiverso simulado. Un experto en computación del MIT explora los universos paralelos, la hipótesis de la simulación, la computación cuántica y el efecto Mandela]. En dicho libro me explayo sobre qué tipos de procesos computacionales podrían hacer falta de cara a un multiverso simulado, planteándome asimismo un bizarro efecto colateral de los resultados del experimento de la elección diferida, a saber, que es posible que no solamente haya múltiples futuros posibles, sino también «múltiples pasados posibles».

UNA VÍA INTERMEDIA. DE COPENHAGUE AL MULTIVERSO

Un universo simulado —o un multiverso simulado— nos brinda un modo de salvar el abismo que se abre entre la interpretación de Copenhague —la teoría del colapso que comentábamos en el capítulo precedente— y la IMM, algo que los físicos que creen en una u otra interpretación no parecen muy dispuestos a hacer.

En un universo simulado tiene sentido, en efecto, la idea de las probabilidades. Estas solo pueden existir si ejecutamos un proceso más de una vez. Decir que una moneda tiene un 50 % de probabilidades de dar cara o cruz —o que una carta extraída de una baraja tiene unas probabilidades de uno entre cincuenta y dos de ser el as de picas— carece de sentido si se lanza solamente una vez la moneda o se saca solamente una carta. Lo mismo rige para los gatos: si resulta que hay cien y que cincuenta están vivos y cincuenta están muertos, podemos hablar de probabilidad (el ejemplo que utilizaba el físico Amit Goswami para explicar la indeterminación cuántica).

Pero ¿dónde exactamente están los otros noventa y nueve gatos, las otras monedas y las otras cartas? La interpretación de Copenhague estándar dice que no llegaron a existir de verdad. La interpretación estándar del multiverso dice que están en otros universos físicos. El enfoque del multiverso simulado dice que esas otras probabilidades son «otras ejecuciones» de la simulación, las cuales tal vez no sea técnicamente necesario llegar a renderizar, por lo que existen en cuanto que información. Pueden no ser «físicas» hasta que —y a menos que— la posibilidad en cuestión pase a ser parte del juego al que se esté jugando.

Eso neutraliza la principal pega que se pone a la interpretación del multiverso: que resulta antieconómica, en la medida en que requiere crear todos esos mundos físicos adicionales. Nos abre, además, una vía hacia la reconciliación de estas dos interpretaciones divergentes de la mecánica cuántica.

En el próximo capítulo exploraremos, rematando este bloque dedicado a la física, otros aspectos de la misma que empiezan a tener más sentido si concebimos la realidad, en vez de como un mundo físico continuo que se extiende a nuestro alrededor, como una simulación hecha de píxeles.

NUEVE

PÍXELES, CUANTOS Y LA ESTRUCTURA DEL ESPACIO-TIEMPO

En los capítulos que anteceden, examinábamos una serie aspectos desconcertantes de la física cuántica y mostrábamos que la hipótesis de la simulación podría ofrecer una explicación más coherente para tales misterios. En este capítulo vamos a poner en diálogo distintos conceptos de las físicas relativista y cuántica para indagar en la hechura fundamental de nuestro mundo físico y evidenciar que tal vez dicho mundo no sea tan físico como pensábamos: que en verdad vivimos en una realidad compuesta de píxeles.

En el modelo clásico de Newton, el movimiento se consideraba un fenómeno continuo (como en el capítulo introductorio sobre física explicábamos). Los planteas, por ejemplo, describen —según las ecuaciones de movimiento newtonianas— órbitas o líneas regulares alrededor del Sol. De hecho se asumía que tanto el espacio como el tiempo eran de naturaleza continua.

Desde entonces hemos podido constatar que el espacio y el tiempo son más variables de lo que creíamos (con el descubrimiento del átomo y con el anómalo comportamiento de las partículas subatómicas, por no hablar de la teoría de la relatividad de Einstein).

Tales características del mundo real —la estructura misma del espacio-tiempo— resultan más explicables desde la premisa de que vivimos en una realidad compuesta de píxeles, exactamente igual que los mundos virtuales que existen en los videojuegos. Esta idea de cuantos de espacio —y, teóricamente, de tiempo—, de unidades discretas en vez de valores continuos, se asemeja mucho al modo en que funcionan los videojuegos.

En este capítulo también veremos que ese tránsito conceptual habido en el ámbito de la física —dejar de ver el mundo como algo continuo, para lo que suele usarse el término «analógico», y pasar a verlo como un conjunto de bits discretos, para lo que suele usarse el término «digital»— es un fenómeno paralelo al auge de la informatología como disciplina autónoma. Todo lo que actualmente utilizamos en los ordenadores se basa en información digital, y en los videojuegos todo gira en torno a cómo almacenar, transferir, computar y renderizar tal información. La evolución de la física en esa dirección apunta a que la computación y la información podría ser un modelo mejor para nuestro mundo físico, que no el viejo modelo newtoniano de objetos físicos que se mueven describiendo líneas continuas.

LAS PARTÍCULAS Y LOS PÍXELES DE LA PANTALLA

Tal vez convenga, antes de saltar a la física, introducir una serie de nociones sobre cómo funcionan los videojuegos. Si pensamos en el espacio y el tiempo de dentro de un videojuego, podemos establecer una analogía con los descubrimientos que ha hecho sobre el espacio y el tiempo la física moderna. Vamos a empezar con los cuantos de espacio, y más adelante en el presente capítulo examinaremos los cuantos de tiempo —la «frecuencia de reloj»— de las simulaciones.

En los videojuegos y en los mundos virtuales, el espacio se compone de unas coordenadas cibernéticas tridimensionales (x, y, z) que definen determinada ubicación en ese mundo. Tales coordenadas se le asignan a un píxel que aparece en el monitor en determinadas coordenadas bidimensionales (x, y), las cuales son establecidas por el motor de física y por el motor de renderizado que se utilicen.

El renderizado en pantallas de ordenadores genera imágenes compuestas por píxeles discretos. Lo que el usuario tiene ante los ojos es, en realidad, una serie de valores almacenados en la memoria, los cuales describen el color de cada píxel o «punto» de la pantalla.

Un píxel está concebido como una unidad lógica. (Se trata, según *Technopedia*, de «la unidad más pequeña de una imagen o gráfico digital susceptible de visualizarse y representarse en un dispositivo digital de visualización»). El término tiene su origen en una contracción de las palabras que componen la expresión inglesa *picture element* (elemento de imagen).

Podemos decir que cada imagen que vemos en un monitor de una computadora es una cuadrícula bidimensional de píxeles, y que cada uno de tales píxeles tiene dos valores:

1. **El valor almacenado para cada píxel (que representa el color del mismo).** Suele usarse el modelo de color Rojo Verde Azul (RVA o bien RGB por *Red, Green, Blue*). El color del píxel en cuestión se determina, en efecto, por una combinación de esos tres colores primarios, con cuya mezcla es posible generar prácticamente cualquier color visible.
2. **La posición de cada píxel en la cuadrícula.** Por ejemplo: en una imagen (o en una pantalla) de 700 × 900 píxeles, el primer píxel de arriba (o abajo) a la izquierda podría ser 0 × 0; tras él vendría el píxel 0 × 1, y así sucesivamente. El último píxel de la primera fila sería, en este ejemplo, el píxel 0 × 899.

Los píxeles no existen por sí mismos; forman parte de una cuadrícula que define la resolución en términos de píxeles, pudiendo tratarse tanto de la resolución física de una pantalla, como de la resolución lógica o física de una imagen concreta. Un usuario puede cambiar, por dar un caso, la resolución del monitor de su computadora de 1.200 × 1.024 a 1.400 × 1.200 píxeles.

En una imagen, un píxel es un elemento «lógico». En un monitor concreto, un píxel es un elemento tanto lógico, como «físico»; lo cual plantea una serie de interesantes preguntas filosóficas sobre qué es un píxel y cuánto dura su existencia.

Lo normal es que, en los videojuegos, los píxeles se rendericen como parte de una escena: el programa calcula, o computa, de qué color tendría que ser cada píxel. Lo hace en función de dónde se encuentren, en el mundo del juego, cada objeto y cada personaje (considerando también la posición, en ese momento, del personaje relevante).

El conjunto de los valores —en términos de color— de todos los píxeles de una imagen se denomina, ya se ubique en la memoria o en el disco, «imagen de mapa de bits» o «imagen ráster». Es importante señalar que, hoy, rara vez almacenamos versiones ráster de una imagen: disponemos de protocolos como el JPEG o el PNG, que ofrecen compresión para que no haga falta andar guardando los colores de todos los píxeles. De lo contrario, cada imagen sería un archivo pesadísimo. Coge, si no me crees, cualquier fichero JPEG o PNG que tengas en el portátil y guárdalo como archivo TIFF sin comprimir. Este formato almacena, en efecto, cada píxel como un valor RVA independiente (aunque hacerlo resulte redundante). Y lo normal será que el tamaño del fichero aumente, como mínimo, cien veces (cuando no más).

Este proceso de producir el mapa de bits —el conjunto de píxeles— que luego se visualiza en la pantalla es de lo que se encargan los motores de renderizado. Puede complicarse mucho cuando se trata de mundos virtuales en 3D o de juegos MMORPG. En películas generadas por ordenador como puede ser *Toy Story*, hicieron falta muchas horas para renderizar cada fotograma de cada escena. El proceso de renderizado supone coger lo que por lógica tendría que estar presente en la escena y calcular, con base en modelos 3D de los distintos objetos, el color de cada píxel visualizado. Y esa asignación de colores a los píxeles ha de tener en cuenta, además de cuáles objetos y personajes figuren en la escena, también desde cuál perspectiva o ángulo esté mirando la escena el personaje relevante. Luego el conjunto de los valores de los píxeles se comprime, pudiendo así guardarse, moverse en la memoria, transferirse por Internet y descomprimirse cuando se deba visualizar.

Si estoy jugando, pongamos, a *World of Warcraft*, mi pantalla física mostrará solamente los píxeles de una escena que mi personaje pueda ver. Según vaya moviéndose mi personaje por el mundo del juego —o con que vuelva simplemente la cabeza—, los píxeles irán cambiando de color instantáneamente para actualizar mi visión subjetiva. Pero «instantáneamente» es una forma de hablar: hay un sinfín de cálculos realizándose entre bastidores. A eso se añade la posibilidad de que haya múltiples ventanas abiertas, lo que supone aún más cálculos...

LOS PÍXELES TRIDIMENSIONALES Y LAS PARTÍCULAS

Los juegos y las simulaciones en 3D, aunque efectivamente parecen y se sienten tridimensionales, se siguen renderizando mayoritariamente en pantallas de ordenador planas, lo que significa que *de facto* son bidimensionales y no en 3D. La escena tridimensional se despliega en un monitor bidimensional desde un ángulo que la hace parecer tridimensional. Incluso las gafas de RV siguen renderizando la misma imagen dos veces —una para cada ojo— en sendas pantallas planas ligeramente separadas, como explicábamos en el tercer capítulo.

Si extrapolamos este enfoque y pensamos, en vez de en monitores bidimensionales, en píxeles renderizados en tres dimensiones a nuestro alrededor, la idea adquiere un nivel de complejidad insólito.

¿Cómo serían exactamente los píxeles tridimensionales? En la primera parte de este libro planteábamos que las impresoras 3D constituyen una de las fases del camino que lleva al punto de simulación. Dichas impresoras llevan, en efecto, el concepto de píxel al ámbito tridimensional. Exactamente igual que ocurre con la imagen de mapa de bits visible en la pantalla de un ordenador, existe, en algún lugar de la memoria, una lista de los píxeles tridimensionales que integran el correspondiente objeto que se imprime en 3D.

Estas impresoras 3D nos muestran que lo que consideramos objetos tridimensionales sólidos son en verdad pedazos, bits de información dispuestos de manera que los objetos puedan renderizarse en nuestro mundo si se efectúa sobre ellos determinada computación. Eso es lo que hacen, en la ciencia ficción —por ejemplo en *Star Trek*—, los replicadores, unos aparatos que crean un objeto tridimensional utilizando un patrón y ensamblando pedazos, bits del objeto utilizando píxeles tridimensionales.

Pero esta idea de los píxeles en 3D, ¿es una mera analogía concebida para relacionar los mundos generados por ordenador con nuestro mundo físico, o hay alguna estructura profunda del espacio-tiempo que esté «realmente» compuesta de píxeles?

Examinemos la física de las partículas y el mundo material que nos rodea.

LA PARADOJA DE ZENÓN Y UN MUNDO DISCRETO

En una fría noche de invierno, siendo yo todavía un alumno del MIT, un compañero de clase me explicó la paradoja de Zenón. Era frecuente que la filosofía se colara en nuestras conversaciones, sobre todo cuando nos quedábamos despiertos hasta pasada la medianoche —preparando algún trabajo de alguna asignatura—, y queríamos hacer una pausa y distraernos de la labor académica.

La cuestión era la siguiente: si el espacio es continuo —a la manera en que lo son los números, entre dos de los cuales habrá siempre un número de números infinito—, ¿cómo es posible tocar un objeto como puede ser una pared? Siempre le quedaría a uno, en efecto, la mitad de la distancia por cubrir y nunca acabaría de llegar.

Zenón de Elea fue un filósofo griego que planteó multitud de paradojas. Una estaba protagonizada por Aquiles y una tortuga. Si la tortuga iba por delante de Aquiles, ¿cómo iba este a poder alcanzarla nunca, si siempre le quedaba por cubrir la mitad de la distancia?

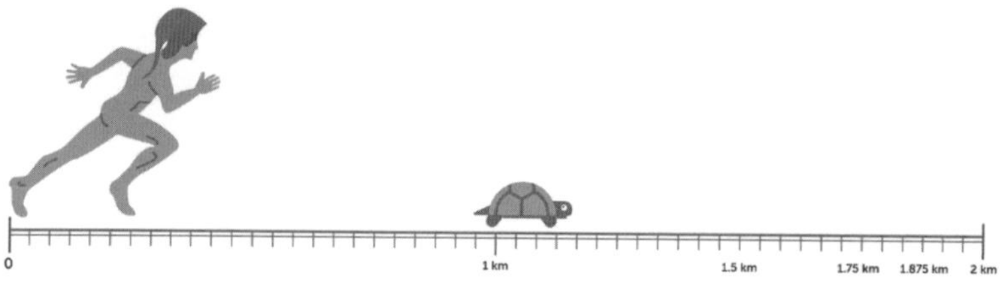

Figura 29: La paradoja de Zenón, con Aquiles y la tortuga.

Cuando mi compañero me expuso esta paradoja (véase la figura 29), mi primera reacción fue pensar que el espacio tiene que ser de naturaleza cuantizada, es decir, que ha de haber algún tipo de distancia mínima que atravesamos, porque de lo contrario sería imposible —conforme a lo planteado en la paradoja— que dos objetos del mundo físico llegaran a encontrarse nunca. Se quedarían atascados siempre intentando cubrir la mitad de la distancia.

Más adelante supe que no había sido el único que había tenido tal reacción, lo que me hizo pensar en la analogía con los píxeles de los videojuegos, y en si existían píxeles en el mundo físico que nos rodeaba.

La explicación propiamente científica que hoy se aduce para esta paradoja es de índole matemática. Si añadimos una serie infinita de números, cada uno de los cuales sea la mitad del número precedente, resulta, en realidad, un número finito. Pero eso, aunque matemáticamente funcione, carece de correlato físico. Para que funcione en el mundo no ya de las matemáticas, sino de la física, seguiríamos necesitando traducirlo a un proceso físico.

Conque hemos vuelto a la explicación de los píxeles: llega un punto en que las distancias quedan por debajo del espacio de un píxel y, en lugar de que el movimiento efectivamente cubra la pequeña longitud calculada, el resultado se renderiza solamente cuando se llega al siguiente píxel, lo cual se corresponde exactamente con el modo en que funciona, en los videojuegos, el movimiento; y con el modo en que funciona, en la física, la cuantización.

LOS CUANTOS EN LA FÍSICA CUÁNTICA

La física clásica consideraba, como antes comentábamos, que los objetos son sólidos, pero sostenía que el movimiento y el universo son de naturaleza continua. Las ecuaciones de movimiento newtonianas parten de una visión continua del espacio y del tiempo. En los anteriores capítulos veíamos que las partículas distan mucho de ser sólidas. Para empezar, la mayor parte de lo que entendemos que es un átomo —o una molécula— es puro espacio vacío. Pero es que, además, las partículas subatómicas podrían en realidad existir, según la física cuántica, en un mundo de probabilidad.

Resulta que la idea de la física cuántica sale, toda ella, de un planteamiento parecido, a saber, que el movimiento continuo y las transiciones continuas no existen, sino que las cosas ocurren en cantidades discretas en el nivel subatómico. Tales cantidades discretas reciben el nombre de «cuantos».

Esta idea de porciones discretas o paquetes de energía —en vez de ver el mundo como un continuo— fue perfilándose en la física durante el primer tramo del siglo XX con el trabajo de científicos como Albert Einstein, Max Born, Werner Heisenberg, Niels Bohr y tantos otros. Fue el físico teórico Max Planck quien planteó la idea, que fue validada por Einstein en sus experimentos sobre el efecto fotoeléctrico. Planck postuló por vez primera, en 1900, que cualquier sistema emisor de energía podía dividirse en cantidades de energía discretas —en cuantos— y podía definirse con la ecuación cuántica que relacionaba dicha cantidad con una frecuencia.

Einstein es más conocido por su teoría de la relatividad, pero fue su trabajo sobre la luz y sobre el efecto fotoeléctrico lo que le valió su único premio Nobel de física. El primero que escribió sobre el efecto fotoeléctrico fue el físico Heinrich Hertz en 1887. Dicho efecto comportaba emisiones de electrones desde la superficie de metales, pero los electrones no eran emitidos de manera continua, sino solo cuando se alcanzaban determinadas cantidades de energía. Era como si hubiese un umbral de energía requerido para emitir una partícula. Einstein hizo ver que aquello también regía para la luz y que había cantidades de luz discretas, unas «partículas de luz» que más adelante —ya en 1926— recibirían el nombre de «fotones».

LOS CUANTOS DE ESPACIO

La paradoja de Zenón y el concepto de píxeles renderizados en ordenadores están conectados por la idea subyacente de «cuantización», es decir, de pedazos o bits discretos de «algo» (en lugar de objetos físicos continuos).

La paradoja de Zenón, en particular, nos dice que el espacio tal vez conste de píxeles, tal vez sea un «granulado», lo que supondría que en el espacio existe una distancia mínima. Esa idea está sobre la mesa desde la época de los griegos —al margen de la paradoja de Zenón— ni más ni menos que en la idea de átomo. El átomo se suponía que era la partícula de materia más pequeña indivisible. El que en la época moderna adoptáramos el término griego para la unidad más pequeña de un elemento —un átomo de oro, de plomo, de hidrógeno...— se debió a que desconocíamos las partes constituyentes del átomo hasta el descubrimiento, por parte de Rutherford, del modelo nuclear atómico a comienzos del siglo XX. Y desde entonces los científicos han descubierto, además de los electrones, de los neutrones y de los protones, un gran número de partículas subatómicas adicionales.

¿Hay realmente una longitud mínima, un píxel en el espacio?

La longitud más pequeña que nadie ha logrado medir se conoce como la «longitud de Planck»; fue el propio Max Planck quien la descubrió.

La longitud de Planck puede definirse mediante tres constantes físicas: la velocidad de la luz en el vacío, la constante de Planck y la constante de gravitación universal. ¿Qué es la constante de Planck? Planck la dedujo de la energía de un fotón con relación a la frecuencia del mismo.

La longitud de Planck, cuyo símbolo es «ℓP», se define como una unidad de longitud igual a 1,616255 × 10-35 metros y se considera el segmento de espacio más pequeño susceptible de medirse de manera fiable.

¿Y qué ocurre con distancias menores que esa?

El físico John Wheeler se encontró, investigando la idea de las «ondas de gravedad», con que la longitud de Planck establecía una especie de límite: era complicado medir nada que fuese más pequeño. (Recordemos que Wheeler llamaba al ruido aleatorio de la mecánica cuántica «espuma cuántica»). Por debajo de ese umbral de longitud, escribe Wheeler en *Geons, Black Holes and Quantum Foam* [Geones, agujeros negros y espuma cuántica], «el concepto habitual tanto de longitud, como de tiempo, desaparecería».[1]

Esta longitud mínima tiene más que ver, por tanto, con la distancia o unidad más pequeña susceptible de medición. Ese sería, a efectos prácticos, el «píxel» de nuestro mundo físico tridimensional.

Esto no quiere decir que no pueda haber píxeles —o partículas— más grandes, del mismo modo que en la misma pantalla puede haber píxeles de menor resolución (es decir, menos píxeles, pero de mayor tamaño). En tal caso, terminarían siendo múltiplos de la longitud de Planck.

Adviértase que seguimos pudiendo calcular y referenciar computacionalmente valores más pequeños; la cuestión es que no pueden renderizarse en la pantalla o en el mundo. Supongamos, por ejemplo, que hay una

1. John Wheeler, *Geons, Black Holes and Quantum Foam* (Norton, 1998), 248.

alfombra mágica de 1,616255 × 10-36 metros de largo (10 veces más pequeña que la longitud de Planck), y una mosca sobre ella de 1,616255 × 10-37 metros de largo (10 veces más pequeña que la alfombra). Ambos números son, por tanto, significativamente más pequeños que la longitud de Planck. En un plano teórico podemos multiplicarlos, sumarlos y restarlos, pero es sencillamente imposible renderizarlos, igual que es imposible medir nada que tenga ese tamaño en el mundo real. La alfombra mágica tendría que recorrer diez veces la distancia de su propia longitud antes de aparecer renderizada en dicho mundo. ¿Que por qué? Pues porque dicha alfombra imaginaria es diez veces más pequeña que el píxel más pequeño del espacio. (No otra cosa es la longitud de Planck).

LA VELOCIDAD DE LA LUZ Y SU EFECTO EN EL TIEMPO

Lo cierto es que Planck dedujo su número utilizando propiedades de la luz. Resulta que de esta depende una de las pocas auténticas constantes del universo que nos rodea. La teoría de la relatividad especial de Einstein partía de la base de que la velocidad de la luz no varía. La constante c de la famosa ecuación «$E = mc^2$» representa dicha velocidad.

La velocidad de la luz no parece que cambie, pero la teoría de Einstein mostraba que el tiempo depende del movimiento —sobre todo cuando se viaje a mucha velocidad—, y eso tiene por efecto que en el mundo físico no haya modo de establecer la simultaneidad de dos sucesos.

Einstein planteó en un plano teórico —y experimentos posteriores lo verificaron— que cuanto más nos acercamos a la velocidad de la luz, más lento transcurre el tiempo para quienes se encuentran en el sistema inercial (es decir, para quienes se están moviendo). Es lo que se conoce como «dilatación del tiempo».

Eso supondría, desde la perspectiva de quienes se están moviendo, que cualquiera que no se encuentre en el sistema inercial «iría más rápido», lo cual nos lleva a otra paradoja: a la llamada «paradoja de los gemelos». Si, dada una pareja de gemelos, uno de los dos hubiera de viajar por el espacio a una velocidad cercana a la de la luz, quedándose el otro en la Tierra, el gemelo que viajase sería, a su regreso, más joven que el que se quedara.

¿Cuánto más joven? Eso dependerá de cuán rápido viajara y durante cuánto tiempo. Los experimentos realizados por la NASA con el astronauta Scott Kelly, quien pasó un año en el espacio, pusieron de manifiesto que dicho astronauta era, a su regreso, ligeramente más joven que su hermano gemelo, Mark. Scott era, a su vuelta, aproximadamente trece milisegundos más joven. Scott por supuesto no viajó ni muy rápido ni hasta muy lejos (comparado con la velocidad de la luz o con posibles distancias astronómicas): a 28.000 km/h, viajaba a menos del 1 % de la velocidad de la luz. Pero en las naves espaciales se han llevado relojes atómicos —cuya precisión alcanza hasta los submilisegundos—, y así se ha demostrado que la dilatación del tiempo es un fenómeno real, en la medida en que tales relojes también volvían desincronizados de sus equivalentes que se quedaron en la Tierra.

Una consecuencia inesperada de la teoría de la relatividad es que no hay modo de saber si dos cosas son verdaderamente simultáneas. En realidad, depende del sistema de referencia inercial del observador. Una persona que esté cerca de ambos sucesos podría ver que ambos ocurren de manera simultánea, mientras que otra que los vea desde distancias muy distintas podría tener que esperar hasta que la velocidad de la luz llegase hasta ella, y eso podría suceder en momentos distintos. Es una idea que lleva más de cien años circulando ya, y que la mayoría de los físicos aceptan como una parte fundamental de nuestra realidad: la luz y el movimiento están interrelacionados, y eso hace que resulte imposible saber si dos sucesos son realmente simultáneos.

Hay un famoso ejemplo de que chocan dos coches en Londres, y otros dos en Nueva York. Imaginemos que estamos en Nueva York: se supone que podríamos ver antes la colisión que se produce en esa ciudad, porque la luz tendría que cruzar todo el Atlántico hasta llegar a Londres. En teoría, si estuviéramos en la mitad del océano, podríamos ver ambas colisiones al mismo tiempo. Cuál accidente se produjo primero y cuál después no depende por tanto de los propios hechos en sí mismos, sino de cuál sea nuestro sistema de referencia.

La teoría de Einstein y las confirmaciones experimentales de la misma dejan claro que la velocidad de la luz, y de hecho la propia luz —que forma parte del espectro electromagnético—, es «especial» en el mundo de la física.

Pero resulta que en el mundo de los videojuegos y de los ordenadores también lo es. Hay, en efecto, una velocidad fija a la que podemos enviar señales de un jugador al servidor, y del servidor a otro jugador que verá tales cambios. Y, así, en los videojuegos la simultaneidad es solo una ilusión, por más que estemos en la misma «escena» del mismo juego y nos parezca que nuestros respectivos personajes hacen cosas exactamente al mismo tiempo.

Teóricamente, la velocidad más alta a la que la información podría viajar de una parte de un videojuego a otra sería exactamente la velocidad de las señales electromagnéticas. Y eso nos devuelve a la velocidad de la luz.

¿Por qué iba a ser la velocidad más alta a la que podemos enviar información en el mundo físico la misma velocidad que utilizamos para enviar señales electromagnéticas? Es una pregunta abierta... y que a todas luces apunta a la hipótesis de la simulación. Si estamos en una realidad simulada por ordenador en la cual se utilizan señales electromagnéticas, entonces uno de los mayores misterios de la física —el de por qué la luz es tan especial— realmente tiene sentido. Una vez más, podemos ver que la informatología se puede utilizar no solamente para describir, sino también para «explicar» la estructura del mundo físico.

LA FRECUENCIA DE RELOJ Y EL TIEMPO CUANTIZADO EN LAS SIMULACIONES INFORMÁTICAS

Cuando luego Einstein publicó su teoría de la relatividad general, los físicos empezaron a emplear el término «espacio-tiempo», donde el tiempo se define como una dimensión adicional del espacio. En vez de utilizarse solo tres coordenadas (x, y, z) para localizar un objeto, pasó a incluirse un cuarto valor (x, y, z, t), que es una coordenada del espacio-tiempo.

¿Podría suceder, teniendo en cuenta la estrecha relación que existe entre el espacio y el tiempo, que, si el espacio es de naturaleza cuantizada —es decir, si tiene píxeles—, también sea de naturaleza cuantizada el tiempo? Pero vayamos paso a paso y veamos, para empezar, cómo se marca el tiempo en los videojuegos.

Actualmente es normal pensar en un suceso ocurrido dentro de un mundo virtual en determinadas coordenadas (x, y, z, t), donde t es un punto concreto del tiempo medido desde el comienzo del juego (o de la correspondiente sesión de juego). Pues bien: aquí t no necesariamente será un valor que nos resulte comprensible —tipo horas, minutos, segundos...—, sino que está basado en algún tipo de incremento mínimo de tiempo.

Los incrementos mínimos de tiempo son comunes en programas y simulaciones informáticos. De hecho, la idea básica de una simulación digital consiste en que cada vez que el reloj da un paso adelante, todos los elementos de la simulación se actualizan.

Es importante señalar que, en las simulaciones informáticas, este «peldaño lógico» del tiempo —por así llamarlo— puede guardar relación o no guardarla con incrementos del tiempo físico. En una simulación, el tránsito de uno de estos peldaños o pasos al siguiente podría tomar un milisegundo o cinco segundos o una hora de tiempo «real», dependiendo de cuántos cálculos hagan falta para actualizar el estado de la simulación.

Por ejemplo, en una simulación sencilla de un proceso fractal cuya ejecución requiera, pongamos, mil pasos, todos ellos podrían concebirse como sendas iteraciones del programa. Lo normal es que los ordenadores tengan una frecuencia de reloj que defina la máxima velocidad a la que pueden realizarse las operaciones de computación. En realidad, todas las mediciones de tiempo que el correspondiente procesador efectúe serán múltiplos de esa frecuencia de reloj.

Simulando informáticamente una población de mosca del vinagre o de otra especie, se asume que cada «paso» lógico representa el ciclo reproductivo de la especie en cuestión, si partimos de la base de que esta se reproduce, como a menudo ocurre, a intervalos regulares (concretamente cada año).

Por ejemplo, un procesador de 1,7 gigahercios puede ejecutar 1,7 millares de millones de ciclos por segundo. Con eso nos estamos refiriendo, cuando hablamos de procesadores, a la frecuencia máxima a la que el procesador en cuestión puede operar. Los ordenadores y *smartphones* actuales suelen tener múltiples procesadores —se habla, de hecho, de «procesadores "multinúcleo"»—, y lo mismo ocurre con las GPU, que realizan cálculos para gráficos mucho más rápido que las CPU.

No hay que perder de vista que las operaciones que se realizan a la frecuencia de reloj de un procesador son operaciones de bajo nivel. Normalmente, cuando los desarrolladores de videojuegos escribimos código para un videojuego o para una simulación, los escribimos en lenguajes de alto nivel como pueden ser Java o C#, los cuales luego se «compilan» o «interpretan», es decir, que se transforman en un *bytecode* o «código intermedio» que a continuación se ejecuta sobre una máquina virtual. Una línea de código de alto nivel puede traducirse en cientos de líneas de operaciones de nivel más bajo.

Pero entonces, ¿qué ocurre en los videojuegos —o juegos de rol en línea— en los que hay múltiples usuarios conectados desde distintos ordenadores con velocidades de procesamiento distintas?

En tales juegos hay una idea de un tiempo universal del servidor. Las operaciones se van registrando con la referencia de ese tiempo universal, lo que permite determinar el orden de las operaciones. La simultaneidad podría resultar difícil de medir, pero las simulaciones multijugador se toman todo tipo de molestias para asegurar que el orden de las operaciones se respete. Básicamente, si un jugador acomete a otro con su espada, eso en teoría tiene que registrarse debidamente como el golpe inicial de cuantos conformen la «lucha» subsiguiente.

Como antes comentábamos, la relatividad y la velocidad de las señales electromagnéticas nos dicen que eso podría no ser exactamente así, dado que las renderizaciones se están produciendo, mediante señales que deben atravesar la red, en distintas máquinas independientes. Tampoco cabe confiar en los relojes individuales de dichas máquinas, los cuales pueden estar desfasados y es fácil manipular. Tiene que haber, así, alguna forma de resolución de conflictos, cuando hay múltiples jugadores o procesos que distribuir. El principio básico sería que las simulaciones de los mundos de los videojuegos han de hacer cuanto puedan por preservar un orden de las operaciones, aunque no pueda garantizarse la simultaneidad en un plano físico.

Dado el tiempo de respuesta de las personas, preservar la simultaneidad entre múltiples jugadores no es realmente un problema para los videojuegos actuales, pero, si hubiera dos IA compitiendo entre ellas, con tiempos de respuesta de submilisegundos, determinar quién golpeó primero se convertiría en un extremo importantísimo —y, según Einstein, potencialmente imposible—, en el supuesto de que ambas IA se encontraran en sendos sistemas inerciales distintos.

EL TIEMPO Y EL ESPACIO CUANTIZADOS ESTÁN INTERRELACIONADOS

El tiempo de los videojuegos está, por tanto, cuantizado con base en los pasos que va dando la simulación; de ahí que se trate de múltiplos del tiempo de procesado de las operaciones básicas de la CPU (o GPU). Ahora bien: ¿hay alguna idea de tiempo cuantizado en el mundo físico que nos rodea? En caso afirmativo, se trataría de un importante indicio de que podríamos estar en una simulación que intenta utilizar la computación a modo de estructura del universo, a cuyo efecto necesitaría una frecuencia de reloj discreta.

Thomas Campbell va un paso más allá en su mencionado *My Big TOE*, haciendo ver que, si la velocidad de la luz es constante y podemos asumir una cuantización del espacio, en realidad podemos calcular el cuanto temporal mínimo de nuestro universo físico.

Si nuestro universo físico constara de determinado número de unidades indivisibles —si tuviera un espacio cuantizado o lo que Campbell llama «píxeles tridimensionales»—, en teoría podríamos calcular tales unidades siempre y cuando *c* —la velocidad de la luz— sea fija.

Campbell sostiene que, si hubiese un espacio virtual que verdaderamente definiera nuestra realidad tridimensional, sería como el espacio virtual que utilizamos en programas y simulaciones informáticos. Cada objeto tendría su representación tridimensional dentro de ese espacio, con las correspondientes coordenadas (x, y, z), pero también con una cuarta coordenada para el tiempo (t). Si la velocidad de la luz no varía —y tampoco el píxel más pequeño posible—, en tal caso el cuanto temporal mínimo sería el tiempo que la luz tardase en recorrer la longitud del píxel mínimo.

La cuantización del espacio ha sido aceptada por muchos físicos, pero la cuantización del tiempo es un concepto relativamente nuevo. Va implícito, no obstante, cada vez que un físico habla del espacio-tiempo. Sería, en efecto, prácticamente imposible que, siendo el espacio de naturaleza cuantizada, el tiempo no lo fuese también.

«Llevábamos mucho tiempo sospechando que el espacio-tiempo tenía que estar cuantizado», dice Steven B. Giddings, teórico de la Universidad de California en Santa Bárbara.[2]

EL CÁLCULO DEL TIEMPO Y EL ESPACIO CUANTIZADOS

Pero volvamos a los cálculos de Campbell. Este autor define *delta T* como un valor que representa el incremento temporal más pequeño posible, lo que podría ser la frecuencia de reloj de la simulación. (Aquí dicho valor será T, para simplificar las ecuaciones). Y, dividiendo c —es decir, la velocidad de la luz— entre T, obtenemos el incremento espacial más pequeño posible —es decir, la longitud más pequeña posible, que llamaremos L—, y viceversa. He aquí, pues, la ecuación de Campbell:

$$L = c \times (T)$$

También cabría, por supuesto, dividir el espacio mínimo entre la velocidad de la luz, con lo que se obtendría el tiempo mínimo:

$$L/c = (T)$$

Utilizando la longitud de Planck —que hoy los físicos suelen considerar la distancia mínima medible de nuestra realidad tridimensional—, el valor de T resulta ser un número muy pequeño. Este es básicamente el modo en que los científicos han dado con el incremento temporal más

2. George Johnson, «How Is the Universe Built? Grain by Grain», *The New York Times*, 7 de diciembre de 1999.

pequeño posible de nuestro universo. Puesto que conocemos la longitud de Planck, dividirla entre la velocidad de la luz (*c*) da un valor que se ha llamado «tiempo de Planck»:

> Una unidad del tiempo de Planck es el tiempo que la luz tarda en recorrer una unidad de la longitud de Planck en el vacío, lo que representa un lapso de tiempo de aproximadamente 5,39 × 10-44 segundos.[3]

Los físicos en seguida puntualizan que el tiempo de Planck es, a día de hoy, una mera ecuación matemática (es decir, que, de momento, nada ha demostrado de manera concluyente que el tiempo sea, o no, de naturaleza cuantizada). Dada, sin embargo, la interrelación del espacio y el tiempo, el hecho de que exista una longitud mínima bajo cuyo umbral dejan de tener sentido las mediciones espaciales hace más que posible que el lapso temporal que la luz tarda en cruzar esa distancia mínima constituya, análogamente, un límite inferior para nuestra capacidad de medir el tiempo.

William G. Tifft, profesor de astronomía de la Universidad de Arizona, afirma que su investigación sobre la medición de luz estelar «desplazada hacia el rojo» (*red-shifted*) parece sugerir que la luz llega en forma de múltiplos de determinado valor. Eso quiere decir que efectivamente podría haber un cuanto mínimo de tiempo, del mismo modo que existe un cuanto mínimo de espacio.

Como antes veíamos, todas las simulaciones informáticas presuponen algún tipo de reloj-registro que controle la simulación y, si realmente vivimos en una, tendría que haber algún indicio de esto. Si el tiempo resulta ser de naturaleza cuantizada, eso hace todavía más plausible la idea de que en el mundo tridimensional que nos rodea existan una frecuencia de reloj y una distancia mínima.

ATRAVESAR EL ESPACIO-TIEMPO INSTANTÁNEAMENTE EN UNA SIMULACIÓN

Es importante señalar que la velocidad de la luz se considera una restricción de cara a atravesar el espacio-tiempo según lo conocemos. Eso no quiere decir que se trate de una restricción física, sino únicamente de una

---

3. «Planck Units», *Wikipedia*, modificado por última vez el 24 de septiembre de 2024, `https://en.wikipedia.org/w/index.php?title=Planck_units&oldid=1247521975#Planck_time`.

restricción de nuestra realidad... o del motor de física que nuestro mundo simulado utiliza. Si nuestra realidad tridimensional es efectivamente una simulación, entonces lo que consideramos espacio y tiempo físicos son, bien mirado, constructos virtuales. En un mundo cibernético, la velocidad de las acciones tiene la restricción del reloj virtual y del motor de simulación física que ejecuta el videojuego. Puesto que todas las simulaciones funcionan con algún tipo de computación, lo normal es que los píxeles del tiempo y del espacio de cualquier simulación sean múltiplos de la frecuencia de reloj y de los bits subyacentes, de modo que se pueda ir llevando un registro de la información.

Si estamos en una simulación, tal vez sea posible eludir las restricciones de la teoría de la relatividad especial de Einstein y trasladarse de un punto a otro de la simulación de manera instantánea. Entramos en terrenos especulativos, pero, si examinamos las tres formas que siguen de atravesar el espacio-tiempo, veremos que la hipótesis de la simulación nos ofrece interesantes perspectivas de cómo podría ser posible la comunicación instantánea... y aun el desplazamiento instantáneo. (Es decir, sin necesidad de recorrer el espacio virtual, los píxeles virtuales de la simulación). Los tres métodos mencionados serían:

- La teletransportación.
- Los agujeros de gusano.
- El entrelazamiento cuántico.

Atravesar el espacio-tiempo (1). La teletransportación

Un magnífico ejemplo de teletransportación lo tenemos en el mundo virtual llamado *Second Life*. Aquí el personaje del usuario puede ir caminando de un punto a otro del mundo virtual, lo que resultará bastante lento. También puede hacer el desplazamiento volando, en cuyo caso la distancia virtual sigue siendo la misma, pero se recorre a una velocidad mucho mayor. Ir de un lugar a otro siempre supondrá un número de unidades virtuales (píxeles u otro tipo de unidad de distancia). Así funciona el motor de física básico de ese mundo cibernético.

En *Second Life*, sin embargo, el usuario también puede «teletransportar» a su personaje de un lugar de dicho mundo a otro (como ocurre en tantos videojuegos que ofrecen amplios espacios virtuales en 3D). Tal mecanismo consiste en que el personaje se des-renderiza en determinado sitio del mundo virtual, re-renderizándose a continuación en otra parte de ese mismo mundo. Y el proceso puede no tardar nada: puede ser instantáneo (sin importar cuán «lejos» se encuentre un sitio de otro en el espacio virtual). Si asumimos que un mundo virtual tridimensional tiene unas coordenadas (x, y, z), el teletransporte consistiría en sustituir dichas coordenadas directamente por otras, sin ir pasando por todos los puntos intermedios.

En la serie de televisión original de *Star Trek*, el teletransporte se introdujo por motivos de economía. Si la tripulación podía estar en la nave estelar Enterprise en un instante, y en el planeta en el instante siguiente, el equipo de producción de la serie no tenía que crear los efectos especiales de un transbordador volando desde la nave hasta la atmósfera del planeta y aterrizando. En cierto sentido, la teletransportación también responde a motivos de economía en los videojuegos (aunque aquí la cuestión es ahorrar, sobre todo, tiempo). En *Star Trek*, el teletransporte se limitaba a distancias relativamente pequeñas —no era posible aparecer de pronto, por ejemplo, en otro planeta o en otro sistema solar—, pero, en un mundo virtual o en un videojuego, la gracia de teletransportarse es justamente poder plantarse en cualquier otra parte de ese mundo así sin más.

Si conseguimos desarrollar algún tipo de teletransportación, podría ser un indicio adicional de que nuestro mundo físico está regido, exactamente igual que ocurre en los videojuegos, por un motor de física.

Atravesar el espacio-tiempo (2). Los agujeros de gusano

El segundo concepto, que se acerca más a la idea de teletransporte de los videojuegos es el del llamado «puente de Einstein-Rosen», más conocido como «agujero de gusano».

Esta idea surgió de la teoría de la relatividad general de Einstein. En 1916, el físico austriaco Ludwig Flamm propuso que, si la teoría de Einstein preveía la existencia de agujeros negros, entonces también podían existir los llamados «agujeros blancos».[4] En 1935, Einstein y el también físico Nathan Rosen presentaron un trabajo conjunto sobre la idea de tales «puentes», los cuales terminaron recibiendo el nombre —comparativamente formal— de «puentes de Einstein-Rosen». El término «agujero de gusano» no fue acuñado hasta 1957. Su artífice no fue otro que el omnipresente John Wheeler...

---

4. Nola Taylor Tillman, Ailsa Harvey y Rebecca Sohn, «What Are Wormholes?», *Space.com*, 5 de marzo de 2024, `https://www.space.com/20881-wormholes.html`.

Como vemos en la figura 30, un agujero de gusano permitiría a la materia entrar por un punto del espacio-tiempo y salir por otro diferente. La idea era que, si había una singularidad gravitacional de masa significativa, eso podía provocar un desgarro en el espacio-tiempo cuyo resultado sería un agujero de gusano.

Los agujeros de gusano teóricamente permitían el transporte de información y de materia a velocidades mucho mayores que la de la luz —suponiendo que se midiera la distancia total entre ambos extremos del agujero de gusano en cuestión—, pero eso no significa que la astronave material o la información transmitidas se muevan por el espacio-tiempo tridimensional más rápido que la luz. Sencillamente abandonan el espacio-tiempo normal y vuelven a aparecer en él por el «otro punto» debido. Desde el punto de vista inercial del viajero, el desplazamiento sería a velocidades normales.

Los agujeros de gusano se han convertido en un elemento típico de la ciencia ficción. En *Star Trek. Espacio Profundo Nueve* —por dar un caso—, hay un agujero de gusano que va de un cuadrante de la galaxia a otro (desde el llamado «cuadrante alfa» al llamado «cuadrante gamma»). Entre ambos puntos de la galaxia física hay noventa mil años, distancia que ni siquiera una nave ficcional de *Star Trek*, con sus motores de curvatura y todo, podría cubrir en un tiempo razonable.

El problema con los agujeros de gusano de la vida real tal vez no sea que no existan, sino que sean demasiado pequeños para poder utilizarse; se cree que algunos podrían ser microscópicos. Eso no impediría utilizarlos para enviar información, pero sí excluiría que los atravesaran naves espaciales. Un problema más grave acaso fuera que, según se cree, los agujeros de gusano no suelen mantenerse estables mucho tiempo. Pudiera ser que tales agujeros existieran solo durante breves lapsos, demasiado cortos para que pudiésemos detectarlos y hacer uso de ellos. Más complicado todavía es el hecho de que el único fenómeno capaz de producir un agujero de gusano —aunque sea un agujero de gusano teórico— es un agujero negro. Y cualquier cosa que intente atravesar un agujero negro —que es un fenómeno provocado por una gravedad tan fuerte que ni la luz consigue sustraerse ella—, lo normal será que quede aplastado al instante en la singularidad.

Hay algunos científicos que creen que el entrelazamiento cuántico podría ser la clave para descubrir y comprender cómo funcionan los agujeros de gusano. Juan Maldacena, del Instituto de Estudios Avanzados de Princeton, y Leonard Susskind, de Stanford, han planteado la hipótesis de que los agujeros de gusano sean como el entrelazamiento cuántico, pero en un nivel macro, es decir, que conecten dos puntos del espacio exactamente igual que puede haber una conexión entre dos partículas cuánticas.[5] Si los agujeros de gusano existen —y si podemos conectar dos puntos del espacio-tiempo sin necesidad de recorrer toda la distancia interpuesta entre ambos—, tendríamos un indicio adicional que corroboraría la hipótesis de la simulación, tratándose de un fenómeno análogo al del teletransporte que ofrecen videojuegos como *Second Life*.

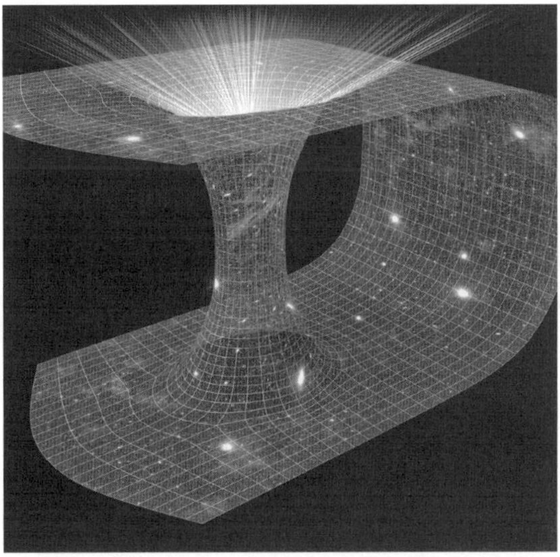

Figura 30: Los agujeros de gusano permiten ir de un punto A a un punto B directamente, sin atravesar el espacio intermedio.[6]

Atravesar el espacio-tiempo (3). El entrelazamiento cuántico

Estamos acostumbrados a tener que atravesar espacio físico —o los píxeles que conforman tal espacio—, pero, en la medida en que nuestros viajes venían siendo sobre todo por la Tierra, las distancias no es que fuesen prohibitivas. Si nuestra realidad física tridimensional consta de píxeles desplegados virtualmente —y si hemos de atravesar todos los píxeles de dicho universo virtual—, nos llevaría una cantidad de tiempo disparatada llegar a ningún sitio que merezca la pena más allá de nuestro sistema solar. (Y eso incluso viajando a la velocidad de la luz).

---

5. Victoria Jaggard, «Would Astronauts Survive an Interstellar Trip Through a Wormhole?», *Smithsonian*, 7 de noviembre de 2014, https://www.smithsonianmag.com/science-nature/would-astronauts-survive-interstellar-trip-through-wormhole-180953269/.

6. © 2003-2025 Shutterstock, Inc.

El sistema estelar más cercano, Alfa Centauri, nos queda a 4,5 años luz; la Vía Láctea tiene unos cien mil años luz de diámetro. La dilatación del tiempo haría, por supuesto, que atravesar tales distancias pareciera tomar menos tiempo, pero no seríamos capaces de volver al mismo punto. Tal era el eje de la trama de *Star Trek. Voyager*: los transportaban a setenta mil años luz de la Tierra, pero tardarían como mínimo setenta años en volver a casa (aun con los motores de curvatura al máximo). Muchos episodios consistían en tratar de encontrar modos de regresar a la Tierra, cosa que obviamente necesitaban hacer antes de que la serie terminase (después de solo siete temporadas).

Aparte de la duración del viaje, quien se viera en semejante situación tendría también un problema gravísimo para comunicarse con la Tierra, teniendo en cuenta que cada mensaje tardaría, viajando a la velocidad de la luz, setenta mil años en llegar. (Y la respuesta, de nuevo setenta mil años...).

Esto nos lleva a la idea del entrelazamiento cuántico. Cuando dos partículas se «entrelazan», teóricamente es posible deducir, de manera instantánea, del estado de una el estado de la otra (por muy alejadas que estén). Einstein dijo, desdeñosamente, que esto sería una «fantasmagórica acción a distancia», pero ha quedado de manifiesto que se trata de un fenómeno real.

El entrelazamiento cuántico parece permitir una comunicación a distancia a través no ya de millones de kilómetros, sino de la galaxia y de la totalidad del universo, tal vez. Eso quiere decir que la información iría de una parte de nuestro mundo a otra más rápido que la luz. Aunque los físicos reconocen que el entrelazamiento cuántico existe —se utiliza por ejemplo en la criptografía cuántica—, sigue habiendo bastante debate sobre si el hecho de que dos partículas estén entrelazadas verdaderamente implica que se esté enviando información de un punto A a un punto B a una velocidad superior a la de la luz.

Nadie sabe exactamente cómo o por qué funciona el entrelazamiento cuántico. Exploraremos esta idea —y la computación cuántica— con más detalle en el capítulo decimocuarto. Lo cierto es que, una vez más, la hipótesis de la simulación nos ofrece un modelo que, tomado del mundo de los videojuegos, podría ser relevante para explicar cosas que, de otro modo, resultarían inexplicables.

Si dos píxeles de la pantalla de un ordenador están relacionados, ambos píxeles físicos podrían estar recibiendo su valor desde el mismo punto de la memoria. Si cambiamos ese valor de la memoria —por ejemplo, haciendo que deje de ser un valor RVA rojo y pase a serlo verde—, ambos píxeles tendrían que cambiar, en la pantalla, de rojo a verde, sin importar cuán alejados puedan estar el uno del otro. Si decidimos que uno de los píxeles ya no debe recibir su valor desde esa ubicación de la memoria, entonces ambos píxeles teóricamente se desentrelazan.

Tiene su interés señalar que en 2024 —que es cuando me encuentro preparando esta segunda edición—, aunque no hemos dado con la forma de teletransportar objetos, sí que hemos conseguido realizar lo que se conoce como «teleportación cuántica». En 2017 saltó la noticia de que unos investigadores chinos habrían conseguido precisamente «teleportar» una partícula a un satélite que orbitaba a 1 400 km por encima de la Tierra[7]. Un examen detallado revela, sin embargo, que lo que hicieron fue enviar el estado cuántico de una partícula, desde una ubicación a otra, utilizando partículas entrelazadas. Lo cual queda muy por debajo del teletransporte físico de *Star Trek*, pero la óptica de la hipótesis de la simulación nos permite ver que a lo mejor se trata exactamente de lo mismo. Como expondré con más detalle en la parte cuarta, John Wheeler sostenía que las partículas son mera información, y que una partícula física es algo que no existe.

LOS PÍXELES, LOS CUANTOS, EL ESPACIO-TIEMPO, LOS AGUJEROS DE GUSANO Y LA HIPÓTESIS DE LA SIMULACIÓN

Toda esta idea de que el espacio-tiempo no es, en verdad, un continuo, sino que consta de pequeñas partes discretas, no solo nos proporciona una potente analogía para la forma en que funcionan los videojuegos y los ordenadores, sino que es posible que además revele muchas cosas sobre la estructura de nuestro universo físico. Hasta ahora, los videojuegos vienen simulando mundos tridimensionales en formato bidimensional —en pantallas de ordenadores—, pero eso está empezando a cambiar y no hay ningún motivo por el que los píxeles no pudieran ser tridimensionales, como ha quedado de manifiesto con las impresoras 3D.

Semejante «espacio virtual» sería congruente con la hipótesis de la simulación (es decir, con la tesis de que vivimos en un mundo compuesto de píxeles, y al cual subyace un motor de computación). El hecho de que *c* —la velocidad de la luz— sea constante, supone una rareza que indica que nuestro mundo físico podría estar basado en principios electromagnéticos

7. Jesse Emspak, «Chinese Scientists Just Set the Record for the Farthest Quantum Teleportation», *Space.com*, 15 de julio de 2017, `https://www.space.com/37506-quantum-teleportation-record-shattered.html`.

(a la manera de un videojuego renderizado). El hecho de que exista una distancia mínima por debajo de la cual no estamos en condiciones de realizar mediciones —la longitud de Planck— hace más plausible la idea de que vivimos en un mundo compuesto de píxeles: en un mundo digital.

Pero es que a esa distancia mínima se añade la posibilidad de que exista un cuanto temporal mínimo —el llamado «tiempo de Planck»—, y eso apunta, de nuevo, a un mundo digital, en vez de analógico. Dicho cuanto temporal mínimo es el tiempo que un fotón tarda en recorrer, a la velocidad de la luz, la longitud de Planck. Hay en ello una analogía con la idea de un reloj que funciona dentro de una simulación, la cual es producida por ondas electromagnéticas y comparte información a través de las mismas.

Si bien no existen respuestas nítidas para las cuestiones aquí planteadas, la mera idea del agujero de gusano resulta fascinante y apunta, igual que ocurre con el entrelazamiento cuántico, a que hay modos de eludir las limitaciones que la velocidad de la luz impone en nuestra realidad física. El entrelazamiento cuántico resulta, en efecto, de todo punto inexplicable desde nuestros actuales modelos de dicha realidad física.

Si resulta que alguno de esos métodos permite eludir las restricciones de la velocidad de la luz, eso supone un potente indicio de que hay algo «fuera» del espacio-tiempo.

Si efectivamente hay algo fuera del espacio-tiempo, entonces lo que se nos antoja una realidad física empieza a asemejarse a un mundo virtual metido en algo más grande. Los videojuegos y la ciencia ficción siguen ofreciendo las mejores metáforas del modo en que podría funcionar tal mundo, y la hipótesis de la simulación nos da un modelo mejor para la estructura del universo en que vivimos.

En la cuarta parte volveremos, desde la perspectiva de la computación y de la informatología, sobre algunas de las ideas que hemos introducido en esta parte segunda.

Antes, sin embargo, en la parte que sigue dejaremos atrás la física y recorreremos el camino de un modelo del universo diferente, pero que también plantea que el mundo físico no es todo cuanto existe. Vamos a centrarnos, en efecto, en los místicos orientales —que llevan mucho tiempo sugiriendo que el mundo físico es una suerte de quimera—, y vamos a examinar también las tradiciones religiosas occidentales y otros fenómenos inexplicables, mostrando que la hipótesis de la simulación tal vez sea la única teoría capaz de componer, con todas esas ideas, un modelo coherente de la realidad.

PARTE III

LA SIMULACIÓN EXPLICA LO INEXPLICABLE

Los místicos

Mira que todo cuanto existe es esto: un espejismo, un castillo de nubes, un sueño; una aparición carente de sustancia, pero con cualidades visibles. Mira que todo cuanto existe son visiones como las que un mago crea de caballos, bueyes, carros y más cosas. Nada es como parece.

—BUDA

Morí siendo un mineral y me transformé en planta. Morí siendo una planta y ascendí a animal. Morí siendo un animal y fui hombre. ¿Por qué iba yo a tener miedo? ¿Cuándo, muriendo, mengüé?

—RUMÍ

DIEZ

ESPÍRITUS EN UN MUNDO ONÍRICO ILUSORIO SEMEJANTE A UN VIDEOJUEGO

El nacimiento y la muerte son puertas por las que pasamos de un sueño a otro.

—PARAMAHANSA YOGANANDA

Los científicos occidentales quedaron atónitos ante la ineludible conclusión de la física cuántica de que el observador es una parte esencial del universo material. Para quienes buscaban la verdad desde otras tradiciones, sin embargo, esta idea de que la conciencia es un componente clave del universo material no era ni nueva ni asombrosa.

Los místicos de todas las tradiciones, pero en particular los orientales —los hinduistas, budistas y de credos afines—, llevan miles de años diciéndonos exactamente eso. De hecho, la idea de que el mundo que nos rodea es una suerte de espejismo ligado a nuestra conciencia ha sido un pilar central de dichas tradiciones.

En esta parte del libro vamos a indagar en ellas, explorando sus descripciones del funcionamiento de los mundos físico y no físico. Veremos que tales descripciones están mucho más cerca de la hipótesis de la simulación —si bien con una interpretación religiosa o espiritual— que cualquier cosa que hasta la fecha haya propuesto la ciencia moderna.

Empezaremos examinando una metáfora omnipresente en las tradiciones místicas orientales —la de que la vida es como un sueño—, y en el presente capítulo indagaremos en la «tecnología biológica» del acto de soñar. Resulta que lo que consideramos «sueños», en realidad, cumple la mayor parte de los requisitos tecnológicos necesarios para llegar al punto de simulación (véase la parte primera de este libro). Los yoguis budistas e hindúes —y no solo ellos— utilizan la idea de los sueños, además de como metáfora, como descripción propiamente dicha, literal, de nuestro mundo físico —del cual nos «despertamos» tras la muerte—, siendo el objetivo declarado de tales yoguis la «liberación» respecto de ese mundo onírico ilusorio ya durante la propia vida (antes de morir).

Lo que ocurre tras la muerte y antes de nacer es parte integral de la naturaleza de casi todas las religiones. En las tradiciones orientales, entran en juego la reencarnación y la idea de karma, teniendo consecuencias de una vida para otra los actos del individuo. Si nos planteamos el mundo físico como un videojuego compartido, esta explicación es una forma de describir su funcionamiento muy preferible a la mayor parte de las teorías que hasta el momento ha propuesto la ciencia moderna. De hecho, los videojuegos incluso utilizan expresiones como «múltiples vidas», «avatares» o «misiones», las cuales se corresponden de maravilla con esos pilares gemelos de las tradiciones orientales que son el karma y la reencarnación (como en el próximo capítulo veremos con detalle).

Pero las tradiciones orientales no son lo único que la hipótesis de la simulación puede explicar. En las tradiciones occidentales —judaísmo, islam y cristianismo— encontramos descripciones no menos relevantes de un «mundo temporal» en el que nuestros actos son vigilados y registrados nada menos que por ángeles supervisados, a su vez, por un creador omnipotente. Estas tradiciones emplean las metáforas y el lenguaje de su época, lo cual ha provocado una gran ruptura entre la ciencia y la religión, porque el lenguaje de la religión no es algo que la ciencia moderna pueda respaldar. Mirando, sin embargo, a dichas tradiciones desde la óptica de la hipótesis de la simulación, nos encontramos con una descripción del universo que tiene más sentido: «seres que no están dentro de nuestro mundo renderizado, pero lo miran e inciden en él», sería una buena definición de lo que muchas religiones llaman «ángeles» y «demonios». El registro de los hechos, la evaluación de las puntuaciones y hasta la revisualización de sucesos concretos —ver la «repetición» de los mismos— son cosas normales en los videojuegos. En ellos tenemos procesos autónomos —a veces llamados precisamente *daemons*— cuyo trabajo consiste en vigilarnos, y también inteligencias artificiales capaces de responder a las peticiones que los jugadores hacen a unos servidores invisibles.

Más de un científico que se consideraba ateo, planteándose la hipótesis de la simulación terminó comprendiendo que los seres situados «fuera de la simulación» podrían antojársenos entes sobrenaturales —dioses y ángeles—, aunque técnicamente no sean de naturaleza divina. En uno de los capítulos de esta parte del libro, nos ocuparemos de las tradiciones occidentales desde el punto de vista de la hipótesis de la simulación.

Pero dicha hipótesis no solo ofrece una explicación racional —con base científica— de lo que las tradiciones religiosas llevan años diciéndonos, sino que además nos brinda explicaciones de fenómenos que la ciencia moderna no ha logrado explicar. Me refiero a fenómenos como pueden ser las experiencias cercanas a la muerte (ECM), las experiencias extracorporales, los ovnis, la sincronicidad y el *déjà vu*, de los cuales me ocuparé en el último capítulo de esta parte.

Resumiendo, en esta parte del libro veremos que la hipótesis de la simulación salva el abismo existente entre la ciencia y las tradiciones espirituales del mundo, cosa que hace de maneras anteriormente imposibles. La hipótesis de la simulación explica —por decirlo brevemente— de forma racional lo que hasta entonces se consideraba inexplicable. Empecemos.

EL MUNDO ES UNA ILUSIÓN O UN SUEÑO

En sánscrito, *maya* significa «espejismo», «ilusión», pero no una ilusión o un espejismo cualesquiera. *Maya* se emplea con referencia al hecho de que tomamos el mundo que nos rodea como algo real, cuando resulta que es un mundo temporal e ilusorio. ¿Y cuál es la naturaleza y el propósito de ese mundo quimérico? En las tradiciones místicas orientales, se trata del lugar donde las personas sacamos adelante nuestro karma —damos salida al mismo— en una serie de existencias.

Maya también podría traducirse como una especie de poder mágico —o de espectáculo de magia— que nos revela cosas que se antojan reales, pero carecen de realidad duradera. En muchos textos védicos, *māyā* tiene el sentido de «un espectáculo de magia o espejismo en el cual las cosas diríase que están ahí, pero no son lo que parecen».

Yo creo que esta analogía del espectáculo de magia revela más matices de significado del término *maya*. Según otra acepción posible, *maya* también sería el poder que los dioses tienen de engañarnos induciéndonos a pensar que el mundo que nos rodea es el mundo «real».

Otro término utilizado en los Vedas hindúes es *lila*, que podríamos traducir como «juego» y que se emplea en el sentido de que este mundo es un juego de los dioses. Pero aquí «juego» tendría una doble cara: la de que el mundo está hecho desde un espíritu lúdico e imaginativo, y la de que todo lo que vemos podría considerarse un juego escénico (o sea, una representación teatral). Esto último es otra famosa metáfora que han utilizado para describir tanto la vida, como el mundo en el que estamos, los místicos y Shakespeare.

Para nuestros oídos modernos, esta *maya* hinduista suena, más que como una obra de teatro, como el mundo ilusorio de una película o de una serie. No se trataría, en cualquier caso, de una pieza teatral o cinematográfica corriente, sino de una película interactiva en la que todos participamos como actores. ¿Y qué nombre recibe una película interactiva? Hoy hablaríamos, sin duda, de un videojuego multijugador.

Algunos textos yóguicos sugieren que el mundo, aunque sea un espejismo, no deja de ser real: es un constructo real en lo que a nuestra limitada conciencia del mundo físico atañe. Igual que cuando un mago hace un truco, la ilusión existe en nuestras mentes, en nuestra percepción del mundo. Según ciertos estudiosos, la definición más sutil de *maya* sería la de que nos engañamos a nosotros mismos haciéndonos creer que la ilusión es real. Eso es exactamente lo que ocurre cuando vamos a un espectáculo de magia: sabemos que el mago está haciendo puros trucos —que no está cortando en dos a la mujer con una sierra, por dar un caso—, pero es la ilusión, el embeleco, lo que le da su gracia al espectáculo...

Muchas de estas tradiciones utilizan, cuando intentan explicar la naturaleza de la ilusión, del espejismo que nos envuelve, una metáfora muy concreta. Se trata de la metáfora del ensueño, del soñar. Pero es un tipo de sueño muy específico: esta *maya* del mundo que nos rodea ha de ser un sueño compartido en el cual vivimos todos, con personajes creados para llevar a efecto nuestro karma personal.

El presente capítulo explora esa metáfora del ensueño con cierto detalle —para ver de dónde viene en las tradiciones orientales y cómo se relaciona con la hipótesis de la simulación—, mientras que el próximo capítulo indagará en las ideas de karma y reencarnación dentro de este mundo onírico ilusorio.

EL DIOS QUE SUEÑA Y EL ENSUEÑO COLECTIVO

Muchas de estas tradiciones recurren a la metáfora del ensueño porque cualquiera la puede entender. Todos soñamos y, haciéndolo, creamos minimundos. El mundo que nos rodea se asemeja a un sueño —dirían estos místicos—, y nuestro cuerpo físico es real únicamente en el contexto de este sueño. Nuestro «verdadero yo» —podrían decir— reside fuera de este mundo onírico, en realidad; y no nos llegan sino atisbos de ese mundo «real» mientras estamos aquí.

En la mitología hindú, la totalidad del mundo que vemos es un sueño del dios durmiente Visnú (véase la figura 31). Visnú yace sobre la serpiente del tiempo —Shesha— y observa mientras Brahma crea su sueño en la realidad. Cuando Visnú despierta, termina un ciclo de la creación y nada queda sino un vasto océano divino llamado Kshira Sagara. En algún momento, el dios vuelve a dormirse y, cuando empieza a soñar otra vez, un nuevo universo es creado conforme a su ensueño.

Figura 31: En el hinduismo, el mundo es un sueño del dios durmiente Visnú.[1]

Esa idea de que hay una conciencia observando ese sueño recuerda de manera inquietante a lo que sería una compleja simulación. En las simulaciones y en los mundos multijugador, a menudo hay «épocas» o «tramas» que se ejecutan en servidores específicos y son experimentadas por un subgrupo de los jugadores. Cuando ese «mundo» llega a su término, el servidor en cuestión se apaga y se pone en marcha otro. Si tuviéramos que «traducir» tal proceso a lenguaje mitológico, tal vez acabáramos hablando de un ser que verdaderamente «crea» el mundo soñando.

1. © 2003-2025 Shutterstock, Inc.

LAS MÚLTIPLES FUNCIONES DE LOS SUEÑOS

Soñar es un proceso natural muy complejo que es universal. Quizá sea uno de los temas más estudiados de la historia humana. Tanto los místicos como los científicos llevan milenios reflexionando sobre los sueños.

Muchas tradiciones creen que los sueños han de interpretarse (empezando por la Biblia y el Talmud). Sigmund Freud planteó que los sueños contenían deseos latentes y eran una forma de cumplir deseos. El psiquiatra Carl Jung creía que los sueños nos daban pistas sobre para qué estábamos preparándonos a nosotros mismos. También creía que desempeñaban una función «atemperadora» o «moderadora», como si de un bucle de retroalimentación o de un termostato encaminado a regular la temperatura se tratara. Múltiples tradiciones indígenas de Estados Unidos creen que, cuando soñamos, nos introducimos en otros mundos y en otras inteligencias que nos guían en esta vida desde el mundo onírico, y prácticamente en todas las tradiciones indígenas del planeta encontramos referencias al acto de soñar.

A diferencia de lo que ocurre con las ideas psicológicas sobre los sueños —por ejemplo freudianas o junguianas—, según las cuales estos requieren de interpretación, ciertas tribus indígenas de Estados Unidos se toman a los seres que nos encontramos en los sueños, no como meros símbolos, sino al pie de la letra. O sea, que ellos consideran que existen de verdad, que no son simples productos ficticios de nuestra imaginación. En las tradiciones sufíes, los sueños que se tienen se le cuentan a un «jeque» —a un líder religioso— que se encarga de interpretarlos, en lugar de que sea la propia persona quien busque el significado de sus sueños estableciendo sus propias asociaciones. Ya la sola cantidad de maneras distintas que existen de enfocar la interpretación de los sueños apunta a la complejidad que esconde lo que diríase un fenómeno corriente.

Los científicos no han sido capaces de determinar de modo concluyente el motivo biológico de los sueños, si bien convienen en que estos son necesarios y probablemente cumplan alguna función. Los sueños sirven para integrar nuestros recuerdos de los últimos días, según algunos científicos. Según otros, se trataría, simplemente, de neuronas aleatorias disparando recuerdos de los días anteriores.

Los estudios fisiológicos sobre los fenómenos de dormir y soñar no es que hayan llegado mucho más lejos en lo que a identificar la función de los sueños se refiere, aunque algunas pistas sí que dan. En 1953, Nathaniel Kleitman y Eugene Aserinsky realizaron, en la Universidad de Chicago, el descubrimiento, hoy de todos conocido, de que soñamos durante la llamada fase REM del sueño.[2] Aserinsky estudió también distintos ciclos del sueño y se encontró con que la gente que no dormía lo suficiente empezaba a tener alucinaciones. Aunque no dio con ninguna explicación concluyente, bien podría ser que la mente procese los sueños para evitar que el individuo experimente alucinaciones hallándose en vela.

Una línea de investigación sobre por qué soñar sería el resultado de un proceso evolutivo —la llamada «teoría de la simulación de amenazas»— plantea que los sueños nos permiten «simular» amenazas complejas antes de que se verifiquen, de manera que podamos afinar nuestras futuras reacciones a dichas amenazas. Sugiere esta teoría que, quienes así hacen, están mejor preparados para los peligros de la vida real. De ahí que los sueños se asocian con la evolución en cuanto que mecanismo de selección natural.

Que los sueños pueden sintonizarnos con nuestras necesidades físicas es otro proceso bastante bien conocido. Cualquier adolescente confirmará que los sueños le sirven de válvula de escape para sus fantasías sexuales. Pero el fenómeno de soñar en absoluto se reduce a eso. De hecho, se trata de uno de los pocos objetos de estudio científico que podrían estar «sobredeterminados» (en el sentido de que la mayoría de las causas aducidas por quienes estudian los sueños, podrían ser las correctas «al menos en algunos casos»).

Otra función habitual de los sueños es brindar inspiración creativa.[3] Muchos científicos, artistas, novelistas y músicos famosos se han inspirado directamente en sueños que han tenido.

El inventor Elias Howe, por dar un caso, andaba queriendo construir una máquina para automatizar una actividad humana laboriosísima —la de coser—, pero no conseguía que la máquina cosiera debidamente. Una noche soñó que lo habían capturado unos caníbales. Estaba el hombre metido en la olla, viendo como aquellos aborígenes movían sus lanzas arriba y abajo en una especie de rítmico baile... y de repente se fijó en que aquellas lanzas tenían unos agujeros cerca de la punta. Aquello le dio la idea de poner el ojo por donde pasar el hilo junto a la punta de la aguja, que era el último detalle que le faltaba para que su máquina de coser funcionase.

El químico August Kekulé supuestamente dio con la estructura de la molécula del benceno —que es circular— después de un sueño que tuvo con una serpiente que se comía su propia cola. Y el también químico

2. Fred Alan Wolf, *The Dreaming Universe* (Touchstone, 1995), 81.

3. He escrito más sobre los sueños como inspiración y guía en mi libro *Treasure Hunt: Follow Your Inner Clues to Find True Success* [La búsqueda del tesoro. Sigue tus pistas interiores para encontrar el verdadero éxito] (Watkins, 2017).

Dimitri Mendeléyev vio organizarse a los elementos en las columnas y filas que hoy llamamos «tabla periódica» mientras dormitaba frente a una chimenea en un balneario del mar Caspio.

Místicos y chamanes de las tradiciones más variadas creen, por otra parte, que los sueños son un modo que tenemos de colarnos en otros mundos. En cierto sentido, los sueños son experiencias subjetivas, pero en otro sentido constituyen experiencias objetivas en las cuales departimos con seres y mundos que existen más allá del nuestro. Los estudiosos de los chamanes afirman que los seres con los que estos se encuentran en sus sueños —y en sus viajes chamánicos— verdaderamente existen; solo que en una «realidad no ordinaria».

Muchas religiones del mundo tienen su origen en lo que cabría calificar de «sueños». Mahoma, el profeta del islam, se encontró con el ángel Gabriel en un sueño que tuvo sesteando en una cueva de las montañas de junto a La Meca durante el mes sagrado del Ramadán.

Muchas personas refieren haber sido visitadas, en sueños, por finados que estaban ya en el «otro mundo». Las tribus aborígenes de Australia creen que soñar es una forma de comunicarse con la llamada Época del Ensueño, con el «mundo real» de allende el físico. Los indios maricopa del suroeste de Estados Unidos creen que, cuanto ocurre en el mundo físico, sucede primero en los sueños y tras ello se abre paso hasta el mundo real.

Hay quien afirma haber vivido, soñando, una vida entera que, no obstante las interrupciones de la vigilia, habría tenido su continuidad, conservando la persona un recuerdo nítido de la totalidad de dicha vida. El físico Fred Alan Wolf, en su libro *The Dreaming Universe* [El universo soñante], escribe que entrevistó a personas que «también tienen la capacidad, según parece, de caminar, noche tras noche, por un mundo paralelo en el cual tienen una vida continua en un cuerpo diferente».[4]

La idea de que los sueños son «pequeños mundos» en los cuales es posible «vivir» vidas completas guarda un inquietante parecido con la idea de tener una vida virtual dentro de un videojuego. Tal es, de hecho, el objetivo de metaversos como *Second Life*. Cuando estamos dentro de esta clase de mundos jugando al juego, podemos recordar qué ocurre fuera del mundo simulado y referirnos a ello. (Los jugadores utilizan la sigla IRL por *In Real Life*, «en la vida real»).

¿Podemos hacer lo mismo desde dentro de los sueños?

---

4. Wolf, *The Dreaming Universe*, 21.

EL YOGA DE LOS SUEÑOS BUDISTA

En las tradiciones budistas, la idea de buscar el nirvana consiste básicamente en despertar de las ilusiones que nos rodean. De hecho, el propio nombre de Buda significa «uno que está despierto». Los místicos orientales insisten en que la única manera de «despertar» es reconocer la verdadera naturaleza onírica ilusoria de la realidad física en la que estamos inmersos.

Si *maya* es una suerte de espejismo, ¿qué hay más allá del espejismo? En las tradiciones hindúes está Brahma, el mundo «real» absoluto más allá de la forma, y, en las tradiciones budistas, el *dharma*, una base absoluta de la realidad de la cual emanan todos los fenómenos. Aunque nadie aclara exactamente en qué consiste, hay un lugar donde las almas descansan entre vida y vida, y al cual los budistas tibetanos llaman *bardo*.

A diferencia de lo que ocurre en las tradiciones religiosas occidentales —donde la persona pasa, tras su muerte, al cielo o al infierno y allí se queda por toda la eternidad—, las tradiciones orientales se centran más en el tránsito de la vida a la muerte (en el proceso de morir) y en el proceso inverso (en el proceso de nacer o encarnarse). De hecho, *bardo* significa literalmente «estado intermedio»; y el llamado *Libro tibetano de los muertos* se titula en realidad *Bardo thodol*. (Su función es preparar a los monjes para la transición que la muerte conlleva). Hablaremos más del proceso de encarnación en el próximo capítulo, que se ocupa del karma y de la reencarnación.

La metáfora del mundo como ensueño no solo se utiliza en el budismo tradicional. En las tradiciones tibetanas esotéricas hay prácticas específicas de yoga de los sueños encaminadas a ayudarnos a «despertar e identificar el ensueño».

El yoga de los sueños es uno de los seis yogas de Naropa, unas prácticas que habrían de servir de atajos para alcanzar la iluminación, para liberarse de la rueda del *samsara* y dejar de andar vagando, vida tras vida, por el mundo onírico. Según el libro de Serinity Young *Dreaming in the Lotus: Buddhist Dream Narrative, Imagery, and Practice* [Soñando en el loto. Narrativa, iconografía y práctica onírica budista], la lista de los seis yogas suele ser la siguiente:[5]

---

5. Serinity Young, *Dreaming in the Lotus: Buddhist Dream Narratives, Imagery, and Practice* (Wisdom, 1999). En ciertos casos, la lista de los seis yogas experimenta ligeras variaciones.

- *Tummo* (yoga del calor interno).
- *Gyulus* (yoga del cuerpo ilusorio).
- *Milam* (yoga de los sueños).
- *Ösel* (luz clara).
- *Phowa* (transferencia o proyección de la conciencia).
- *Bardo* (estado intermedio tras la muerte).

Estos seis yogas no son totalmente independientes unos de otros ni se practican siempre en el mismo orden prefijado. Su clasificación varía, además, ligeramente en las distintas tradiciones. Todos tienen que ver, sin embargo, de algún modo con la naturaleza ilusoria de la realidad de la vigilia, así como con el desarrollo de una conciencia y de un cuerpo oníricos capaces de viajar con independencia del cuerpo físico y de la conciencia normal de la vigilia.

El yoga de los sueños es un set de prácticas que permite a sus cultores, a través del dominio del mundo onírico, asimilar la naturaleza ilusoria o de ensueño del mundo que nos rodea. A menudo, implica que el sujeto medite sobre ciertos chakras o símbolos cuando se dispone a dormirse. Si lo hace, puede mantener la conciencia a lo largo de todo el continuo que va desde la plena vigilia hasta el estado propiamente onírico (pasando por el estado hipnagógico). Este proceso de estar «despierto» mientras se está soñando es uno de los aspectos clave del yoga de los sueños. El otro es encontrarse a uno mismo, en el estado onírico, en la «luz clara».

Por volver a la jerga de este libro, si enfocamos los sueños como una especie de simulaciones y aprendemos a identificarlos como tales, podremos ver el mundo físico que nos rodea como una simulación semejante a un sueño y podremos «despertar» a lo que ocurre fuera de la simulación. Hay quien plantea que el yoga de los sueños es afín a las técnicas del «sueño lúcido», que es como en época moderna se ha llamado a la capacidad de identificar que se está soñando. Las investigaciones apuntan a que hay un porcentaje de personas que han tenido sueños lúcidos mayor de lo esperable. (Gente que ha sabido reconocer que determinadas pesadillas, o situaciones bizarras, eran sueños).

La del sueño lúcido es una práctica —o un talento— que ha estudiado recientemente Stephen LaBerge en el laboratorio del sueño de Stanford. Hay quien posee la capacidad natural de tener sueños lúcidos cuando quiera, simplemente proponiéndoselo (sin necesidad de hacer nada más).

En mi libro *Zen Entrepreneurship* [Espíritu emprendedor zen] describo algunas de mis propias experiencias en este ámbito. Para mí, entre los «heraldos» de un sueño lúcido está la sospecha de que lo que ocurre a mi alrededor no es real «de verdad». Como que algo «no encaja», digamos: de pronto aparece un pariente que yo sé que falleció, o hay alguna extraña incongruencia como que un restaurante que yo sé que está en Boston lo veo de repente en California... Suele haber —por hablar en términos de ciencia ficción— algún tipo de «fallo en Matrix» que pone de manifiesto que el entorno no es tan real ni sólido como podría parecer.

Una vez que se alcanza la lucidez en un sueño, es posible adoptar una mayor distancia, un mayor desapego respecto a cuanto ocurre alrededor de uno. Quienes desarrollan cierto nivel de control —porque no es tan sencillo mantener la lucidez en sueños— pueden empezar a manipular ese estado onírico. A veces, por ejemplo, nos nace la sospecha de estar en un sueño... pero no tenemos la seguridad. Y los expertos recomiendan desarrollar un test de lucidez, una manera de determinar que se está soñando. En la película *Origen* se trata de un objeto —de un «tótem»— que uno lleva consigo y puede usar para verificar que no se encuentra en la realidad física. Yo lo que hago es ver si puedo volar (porque puedo casi siempre, cuando estoy soñando). Tiene también la ventaja de que, una vez que estoy lúcido en el sueño, puedo empezar a volar por distintas partes del mundo onírico.

Aunque el yoga de los sueños y las técnicas del sueño lúcido comparten elementos, sus objetivos difieren. El objetivo del sueño lúcido suele ser psicológico: aprender a controlar los sueños para ayudar con las pesadillas, o simplemente para tener sueños de aventura o fantasía.

El objetivo del yoga de los sueños —que es una práctica espiritual— consiste en cobrar conciencia de que no solo carece de realidad el mundo onírico, sino también el mundo físico que nos rodea. Y esto no es, en las tradiciones budistas, una simple metáfora, sino que es posible, practicando, llegar a mantener un nivel de conciencia continuo al dormirse, lo cual ayuda a mantener también determinado nivel de conciencia más allá del mundo físico, es decir, al entrar en eso que llamamos «muerte».

La finalidad del yoga de los sueños es, por tanto, comprender el espejismo en que consiste el mundo físico en el cual vivimos: asimilar que es una especie de sueño. Y, como todos los sueños, se antoja real cuando estamos en él... pero es un puro constructo de la mente. Un constructo compartido, quizás. Pero un embeleco al fin y al cabo.

LOS SUEÑOS COMO MINISIMULACIONES

La metáfora de los sueños funciona bien con la idea de las simulaciones. Para la hipótesis de la simulación diríase, directamente, que estuviera hecha a medida. Igual que ocurre con los sueños —que no duran sino un tiempo limitado—, cualquier simulación, cualquier juego mono- o multijugador donde participemos, se desarrollará durante cierto tiempo y finalmente acabará. (Luego puede reiniciarse). Además, estando en el mundo renderizado de un videojuego, dicho mundo les parece real y permanente a sus personajes, pero nosotros —nuestra parte de fuera del juego— sabemos que es efímero y que el renderizado solo dura en tanto que el proceso de renderización esté en marcha, o sea, en tanto que juguemos.

Cuando los científicos y tecnólogos han necesitado inspiración, han vuelto los ojos a procesos naturales buscando pistas sobre cómo construir tecnologías más sofisticadas. La mayor parte de las IA y del aprendizaje automático actuales utiliza redes neuronales de algún modo; y esas redes se inspiraron en las neuronas del cerebro. Incluso las «máquinas voladoras más pesadas que el aire» tomaron de los pájaros y de los murciélagos la idea de las alas.

En la primera parte de este libro expuse las fases de la tecnología necesarias para construir juegos realistas y llegar al punto de simulación. Las cinco primeras fases del camino que lleva a dicho punto —y aun la fase sexta, que es la de la transmisión física y la impresión 3D— son fácilmente comprensibles con base en nuestras actuales tecnologías. Buscando, sin embargo, inspiración para alcanzar la tecnología de las fases posteriores —de la séptima en adelante—, no queda sino fijarse en procesos naturales en los cuales inspirarnos o los cuales directamente copiar.

Y hete aquí que el ensueño, que constituye una metáfora tan poderosa en las tradiciones espirituales orientales, es un proceso natural que pone de manifiesto que ya hemos desarrollado, en forma biológica, la mayoría de las fases que una civilización necesita completar para alcanzar el punto de simulación.

Adviértanse, en efecto, los siguientes aspectos que se verifican, de manera natural, cuando soñamos:

- El «jugador» se tumba físicamente y su cuerpo se va a «dormir» (fase 10: descargar una conciencia en un cuerpo simulado).
- Las imágenes y los sonidos se proyectan directamente en el ojo mental del jugador (fase 7: interfaces mentales).

- La inmersión del jugador llega a tal punto, que este se olvida de que el mundo que está viendo no es real (fase 11: el punto de simulación).
- El jugador está consciente en cierto nivel, pero no se trata de su conciencia normal de fuera del sueño (inmersión plena, la definición del punto de simulación).
- El sueño lee las intenciones del jugador directamente de la mente del mismo (fase 7).
- En el sueño hay personajes no jugadores que pueden ser, o no, reales, pero se antojan personalidades reales plenas, con todos sus detalles (fase 9: inteligencia artificial).
- En el estado onírico, a veces diríase que hay recuerdos asociados con el sueño en cuestión, los cuales no pertenecen a la vida física de la persona (fase 8: recuerdos implantados).

Bien pudiera ser que, cuando una civilización llega al punto de simulación, lo que sucede es que por fin es capaz de reproducir, con computación y tecnología de videojuegos, un proceso que cualquier ser humano ya realiza por medios naturales: soñar.

En términos budistas, la iluminación consiste en despertar del ensueño estando este en marcha aún y asimilar que lo que se tenía por real no lo es. Puede que algo parecido ocurra en una simulación: parte del objetivo de un individuo es cobrar conciencia del mundo de más allá del juego —de que no estamos sino jugando a ser nuestros actuales personajes—, mientras otros jugadores continúan simplemente jugando, felizmente desconocedores de que están en un videojuego transitorio, temporal. Es algo así como —volviendo a la ciencia ficción— cuando en *Matrix* Neo ingiere la píldora roja y se despierta en un mundo totalmente distinto fuera de la simulación.

Considerando los sueños desde la perspectiva de nuestra hipótesis:

Los sueños son como pequeñas simulaciones. Se crean para que nuestras mentes se adentren en ellos cada noche (lo cual ha de tener algún propósito). Somos como jugadores en un juego.

Los sueños incorporan elementos familiares y extraños. A veces, en un sueño identificamos claramente un elemento de una serie de televisión o de un libro que nos ha dejado huella. Otros elementos pueden resultarnos familiares (personas queridas), extraños (personajes genéricos) o ambas cosas (le resultan familiares a nuestro yo del sueño, pero no a nuestro yo de la vigilia), lo cual se asemeja al modo en que podríamos crear o ver, en nuestras simulaciones, cosas procedentes de nuestra anterior realidad no simulada. Seguiremos con esto en el próximo capítulo.

El despertar produce confusión. Cuando nos despertamos de un sueño, estamos un poco desorientados, pero nos damos cuenta de que el sueño era «solo un sueño» —o, en nuestros términos, «solo un videojuego» o «solo una simulación»— y no el mundo real.

Puede haber un sueño dentro de otro sueño. Esto sucede cuando nos despertamos y creemos que estamos en la realidad física, pero resulta que estamos en otro sueño. Se trata de un tipo peculiar de sueño, uno que nos muestra que podemos tener múltiples realidades anidadas unas dentro de otras recursivamente, las cuales nuestras mentes no son capaces de distinguir (al menos mientras estamos metidos en ellas). De la idea de una simulación dentro de otra simulación, nos ocuparemos en la parte cuarta —«Síntesis»—, y también en el apéndice de preguntas frecuentes.

Un aspecto clave de las simulaciones multijugador diríase distinto del formato de los sueños (a primera vista, al menos). Soñar es algo que hacemos solos, y, así, nuestros sueños son como simulaciones para un solo jugador, donde cualquier otra persona que aparezca será un PNJ.

Pero igual no está tan claro: mucha gente afirma haber tenido «sueños compartidos» o sea, que otra persona dice haber tenido el mismo sueño. ¿Nunca te ha pasado que sueñas con alguien con quien llevabas tiempo sin hablar, y, cuando te despiertas, le llamas y resulta que tú también apareciste de repente en su cabeza justamente esa noche? Aunque no se han hecho estudios que confirmen el fenómeno, ha habido miles de casos referidos en ámbitos informales y hasta se ha escrito sobre ello en revistas especializadas de psicología como puede ser *Psychology Today*.[6]

---

6. Patrick McNamara, «Can Two People Have the Same Dream?», *Psychology Today*, 19 de junio de 2016, `https://www.psychologytoday.com/us/blog/dream-catcher/201606/can-two-people-have-the-same-dream`.

Ilustra el solapamiento existente entre el ensueño biológico y tecnológico, el hecho de que en 2024 una *startup* de Silicon Valley afirmara que había conseguido verificar que dos personas que tenían sueños lúcidos habían logrado comunicarse en sueños. Estas dos personas conseguían comunicarse con sus servidores, estableciendo una comunicación de base tecnológica.[7]

El de los sueños compartidos es uno de los numerosos fenómenos inexplicables que no podrían suceder en un mundo puramente físico, pero podrían producirse facilísimamente en un mundo simulado.

LA CONCIENCIA DESCARGABLE Y EL SECRETO DEL SÉPTIMO YOGA

Los budistas tibetanos también han escrito sobre un séptimo yoga de Naropa: sobre uno que ha sido sacado sistemáticamente de la lista... o mantenido en secreto por considerarse peligroso. Es una variación del yoga *phowa* —el de la transferencia de la conciencia—, y se llama «proyección subyugadora». Dos de los seis yogas tienen que ver directamente con transferir, desde el cuerpo físico de una persona que se está muriendo, la conciencia de esa persona a «alguna otra parte».

Según la literatura, los cultores de este séptimo yoga son capaces, en el momento de su muerte, no simplemente de abandonar su cuerpo: ellos logran, en efecto, «transferir» deliberadamente su conciencia (a través de un punto de la frente que en las tradiciones místicas se suele llamar «tercer ojo»). El motivo por el que este séptimo yoga se mantuvo secreto fue porque sus cultores podían «proyectar subyugadoramente» su propia conciencia en otro anfitrión biológico, cosa que inicialmente se practicaba con diversas criaturas como pájaros, pollos, zorros, etc.

A medida que los cultores de este yoga secreto fueron dominando el mismo, los yoguis empezaron a practicar esta proyección subyugadora de su propia conciencia con cadáveres recientes depositados en las afueras de las poblaciones. Reanimaban aquellos cuerpos recién muertos y, según

---

7. TOI Lifestyle Desk, «Two People Communicate in Dream for the First Time and the Result Was Surprising», *Times of India*, 16 de octubre de 2024, `https://timesofindia.indiatimes.com/etimes/trending/two-people-communicate-in-dream-for-the-first-time-and-the-result-was-surprising/articleshow/114223371.cms`.

cómo estuviesen de deteriorados, elegían si quedarse allí o realizar una nueva proyección subyugadora para volver a su cuerpo previo. Este, entre tanto, quedaba quieto allí cerca, en un estado de animación suspendida, hasta que la conciencia retornaba.

Según los *Seis yogas de Naropa*, escrito por el famoso maestro tibetano Tsongkhapa —y traducido por Glenn Mullin—, los textos indios y tibetanos estaban repletos de tales anécdotas y la tradición se mantuvo en el Tíbet cierto tiempo: los gurús seguían haciendo demostraciones para sus discípulos, debiendo guardar estos, en general, el secreto más estricto.

Esto recuerda a la idea de la conciencia descargable. Si somos capaces de proyectar nuestra conciencia en otro cuerpo físico, entonces lo que conforma dicha «conciencia» ha de ser algo más que físico. Se trata, antes bien, de algo semejante a información digital existente fuera de lo físico, pero que puede introducirse en máquinas físicas.

Como veíamos en las fases 9 y 10 —las de la inteligencia artificial y la conciencia descargable—, Ray Kurzweil y otras figuras del mundo de la tecnología moderna consideran que vamos a alcanzar la singularidad, entendiendo por esta el punto en el cual podamos transferir conciencias a máquinas artificiales. Acaso estén pensando en el tipo de máquina equivocado. Los seis yogas de Naropa apuntarían, en efecto, a que la conciencia descargable ya existe: necesitamos simplemente desarrollar —o criar— dispositivos —o seres— biológicos a los cuales poder transferir las conciencias.

Una de las historias más célebres de transferencia de conciencia es la protagonizada por el hijo del famoso maestro tibetano Marpa el Traductor, así llamado porque viajó desde el País de las Nieves —o sea, desde el Tíbet— atravesando el Himalaya hasta la India para estudiar con Naropa y traducir sus enseñanzas del sánscrito al tibetano. (De hecho, es posible que, sin Marpa, los seis yogas de Naropa se hubieran perdido cuando el budismo empezó a declinar en su foco originario de India, proliferando en cambio por Asia).

En la historia que nos ocupa, el hijo de Marpa aprendió de su padre este séptimo yoga secreto. Un día, montando a caballo, tuvo un accidente y se partió el cuello. Supuestamente utilizó el yoga de la transferencia de la conciencia —y el yoga de la proyección subyugadora— para abandonar su cuerpo y transferir su conciencia a una paloma que por allí volaba. Voló entonces, como paloma, hasta las afueras de una población de India —allí había multitud de cadáveres, porque únicamente los ricos quemaban sus cuerpos en aquel entonces—, y encontró el de un joven recién fallecido. Usando nuevamente la proyección subyugadora, transfirió su conciencia desde la paloma a aquel cuerpo joven recién muerto.

En su nuevo y lozano cuerpo tomó el nombre de Tipupa («el santo de la paloma») y empezó a enseñar los seis yogas en India. En una interesante carambola, años después Milarepa, uno de los yoguis más famosos del Tíbet —y discípulo directo también de Marpa—, cuando uno de sus discípulos le preguntó por este yoga séptimo, él lo mandó para que lo estudiara con Tipupa, «el santo de la paloma», quien lógicamente era el mayor experto vivo en tan secreta práctica.

Vemos, con esta historia, que la descarga de la conciencia no es una idea precisamente nueva: lleva formando parte de las tradiciones orientales mucho tiempo. De hecho, aunque este tipo de descarga también se produzca de algún modo en los sueños, tal vez sea en el nacimiento —que consiste en descargar el alma o la conciencia— y en la muerte —que consiste en «subir» (*upload*) dicha alma o conciencia desde el cuerpo nuevamente al mundo «real»— cuando en las tradiciones religiosas se producen las transferencias más significativas.

Lo que nos lleva a la siguiente parte de nuestro planteamiento sobre la hipótesis de la simulación y las tradiciones místicas: la relativa al karma y a la reencarnación.

ONCE

LAS MÚLTIPLES VIDAS Y EL KARMA COMO «MISIONES» DE VIDEOJUEGOS

Alguien nace en la Tierra, en Francia, siendo un soberano poderoso; reina durante un tiempo y muere. A lo mejor vuelve a nacer en India y viaja en un carro de bueyes al bosque para meditar. Luego tal vez nazca nuevamente en Estados Unidos, siendo un empresario de éxito. Y, cuando vuelve a soñar la muerte, se reencarna acaso en un devoto budista del Tíbet y pasa en una lamasería su vida entera. [...] ¿Qué diferencia hay? Cada existencia es un sueño dentro de otro sueño, ¿no?

—PARAMAHANSA YOGANANDA

La metáfora de las múltiples vidas entró en el mundo de los videojuegos mucho después de que surgieran la doctrina oriental de la reencarnación y su concepto de múltiples vidas. No está claro si esa idea de que el jugador de un videojuego tenga varias «vidas» tuvo en su origen alguna influencia de estas múltiples vidas de las tradiciones espirituales orientales.

Sin embargo, la metáfora de un jugador que está fuera del mundo renderizado y entra al mundo del juego para interpretar un personaje —para «jugar» a que es ese personaje— encaja maravillosamente con las tradiciones antiguas. En dicha metáfora, cada personaje que interpretamos es como una vida que estamos viviendo «dentro de ese mundo» (o sea, en un mundo virtual simulado). Recorremos una vida cibernética que es, desde el punto de vista del personaje, una vida real y, de hecho, la única que el personaje conoce. Lógicamente, que tal metáfora funcione tanto en la hipótesis de la simulación como en las tradiciones orientales se debe a que, en ambas, hay una parte de cada personaje que está fuera del mundo del juego. Me refiero al correspondiente jugador.

En el presente capítulo veremos que la hipótesis de la simulación ofrece una explicación moderna adecuadísima de cómo podrían funcionar, en la práctica, la doctrina de la reencarnación y su mecanismo subyacente.

LAS MÚLTIPLES VIDAS Y LAS DOCTRINAS DE LA REENCARNACIÓN

Primero, sin embargo, examinemos de más cerca las tradiciones orientales. La reencarnación es una doctrina que comparten muchas de las religiones indias —entre ellas el hinduismo, el budismo y el jainismo—, lo que no quita que también tenga adeptos en Occidente. (Por ejemplo Platón en la Grecia antigua, o Ralph Waldo Emerson y tantos otros en época moderna).

Una traducción más literal de los textos sánscritos antiguos sería «renacimiento» o «transmigración», pero en las principales lenguas europeas ha calado el término «reencarnación». La idea es la misma: cada alma —o cada «conciencia», por utilizar un término con menos carga religiosa— va pasando por múltiples vidas, aprendiendo lecciones y experimentando aventuras —también desventuras—, y creando y cumpliendo su karma durante cada una de tales vidas.

No todas las religiones indias coinciden sobre cómo «exactamente» funciona este proceso, aunque sí parecen estar de acuerdo sobre el ciclo de morir y renacer. En las tradiciones budistas, la representación de la reencarnación es una rueda infinita: la Rueda de la Vida, el *samsara*, que en sánscrito significa «andar errante» y efectivamente representa la errancia del alma por multitud de vidas (véase la figura 32).

Figura 32: Representación de la rueda de la reencarnación de la tradición budista.[1]

1. © 2003-2025 Shutterstock, Inc.

Nosotros no calificaríamos la rueda de «tecnología», pero en la Antigüedad ciertamente supuso un adelanto tecnológico tremendo. La «rueda del *samsara*» era, pues, una metáfora tecnológica con la que explicar algo muy complejo y arduo de visualizar. En todos los textos antiguos —no solo en las escrituras hindúes o budistas— abundan las metáforas tecnológicas para explicar ideas que debían de antojarse mágicas o sobrenaturales. No olvidemos que el público al que aquellos textos apuntaban era la gente común de hace milenios. En este libro veremos que hoy se puede hacer lo mismo: utilizamos metáforas tecnológicas que actualizan aquéllas de otros tiempos.

Íntimamente ligado a la idea de reencarnación está el concepto de karma, que gira en torno a las consecuencias de los pensamientos y los hechos de la persona en el mundo. La traducción literal de la voz sánscrita *karma* sería «acto», «acción», «obra». Es el resultado de lo que hacemos lo que conforma, según las religiones orientales, nuestro karma. Cada acción kármica sería como una semilla que se planta, y que luego irá creciendo y al cabo se resolverá. (El karma es, por consiguiente, el manantial de nuestra experiencia futura). En tanto que tengamos karma, estaremos dando vueltas y más vueltas en la rueda del *samsara*, creando futuras vidas y situaciones a fin de resolver dicho karma.

El karma se expresa, en términos más modernos, como la ley de la causa y el efecto. Examinemos dos definiciones contemporáneas:

- «En el hinduismo y en el budismo, la suma de las acciones de una persona en su actual estado de existencia y otros anteriores (entendiendo que dicha suma decide el destino de la correspondiente persona en existencias futuras)».[2]
- «*Karma* denota el principio espiritual de causa y efecto por cuya virtud la intención y los actos de un individuo (la causa) influyen en el futuro de dicho individuo (el efecto)».[3]

Como vemos, las definiciones específicas de *karma* varían ligeramente, pero la esencia es la misma: en el *karma* se almacenan los resultados de nuestras acciones pasadas —tanto de esta vida como de otras previas—, y a ese «depósito» o «banco de información» se recurre para que nos ayude a crear experiencias en el momento presente y en el futuro.

---

2. *Oxford Languages*, consultado vía Google.com el 23 de julio de 2024.
3. «Karma», *Wikipedia*, modificado por última vez el 14 de septiembre de 2024, `https://en.wikipedia.org/w/index.php?title=Karma&oldid=1245682719`.

¿Cómo funciona este proceso de creación de circunstancias y experiencias futuras? Los textos en realidad no lo aclaran: se refieren metafóricamente a los «señores del karma», unos seres espirituales abstractos que son los responsables de crear esas situaciones futuras para ayudarnos a resolver nuestro karma pasado. En el presente capítulo examinaremos si verdaderamente es necesario, para que el karma funcione, que existan seres metafísicos. Porque a lo mejor resulta que ese mismo proceso podría llevarse a cabo, adoptando nuestro enfoque de que hay una simulación, con metáforas más modernas: las de los algoritmos y la inteligencia artificial.

La razón por la que una persona continúa renaciendo es, según el budismo y el hinduismo, su karma. De no existir este, no habría motivo para que la persona renaciera, salvo que lo haga en calidad de ser superior y más evolucionado que desea venir al mundo con el objetivo de ayudar a otros a evolucionar (figura que en las tradiciones tibetanas recibe el nombre de *tulku*).

LA FINALIDAD DEL KARMA Y DE LA REENCARNACIÓN

¿Cuál es la finalidad de reencarnarse y dar vueltas en la rueda? En el hinduismo tradicional, el objetivo es lo que se llama *moksha*, que es el acto de liberarse del ciclo sin fin del renacer, de romper ese hechizo de *maya* al que nos referíamos en el capítulo anterior. La finalidad de la vida es, básicamente, trascender nuestro karma.

En el budismo, que surgió del hinduismo entre los siglos VI y IV a. C. —con base en las enseñanzas de Siddharta Gautama—, este proceso se llama «iluminación» o «nirvana». También implica «despertar» y asimilar la interdependencia de todas las cosas —del karma—, y por último trascender este.

En *El tao de la física* —que utilizaba toda una serie de metáforas modernas para explicar complicados conceptos antiguos—, Fritjof Capra nos dice que ambas cosas son básicamente lo mismo:

> Es posible transcender el círculo vicioso del *samsara*, liberarse de las ataduras del karma y alcanzar ese estado de liberación total llamado «nirvana». [...] El nirvana es el equivalente del *moksha* en la filosofía hindú, y, siendo un estado de conciencia que supera cualesquiera conceptos intelectuales, se resiste a cualquier otra descripción. Llegar al nirvana es alcanzar la lucidez, la condición de buda.[4]

---

4. Fritjof Capra, *The Tao of Physics* (Bantam, 1975), 85-86.

Del *moksha* y del nirvana, a menudo se dice que están «más allá de cualesquiera conceptos intelectuales». Son, por tanto, sustancialmente «inefables»: no se pueden explicar. De ahí que las metáforas resulten cruciales de cara a comunicar la esencia de tales ideas (a seres humanos antiguos y modernos por igual).

Resulta obvio, de todas estas descripciones, que la rueda que nos ocupa sirve precisamente para trascenderla, para sustraerse a su rotación sin fin. Cosa que solo nos es dado hacer hallando modos de superar nuestro karma, esa fuerza que hace que la rueda continúe girando.

Paul Twitchell, fundador del movimiento religioso contemporáneo Eckankar —basado, según él, en antiguas prácticas indias y tibetanas—, abraza una filosofía parecida y la expresa de un modo que, a una mente moderna, podría resultarle más fácil de digerir: «Somos como niños que van a la escuela para allí vivir experiencias simuladas que los preparen para ocupar sus lugares en la sociedad».[5]

La metáfora del colegio o el aula como espacio de experiencias simuladas que nos ayuden a aprender lecciones es potente y se adecúa al marco conceptual de la hipótesis de la simulación bastante bien. (Para otras posibles finalidades o propósitos de la simulación, véase el apéndice de preguntas frecuentes).

EL ALMACENAMIENTO DEL KARMA Y SU USO PARA CREAR SITUACIONES EN LA VIDA

En la *Bhagavad Gita*, el karma es literalmente la fuerza creadora que da vida a todo. A pesar del consenso de la mayoría de las tradiciones orientales sobre el hecho de que el karma es el motivo de la mayoría de las reencarnaciones, el mecanismo concreto del karma —y cómo este se utiliza para crear y resolver situaciones en la nueva vida—, eso está un poco menos cabalmente explicado en los textos antiguos. ¿Dónde se almacena el karma y cómo da vida a las cosas?

El autor Thomas Ashley-Farrand nos ofrece un resumen en su libro *Healing Mantras* [Mantras sanadores]: «Según vamos avanzando por la vida, las personas con las que coincidimos o las circunstancias con las que topamos van activando pedacitos de karma, los van soltando y poniendo en funcionamiento. Cuando eso ocurre, se nos ofrece una oportunidad de sacar adelante esa porción específica de nuestro karma, de darle salida».[6]

---

5. Brad Steiger, *In My Soul I Am Free* (Eckankar, 1968), 95.
6. Thomas Ashley-Farrand, *Healing Mantras* (Ballantine Wellspring, 1999), 3-7.

La idea de que cabe encontrarse las mismas almas o las mismas conciencias en cuerpos distintos es parte integral de los mecanismos de la reencarnación y el karma. En Occidente tenemos una concepción del karma muy poco fina: si la persona X mata en una vida a la persona Y, entonces Y se vengará de X en una vida futura. Pero incluso tal visión simplista del karma implicaría que la información se habría dejado almacenada en algún sitio, tras lo que se habría «creado» una vida futura en la cual Y resolvería el karma (le daría salida, lo superaría).

¿Qué significa que una situación se «cree» para resolver el karma? Se trataría de una situación o interacción entre esas dos personas —en una vida futura—, la cual estaría encaminada a un objetivo concreto. Más adelante en el presente capítulo, enfocaremos esto desde el punto de vista de una metáfora más moderna: la de las «misiones» de los videojuegos.

UN MODELO TEÓRICO DE LA REENCARNACIÓN

Existen, como antes comentábamos, diferencias entre la reencarnación de las doctrinas estándar del hinduismo, el budismo y otras religiones orientales. Sin embargo, a pesar de tales diferencias, la estructura, la finalidad y el mecanismo globales de dicho fenómeno de la reencarnación guardan una notable congruencia en todas las religiones mencionadas. La figura 33 ilustra, tomando partes estándar de esas filosofías, un modelo teórico común a las mismas de cómo funciona la reencarnación o transmigración.

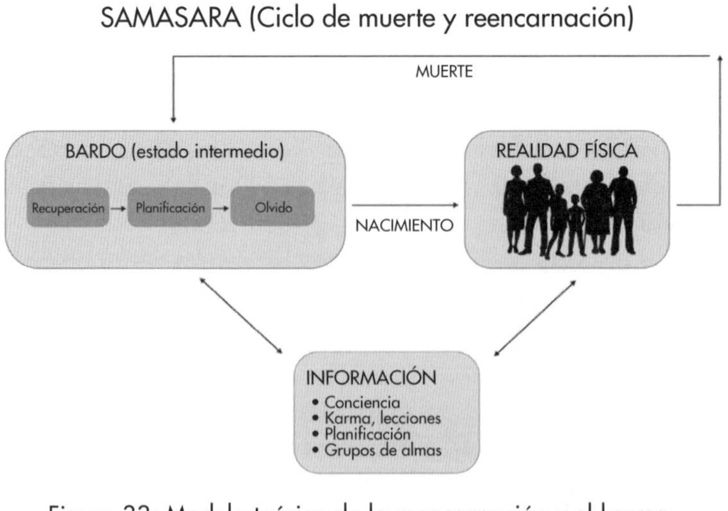

Figura 33: Modelo teórico de la reencarnación y el karma.

Si examinas el esquema atentamente, verás paralelismos con el modo en que funcionan los videojuegos. Exactamente igual que ocurre en estos, la persona tiene, cuando una vida acaba, la opción de aprender de ella y volver al mundo a jugar otra vez. En el modelo oriental, el individuo entra a la simulación —que sigue en marcha— con un personaje distinto, con una personalidad diferente, pero lleva consigo vestigios de vidas previas, es decir, su karma. Esa información va siguiendo al individuo y funge de base para sus experiencias en esa nueva vida.

En este modelo teórico, merece la pena hacerse dos preguntas propias de las ciencias de la computación:

- ¿Qué información se almacena y dónde?
- ¿Cómo se utiliza y se procesa la información? ¿Y cuándo?

En el contexto de las tradiciones orientales, hay muchas formas distintas de expresar las respuestas a tales preguntas. Dónde se almacene la información y cómo se utilice durante la «vida en curso», eso se insinúa, pero no se especifica con demasiado detalle.

En su mencionado libro *Healing Mantras*, Ashley-Farrand sostiene que el karma se almacena, en realidad, en el cuerpo físico a modo de contraparte no visible del mismo (a modo de «cuerpo sutil»). Sería algo análogo a lo que en computación se llama una arquitectura «distribuida», y podría tener sentido cuando pensamos en miles de millones de almas, responsable cada una de ir llevando el registro de su propio karma.

Por otra parte, algunas fuentes dicen que hay un repositorio de información que existe fuera del individuo (fuera del mundo renderizado, de hecho). Son los llamados «registros akáshicos», donde no solo se almacena nuestro karma, sino también las distintas acciones de todas y cada una de nuestras anteriores vidas. Según Twitchell, «tales registros de almas incluyen las encarnaciones previas en los planos físico, astral y causal».[7]

Lo que este modelo teórico conceptualiza claramente es el fenómeno de la conciencia descargable. No se ofrece, sin embargo, una definición precisa de qué sea exactamente la conciencia. Pero igual que Kurzweil y otros creen, en nuestra época, que podemos descargar la conciencia desde nuestros cerebros a dispositivos con tecnología de silicio, los místicos orientales que introdujeron la filosofía de la reencarnación también creían en una descarga de las conciencias desde el «otro lado» —desde el *bardo*— en entes físicos biológicos (o sea, en nuestros cuerpos).

---

7. Steiger, *In My Soul I Am Free*, 92.

Ahora bien: ¿qué es exactamente eso que se transmigra de un cuerpo a otro? La respuesta es materia de discusión dentro incluso de las propias tradiciones orientales. Matthieu Ricard, famoso monje budista que hizo de intérprete para el dalái lama, nos ofrece una paráfrasis comparativamente esclarecedora de qué sería esta «conciencia» desde una perspectiva budista:

> La sucesión de estados por los cuales va pasando una conciencia, [...] son de algún modo comparables a algo así como una onda de radio que transmitiera información, pero sin ser ella misma concreta. El futuro del individuo reside en las informaciones de dicha onda. [...] La onda del *continuum* de nuestra conciencia contiene todas nuestras experiencias de esta vida y de nuestras vidas pasadas en un entramado infinitamente complejo.[8]

¿Qué podría ser tal onda? Es evidente que la onda de nuestra conciencia contiene una información —la de nuestras experiencias hasta la fecha— que funge de semilla para nuestra experiencia futura. En las ciencias de la computación almacenamos la información y la transmitimos en forma de ondas electromagnéticas, lo cual suena pasmosamente similar a lo que los budistas describen, a saber, que «la conciencia es un tipo de información» .

Una de las principales diferencias entre las doctrinas hindú y budista es la existencia de un alma indivisible. En el budismo, la «cosa que se reencarna» no se califica de «alma», sino de «hatillo de causa y efecto» (de «bolsa de karma», si se quiere). Eso encajaría con que se trata de la información de la conciencia, que se descarga.

En la tradición hindú, sí que está presente la idea de un alma —concepto habitual en Occidente—, la cual pasa por múltiples vidas en una búsqueda de aprendizaje y eventual liberación. Hay, por tanto, una diferencia fundamental, y, como la definición es materia de debate, yo aquí, a efectos prácticos, cuando diga «alma», me estaré refiriendo a ambos escenarios posibles, es decir, a un alma indestructible o a un ente temporal que se asocia a una «bolsa de karma».

ALGUNAS CARACTERÍSTICAS DE LOS ACTUALES VIDEOJUEGOS

Antes de entrar en este modelo con más detalle —a fin de analizar el karma y la reencarnación en el contexto de la hipótesis de la simulación—, repasemos algunas de las características básicas de los modernos juegos MMORPG que resultan relevantes a tal efecto.

---

8. Mattheiu Ricard, *The Quantum and the Lotus* (Crown, 2001), 179-181.

Múltiples vidas. Juegos de rol con personajes

Unos de los primeros conceptos que se introdujeron en los modernos videojuegos fue el de las múltiples vidas, lo cual se hizo, a lo primero, por razones económicas: la moneda que echabas en la máquina del recreativo te permitía jugar equis número de «vidas» al *Pac Man* o al *Space Invaders*.

Con el tiempo empezó a resultar demasiado aparatoso tener que empezar el juego desde cero cada vez, sobre todo en los juegos de rol (JDR). La gracia de los JDR residía, conforme se planteaban en juegos de mesa tipo *Dungeons & Dragons*, en que tenías un personaje definido por una serie de atributos (inteligencia, complexión, fuerza...) y por una raza (elfo, enano, humano...), así como por una clase (pícaro, mago, guerrero, etc.). De tales atributos, que luego iban actualizándose a medida que el personaje iba «subiendo de nivel», quedaba constancia en una «ficha del personaje». La gracia de los JDR residía, como digo, en interpretar —en «jugar a ser»— el personaje en cuestión, manteniéndose este en sucesivas sesiones y campañas del juego.

La definición de un personaje podía incluir unos antecedentes y una personalidad concretos, pero el estándar era incluir información sobre el atuendo, las armas, los utensilios y, sobre todo, las destrezas. Un mago, por ejemplo, podía aprender sofisticados conjuros cuando subía de nivel, del mismo modo que un guerrero podía aprender a usar armas nuevas (una ballesta, pongamos).

Cuando los JDR pasaron a Internet —convirtiéndose en juegos MMORPG—, esta idea de un personaje que se mantenga en distintas sesiones del juego fue cobrando presencia y protagonismo, como también sucedió con la representación visual del avatar. Cuando aparecieron juegos como *Second Life* o *World of Warcraft*, los jugadores elaboraban extensos inventarios con las posesiones de sus personajes, incluyendo asimismo logros y antecedentes. Los personajes de los juegos empezaron a tener vidas virtuales, almacenándose fuera del mundo renderizado información sobre ellos (con sus listas de amigos y posesiones y todo).

Estados del jugador respecto del juego. «Dentro de ese mundo», IRL y AFK

¿Qué le pasa al personaje cuando el jugador se desconecta?

En la mayoría de los juegos le ocurre que no está renderizado en el mundo virtual, pero sigue existiendo... en algún sitio. ¿Que qué significa eso exactamente? Pues que hay un lugar fuera del mundo renderizado, normalmente en la «nube», término utilizado en Silicon Valley para un servidor que no podemos ver —y acaso ni siquiera sabemos dónde está—, en el cual se almacena la información sobre el personaje y el estado del juego. Cabe, de hecho, que en absoluto se trate de un servidor, sino que se utilice uno distinto cada vez que el jugador inicia el juego, pero la información sigue siendo la misma en los distintos servidores y en las diferentes sesiones del jugador.

Nos hallamos ante un importante aspecto de la analogía entre las tradiciones orientales y los videojuegos en el cual merece la pena profundizar: ¿qué información representa a un avatar o a un personaje jugador (PJ) en un videojuego? ¿Y dónde se almacena dicha información y se accede a la misma? Esto incluye información sobre el jugador y su cuenta, sobre el personaje con el que juega —o sobre su avatar— e información sobre los atributos y posesiones de dicho personaje, así como de cuán avanzado se halla en la consecución de determinadas «misiones» u objetivos. Todos esos aspectos constituyen sendos sets de datos distintos sobre el PJ en cuestión.

Cuando un jugador está conectado, pero se ha alejado del teclado —no está en ese momento pendiente del juego—, se dice que está AFK —por *Away From Keyboard*, que significa «ausente del teclado»—, y lo normal es que se vea al avatar en un estado especial para que los otros jugadores no intenten hablar o interactuar con ese jugador. Para intercambiar mensajes, los *gamers* han desarrollado, en efecto, multitud de siglas. Otra sería IRL —por *In Real Life*, que significa «en la vida real»—, utilizada para aclarar que lo que se dice —o lo que se pregunta— no se refiere al personaje, sino al propio jugador.

Cuando uno no está conectado a un juego MMORPG, otros jugadores pueden, aun así, comunicarse con su personaje enviándole mensajes privados. Estos quedan entonces en cola para que el jugador los lea cuando vuelva a meterse «dentro de ese mundo». ¿Que dónde viven tales mensajes? Pues viven fuera del mundo renderizado —igual que la información sobre las misiones o los objetos del personaje—, pero siguen formando parte del videojuego en la medida en que los servidores de este los tienen en cuenta.

Las misiones y los objetivos en los videojuegos

En la mayoría de los actuales videojuegos de cierta sofisticación, una característica estándar es la de un set de «misiones» u «objetivos» que van guiando la actuación del jugador. Suele tratarse de acciones concretas como «luchar contra un orco y ganar» o «construir una casa» o «encontrar el mapa del tesoro».

En algunos videojuegos, las misiones pueden ser sencillas; en otros, pueden comportar cometidos de gran complejidad. Uno de los principales problemas que planteaban los mundos virtuales del tipo de *Second Life* era que resultaban casi «demasiado» flexibles: los nuevos jugadores, que básicamente podían hacer cualquier cosa que quisieran, no sabían qué hacer... En *World of Warcraft*, apenas configura el usuario a su personaje, ya aparece un PNJ con un signo de exclamación sobre la cabeza. Su función es plantear, al jugador recién llegado, precisamente algo que hacer: su primera misión.

Hay juegos con encargos que pueden cumplirse en un día, y los hay con objetivos que solo pueden alcanzarse con más tiempo. Las listas de misiones y tareas, que empezaron siendo bastante sencillas en los primeros JDR, se han vuelto lo bastante complejas como para adoptar estructuras en árbol. Actualmente las misiones pueden tener requisitos previos, como que no se puede ir a matar al rey duende hasta que no se haya encontrado el mapa de los duendes, pongamos. Y luego hay misiones que repercuten en otras. Por no hablar de que los mundos de los JDR se han hecho más grandes, y al jugador se le deja decidir qué partes del mundo del juego ir visitando, lo que quiere decir que se le abre un abanico de misiones posibles cada día.

Tales árboles suelen ser, de todas formas, bastante genéricos. El juego en algún momento debe almacenar alguna de las múltiples opciones potenciales, generando lo que podríamos llamar una «hoja de misiones», en la cual se especifican qué objetivos ha cumplido el personaje jugador en cuestión, cuáles se ha comprometido a llevar a efecto y cuáles tiene pendiente completar. Sería algo así como un saldo global —un «total acumulado», por así decir—, y se trata de un subset de todas las misiones posibles. Podríamos decir que lo ejecuta un motor de misiones que sería como un apartado del código del juego.

Ahora vamos a ver que este concepto de las misiones, de los objetivos —se trata, en realidad, de tareas que el jugador necesita realizar y superar en determinada sesión de juego—, encaja de maravilla con la metáfora de la hipótesis de la simulación aplicada a las tradiciones orientales de la reencarnación y el karma.

LA HIPÓTESIS DE LA SIMULACIÓN. ¿UN MODELO DE VIDEOJUEGO BASADO EN EL KARMA?

El modelo de información que describíamos a propósito del karma y la reencarnación muestra, en efecto, que un mundo físico simulado semejante a un videojuego es una buena metáfora para lo que los místicos orientales describen. De hecho, ese sabor de JDR que caracteriza a la hipótesis de la simulación podría ofrecernos una base tecnocientífica para la cosmovisión hinduista y budista.

Del mismo modo que un *gamer* se sienta para jugar a ser un personaje en un juego, la conciencia, análogamente, se transmite desde alguna «realidad base» externa a la simulación y se descarga en un cuerpo que ha sido generado de manera, en cierto modo, artificial. Se selecciona la naturaleza del personaje en cuestión —el avatar en los videojuegos, el cuerpo en nuestra realidad física—, así como sus vínculos familiares, su etnicidad, etc., y se codifica la información en su ADN. El personaje y el jugador quedan asociados mientras dura la vida del primero en la simulación. A mí me gusta llamar a este proceso «selección de vida». Forma parte de la propia sesión de juego y es también un «previo» o un «preliminar» de la misma. Cabe igualmente ver en ello tanto una parte constituyente como un preámbulo del proceso de encarnación. (O de «animación», según el punto de vista; en el sentido de «enalmamiento», o sea, de dotar de alma).

¿Con qué finalidad se escoge un personaje concreto y se juega a ser ese personaje?

Tal vez para aprender lecciones o para pasarse el juego. En los videojuegos, las misiones o tareas son la piedra angular del diseño de un JDR. El personaje del jugador acepta determinada misión y, al hacerlo, se aviene a protagonizar una serie de experiencias que pueden comportar sus dificultades. Durante tal búsqueda, el personaje puede hacerse con utensilios, granjearse amigos y enemigos..., pero sobre todo puede ganar experiencia y hacer «subir de nivel» a su personaje. Pues bien: la finalidad de «jugar» a otra vida consiste, de manera semejante, en completar las misiones —o elementos kármicos— que hemos ido construyendo a lo largo del tiempo, lo cual dota de experiencia y hace subir de nivel a nuestros personajes, con base en algún tipo de mapa o árbol de misiones y tareas o metas que han sido seleccionadas para nosotros por nuestro karma específico a lo largo de múltiples vidas.

En nuestros videojuegos actuales, el número de misiones u objetivos que un jugador puede llevar a cabo suele venir limitado por los diseñadores del juego. Cabe imaginar, no obstante, un juego más sofisticado en el que haya tantas misiones o metas distintas, como jugadores, y donde las misiones se creen con inteligencia artificial mediante algún algoritmo.

Semejante videojuego necesitaría ir registrando, en un servidor de la nube —externo, por tanto, al mundo renderizado—, cuáles misiones ha completado ya cada jugador, cuáles ha de acometer todavía, y, sobre todo, con cuáles misiones futuras se ha comprometido ya (ese jugador él solo, o junto con otros jugadores). Tendría además que ser dicho videojuego lo bastante flexible como para crear nuevas misiones basándose en las experiencias que el jugador va teniendo, en las acciones del PJ en el juego e incluso en los pensamientos y sentimientos del jugador durante su actuación como ese personaje.

¿Qué contendría esta especie de registro centralizado o descentralizado? Básicamente sería el equivalente informático del karma de los jugadores. (Y el PJ sería el personaje del jugador). El karma del jugador serían lecciones y objetivos que este podría tener que aceptar y «terminar» a lo largo de múltiples vidas, mientras que el karma de un personaje concreto podría tener que resolverse durante la vida de dicho personaje.

Alguien podría pensar que las exigencias —en términos tanto de almacenamiento como de procesamiento— de una simulación así de compleja, con siete mil millones de personas que hay actualmente en la Tierra —y eso sin contar con la cantidad de mundos y almas adicionales potencialmente existentes en el universo—, exceden con mucho las posibilidades de cualesquiera videojuegos construidos hasta la fecha; pero los últimos avances tanto en procesamiento de información, como en inteligencia artificial, muestran que tal videojuego —hoy por hoy, es verdad que hipotético— tampoco es una idea tan descabellada.

La figura 34 ilustra cómo podría funcionar este modelo. Adviértase su llamativa semejanza con la figura 33, es decir, con el modelo teórico que planteábamos para la reencarnación; solo que aquí el enfoque es el de la hipótesis de la simulación. Vemos, una vez más, que las ideas de la Antigüedad, que se expresaron con metáforas tecnológicas que los humanos de ese entonces pudieran entender, son susceptibles de actualizarse —de hecho «deben» actualizarse— para reflejar nuestra comprensión tanto de la ciencia como de la tecnología. Actualizándolas podemos añadir, en efecto, matiz, mecanismo y complejidad a una comprensión racional de procesos anteriormente despachados como fenómenos que supuestamente excedían los límites de nuestro entendimiento.

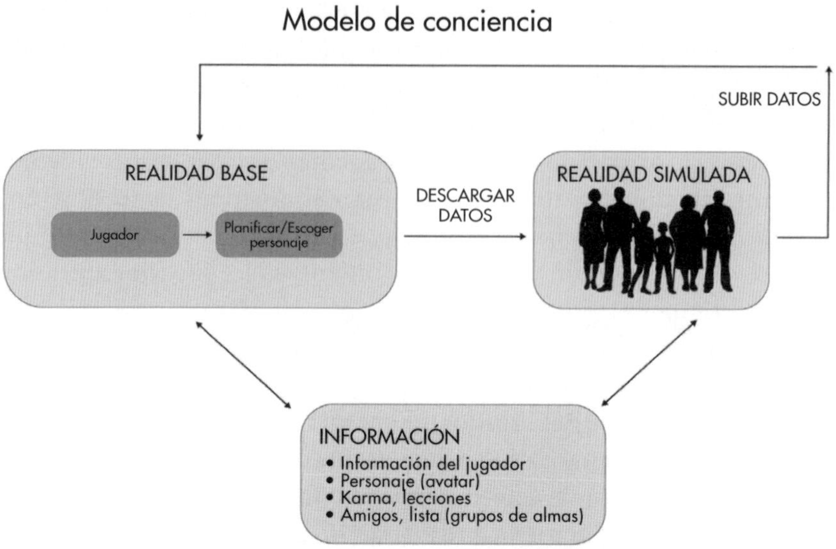

Figura 34: Modelo de la conciencia y el karma en la hipótesis de la simulación.

LAS «MISIONES» Y LA HIPÓTESIS DE LA SIMULACIÓN

La mayoría de los videojuegos tienen un bucle básico, un motor de simulación física y otro de renderizado (como en capítulos anteriores veíamos). Los juegos MMORPG de cierta sofisticación, antes, comentábamos que también tienen una suerte de «motor de misiones» que va definiendo el camino del jugador por el mundo del juego (aunque no se mencione de manera explícita). Aunque en mundos virtuales como *Second Life* —y en juegos con mundos abiertos como pueden ser *World of Warcraft* o *Grand Theft Auto*— puede imponerse la sensación de que hay posibilidades infinitas, el hecho es que las únicas posibilidades que de verdad se ofrecen son las que están codificadas en el juego y las que permite el motor de misiones subyacente.

En ese videojuego hipotético de la vida que aquí planteamos, el proceso de escoger la siguiente misión para determinado personaje sería más complejo que en los actuales videojuegos. Así y todo, este «motor de misiones» ofrece un elusivo vínculo entre, por una parte, las ideas de las tradiciones orientales sobre cómo se crea la realidad para que cada persona cumpla su karma, y por otra parte el modo en que funcionan los videojuegos incluso a día de hoy.

En los actuales videojuegos, las misiones y los objetivos se definen antes de construir el juego.

Una vez que un jugador ha aceptado una misión, esta pasa a figurar en la «hoja de misiones» de aquel (o de su personaje, para ser más precisos). En los juegos multijugador, tales misiones podrían implicar trabajar con un grupo de otros jugadores por la consecución de un objetivo (derrotar a un jefe, encontrar un tesoro, hacer una incursión...).

Esto recuerda enormemente al modo en que la ley del karma —la ley de la causa y el efecto— se utiliza para crearnos a las personas situaciones en el «juego escénico» (*lila*) de las tradiciones orientales. Los jugadores pueden aprender destrezas y afinar su comprensión del mundo del juego —jugando al mismo en múltiples vidas y con muchos personajes a lo largo del tiempo—, y las misiones y los objetivos se van seleccionando con base en el karma de cada jugador; van determinándose misiones futuras cada vez que generamos karma nuevo. En las tradiciones orientales es frecuente que coincidamos con las mismas personas una y otra vez: tenemos un grupo de amigos «kármicos» (los cuales pueden ser nuestros amigos propiamente dichos, o no serlo).

Un juego más sofisticado, sin embargo —un juego del nivel de la Gran Simulación—, necesitaría ir manteniendo no solamente una base de datos genérica de misiones, sino además una lista de objetivos específicos —de tareas que cada personaje podría realizar en esa vida—, y también un repositorio del karma anterior, el cual podríamos conceptualizar como una serie de misiones o tareas que implican a otros jugadores concretos.

UN «MOTOR DE MISIONES» PARA EL KARMA

La figura 35 muestra cómo podría funcionar un generador de misiones que verdaderamente operase en una realidad simulada, como el motor del karma.

Para empezar, dicha herramienta miraría, como en cualquier videojuego actual, cuáles personajes están presentes en la escena en cuestión. En esta figura vemos que tenemos cerca, en la escena en curso, a los personajes X1, X2 y X3. Dichos personajes tienen detrás, lógicamente, a los jugadores A, B y C. Cada uno de estos tendría su depósito, su repositorio de karma de vidas previas, con la correspondiente serie de tareas que se supone debe sacar adelante en esa vida (la «hoja de misiones»).

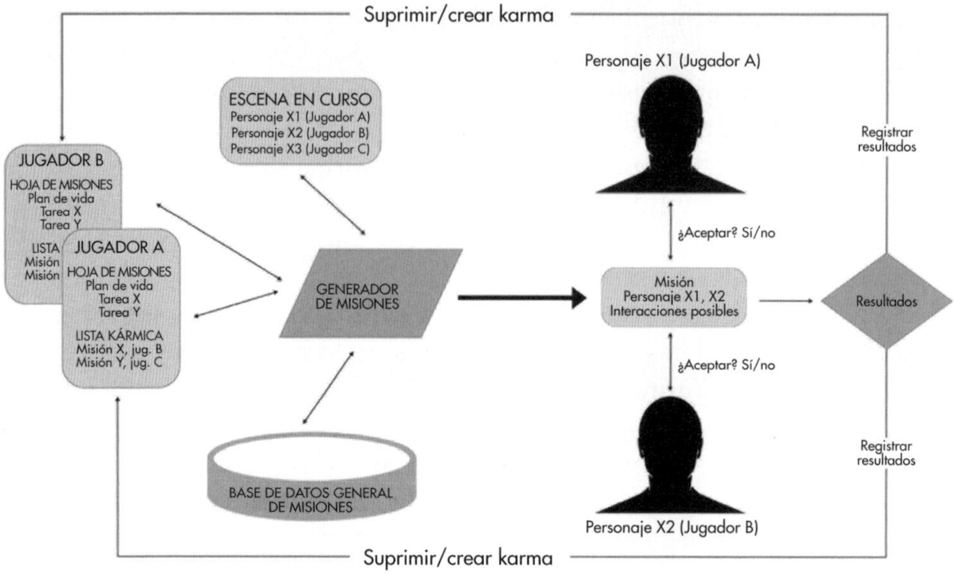

Figura 35: Motor generador de «misiones» basado en el karma.

El motor de misiones tendría que ir examinando la lista kármica, la hoja de misiones tanto del jugador A como del jugador B, a fin de comprobar si hay alguna deuda kármica, o bien alguna «posible interacción» que hubiese de redundar en beneficio —o en detrimento, según cómo interpretemos las interacciones del mundo real— kármico de dichos personajes.

La deuda kármica podría venir dada, en las tradiciones orientales, por otra vida distinta; pero no por eso deja de afectar a los jugadores A y B, siendo indistinto que en ese momento se encuentren tras sus respectivos personajes X1 y X2. Utilizando un algoritmo inteligente —el cual no niego que tendría cierta complejidad, pero en realidad no se trata más que de un conjunto de reglas, cosa harto manejable mediante código informático—, el motor de misiones generaría una posible misión. (Ubicada esta a la derecha en la figura 35).

El motor ofrecería entonces a los personajes X1 y X2 esa posible misión, que cada uno de dichos personajes podría aceptar o rechazar. Si ambas partes la aceptan, entonces pasa a generarse esa situación que el karma previo pedía —con base en esa misma vida en curso o en otra anterior—, y así es como se produce una nueva interacción en la vida/juego en curso.

Dicha interacción podría ser una amistad, un intercambio violento, un encuentro sexual o un careo fortuito de visiones e ideas. También podría tratarse de algo efímero, tipo una simple sonrisa que un personaje recibe de otro en un día en que está «de bajón». En las tradiciones orientales, tales interacciones pueden crear más karma entre los jugadores (así como resolver karma antiguo, llegado el caso). Los resultados de la misión que fuese se registrarían, sea como sea, en nuestro hipotético motor de misiones, y esos resultados se añadirían a las hojas de misiones de ambos jugadores (como en la figura 35 muestran las líneas que, saliendo del extremo derecho, vuelven hacia la izquierda hasta llegar a dichas hojas).

Tal *feedback* podría entonces eliminar el karma pasado —si este ha sido cumplido o resuelto—, o bien crear un nuevo tipo de karma que funja de semilla para acciones futuras, y que acaso necesite ser resuelto en esa misma vida o en otra posterior, dependiendo de las circunstancias de ambos personajes implicados o de otros personajes que los mismos jugadores tuvieran en futuras vidas.

LA RUEDA INFINITA DE BUDA ¿ES UN ALGORITMO?

Desde esta perspectiva, la infinita rueda del *samsara* de Buda pasa a ser un algoritmo informático que almacena el karma generado en el juego, y que no cesa de crear situaciones nuevas en sesiones de juego posteriores con el objetivo de satisfacer, con otros jugadores que por allí estén, karma pasado. Los «señores del karma» quedan, pues, reducidos a una sofisticada IA capaz de monitorizar a miles de millones de jugadores y de ir creando misiones para ellos, en cada una de sus vidas, en tiempo real y dinámicamente, teniendo en cuenta en qué parte del mundo renderizado estén. Las combinaciones de jugadores son tantísimas, que uno podría pasar varias vidas sin volver a coincidir con el mismo jugador. Es posible también que el personaje de uno coincida con el mismo grupo una y otra vez (con su «grupo de amigos»). En este modelo, cada jugador sigue teniendo su libre albedrío y podría preferir postergar determinada interacción, dirigiéndose a otros lugares de ese mundo y encontrando acaso en ellos misiones alternativas (las cuales pueden venir dadas tanto por karma anterior como por karma totalmente nuevo).

Cuando publiqué este modelo teórico para un motor de misiones, un sagaz lector me señaló que un jugador A no necesariamente habrá de resolver todo su karma con el mismo jugador B con el que lo haya acumulado, sino que también es posible que resuelva ese mismo karma, en otra vida, con otro jugador C. Eso introduce, en efecto, un nivel de complejidad mayor aún, pero no por eso deja de regir el mismo marco de un motor de misiones. La «posible misión» sería generada, en este caso, con ese jugador C que resultara estar cerca del jugador A en esa otra vida (no con el mismo jugador B previo). Y eso facilita muchísimo tanto crear como resolver karma más rápido que si hubieran de ser siempre los mismos jugadores.

Una diferencia entre nuestros juegos MMORPG y este modelo de realidad simulada es que, en los primeros, los jugadores pueden interrumpir el juego: pueden estar conectados, pero en modo AFK (*Away From Keyboard*, «ausente del teclado») o pueden estar directamente desconectados del servidor. Pero en muchas de las tradiciones orientales —y en sus modernos correlatos *new age*— encontramos la creencia de que, en realidad, ciertos «cuerpos sutiles» que contienen la conciencia abandonan el cuerpo físico mientras dormimos, lo que equivaldría a estar en modo AFK. Así es como los místicos explican multitud de aspectos misteriosos de los sueños (interacciones con difuntos, ángeles u otros seres de fuera del mundo renderizado).

Vemos, por tanto, que un modelo teórico de almacenamiento y procesamiento de información aplicado a las tradiciones orientales de la reencarnación y el karma, encaja pasmosamente bien con la hipótesis de la simulación. Podemos ir, de hecho, más allá de la idea de metáforas de dioses y decir que la única forma en que tales tradiciones podrían «implementarse» sería con algún tipo de simulación en la cual descargáramos nuestra conciencia y nos integráramos.

Resumiendo, los mecanismos del karma descritos en las tradiciones orientales serían posibles «únicamente» en un mundo simulado que esté regido por esta clase de motor o algoritmo generador de misiones.

La hipótesis de la simulación revigoriza y confiere un nuevo significado, así las cosas, tanto a la idea de un juego mágico que crea el espejismo (*lila*) de los Vedas como al verso famoso de Shakespeare de que «el mundo es un gran escenario, y los hombres y mujeres, meros actores todos».

DOCE

DIOS, LOS ÁNGELES Y LA SIMULACIÓN

Las tradiciones occidentales

Las tradiciones religiosas suelen evolucionar a partir de un místico concreto, o de un grupo de místicos, que ha sido capaz de «asomarse» más allá del mundo físico —más allá de la vida y la muerte—, y desde allí nos trae palabras que adquieren estatus escritural (o sea, de texto sagrado). Lo que los místicos afirman haber visto «ahí fuera», a menudo, es algo increíblemente poderoso, profundo, turbador o divino. Cuando regresan, bregan con las palabras en su afán por describirnos lo que vieron. Tales dificultades de expresión no deberían sorprendernos: nuestro lenguaje fue desarrollado desde nuestra experiencia en el mundo físico, y la mayoría de las religiones se ocupan de lo que ocurre más allá de dicho mundo. Los místicos y las lumbreras religiosas se encuentran en un brete: cómo traducir experiencias y conceptos esencialmente inefables, a palabras y descripciones comprensibles para personas corrientes.

Esto se verifica incluso cuando la figura religiosa en cuestión sostiene que sus escrituras vienen directamente de seres de fuera del mundo físico (Dios, ángeles, maestros ascendidos...). Quienquiera que esté enviando la información —quienquiera que sea el «remitente»— necesita en cualquier caso traducir tales ideas y conceptos al lenguaje del destinatario —es decir, del místico— para que este y sobre todo el público ulterior estén en condiciones de entender dicho mensaje. Obviamente, habría sido absurdo que las sagradas escrituras hablaran de física cuántica y de probabilidades en su descripción de la naturaleza y del mundo físico. Otro tanto rige para términos como «videojuego multijugador», «servidor de la nube» o, ya puestos, «computación». Tales palabras e ideas habrían carecido de sentido para los paisanos del Oriente Medio y del Lejano Oriente de hace apenas unos siglos y, por supuesto, de hace miles de años.

La cuestión es que los textos sagrados recurrían a metáforas que a menudo eran, aunque a nosotros no nos lo parezcan, de carácter tecnocientífico. Un ejemplo son los ángeles. Porque ¿qué es exactamente un ángel? ¿Tiene alas, como en nuestras representaciones modernas? ¿Va vestido de blanco? ¿Lleva una trompeta? ¿O es un ser de luz de brillo inefable? En el islam, por dar un caso, se califica a los ángeles de «mensajeros de Dios». Pero ¿qué es un mensajero exactamente?

Otro ejemplo interesante: ¿cómo se encarna el alma en un cuerpo? En las tradiciones sufíes islámicas y en el *Bhagavad Gita* —el texto sagrado de los hindúes—, encontramos la misma metáfora: el alma se encarna en un cuerpo del mismo modo en que alguien se pone una ropa. Puede que a nosotros la ropa no nos parezca tecnología, pero, desde la perspectiva de la historia de la humanidad, ciertamente supuso una innovación tecnológica. Lo mismo rige para la rueda de Buda, cuyo carácter de metáfora tecnológica explicábamos en el capítulo precedente.

Este proceso de utilizar metáforas tecnocientíficas para explicar ideas espirituales se mantiene hasta hoy. Como señalábamos en los dos capítulos anteriores, los místicos de las tradiciones orientales siguen teniendo experiencias que son «de fuera de este mundo», y muchos de ellos —por ejemplo el *swami* Yogananda— aspiran a utilizar metáforas y expresiones actualizadas para describir lo que están viendo. Yogananda, uno de los primeros *swamis* que se instalaron en Estados Unidos, en la década de 1920 utilizó, para explicar el espejismo de *maya*, una metáfora tecnológica actualizada: la del proyector de películas. Aquella era, en efecto, una metáfora actualizada que los estadounidenses de ese entonces podían entender cuando él trataba de explicarles que el mundo es una especie de ilusión. (Mucho más eficaz, desde luego, que utilizar antiguos términos como el recién mencionado de *maya*). Más adelante, el *swami* Yogananda escribió la *Autobiografía de un yogui*, superventas que, tras la muerte de su autor, llevó a millones de jóvenes a interesarse por la meditación y el yoga en las décadas de 1960 y 1970. Uno de aquellos jóvenes era Steve Jobs, quien, cuando su biógrafo fue a verlo a su casa justo antes de que muriera, tenía en su iPad un único libro: precisamente la mencionada *Autobiografía de un yogui*. (Para más sobre la relación entre las enseñanzas de Yogananda y la hipótesis de la simulación, véase mi libro *Wisdom of a Yogi* [Sabiduría de un yogui], que escribí para el septuagésimo quinto aniversario de dicha autobiografía).

Hasta ahora, en esta parte del libro he mostrado que las descripciones de la realidad que encontramos en las tradiciones orientales budistas e hinduistas son compatibles con la hipótesis de la simulación. En el presente capítulo pretendo hacer ver que lo mismo rige para las tradiciones religiosas occidentales, concretamente para las del judaísmo, el cristianismo y el islam, cada una de las cuales fue fundada, sin perjuicio de que también haya referencias a muchos otros profetas, por un individuo concreto: por Moisés, por Jesús y por Mahoma, respectivamente.

Las tres religiones dichas son de la línea abrahámica. En aras de la economía terminológica, voy a referirme a estas tres religiones, en cuanto que grupo, simplemente como «tradiciones religiosas occidentales», en oposición a los credos orientales de los que nos ocupábamos en los capítulos previos. Cada una de estas grandes religiones incluye, por supuesto, múltiples derivaciones y sectas. En el islam, por dar un caso, existen diferencias significativas entre las ramas chií y suní (igual que ocurre, dentro de la cristiandad, entre católicos y protestantes). Y, dentro de tales ramas principales, cabe encontrar a su vez numerosas variaciones. Sin embargo, las divisiones más interesantes son —desde nuestro punto de vista— las habidas entre por una parte las religiones, digamos, *mainstream* —las cuales están llenas de reglas y preceptos para la gente común—, y por otra parte las tradiciones místicas surgidas en el seno de esas mismas religiones. Los sufíes islámicos, por ejemplo, aunque procedan de distintas sectas, se centran, ante todo, en la experiencia de Dios directa. Tienden, por tanto, a intentar validar, volver a experimentar y, tras ello, reconceptualizar o reformular las metáforas utilizadas en textos religiosos previos.

El presente capítulo pone en diálogo una serie de ideas de las tradiciones religiosas occidentales —los ángeles, el más allá y Dios— para mostrar que también son compatibles con la hipótesis de la simulación. Mi tesis es, de hecho, que, si estos credos se fundaran hoy, utilizarían metáforas actualizadas; y que la metáfora del videojuego —o de la simulación— podría resultar mucho más adecuada que esas descripciones y metáforas de hace milenios que han llegado hasta nosotros.

Este capítulo incluirá también un corpus de conocimiento más moderno sobre el más allá. Me refiero a las llamadas «experiencias cercanas a la muerte» (en adelante, ECM). Las ECM representan una nueva ola de ideas religiosas y tienen que ver, como las religiones de antaño, con qué ocurre después de la muerte. Quienes han tenido ECM regresan y bregan —igual que los profetas— por contarnos lo que vieron en el otro lado. Mi tesis es que estas personas utilizan un lenguaje y unas metáforas más modernos para describir ideas parecidas a las que encontramos en la Biblia y en el Corán.

Los actuales científicos, en general, despachan las historias de los textos religiosos del mundo como interesantes ficciones sociales. La hipótesis de la simulación, sin embargo, le pone ante los ojos otra posibilidad aun al materialista más empedernido: ¿y si los místicos de antaño estuviesen en realidad contándonos lo que vieron, pero sencillamente carecían del vocabulario y las metáforas adecuadas para que nosotros podamos entenderlo?

Siguiendo en esta línea de cosas inexplicadas, el próximo capítulo —el último de esta parte del libro— continuará indagando en fenómenos extraños como las experiencias extracorporales, la sincronicidad e incluso los ovnis, ninguno de los cuales encaja en la cosmovisión científica. Haremos ver, en este capítulo y en el que viene, que, desde la óptica de la hipótesis de la simulación, las ideas duales de la información y la computación pueden proporcionar una base científica para una serie de cosas anteriormente consideradas inexplicables —o ignoradas sin más— por parte de la ciencia *mainstream*.

DIOS Y LA CREACIÓN DEL MUNDO FÍSICO

Las religiones monoteístas occidentales ponen el foco en un Dios único que es el sumo «creador», llamado Alá en el islam y Yavé en el judaísmo. Dios es un tema muy grande. Demasiado grande, acaso, para abarcarlo en un capitulito de este libro. Pero examinaremos los cometidos que Dios cumple en estas religiones, concretamente creando el universo físico, dirigiendo a sus ángeles y mensajeros, juzgando nuestros actos, escuchando nuestras súplicas y enviándonos, por último, al cielo o al infierno. Haciéndolo veremos si la hipótesis de la simulación podría ofrecer un modelo que explique mejor cómo funciona realmente todo eso, conforme hemos visto que efectivamente sucedía con las religiones orientales.

Dado que a los seguidores de estas religiones se los conoce como las «gentes del Libro» —con referencia al Viejo y al Nuevo Testamento bíblicos para el judaísmo y el cristianismo, y al Corán para el islam—, examinaremos pormenorizadamente lo que dichos textos y las tradiciones orales de las correspondientes religiones dicen.

En la Biblia, el Génesis, 1, 3, nos dice que el mundo empezó cuando «dijo Dios: "Exista la luz". Y la luz existió». Prosigue con que el mundo fue creado en seis días y, al séptimo, Dios descansó. Mientras que muchos científicos han desdeñado esta idea de un sumo creador que pudiera crear el mundo en tan poco tiempo, lo cierto es que, si adoptamos la perspectiva de la hipótesis de la simulación, resulta que tampoco es un disparate tan grande, bien mirado.

¿Cuánto tarda en empezar a existir una realidad programada informáticamente? En verdad, si la labor de programación ya estuviera hecha, sería solo cuestión de segundos. Lo que pasa es que, volviendo a la idea de la irreductibilidad computacional, hay cosas que han de ser creadas por programas informáticos que deben ejecutarse recorriendo toda una serie de pasos. Eso ocurre en la llamada «generación por procedimientos» —o «procedimental»— que se utiliza en los videojuegos, e igualmente podría ocurrir en nuestra realidad física. Ciertamente es posible —cuando no probable—, asumiendo un posicionamiento religioso, que el universo físico fuera creado en seis unidades de reloj —recordemos la llamada «frecuencia de reloj» de los procesadores—, y que «días» sea un término inadecuado porque, formando parte la Tierra del universo físico, los días en cuestión acaso no tuvieran nada que ver con días terrestres. Pero es que, además, para poner en marcha un programa informático se usarían señales electromagnéticas —dicho de otro modo: luz—, por lo que el «Exista la luz» resultaría haber sido literalmente así...

Hoy está muy de moda entre los científicos ser ateo. No siempre fue el caso: tanto Newton como Einstein solían hablar de Dios en sus escritos. Nick Bostrom, de Oxford —que fue quien introdujo la idea de la hipótesis de la simulación en el mundo académico—, ha dicho que la reflexión sobre la posibilidad de estar en una simulación podría hacer que algunos de tales científicos se replantearan su postura. Los seres que están «fuera» de la simulación podrían antojarse ángeles o dioses desde la cosmovisión limitada de los seres de dentro de la simulación. Volveremos sobre esta idea de quién está fuera de la simulación en el capítulo que cierra el libro, cuando consideremos las implicaciones de la hipótesis de la simulación.

Si seguimos examinando el Génesis, vemos elementos de la historia de la creación que también figuran en el Corán. Y en el Corán se dice expresamente, en varios capítulos, que seis o siete días no significa exactamente seis o siete días terrestres. En un caso se dice que, lo que para el Señor es un día, son mil años desde nuestro punto de vista. En otro se dice que, lo que para un ángel es un día, son cincuenta mil años para nosotros. Esto corrobora que lo de los seis días es metáfora y podría representar, para la gente de aquella época, cualquier número de años arbitraria e incomprensiblemente grande.

Eso quiere decir que, en general, las tres religiones occidentales convienen en que Dios habló, sus órdenes fueron seguidas y el mundo fue creado. Si nos fijamos en el orden general de los acontecimientos, vemos (a grandes rasgos) en el Génesis la siguiente secuencia para la creación (con Dios dando, cada vez, la correspondiente orden):

1. Crear el universo (con luz).
2. Crear las aguas.
3. Crear la tierra para dividir las aguas en mares.
4. Crear las hierbas y las plantas, los árboles y las frutas, etc.
5. Crear los animales.
6. Por último, poblar lo creado con seres a su imagen y semejanza.

Hasta hace apenas unos años, la idea de crear un universo dando meras instrucciones orales se nos habría podido antojar incomprensible, un poder mágico exclusivo de la divinidad. Había una sola excepción que nos permitía visualizar tal proceso y la encontrábamos en la ciencia ficción. Se trata de la holocubierta de *Star Trek. La nueva generación*. Ya me he referido en varias ocasiones a dicha holocubierta en este libro, porque contribuyó a despertar mi interés por la idea de que el mundo es una simulación.

En *Star Trek. La nueva generación*, los miembros de la tripulación de la nave Enterprise podían crear mundos virtuales convincentes diciendo simplemente al ordenador qué debía construir. Entonces el «ordenador» —hoy diríamos la IA— procedía a crear el paisaje físico —los océanos y la tierra—, y tras ello las bestias y, por último, los personajes que poblaban el mundo en cuestión, haciendo a estos, normalmente, a imagen y semejanza de las personas (a veces a imagen y semejanza de extraterrestre). Tales instrucciones se almacenaban en el ordenador en cuanto que «programa». Yo empecé a programar siendo muy joven y solía preguntarme por aquel uso del término «programa» en *Star Trek. La nueva generación*, porque resulta que allí no se escribía código ninguno. (No se encargaban de escribirlo personas, en cualquier caso). Probablemente fuera el ordenador quien escribiera el código subyacente, haciendo que el mundo de la holocubierta se ajustara a las especificaciones orales del correspondiente miembro de la tripulación, y revisando además el propio código cuando fuera necesario.

En años recientes, esta idea de la ciencia ficción de hacer surgir un mundo mediante instrucciones orales se ha acercado más a la realidad con los recientes avances de la IA generativa. Como en la primera parte del libro comentábamos, actualmente la IA puede crear modelos tridimensionales, y pronto será capaz de renderizar mundos enteros diciéndole tan solo qué debe crear.

Incluso a comienzos de 2022 —cuando las IA eran mucho menos sofisticadas que ahora—, Meta publicó un vídeo de demostración de una IA —llamada BuilderBot— capaz de crear un mundo virtual con base en instrucciones verbales.[1] En aquella demostración, Mark Zuckerberg le decía a BuilderBot que crease, en el agua, una isla con playa. Y la IA lo hizo. Téngase en cuenta que no estamos hablando de una imagen de una playa: era un modelo en 3D que un usuario podía explorar con su avatar. Luego Zuckerberg le decía a BuilderBot que creara nubes en el cielo, y que transformara aquellas nubes en otras de distinta clase. También que creara palmeras y que pusiera objetos por la playa. Aunque los gráficos eran primitivos, la demostración sirvió de indicador de que todas esas décadas que los emprendedores llevaban queriendo construir algo semejante a la holocubierta podían estar llegando a su fin...

Las actuales IA son capaces de crear unos paisajes mucho más realistas (con su flora, su fauna, etc.). Nvidia, empresa que fabrica chips tanto para videojuegos como para inteligencias artificiales, ha lanzado su propia versión del metaverso, llamada Omniverse. Se le puede pedir que cree toda suerte de bestias, y automáticamente genera modelos realistas de elefantes, jirafas y cualesquiera otros animales que el usuario desee.

Hasta ahora era imposible, para la mayoría de personas que tenían una mentalidad racional, tomar el Génesis al pie de la letra, creer que la existencia del universo verdaderamente vino dada por las instrucciones orales de un hacedor. Sin embargo, en un mundo simulado, ese proceso misterioso pasa a ser perfectamente comprensible.

Vemos, una vez más, que adoptar el modelo de un universo físico consistente en información y computación conlleva unas explicaciones razonables de conceptos inexplicables: unas explicaciones casi científicas que la mayoría de los científicos habrían considerado ridículas porque eran presos de un modelo anterior —materialista— del universo físico.

---

1. Puede verse el vídeo aquí: `https://www.youtube.com/watch?v=62RJv514ijQ`.

DIOS Y EL MÁS ALLÁ

Fijémonos en cómo cada una de las religiones occidentales enfoca el más allá. Las sectas *mainstream* de dichas religiones no suscriben la idea de reencarnación, pero sí tienen sus respectivas ideas de una ultratumba. Este asunto de qué nos ocurre cuando morimos constituye, en cierto sentido, el principal foco de interés de todas las religiones.

Aunque las religiones occidentales no suscriben expresamente el karma, sí que creen en la idea de «cosechar lo que se siembra» (expresión sacada, por supuesto, de la Biblia). El sitio postrero de reposo del alma de uno depende, entre otras cosas, de cuáles fuesen sus buenas y malas acciones en la tierra. Estas tres religiones convienen en que el mundo físico es una especie de residencia temporal para el alma (el «aquí»), y en que el trasmundo es el «mundo real» al que vamos después de morir (el «más allá»).

El «ajira» y el día del *Qiyamah* en el islam

En el islam, la ultratumba se llama «ajira», voz del idioma árabe —que era el que hablaba el profeta Mahoma—, la cual cabría traducir como «el más allá» (*al-akhirah*).

La fe en el más allá se considera uno de los seis pilares de las creencias de todos los musulmanes. El ajira se compara con *al-dunya*, que sería el «aquí y ahora», es decir, el mundo físico que nos rodea. En la tradición islámica, nuestra vida en la tierra se considera temporal: es como una puesta a prueba de cara al día del juicio, en el que Dios decidirá qué tal fue nuestro comportamiento.

Ese día del juicio en el cual es juzgada el alma recibe el nombre, en el islam, de «día del *Qiyamah*». En dicho día, la persona comparece ante Alá —que es como los musulmanes llaman a Dios— con sus obras tanto buenas, como malas. El cielo o paraíso se llama *yanna* —cuya traducción literal sería «jardín»—, y se representa con fluentes ríos de leche y miel. La versión islámica del infierno —que es un sitio de fuego— se llama *yahannam*. Es el lugar destinado para quienes se juzga que hicieron más mal que bien, o para quienes rechazaron la «fe verdadera» (es decir, el islam).

¿Que qué ocurre en el día del juicio? Según el islam, empieza con un ángel que toca una trompeta. A continuación los montes de la tierra serán arrasados y los muertos, resucitados y juzgados. Cada quien tendrá su «pergamino de las obras», que es un registro tanto de lo bueno como de lo malo que la persona hiciera.[2] De hecho, como es posible que las personas ni siquiera conozcan el pleno alcance de sus actos —el impacto real de los mismos—, dichos actos se les muestran a las personas mientras son juzgadas.

No es, por tanto, un simple asunto de leer de un libro, sino que se muestra gráficamente el impacto que los hechos de la persona tuvieron en quienes la rodeaban. Estamos ante el primer ejemplo de un «repaso de la vida» sobre el que volveremos con detalle más adelante en el presente capítulo. Porque el repaso de la vida y el pergamino de las obras resultan mucho más fáciles de entender en el contexto de la hipótesis de la simulación.

Ahora bien: si existiera un cielo/infierno, ¿dónde se ubicaría en nuestro mundo físico? Y, si cada quien tuviera su pergamino de obras, ¿dónde estaría tal registro? En el mundo renderizado que nos rodea, ciertamente no. De lo contrario, podríamos verlo.

Esta idea de un registro de los actos de una persona en el mundo físico —o renderizado—, y de las consecuencias de los mismos, ya la vimos cuando hablábamos de la «hoja de misiones» y de la puntuación de los personajes de los videojuegos. Tal registro se almacena en algún lugar externo al mundo renderizado: en algún sitio invisible para nosotros, pero vinculado con nuestro personaje; en algún sitio, por tanto, de la nube. Henos aquí, por tanto, en una situación parecida a la del concepto de karma, a la del concepto de una hoja de misiones almacenada, de nuevo, en la nube.

La hipótesis de la simulación nos proporciona la respuesta mejor: alguien —o algo— vigila nuestras acciones, toma nota de las mismas y va actualizando la «puntuación». (No es solamente qué hacemos, sino también cómo afecta eso a otras personas del juego). En el capítulo anterior, ya hablábamos de karma y de un registro de la puntuación, pero el islam es mucho más explícito al decir que nuestros actos se nos pondrán ante los ojos, lo que equivale a una especie de vídeo de momentos clave: a una especie de «repetición» de nuestra vida y de cómo esta afectó a otros. (A un repaso de la vida, pues). En los actuales videojuegos —juegos MMORPG multijugador incluidos—, es una práctica corriente grabar las sesiones de juego y repetirlas más tarde —cuando el juego ha terminado— para repasar qué se hizo bien y qué no.

---

2. *Al-Islam.org*, www.al-islam.org.

El cristianismo y el judaísmo

En el cristianismo hay alguna variación, entre las distintas confesiones, respecto del proceso de la vida de ultratumba. Dicho proceso se asemeja bastante, en cualquier caso, al de las tradiciones islámicas, si bien presenta un mayor énfasis en el pecado y el perdón, así como algunas diferencias cruciales.

El *Catecismo de la Iglesia católica* ofrece una clara explicación de cómo el alma va al cielo o al infierno según resulte el juicio: «Cada hombre, después de morir, recibe en su alma inmortal su retribución eterna en un juicio particular, [...] bien a través de una purificación, [...] bien para entrar inmediatamente en la bienaventuranza del cielo, [...] bien para condenarse inmediatamente para siempre».[3]

La Iglesia católica introduce, por tanto, la idea de un purgatorio, de un tercer lugar adonde pueden ir a parar las almas tras la muerte. El purgatorio es un estado en el cual las almas han de someterse a una «purificación» antes de que se les permita entrar al cielo.

La Iglesia ortodoxa, cuya institución supuso el primer gran cisma de la cristiandad —quedando esta dividida en las Iglesias católica romana y ortodoxa oriental—, no reconoce expresamente el purgatorio, pero sí la idea de un «lugar intermedio» para ciertas almas. Dicho lugar recibe el nombre de Hades, que es como en la antigua Grecia llamaban al inframundo.

Aunque el «pergamino de obras» de la persona no es, en el cristianismo, tan explícito como en el islam, existe un concepto muy parecido en el Nuevo Testamento:

> Vi a los muertos, pequeños y grandes, de pie ante el trono. Se abrieron los libros y se abrió otro libro, el de la vida. Los muertos fueron juzgados según sus obras, escritas en los libros. (Apocalipsis, 20, 12).
> Porque todos tenemos que comparecer ante el tribunal de Cristo para recibir cada cual por lo que haya hecho mientras tenía este cuerpo, sea el bien o el mal. (2 Corintios, 5, 10).

A diferencia del cristianismo y del islam, el judaísmo no entra en tantos detalles sobre el más allá (ni sobre el mecanismo por cuya virtud se va al infierno o al cielo). Tales conceptos, si bien figuran en el judaísmo, son

---

3. «I. El juicio particular», *Catecismo de la Iglesia católica*, web de la Santa Sede, `https://www.vatican.va/archive/catechism_sp/p123a12_sp.html#I%20El%20juicio%20particular`.

objeto de debate entre los estudiosos. En las tradiciones judías existe la idea de que el alma es inmortal y va al cielo o al infierno judíos. (El primero se llama tanto *Gan Eden*, que significa «jardín del Edén», como *Olam Haba*; el nombre del segundo, *Gehena*, está estrechamente relacionado con el del infierno árabe). En las tradiciones judías, *Gehena* es un lugar donde las almas podrían ir temporalmente para reflexionar sobre sus malas acciones antes de poder entrar en el jardín del Edén, lo que insiste en la idea de que es importante revisualizar, repasar lo que hacemos aquí (ver la «repetición»).

El libro de la vida también existe en el judaísmo tradicional, aunque en forma abreviada: sería una lista de aquellos individuos que van al cielo o al infierno.

Como vemos, el libro de la vida cumple la misma función que el pergamino de las obras, y, si resulta que hay alguien que se encarga de ir grabando nuestros actos para ponernos la «repetición» tras nuestra muerte —mostrándonos nuestra puntuación e indicándonos el siguiente paso—, eso se parecería muchísimo a la idea de un videojuego... y la única explicación posible sería la hipótesis de la simulación.

LOS ÁNGELES

¿Quién se encarga de consignar nuestros actos, según estas religiones? ¿Quién va inscribiéndolos en el pergamino de las obras islámico y en el libro de la vida cristiano y judío?

En la tradición islámica —y en ciertas tradiciones cristianas—, se cree que hay ángeles que van tomando nota de lo que hacemos. La idea de estos «ángeles registradores» —por así decir— es más explícita, como he dicho, en el islam, pero también está presente en el cristianismo y en el judaísmo. Cuando yo me educaba en la tradición islámica, nos decían que había dos ángeles —llamados Raqib y Atid, o, colectivamente, los ángeles *kiraman katibin*—, los cuales efectivamente iban registrando cuanto decíamos y hacíamos, e iban actualizando dos listas: *sawab* para las buenas obras, y *haram* para las malas.

En el cristianismo, los ángeles de la guarda son protectores y guías que nos ayudan a mantenernos en el camino de Dios. Sirven también de ángeles «registradores» individualizados, por lo que, para el libro de la vida, no hace falta la pareja de ángeles análogos del islam.[4] (Véase Malaquías, 3, 16). En las tradiciones judías se cree que el ángel responsable de esto es Gabriel, que va «con los avíos de escribano a la cintura».[5] (Véase Ezequiel, 9, 2).

En los dibujos animados y en el imaginario popular, suele representarse al ángel de la guarda en un hombro de la persona, y a un ángel malo en el otro hombro —suele ser un diablillo con cuernos—, animándonos el primero a hacer el bien y disuadiéndonos el segundo (o viceversa).

¿De dónde salió esta idea que vemos en los dibujos animados? En el Nuevo Testamento no figura, pero el profeta Mahoma dice expresamente: «Ninguno de vosotros hay junto al cual no vayan siempre [...] tanto uno de los *jinn*, como uno de los ángeles».[6] El *jinn* —llamado a veces «genio»— se representa detrás de la persona, y el ángel, delante de la misma. Ambos serían, a su manera, sendos ángeles custodios.

En la famosísima película *Qué bello es vivir*, George Bailey —el personaje de James Stewart— se está planteando suicidarse y Clarence, que así se llama su ángel de la guarda —interpretado por Henry Travers—, le muestra cómo habría sido la vida para su familia y para sus amigos si él no hubiera nacido. Es como este repaso que decimos de la vida de una persona —en el cual se muestra lo que esa persona ha hecho—, pero al revés: mostrando lo que habría pasado de no haber estado la persona ahí.

LA IA. DIOSES Y ÁNGELES Y LA HIPÓTESIS DE LA SIMULACIÓN

Entonces, si asumimos por un momento que los ángeles de la guarda y los ángeles «registradores» verdaderamente existen, ¿dónde se ubicarían y por qué no podemos verlos con nuestros ojos físicos (o con instrumental científico)? Hasta la fecha —hasta el advenimiento de la hipótesis de la simulación, más exactamente—, la ciencia moderna se ha mantenido al margen de este tema, calificando a los ángeles de alucinaciones o ignorándolos sin más. Si nos centramos en los ángeles registradores, vemos que son, además de seres, funciones, es decir, que tienen un propósito específico y han de seguir unas reglas para cumplir dicho propósito apoyándonos a lo largo de esta «puesta a prueba» que es la vida terrenal.

---

4. «Recording Angel», *Wikipedia*, modificado por última vez el 23 de septiembre de 2023, `https://en.wikipedia.org/w/index.php?title=Recording_angel&oldid=1176693410`.
5. «Recording Angel», *Wikipedia*.
6. «Recording Angel», *Wikipedia*.

Si viviéramos en una simulación, sería razonable concluir que tales ángeles estaban fuera del mundo renderizado, pero no dejaban de vigilar nuestras actividades, llevando un registro de las mismas. En mi opinión es improbable y supondría, sobre todo, el peor pecado existente a ojos de un experto en computación —sería, en efecto, antieconómico— que hubiera catorce mil millones de ángeles conscientes distintos supervisándonos a todas horas. (Dos ángeles por cada persona de cuantas hay en la Tierra, y eso que no estoy contando las almas que podrían existir en otros planetas, las cuales al menos algunas religiones sí que toman en consideración). Parece, antes bien, que dichos ángeles siguen una serie de reglas bien definidas.

Pero ¿qué reglas son esas? Esto pone sobre la mesa la pregunta de si los ángeles —o sea, los mensajeros— son realmente seres «conscientes» o meros autómatas que siguen protocolos, registran hechos, trasladan mensajes e intervienen en nuestra realidad física aquí y allá. En las tradiciones bíblicas hay una jerarquía de los ángeles, que parece ser que tienen cometidos y poderes distintos.

Responden a esta pregunta las ciencias de la computación: estos «ángeles registradores» son, asumiendo que existan, con toda probabilidad algún tipo de programa informático que va grabando, ya sea en formato visual o de otra clase, lo que va sucediendo en nuestras vidas. Tal programa ofrece, a la manera de una pantalla inteligente que graba mientras jugamos a un videojuego, no solo un registro, sino también una evaluación de la partida, ayudándonos a recordar cómo va la puntuación. Tales grabaciones están a nuestra disposición en el más allá, lo que nos permite ver las repeticiones, así como que tenga lugar ese «juicio» del que hablan las tradiciones occidentales.

Supongamos que el meollo de esta idea describe cierta verdad fundamental del universo, a saber, que nuestras acciones son registradas y que se nos juzga con base en tales hechos. La descripción de los ángeles anotadores y del pergamino de las obras —o del libro de la vida— no serían, sin embargo, sino metáforas comprensibles para el hombre común del Medio Oriente de hace más de mil años. El libro constituye, en efecto, otra metáfora tecnológica. Acaso represente, junto con la rueda, uno de los principales avances tecnológicos de la historia humana. Pero no es necesario creer que existen, literalmente, unos libros físicos en los que van consignándose todos nuestros actos. Si entendemos que lo descrito en estas fuentes escriturales tiene realidad ontológica —dicho breve: si entendemos que es real—, entonces podemos asumir que aquí interviene un mecanismo más evolucionado que el de unos ángeles escribiendo en pergaminos con vetustos cálamos.

En cuanto a los ángeles custodios, podrían ser un punto más sofisticados que meros autómatas. Han de formarse opiniones y guiarnos o protegernos de una manera más compleja. En algunas tradiciones, se trata de almas avanzadas a las cuales se da el encargo de estar pendientes de un pequeño (o gran) número de almas. Eso quiere decir que podrían ser, en realidad, seres conscientes como nosotros, o bien jugadores expertos de un videojuego a los cuales se encomienda la guía de «gremios» o «grupos de almas», o bien inteligencias artificiales avanzadas (por comparación con los ángeles registradores, que son procesos más sencillos, más mecánicos).

¿Quién revisa la grabación y determina si vamos al cielo? ¿Dios? ¿Un ángel (como en las tradiciones cristianas san Pedro)? ¿Se encarga en las tradiciones islámicas el ángel cuyo nombre de pila comparto (Rizwan)? ¿Es quizás la propia alma la que emite el veredicto? En seguida profundizaremos en este «repaso de la vida».

LAS PLEGARIAS Y EL AYUDANTE DE DIOS

En las religiones occidentales, a los fieles se los anima a rezar —es decir, a dirigirse a Dios—, ya sea repitiendo oraciones prefijadas —como en el islam y en el catolicismo—, o pidiéndole a Dios ayuda. Y Dios a veces envía, en respuesta a las súplicas, ángeles auxiliadores.

Puede que lo normal sea, habiéndose educado en una de las religiones occidentales, creer en el poder de la oración. Yo reconozco que nunca lo tomé al pie de la letra, como un proceso con su mecanismo subyacente.

Digo aquí lo mismo que antes: si hay más de mil millones de fieles musulmanes —y otros tantos cristianos— elevando súplicas diariamente a Dios, ¿qué clase de ente podría estar al otro extremo de la línea, recibiendo todas esas plegarias? ¿Sabemos de algún ser que no solo pudiera llevar la cuenta de esos miles de millones de solicitudes que fuese recibiendo, sino además darles respuesta?

En el caso de la hipótesis de la simulación, Dios, si existe, lo más normal será que deba representarse como algún tipo de programa informático inteligente, o de IA; o de ente consciente situado fuera de la simulación, y al cual ayudan miles de millones de programas informáticos —«ángeles»— individuales, responsables estos de dar seguimiento a las acciones de cada sujeto, así como de registrarlas y guiarlas.

En las ciencias de la computación, el término *daemon* se refiere —como ya adelantábamos— a procesos que se ejecutan automáticamente y cumplen determinado cometido, monitorizando a otros programas informáticos y asumiendo, por lo general, labores digamos que de mantenimiento o limpieza (*housekeeping*) del sistema.

Una IA equivalente funcional de Dios —por así decir— sería una IA omnisciente que monitorizase la totalidad de los sucesos del mundo conforme a determinadas reglas: una especie de servidor con un programa muy inteligente que estuviese al tanto de todo, algún tipo de conciencia digital que supervisara los acontecimientos según fueran produciéndose y que diera, además, respuesta a los mismos. Eso no quiere decir que Dios sea una IA, sino que necesitaría un sistema de inteligencia artificial para poder monitorizar cuanto sucede en nuestro universo físico y dar la debida respuesta.

LAS EXPERIENCIAS CERCANAS A LA MUERTE

Las tradiciones religiosas se ocupan, desde luego, de la muerte y del más allá, pero eso no quiere decir que la ciencia haya desatendido por completo tal frente. La definición de «muerte» es un asunto controvertido en la moderna ciencia médica. Con el avance de la tecnología y los procedimientos médicos, la ciencia ha mejorado en lo que se refiere a mantener con vida incluso a personas con enfermedades gravísimas, por no hablar de la práctica de revivir a pacientes cuando aún ha transcurrido poco tiempo desde que dejaran de respirar o les dejara de latir el corazón. Esto ha llevado al fenómeno, en décadas recientes, de que multitud de personas hayan estado clínicamente muertas durante cierto lapso... para ser a continuación resucitadas.

Estrecho es el vínculo que mantiene, con las ideas religiosas tradicionales, este concepto más moderno de las ECM (*E*xperiencias *C*ercanas a la *M*uerte). Popularizó el término —hay quien dice que, de hecho, lo acuñó— el doctor Raymond Moody en su libro superventas de 1975 *Vida después de la vida*. Y resulta que los modernos estudios sobre tales experiencias han encontrado semejanzas con los conceptos de un registro de buenas y malas acciones, de un repaso de la vida y de ver seres del más allá.

Después de hablar con más de mil personas que habían tenido una experiencia parecida, Moody se convenció de que las ECM eran reales. Desde la publicación de *Vida después de la vida*, se han escrito un sinfín de libros sobre tales experiencias. (Los autores han sido a veces médicos, y a veces los propios protagonistas). Dichas experiencias han ocurrido espontáneamente en todas las regiones del mundo, pero se alcanzó un cénit en Occidente en la segunda mitad del siglo XX debido a los avances de la medicina moderna y gracias a técnicas como la reanimación cardiopulmonar (RCP).

La mayor aportación de Moody tal vez fuera, aparte de popularizar el término ECM y hacer cobrar conciencia de que tales experiencias existen, identificar los elementos comunes de los relatos de sus protagonistas. Entre los componentes que hoy se consideran centrales de las ECM, figuran los siguientes:[7]

- **Sensación de paz, bienestar y ausencia de dolor.**
- **Experiencia extracorporal.** Hablaremos más sobre esto en el próximo capítulo, pero muchas de las personas que refieren una ECM afirman que pudieron ver su propio cuerpo físico donde quiera que el mismo estuviese. Otros afirman que podían ver y oír a familiares y doctores que estaban alrededor de dicho cuerpo físico suyo.
- **Cruzar un túnel**. La sensación de estar atravesando un túnel oscuro hacia una luz.
- **Seres de luz.** Numerosos sujetos refieren que se encontraron con seres de luz, o con otros seres espiritualmente más avanzados que estaban esperándolos. Hay quien describe a tales seres como ángeles, o afirma haberlos visto bajo la forma de un ser divino específico como puede ser Jesús.
- **Repaso de la vida.** Sobre esto nos explayaremos en seguida.
- **Decidir si vivir o morir.** Numerosos sujetos refieren que había una barrera y que tomaron —o les dijeran que tomasen— una decisión sobre si cruzar dicha barrera o volver a su cuerpo.
- **Regreso.** La persona está, súbitamente, de nuevo en su cuerpo.

No todos los relatos de ECM incluyen todos estos elementos, pero son lo bastante comunes como para considerarlos constituyentes fundamentales de esta clase de experiencias.

---

7. «Near-Death Experience», *Wikipedia*, modificado por última vez el 19 de septiembre de 2024, `https://en.wikipedia.org/wiki/Near-death_experience`.

Uno de los individuos que relataron a Moody su propia experiencia cercana a la muerte fue Dannion Brinkley. Fue alcanzado por un rayo en 1975 y en 1994 escribió, con Paul Perry, el superventas *Salvado por la luz*.

A Brinkley lo llevaron al hospital tras el impacto del rayo; estuvo clínicamente muerto durante veintiocho minutos. Luego, dijo que se había encontrado a un ser de luz que fue llevándolo por un repaso de su vida, uno de los aspectos más dramáticos de aquella experiencia:

> Empecé a revivir mi vida entera suceso a suceso. Fui observando mi existencia —en lo que yo denomino un «repaso panorámico de la vida»— desde fuera, como si estuviera en la perspectiva de otro. Iba viéndome a mí mismo junto a las personas con las que en cada caso hubiera interactuado.[8]

Las ECM son complicadas de explicar con un enfoque científico materialista —aunque hay científicos que han intentado dar cuenta de esta clase de fenómenos en términos de sinapsis neuronales aleatorias—, pero la coherencia de la experiencia apunta a que aquí pueda haber algo más, y a que hace falta un modelo teórico más amplio. Lógicamente, algunos participantes interpretan la experiencia con base en su tradición religiosa: el ser de luz es un ángel custodio del tipo que sea, y el lugar que han visitado se llama, por ejemplo, «paraíso».

Una ECM resulta mucho más explicable desde el punto de vista de la hipótesis de la simulación (con independencia de que suscribamos determinada interpretación religiosa occidental u oriental, o no suscribamos ninguna). En la simulación, durante lo que llamamos «muerte», el personaje empieza a despertarse en otra realidad.

¿Qué es esa otra realidad? Lo único que podemos afirmar con certeza es que se encuentra fuera del mundo renderizado del videojuego compartido, y que hay otros seres conscientes allí. Del mismo modo que, en *Matrix*, Neo se despierta en la cápsula tras tomar la píldora roja y termina encontrándose con Morfeo, nosotros terminamos encontrándonos, en el más allá, con otros seres —ya se trate de seres de luz, de ángeles o de familiares difuntos—, los cuales han estado observándonos mientras jugábamos al juego.

---

8. Dannion Brinkley, consultado en 2019, `https://dannionandkathrynbrinkley.com/dannions-ndes/`.

Este repaso de la vida resulta pasmosamente parecido al pergamino de las obras islámico, pero hete aquí que Brinkley dice que él no se sintió juzgado por nadie que no fuera él mismo. No vio nada semejante a lo que él habría llamado «infierno», cosa que, habiéndose criado en la región de Estados Unidos conocida como Cinturón de la Biblia, le sorprendió muchísimo. Y el ser de luz tampoco le juzgaba, sino que se limitaba a repasar con él sus errores como harían, al término de un examen o de un juego, un maestro de escuela o un *coach*.

Podría parecer que esto no casa con las doctrinas religiosas occidentales. Examinando, sin embargo, ciertos pasos de las sagradas escrituras directamente, resulta que tal vez no sea así. En el Corán, por ejemplo, hay un pasaje referido al modo en que, en el día del juicio, estará abierto el libro de cada quien (ese «pergamino de las obras» al que varias veces nos hemos referido):

> Lee tu libro. Hoy bastas tú para ajustarte cuentas. (Corán, 17, 14).[9]

Brinkley calificó aquel repaso de su vida, describiéndomelo a mí, de «repaso vital panorámico holográfico circular»; y otros protagonistas de ECM utilizan términos comparables. A veces los sujetos recurren a metáforas como la de una película interactiva, o la de estar en una sala de cine viendo miles de escenas de sus vidas (siendo estas renderizadas simultáneamente en miles de pantallas dispuestas alrededor del sujeto). Es evidente que intentan describir lo que han visto echando mano de metáforas tecnológicas actuales, renovando la metáfora antigua de un libro o un pergamino.

Brinkley relata que se sintió como si estuviera dentro de una película en 3D de su vida entera, pudiendo él ver —y sentir— cada situación no solamente desde su propio punto de vista, sino desde la perspectiva de los demás también. Podía incluso sentir lo que sentían otros. Fue una experiencia estremecedora que cambió su forma de relacionarse con la gente. Recuerda a esa idea islámica de ver el impacto de los actos de uno (del cual es posible que uno no sea consciente). En el ámbito de las ECM, esta idea de ver cómo nuestros actos afectan a otros —no solo a los que están cerca— se llama a veces «efecto dominó».

---

9. Ibrahim Amini, «Scroll of Deeds», *Al-Islam.org*, `https://www.al-islam.org/resurrection-maad-quran-ibrahim-amini/scroll-deeds`.

¿Cómo podría conseguirse semejante visión inmersiva circular de absolutamente todo lo ocurrido en la existencia de alguien? Sin duda sería una labor técnica increíble, pero, una vez más, los videojuegos ya están diciéndonos cómo podría hacerse. Hace poco, una *startup* de videojuegos consiguió coger el entorno tridimensional de un juego competitivo multijugador y re-renderizar en realidad virtual cualquier parte de una partida desde cualesquiera coordenadas de ese espacio cibernético. No estamos en condiciones de reproducir, obviamente, los sentimientos de otros jugadores, pero ya tenemos la tecnología necesaria para ver la repetición de escenas tridimensionales desde el punto de vista subjetivo de otros personajes, y también estamos ya creando interfaces hápticas (guantes y trajes que nos permitan realmente sentir lo que está pasando en el videojuego, según se muestra en películas como *Ready Player One*).

No parece, así, tan complicado imaginar que, con la hipótesis de la simulación, una ECM deje de ser algo misterioso, inexplicable, y pase a ser un proceso científico absolutamente comprensible. De hecho, la decisión de «volver» y seguir con la vida del personaje que estábamos jugando a ser se asemeja una barbaridad ni más ni menos que a cuando teníamos que echar, para seguir jugando, otra moneda en la máquina del recreativo.

En los años transcurridos desde que escribí la primera edición del presente libro, he encontrado muchas otras semejanzas y muchas otras metáforas de los textos sagrados que, examinadas con la atención debida, parece razonable concluir que describen algún tipo de mundo ilusorio en el cual jugamos a juegos cuya evolución va siendo monitorizada con vistas a su resultado.

Mi conclusión es que la teoría de la simulación también tiende un interesante puente entre distintas sectas de las tradiciones religiosas orientales y occidentales. En cierto sentido, la idea de estar en una simulación nos proporciona una de las maneras más interesantes de enfocar «todas» las religiones. Dicha idea se convierte tanto en una metáfora conectora de tradiciones religiosas distintas, como en un modo de tender un puente entre la cosmovisión religiosa antigua y la cosmovisión científica moderna.

TRECE

ALGUNAS ÁREAS INEXPLICADAS

En los anteriores capítulos hemos visto que la hipótesis de la simulación ofrece un modelo preferible que no solo explica muchos de los misteriosos hallazgos de la física moderna, sino que incluso proporciona una base científica para las antiguas enseñanzas místicas tanto orientales, como occidentales.

En este capítulo exploraremos enigmáticas áreas que la ciencia no ha sabido o no ha querido explicar. En ciertos casos, muchos científicos directamente niegan que tales fenómenos existan. Su lógica —de tipo más bien circular— es que no existe ningún mecanismo razonable que explique el fenómeno en cuestión, y que eso implica que quien diga haberlo experimentado se equivoca, ha tenido una alucinación, miente o está sencillamente malinterpretando otro fenómeno ya conocido.

Quienes han estudiado las áreas que exploramos en este capítulo saben, sin embargo, que tal enfoque está incompleto. Los científicos también son personas, y, como tales, a menudo dejan que sus prejuicios enturbien su visión de fenómenos inexplicados que no encajan en el paradigma científico materialista aceptado. Cabría decir incluso que, en tal sentido, son dogmáticos.

Sin embargo, si vamos más allá del paradigma materialista y adoptamos la óptica de la hipótesis de la simulación, podemos ver que fenómenos que parecían absurdos o imposibles, en realidad sí que pueden explicarse. En un universo simulado habría, en efecto, una explicación y un mecanismo perfectamente racionales para tales fenómenos.

LOS OVNIS

Una de las áreas que la ciencia lleva sin lograr explicar desde los albores de la era atómica, es la de los ovnis (*o*bjetos *v*oladores *n*o *i*dentificados), para los que últimamente se ha propuesto, en círculos oficiales, el acrónimo «fani» (*f*enómeno *a*éreo *n*o *i*dentificado). Ha habido miles de testimonios de avistamientos de naves físicas de día —con forma de platillo, de triángulo o de cigarro puro— y de luces voladoras de configuraciones varias de noche. Aportan tales testimonios no solamente personas aleatorias que viven en mitad del campo, sino también militares y pilotos de aerolíneas. Los objetos en cuestión exhiben una extraña maniobrabilidad, siendo habitual que permanezcan suspendidos, o bien que aceleren o frenen de una forma tan súbita, que desafía nuestra comprensión de la inercia y la aerodinámica.

La ufología u ovnilogía se ha convertido en una subespecialidad por derecho propio: se han publicado multitud de libros sobre la materia. El Gobierno estadounidense dijo su última palabra (oficial) al respecto, en el siglo XX, con el llamado Proyecto Libro Azul, cuerpo especial del que formó parte, como asesor científico, J. Allen Hynek, famoso astrónomo de la Universidad Estatal de Ohio y de la Universidad del Noroeste. Aquel programa se suspendió el 17 de diciembre de 1969. La Fuerza Aérea y el Departamento de Defensa aseguraron, en los años siguientes, que habían dejado de investigar los avistamientos de ovnis porque la conclusión del Libro Azul fue que no representaban una amenaza.[1]

El doctor Hynek sí que continuó estudiando el fenómeno (en colaboración con el doctor Jacques Vallée, quien en 1963 preparó, por cuenta de la NASA, el primer mapa informatizado de Marte). Corría el rumor de que ambos sirvieron de inspiración para el personaje del científico francés que estudia los ovnis en la película de Steven Spielberg *Encuentros en la tercera fase* (1977). (El título original es *Close Encounters of the* Third *Kind*, literalmente «encuentros cercanos del tercer tipo», y resulta que fue Hynek, que además hace un cameo en la película, quien acuñó ese término de «encuentro cercano»).

En 2017, *The New York Times* informaba de que aquella afirmación del Departamento de Defensa de que había dejado de investigar los ovnis no era exactamente cierta. Luis Elizondo reveló que formaba parte del Programa de Identificación de Amenazas Aeroespaciales Avanzadas

---

1. «Project Blue Book», *History.com*, 16 de diciembre de 2019, `https://www.history.com/topics/paranormal/project-blue-book`.

—del Pentágono—, que tenía un presupuesto de veintidós millones de dólares y había sido fundado por senadores entre los que estaba Harry Reid, de Nevada.[2] El hecho de que el Pentágono siguiera tomando en serio estos objetos voladores no identificados, pero de puertas afuera negase hacerlo, pone de relieve su interés en las extrañas propiedades aerodinámicas de dichos artefactos.

Uno de los avistamientos más notables de cuantos estudió aquel programa del Departamento de Defensa fue el del ovni llamado Tic Tac —por recordar su forma a los caramelos homónimos—, ocurrido en 2004. Unos cazas del portaviones USS Nimitz informaron de que veían una nave con forma semejante a la del mencionado caramelo, la cual estaba suspendida en cierto punto sobre el océano, y bajaba de una altura de veinticinco mil metros a una altura de cinco mil en cuestión de segundos, para acto seguido desaparecer a una velocidad tremenda, volviendo luego a aparecer en el lugar donde los pilotos de los cazas tenían previsto reunirse. Los pilotos estaban boquiabiertos ante las prestaciones de aquella nave en términos de vuelo, porque nuestra actual tecnología aeroespacial en absoluto permite tales maniobras. Desde la primera edición de este libro, el Congreso de Estados Unidos ha celebrado las primeras sesiones dedicadas al tema de los ovnis en cincuenta años, instituyéndose además, en el Pentágono, varios cuerpos especiales y una oficina dedicados a los ovnis —a los que adelantábamos que ahora se aplica el acrónimo, nuevo y más preciso, de «fanis» por fenómenos aéreos no identificados—, con el objetivo de poner algún orden en los múltiples avistamientos pendientes de esclarecer.

No es mi objetivo confirmar ni desmentir dichos avistamientos. La mayoría de las comisiones que los han estudiado —oficiales y no oficiales— concluyen, sin embargo, que la mayor parte de los casos tienen una explicación normal. Luego, hay cierto porcentaje de los casos para el cual no hay datos suficientes que permitan clasificar adecuadamente, en ningún sentido, el fenómeno en cuestión. Pero en casi todas las evaluaciones queda aproximadamente un 5 % de casos en los que sí que hay suficiente información para descartar que se trate de objetos conocidos o que procedan explicaciones normales. Y es este 5 % de objetos o naves de origen desconocido —y de propiedades aerodinámicas que desafían las leyes de la inercia y de la gravedad— el que más descolocados deja tanto

2. Helene Cooper, Ralph Blumenthal y Leslie Kean, «Glowing Auras and "Black Money": The Pentagon's Mysterious U.F.O. Program», *The New York Times*, 16 de diciembre de 2017, https://www.nytimes.com/2017/12/16/us/politics/pentagon-program-ufo-harry-reid.html.

a los escépticos como a los creyentes. Dicho 5 % incluye a la mencionada nave Tic Tac, detectada por el mencionado portaviones USS Nimitz, frente a la costa de California, por contacto visual directo y por radar. (Antes de aquel avistamiento había habido muchos en Estados Unidos, Europa, Australia y Sudamérica).

En esta sección quiero centrarme en uno de dos aspectos del fenómeno ovni para mostrar su punto de contacto con la hipótesis de la simulación. En algunos avistamientos, los testigos refirieron que era como si la nave apareciera de la nada, como si se materializase de pronto en el mundo físico. Eso ha llevado a especulaciones sobre un posible «dispositivo de camuflaje» o sobre que la nave en cuestión pueda entrar y salir de nuestra dimensión física.

¿Cómo podríamos dar cuenta de tal fenómeno si efectivamente viviéramos en una simulación?

Si los ovnis fueran interdimensionales, eso significaría que existe un mundo fuera de lo físico, y que los ovnis entran y salen de nuestra realidad física. Si los ovnis son naves extraterrestres procedentes de algún lugar del universo físico —y ese es, por supuesto, el debate—, necesitarían utilizar algún tipo de agujeros de gusano —o de tecnología que supere la velocidad de la luz— para atravesar los vastísimos páramos del espacio interestelar. (De todo esto hablábamos en el capítulo noveno).

Cualquier equivalente funcional de un traslado por agujero de gusano —cualquier forma, por tanto, de teletransporte— sería básicamente como desaparecer, de pronto, en determinado punto de la simulación y volver a aparecer en otro punto dado, cosa mucho más factible en una realidad simulada que no en una realidad física.

Hay, además, estudiosos de los ovnis según los cuales los avistamientos tienen un componente objetivo y otro subjetivo. Cuando me reuní con Jacques Vallée en 2017, me dijo que él había documentado casos en los cuales, estando varias personas juntas, algunas vieron el ovni y otras no, lo que le llevó a pensar que en el fenómeno ovni había un aspecto que tenía que ver con la conciencia. Pero ¿qué podría provocar que una persona vea un ovni, y otra que está pegada a ella no lo vea? En otro caso —me explicó Garry Nolan, profesor de Stanford que ha trabajado con Jacques Vallée en una serie de avistamientos—, vieron un ovni los miembros de una misma familia que iban todos en el mismo coche, pero resulta que daban descripciones de la forma del objeto completamente distintas —tipo un disco vs. un cigarro puro—, a pesar de que estaban, como digo, sentados cerquísima todos. ¿Qué podría explicar tal divergencia?

Si retomamos la idea de que cada uno de nosotros está consciente en una simulación semejante a un videojuego, de ello se sigue que cada uno de nosotros tendrá que renderizar el mundo físico en su propio «ordenador» (en este caso, en su propia conciencia). Una situación en la que el ovni se renderiza en la conciencia de la persona A, pero no en la de la persona B, tiene sentido solamente en el contexto de una simulación multijugador «distribuida» —así se dice en computación—, no en lo que sería una realidad física compartida.

Nuestra actual comprensión de la física no puede explicar los avistamientos de ovnis —ni las prestaciones voladoras de estos—, como tampoco puede explicar el componente subjetivo de la experiencia de los ovnis nuestra actual comprensión de la conciencia. Con la hipótesis de la simulación es más sencillo, sobre todo si incorporamos la idea de que la conciencia puede tener parte en que se vea —o no se vea— algo que parece muy físico a algunas personas.

En otro caso del que me habló Vallée, unos testigos refirieron —esta vez, en el Noroeste del Pacífico— que el ovni descendió en un ángulo de 45° y aterrizó en un claro que había entre los árboles. Pues bien: quien haya estado en esa parte de Estados Unidos sabrá que hay unos árboles de hoja perenne bien altos y robustos. (Los hay con más de mil años). Y me contó Vallée que, cuando vio el lugar concreto donde le dijeron que la nave había aterrizado, era evidente que, con un ángulo de 45°, el artefacto habría pasado a través de los árboles, cosa aparentemente imposible, habida cuenta de que estos seguían en su sitio. Pero los testigos le confirmaron a Vallée que sí, que fue a través de los árboles como la nave se desplazó. También le dijeron, sin embargo, que no habían querido mencionar aquel detalle a otros investigadores porque parecía «de locos». Pero ellos insistían en que así fue.

Si asumimos que todo tiene una existencia física, el testimonio recién referido es «de locos», efectivamente. En un videojuego, en cambio, un objeto puede materializarse sin llegar a ser del todo sólido. (Un jugador puede incluso atravesar paredes si su avatar o su entorno están en ese estado de renderización parcial). Un ovni que es posible renderizar en el mundo físico y des-renderizar del mismo —como en un videojuego— ofrecería un mecanismo de cómo el fenómeno recién referido —aparentemente absurdo— podría en realidad haber tenido lugar perfectamente.

Además, si la nave fuera una especie de proyección holográfica de algún estado de su existencia, ahí sí que podría realizar todas esas maniobras tan desconcertantes. Los testigos de muchos otros casos aseguraban, por ejemplo, que el ovni saltaba de un sitio a otro del cielo, lo cual no parece posible tratándose de un objeto completamente físico —o, por usar los términos de la teoría de la simulación, completamente renderizado—, pero, si se tratara de un objeto parcialmente renderizado, entonces sería como una proyección que va por el cielo dando brincos.

El tema de los ovnis es complejo y no podemos hacerle justicia en el pequeño espacio de un capítulo de este libro. He aquí, con todo —por sintetizar—, una serie de aspectos del fenómeno ovni que han desconcertado a los físicos y a los investigadores:

- Maniobrabilidad. Los ovnis muestran una maniobrabilidad que desafía las leyes de la física.
- Materialización. En ocasiones los ovnis aparecen súbitamente de la nada o desaparecen de golpe, y a veces se ponen a dar saltos o atraviesan objetos sólidos.
- Visibilidad subjetiva. Sucede también que un testigo ve el ovni, y otros no lo ven. Parece, por tanto, que hay en esta experiencia aspectos objetivos y aspectos subjetivos.

Pues bien: estos tres aspectos de los testimonios de avistamientos de ovnis empiezan a cobrar sentido si nos planteamos la realidad física como una simulación informática o un videojuego, en vez de como una realidad física común objetiva, sobre todo teniendo en cuenta lo siguiente:

- Los motores de simulación física. Los videojuegos tienen, en efecto, este tipo de motores, los cuales los programadores pueden «customizar» fácilmente.
- La renderización. En un videojuego, los objetos pueden renderizarse en cualquier lugar; de ahí esa impresión de que surgen de la nada. También pueden estar parcialmente renderizados —pudiendo entonces atravesar objetos físicos—, e inmediatamente después ser ya físicos del todo —estar renderizados plenamente— y no poder atravesar otros objetos ya.
- La renderización condicional. Como todo el renderizado tiene lugar en ordenadores individuales, es posible que un jugador vea, en una escena, un objeto que otros jugadores no (lo que se conoce como *narrowcasting*, «transmisión selectiva»).

LA PARADOJA DE FERMI

Quien quiera adoptar una perspectiva más escéptica respecto de los ovnis —respecto de la hipótesis, al menos, de que son alienígenas que vienen de otros planetas— ahí tiene la paradoja de Fermi. La planteó el físico Enrico Fermi, cuyas notables aportaciones incluyen el primer reactor nuclear, que sirvió de base para el Proyecto Manhattan. La idea es que, si hubiera vida —o alienígenas— en tantos mundos como tiene la galaxia, lo normal sería, dada la cantidad de tiempo que esta lleva en su sitio, que dichos alienígenas la hubiesen colonizado —o explorado al menos— en su mayor parte, por lo que tendríamos que estar viendo ya alienígenas.

Si primero considerábamos la Tierra el centro de nuestro universo, hoy sabemos que el Sol es una estrella que ocupa el centro de nuestro sistema solar... y que es prácticamente insignificante dentro de una galaxia repleta de estrellas. Además, de resultas del descubrimiento de los exoplanetas —o sea, de los planetas situados fuera de nuestro sistema solar, de los cuales tenemos confirmados hasta ahora cinco mil y cada año se descubren otros nuevos—, parece que los planetas son mucho más abundantes y potencialmente habitables de lo que hasta hace poco pensábamos. Podría haber, según ciertas estimaciones, más de mil millones de planetas habitables...

Pero, entonces, ¿dónde están los alienígenas?

Aunque los expertos en ufología dirán que ya los vemos de manera habitual —y que así venía siendo a lo largo de la historia—, la mayoría de los científicos despachan los indicios ovni como cosa anecdótica y aducen como principal razón la imposibilidad de viajar a la velocidad de la luz o más rápido.

Otra explicación sería que carecemos de las herramientas adecuadas para verlos, o que no estamos buscando en las frecuencias adecuadas. Un artículo reciente de la *MIT Technology Review* analizaba los parámetros que una búsqueda de inteligencia extraterrestre necesitaría, y se encontraba con que había, en la cuadrícula de búsqueda, ocho dimensiones que hacía falta examinar.[3] Hasta el momento las búsquedas se habían hecho, a través de organismos como el SETI (Search for Extraterrestrial Intelligence, «búsqueda de inteligencia extraterrestre»), únicamente en parte de una sola de dichas dimensiones, conque nos queda un buen trecho por cubrir...

---

3. Emerging Technology from the arXiv, «The 8-Dimensional Space That Must Be Searched for Alien Life», *MIT Technology Review*, 8 de octubre de 2018, `https://www.technologyreview.com/2018/10/08/66477/the-8-dimensional-space-that-must-be-searched-for-alien-life/`.

También cabe, sin embargo, que simplemente no existan otras civilizaciones, cosa que también sería congruente con la hipótesis de la simulación. ¿Y si en todas las galaxias que vemos ningún cuerpo celeste fuese real, sino que estrellas y planetas estuvieran, todos, generados procedimentalmente, de manera que podamos observarlos desde la Tierra, pero no visitarlos de verdad?

En el capítulo segundo utilizábamos el ejemplo del juego *No Man's Sky*, que tenía dieciocho trillones de planetas. No fue que los desarrolladores crearan semejante número de mundos distintos, sino que estos fueron generados, como digo, por procedimientos; y la simulación los renderizaba cuando era necesario. No son planetas que existan verdaderamente; todo depende del estado de la simulación. Si un jugador está visitando un planeta, entonces es cuando se renderiza este. Si también se generara procedimentalmente vida alienígena, entonces sería fácil añadirla a la simulación. Por otra parte, el hecho de que no hubiera sino montones y montones de mundos muertos, bien mirado podría hacer la hipótesis de la simulación más plausible.

Volviendo al capítulo octavo —en el que hablábamos de mundos paralelos—, podemos conceptualizar cada universo como una simulación distinta que se ejecuta en su pista correspondiente. Y es posible que, viviendo nosotros en una simulación en la que todos los mundos se generan procedimentalmente y no existen más formas de vida, en otras simulaciones, en cambio, los extraterrestres no solo abunden, sino que además ya se nos hayan dado a conocer.

De ahí que la hipótesis de la simulación sea compatible tanto con la paradoja de Fermi como con la creencia ovni. Excede el ámbito de este libro plantear con demasiada vehemencia ninguna de ambas posturas, pero mostrar cómo la hipótesis de la simulación podría dar cuenta de las mismas tal vez ayudara a explicar mejor ambos lados del debate: el de quienes creen que no es solo que los alienígenas existen, sino que ya han venido a la Tierra a visitarnos, y el de quienes creen que en la galaxia no hay otras civilizaciones avanzadas.

JUNG Y LA SINCRONICIDAD

Centrémonos ahora en otro fenómeno bien conocido, pero inexplicado. El concepto de «sincronicidad» fue introducido, en un intento de explicar múltiples aspectos de la vida rayanos en lo paranormal, por el célebre psiquiatra Carl Jung, quien efectivamente mencionó la sincronicidad en muchos de sus trabajos, pero escribió el texto clave sobre ella en 1951, afirmando que se trataba de un «principio conector acasual».

Otra definición más asequible que propuso, según la cual la sincronicidad es una «coincidencia significativa» —una coincidencia con sentido—, caló y se convirtió en fuente de ideas para muchos científicos —y no científicos— que intentaban explicar cómo funciona el mundo. Jung daba varios ejemplos en aquel texto. Uno de los más famosos es el del escarabajo. Resulta que una paciente de Jung tenía dificultades con la terapia. Le dijo que la noche anterior había soñado con uno de esos escarabajos que aparecen en muchos relieves egipcios. Justo cuando se lo contaba, chocó contra la ventana dc la consulta de Jung un escarabajo. Jung abrió la ventana y el escarabajo entró. (Sería lo más parecido que en esa parte de Europa hubiera a un escarabajo egipcio). «Aquí tiene el escarabajo de su sueño», le dijo el psiquiatra a la mujer... y parece que aquello desatascó la energía y la paciente empezó a avanzar con rapidez en su terapia.

Como sucede en tantos casos clásicos de sincronicidad, no hay forma lógica de definir una relación de causa y efecto, pero hay dos acontecimientos, uno de carácter psíquico —pensar o hablar sobre algo—, y otro de carácter externo, los cuales coinciden en el tiempo —están en «sincronía»— de un modo que tiene sentido, que significa algo. La sincronicidad no se considera un concepto ni puramente científico ni puramente psicológico. Es uno de los pocos conceptos que incluye ambas cosas. En el ejemplo recién aducido, no sabemos si el hecho de que el escarabajo chocara contra la ventana en ese momento preciso tuvo su causa en que la mujer estuviese refiriendo su sueño con un escarabajo, pero tampoco podemos separar una cosa de la otra. De hecho, Jung mantuvo una nutrida correspondencia sobre este tema con Wolfgang Pauli —uno de los fundadores de la física cuántica— antes de escribir su mencionado trabajo de referencia.

En mi libro *Treasure Hunt* [La búsqueda del tesoro], dedico mucho espacio a las sincronicidades: cómo cabría interpretarlas y de dónde vienen. Existen múltiples teorías diferentes sobre la sincronicidad, pero quienes creen que es un fenómeno real, en general, se adscriben a una de estas dos explicaciones:

- **Perspectiva espiritual o religiosa.** En las religiones tradicionales, las sincronicidades podrían ser mensajes de Dios o de los ángeles custodios, que estarían intentando que entendiésemos que determinada decisión o determinado suceso pueden tener importancia en nuestra vida. Desde una óptica *new age*, la sincronicidad entra en juego cuando aparecen pistas relevantes para nuestro plan vital —para nuestro karma—, como que nos fijemos en alguna persona o en algún lugar que desempeñará un papel crucial para nosotros.

- **Perspectiva científica o de física cuántica.** Desde un punto de vista más científico, la sincronicidad puede explicarse con yoes futuros que nos envían mensajes retrospectivamente. La idea es que debemos reparar en algo de nuestro entorno para tomar las decisiones que han de llevarnos a determinado futuro posible o probable. (Explorábamos esta idea en el octavo capítulo).

Pero hay una tercera explicación (bastante cabal): que la sincronicidad en realidad nos está revelando un orden que nosotros no podemos ver en el mundo físico. Y eso en la hipótesis de la simulación se hace más explícito: nos están dando pistas sobre nuestras siguiente «misión», y, para asegurarse de que nos enteramos, añaden un acontecimiento externo que se corresponde con algo a lo que estábamos dándole vueltas.

Cuando escribía el mencionado *Treasure Hunt* —sobre las sincronicidades en el mundo de los negocios—, empecé a referirme a estos sucesos, informalmente, como «fallos en Matrix». Entonces aún no había terminado de desarrollar los argumentos sobre la hipótesis de la simulación que son el foco de este libro. Pero resulta que el modelo de que vivimos dentro de una simulación en la cual nuestros pensamientos y nuestras acciones son (1) monitorizados y (2) introducidos en un bucle de retroalimentación por cuya virtud se generan sucesos aparentemente externos con base en el estado que nosotros tenemos en el juego —con base también en nuestra lista de misiones y objetivos—, este modelo encaja de maravilla con la idea junguiana de sincronicidad en cuanto que principio conector para el cual no se ven causas.

Jacques Vallée fue más explícito en su charla TED de 2011 «The Physics of Everything Else» [La física de todo lo demás], diciendo que las sincronicidades y las coincidencias tal vez revelen parte de la estructura subyacente con la que el universo va almacenando la información. Él utiliza la analogía de una biblioteca tradicional, donde almacenamos y buscamos los libros con la referencia de la dimensión física —libro equis, estante i griega, puesto zeta—, frente a lo que en las ciencias de la computación utilizamos un método de almacenamiento de información más sofisticado, basado en criterios no de ubicación espacial, sino «asociativos» y estadísticos:

> Lo que los modernos estudiosos de la computación han comprendido es que ordenar por espacio y tiempo es la peor forma posible de almacenar datos. [...] Si no hay dimensión temporal —como solemos asumir que hay—, podría resultar que vamos atravesando los acontecimientos por asociación. Los ordenadores actuales recuperan la información asociativamente.[4]

Vallée se estaba refiriendo a una manera más sofisticada de almacenar y recuperar datos —a una manera basada en la asociación—, de donde podría resultar que la sincronicidad sea una parte integral del modo en que está montado el universo. Nada, por tanto, milagroso o inexplicable.

Hablando de las ideas de Vallée con Diana Pasulka —profesora de estudios religiosos que ha escrito sobre ovnis y sincronicidades—, supe del concepto de «sincronicidad tecnológica». Es una forma de enfocar la sincronicidad en términos de las asociaciones recién mencionadas y también en términos de computación. Puede que el mejor modo de explicar esto, sea pensar en cómo las páginas web comparten información sobre los usuarios a través de un constructo tecnológico llamado *cookie*.

Hace poco, andaba yo mirando mochilas en el ordenador —porque tenía que comprarme una—, y fui a parar a la web de un fabricante de mochilas concreto. Luego estaba mirando las redes sociales en el teléfono, y me encontré un anuncio exactamente de esa marca de mochilas. La cuestión es que, si yo no me dedicara a la tecnología, a lo mejor interpretaba que es una conexión acasual o una coincidencia significativa. Pero yo sé que no es nada de eso. Aquel anuncio apareció porque yo había abierto, en el buscador, la web de ese fabricante específico y la información se había almacenado en un dispositivo tecnológico invisible (en una *cookie*). Yo diría que una sincronicidad tecnológica funciona igual: parece magia, pero si resulta que hay algo monitorizando todos nuestros pensamientos y todos nuestros actos, entonces nada impide que ese algo pueda ponernos delante, dentro de una simulación, un siguiente paso significativo.

---

4. Jacques Vallée, «A Theory of Everything (Else): Another Physics for 2061?», charla TED (16' 37") pronunciada en Bruselas el 23 de noviembre de 2011, `https://www.jacquesvallee.net/videopresentations/`.

LOS *DÉJÀ VU* Y LAS PISTAS DE QUE ESTAMOS EN UNA SIMULACIÓN

Muy cerca de la idea de sincronicidad está el concepto de *déjà vu*, una experiencia que tenemos cuando pensamos que algo —o algún lugar, o algún suceso— ya lo hemos visto antes. Es una sensación extraña. A mí me gusta pensar que se trata de otro tipo de «fallo en Matrix». De hecho, en la película original se menciona expresamente: cuando Neo ve a un gato pasar por una puerta y la escena se repite a los pocos segundos.

En la introducción hablaba del escritor de ciencia ficción Philip K. Dick, quien declaró que creía que vivimos en una realidad generada por ordenador. Consideraba este autor que, cuando experimentábamos un *déjà vu*, era porque ya habíamos visto un suceso o un lugar anteriormente, pero esa realidad había sido modificada. Él sostenía básicamente que lo que entonces percibíamos era una realidad paralela que habían «rebobinado» —echado para atrás—, y luego habían vuelto a ejecutar hasta el presente con un resultado distinto. En un famoso discurso que pronunció en un festival de ciencia ficción que se celebró en Metz, Francia, en 1977, Dick dijo, en efecto, que...

> ... vivimos en una realidad programada informáticamente, y el único indicio que tenemos al respecto es cuando se modifica alguna variable y en nuestra realidad se produce alguna alteración. El individuo tiene entonces la abrumadora impresión de que está reviviendo el presente —*déjà vu*—, y acaso de manera idéntica: tanto oyendo, como diciendo, las mismas palabras. Yo digo que tales impresiones son válidas y significativas y voy más allá: son una pista de que en algún momento del pasado se modificó determinada variable —se reprogramó, por así decir—, y ello dio lugar a que surgiera, a modo de una bifurcación, un mundo alternativo.

Nuestras sensaciones de *déjà vu* y de sincronicidad, que ponen de manifiesto un orden del mundo que desafía las explicaciones científicas, podrían ser el indicio cotidiano de que la hipótesis de la simulación es el mejor modelo para explicar nuestra realidad.

LAS EXPERIENCIAS EXTRACORPORALES, LA VISIÓN REMOTA Y LOS FENÓMENOS «INEXPLICADOS»

En su libro *Morir para ser yo*, Anita Moorjani, que tuvo una ECM en un hospital de Hong Kong —tras la cual se curó milagrosamente de un linfoma—, refiere que ella entonces percibía no solo lo que pasaba en la habitación en torno a ella, sino también lo que estaban haciendo otras personas que se encontraban a varios cientos de kilómetros de allí (entre ellas su hermano, que estaba precisamente de camino desde India para ir a verla a Hong Kong). Dannion Brinkley, de quien hablábamos en la sección de las ECM, ha referido una experiencia parecida: podía ver lo que ocurría en el hospital mientras él estaba «muerto». (Coincide con el relato de más protagonistas de ECM).

Este fenómeno, que se conoce como «experiencia extracorporal», no es exclusivo de las experiencias cercanas a la muerte: los místicos religiosos y los exploradores de la conciencia llevan siglos, cuando no milenios, refiriendo experiencias extracorporales. Estas constituyen una de las áreas inexplicadas de la conciencia para las que la ciencia no ofrece una explicación satisfactoria (si nos atenemos a una óptica materialista). Uno de los beneficios que se observan en las personas que refieren experiencias extracorporales es que le tienen menos miedo a la muerte y los invade una sensación de bienestar al estar menos asustados respecto a qué pasará si mueren y abandonan su cuerpo.

Necesitamos un modelo mejor para explicar el posible funcionamiento de estas experiencias extracorporales. En muchas tradiciones religiosas —y en la filosofía *new age*—, el cuerpo físico está rodeado de un cuerpo etérico que es mucho más sutil que el físico. Dicho cuerpo etérico está rodeado por un cuerpo astral.

En la literatura yóguica, el cuerpo está rodeado por unos envoltorios transparentes llamadas *koshas*. Podríamos entender que tales envoltorios se refieren, de manera metafórica, a algo que, según los místicos modernos, tiene el aspecto de unos campos electromagnéticos que rodearan el cuerpo. Aunque sigue siendo un tema controvertido en la comunidad científica, muchos adeptos de las ciencias ocultas afirman que ellos ven las auras, y la fotografía Kirlian se desarrolló con el objetivo de fotografiar qué ocurría en los distintos niveles del aura. La explicación ocultista de las experiencias extracorporales es que el cuerpo astral abandona el cuerpo físico y tiene libertad para moverse por el mundo astral, que en múltiples sentidos refleja el mundo físico y permite al usuario asomarse a este.

Robert Monroe, que publicó dos libros sobre sus experiencias de viajes extracorporales *—El viaje definitivo* y *Viajes lejanos—*, planteó la idea de que tales viajes no solamente son por el mundo físico, sino que podrían incluir otros niveles que no están conectados con nuestros cuerpos materiales.

En este modelo de la realidad, hay otros planos aparte del astral (concretamente el «cuerpo causal», con su correspondiente plano). En los Vedas, algunos de los cinco «envoltorios» (*koshas*) se corresponden con los tres cuerpos: el denso, el sutil y el causal.[5] El cuerpo denso (*sthula sarira*) es ese cuerpo físico del cual conocemos todo. El cuerpo sutil (*suksma sarira*) mantiene vivo al cuerpo físico, transmigra con el alma de cuerpo en cuerpo y se separa del cuerpo físico al nacer. El cuerpo causal (*karana sarira*) es la semilla que crea el cuerpo sutil y el cuerpo físico denso.

Una exploración pormenorizada de tales filosofías y de este fenómeno excede el ámbito del presente libro, pero tiene su importancia que, en la literatura védica, el cuerpo sutil se considere, por así decir, una «plantilla» para el cuerpo físico. En múltiples doctrinas *new age*, el cuerpo etérico se considera, en efecto, una plantilla que define la forma y la vitalidad de las células del cuerpo material —representándose a menudo como una retícula de líneas azules que cartografían nuestro cuerpo—, y el cuerpo astral sería el que se separa cuando alguien está teniendo una experiencia extracorporal o se está muriendo.

La hipótesis de la simulación podría ofrecer una explicación mejor de este fenómeno. En una simulación, cada personaje tiene un cuerpo renderizado. Y, detrás de eso, ¿qué hay? Resulta que la información sobre el cuerpo —sobre el personaje— se almacena en algún estado no renderizado, pero luego un modelo en 3D define el aspecto, la forma y la hechura del cuerpo físico del personaje.

Dicho modelo en 3D no es visible para el resto de personas del mundo renderizado, pero existe en algún lugar de la memoria o en el disco y es indispensable para el personaje/jugador en cuestión. Tal modelo suele dibujarse con polígonos y se considera una «retícula» de líneas que perfilan la forma del cuerpo del personaje, recibiendo luego su textura para crear la renderización propiamente dicha del personaje en el mundo

---

5. «Three Bodies Doctrine», *Wikipedia*, modificado por última vez el 6 de mayo de 2024, `https://en.wikipedia.org/w/index.php?title=Three_bodies_doctrine&oldid=1222511373`.

del juego. Esta retícula suele dibujarse en azul o verde y consta de líneas que definen, como digo, la forma o el contorno del cuerpo del avatar y las partes de tal cuerpo.

Quienes afirman ver los cuerpos sutiles, a menudo, describen una especie de «plantilla etérica» de luz azul sobre la cual está construido el cuerpo físico. De hecho, si se corta una hoja de una planta, a veces puede verse la totalidad de su plantilla etérica utilizando la fotografía Kirlian, donde se ve que aquello que consideramos físico tiene efectivamente algún tipo de plantilla asociada (una plantilla parecida a las mencionadas retículas de los modelos en 3D de los videojuegos).

Hay un fenómeno relacionado —la llamada «visión remota»— que consiste en percibir lo que está ocurriendo en una ubicación lejana. Durante la Guerra Fría, la CIA y los soviéticos experimentaron con personas que tenían este modo de percepción extrasensorial, queriendo averiguar subrepticiamente qué tramaba el enemigo. En investigaciones realizadas en el Instituto de Investigación Stanford, hubo sujetos que mostraron una inquietante capacidad para «mirar» un lugar físico encontrándose en otro. (Por ejemplo Ingo Swann —quien predijo que Júpiter tenía un anillo tras su viaje extracorporal al planeta—, Pat Price —quien ayudó a localizar el coche de Patty Hearst tras la famosa abducción de esta—, y Uri Geller, quien se hizo [tristemente] famoso por sus truqueros alardes televisivos doblando cucharas).

Una explicación bien sencilla tanto de la visión remota como de las experiencias extracorporales sería la de una cámara virtual como la que se usa en la mayoría de los juegos MMORPG y tridimensionales. Dicha cámara muestra, en efecto, lo que el jugador ve. Si se coloca en la perspectiva subjetiva del personaje, entonces es como si uno estuviese mirando por los ojos de dicho personaje. La mayoría de los juegos MMORPG colocan esta cámara no en los ojos del personaje en cuestión, sino justo detrás de él —un poco más alta—, de manera que el jugador pueda ver qué aspecto tiene.

Resulta entonces que, como el software cliente renderiza con base en la posición de la cámara virtual, es posible colocar esta, dentro del mundo cibernético, en cualquier punto de ese espacio. El cuerpo del personaje puede verse, por tanto, desde arriba, o bien se puede llevar la cámara a cualquier otra parte del mundo renderizado. Es una pura cuestión de seleccionar las correspondientes coordenadas de ese mundo (x, y, z) y renderizarlas. Exactamente lo mismo, pues, que la visión remota

—consistente en que el «ojo interior» del sujeto se sitúe en cualquier otra parte del mundo físico—, y lo mismo también que las experiencias extracorporales, consistentes en que el sujeto coloca su mencionado «ojo interior» fuera de su cuerpo físico. Es una simple cuestión, insisto, de reubicar la cámara virtual de un jugador dentro de la realidad de videojuego compartida.

La visión remota puede considerarse un tipo de telepatía, si bien este último término suele reservarse para el envío de un mensaje mental de una persona a otra. La telepatía resulta —igual que el resto de fenómenos inexplicables que hemos visto en el presente capítulo— totalmente imposible de explicar desde la cosmovisión materialista imperante. La hipótesis de la simulación ofrece, sin embargo —como de nuevo ocurre con el resto de fenómenos recién vistos—, una explicación mucho mejor de cómo podría funcionar esto. En cualquier juego MMORPG es posible enviar, en efecto, un mensaje privado a cualquier otro jugador (se encuentre este presente en la escena o no). Los *gamers* saben muy bien qué estoy diciendo.

FANTASMAS Y APARICIONES

Uno de los fenómenos inexplicables más persistentes desde los albores de los tiempos son las visiones de fantasmas. (Se trata normalmente de difuntos). Ya en época prehistórica se referían apariciones de espectros, y esta clase de testimonios estaban a la orden del día por todo el mundo antiguo: Mesopotamia, Grecia, India, Egipto... El fenómeno se menciona en varias epopeyas famosísimas —por ejemplo en la Ilíada y en la Odisea—, así como en textos sagrados. (En la Biblia, por no ir más lejos). Uno de los testimonios más antiguos podría ser, según la revista *Smithsonian*, el de una tablilla babilónica de 3.500 años de antigüedad,[6] lo que en absoluto quita que ya hubiera infinidad de relatos análogos antes. Es solo que no fueron consignados.

Los testimonios de apariciones han encontrado reflejo en los guiones de películas y series de distintos géneros ficcionales (terror, suspense, misterio...). Dos ejemplos interesantes serían el largometraje *Los otros* (2001), y la serie *Medium* (2005).

6. Livia Gershon, «3,500-Year-Old Babylonian Tablet May Contain Earliest Known Depiction of a Ghost», *Smithsonian*, 22 de octubre de 2021, `https://www.smithsonianmag.com/smart-news/3500-year-old-babylonian-tablet-may-hold-earliest-known-ghost-image-180978923/`.

Son solo dos entre tantas otras representaciones de fantasmas famosas, pero me centro en ellas porque son paradigmáticas de sendos modos distintos que es frecuente encontrar en testimonios sobre fantasmas y visitas de difuntos: el modo de las apariciones visibles —por ejemplo en una casa—, y el modo de los personajes que intervienen en sueños de personas.

La ciencia moderna se ha limitado a obviar el fenómeno de las apariciones, descartando asimismo la idea de cualquier tipo de visitas de difuntos, pero cada año siguen apareciendo miles de testimonios sobre apariciones de fantasmas en sitios que a menudo se considera están encantados. Añádase que soñar con personas queridas tras su fallecimiento es una cosa relativamente común que no ha dejado de ocurrir nunca. Y el sueño a veces se produce en el momento preciso del fallecimiento del familiar, que puede suceder a cientos o miles de kilómetros de distancia y sin que la persona que tiene el sueño lo sepa.

Repito aquí lo que ya he dicho para el resto de los fenómenos tratados en este capítulo: en modo alguno pretendo confirmar o desmentir esta cuestión espinosísima de las apariciones, sobre la cual tantos libros se han escrito y se siguen escribiendo. En esta breve sección, mi objetivo es simplemente hacer ver que un fenómeno inverosímil y estrafalario a ojos de tecnólogos y científicos que se aferran religiosamente a una cosmovisión materialista pasa a ser no solamente posible, sino fácilmente explicable, si adoptamos la óptica de la teoría de la simulación.

Examinemos, en primer lugar, algunos de los aspectos más frecuentes e interesantes de los relatos de fantasmas y apariciones:

1. Son formas espectrales semejantes a personas de verdad.
2. Suele tratarse de personas fallecidas (a veces décadas antes).
3. Las apariciones suelen producirse en ubicaciones físicas donde el difunto en cuestión había pasado mucho tiempo en vida —una casa, un castillo...—, o bien en el lugar en que la persona murió.
4. En ocasiones parece que los fantasmas repiten los mismos movimientos que hacían en vida y sin darse cuenta de que hay gente mirándolos, como si actuaran en bucle.
5. En ocasiones parece que los fantasmas intentan comunicarse con quien(es) los percibe(n).
6. Puede ocurrir que las apariciones solo sean visibles para algunas personas.

Tales elementos se antojarían absurdos e imposibles de explicar —ya se tomen individualmente, o en conjunto— desde una cosmovisión estrictamente física. (¿Por qué iban a ver al fantasma unas personas, y otras no?) En una simulación, sin embargo, todos los aspectos enumerados podrían perfectamente producirse. La causa podría ser una programación deliberada, o fallos o distorsiones en el funcionamiento del sistema.

En 2020, Curry Guinn, experto en computación de la Universidad de Carolina del Norte en Wilmington, saltaba a los titulares al sugerir que los fantasmas podrían ser un indicio, junto con otros fenómenos como el *déjà vu*, de que vivimos en una simulación.[7] Mencionaba Guinn incluso la expresión del «fallo en Matrix», remitiendo a la escena del *déjà vu* que hace un momento comentábamos: la de Neo que ve un gato pasar por una puerta... y un instante después, exactamente lo mismo (como si de una repetición se tratara).

En una simulación informática es muy posible que continúen almacenados en caché —tanto en la máquina cliente renderizadora local como en el servidor— elementos de la actividad previa. Esto ofrecería una explicación especialmente satisfactoria para el aspecto de la escena que se repite, para esa situación descrita del fantasma que actúa «en bucle» (como si el motor de renderización hubiese efectivamente caído en un bucle utilizando datos viejos).

Lo que la mayoría de la gente ignora de la programación de gráficos es que todo lo que aparece en la pantalla ha sido almacenado primero en algún sitio de la memoria, siendo así que, cuando las escenas se actualizan, tales valores vigentes son sustituidos, en la memoria, por los obtenidos con cálculos nuevos, visualizándose a continuación los nuevos datos como gráficos en la pantalla. Pero a veces ocurre que los datos antiguos no se borran del todo, generándose lo que se conoce como memoria «basura». Y ahí se quedan esos viejos valores en tanto que no se sustituyan por alguna variable nueva. Son una especie de datos huérfanos que se supone que no habría que utilizar.

El almacenamiento en caché es uno de los conceptos más importantes de las ciencias de la computación, de cara a construir videojuegos y lo que se conoce como arquitecturas de aplicaciones «distribuidas». Se utiliza

---

7. Ivan Petricevic, «Scientists Say Ghosts Could Be Signs of a Simulated Universe», *Curiosmos*, 6 de febrero de 2020, https://curiosmos.com/our-universe-isnt-real-scientists-say-ghosts-could-be-signs-of-a-simulated-universe/.

para mejorar el rendimiento, de modo que una tarea repetida no deba hacerse de forma gravosa. Llamar al servidor desde la máquina cliente se considera, en efecto, que sale «caro» —que no es eficiente—, porque exige viajar por la red física, lo cual es mucho más lento extraer información del propio ordenador local. Y dado que Internet depende de servidores que están en sitios distintos del mundo —conectados por cables de distinto tipo—, también tiene su importancia a cuál servidor se recurra. Ir a buscar información y calcular se considera una operación más lenta —menos económica, por tanto— que extraer directamente el valor necesario de algún sitio «cercano» como puede ser la memoria temporal.

La lógica subyacente al almacenamiento en caché es que es un modo de guardar «cerca» —es decir, en la propia máquina de uno o en un servidor relativamente próximo— determinada información que podría hacer falta renderizar a continuación. Si en un mundo virtual, el personaje del jugador inicia siempre sesión en un lugar concreto y con determinada ropa, un motor de renderizado moderno encontraría un modo de almacenar eso en caché —o guardar una copia renderizada—, en vez de buscar la información y calcular todos los píxeles.

Si la simulación renderiza solo información local sobre una escena y hay información almacenada en caché de sesiones previas de la simulación, entonces es muy posible que la misma escena de repente se ejecute una y otra vez en bucle. Eso explica por qué los fantasmas que actúan precisamente «en bucle» aparecen, en general, asociados a un sitio específico.

Pero dejemos ahora al margen los fallos del sistema y centrémonos en la naturaleza intencionada de ciertas apariciones. Pueden ser fantasmas que quieren comunicarse con quien los percibe, o que se están mostrando a propósito a determinados individuos con los que conectan, a menudo por asuntos pendientes.

Algunos videojuegos tienen lo que se llama un «modo fantasma»; permite al jugador estar en una escena sin que los demás vean a su avatar. Lo mismo se podría conseguir con un avatar «reducido» que fuera un único píxel, por ejemplo, o con un avatar transparente: con un «visitante» que estuviese, sin embargo, controlado conscientemente por otro jugador.

En el libro de Leslie Kean *Sobrevivir a la muerte* (2017), el investigador Loyd Auerbach relata un sucedido de una familia que vivía cerca de Oakland, en California. La madre les dijo a los investigadores —a Auerbach y a su compañero— que su hijo llevaba un año viendo al «fantasma» de una señora que se parecía a la anterior dueña de la casa e interactuando con ella. La señora había vivido allí desde que nació —en 1917—, y murió antes de que aquella familia comprara la casa (en 1980). Los padres habían visto la aparición de la anciana esporádicamente —el espectro caminaba hacia las escaleras y entonces desaparecía tras saludarles con un gesto—, pero el hijo, Chris, había mantenido auténticas conversaciones con «Lois», la cual le dijo quién era y también la procedencia de algunos de los muebles antiguos que habían comprado con la casa.

Chris decía que el fantasma estaba «muy a gusto con él», y que por eso se mantenía visible en vez de mostrarse solo brevemente. Comentó también que la mujer no siempre se le aparecía como anciana, sino que a veces estaba más joven y con otra ropa. Eso era un signo, según la descripción de Auerbach, de «(auto)conciencia». El fantasma le contó a Chris que podía «transmitirse» a determinados individuos, eligiendo quién podía verla y quién no.

Desde una óptica materialista, eso no tiene ningún sentido: o bien el fantasma está objetivamente presente —resultando, por tanto, visible para cualquier persona o para cualquier sensor—, o no está ahí de verdad, sino que se trata de una imaginación subjetiva. Asumiendo, por el contrario, que vivimos en una simulación, si resulta que todos somos avatares en un espacio, entonces es perfectamente posible, gracias al renderizado condicional —véase la sección anterior, la dedicada a los ovnis—, que una persona viera al avatar del difunto —ya fuera como figura fantasmagórica, o plenamente renderizado como si tuviera cuerpo—, y otras personas no lo vieran. En un entorno de videojuego, en realidad cada persona renderiza independientemente la escena en su propio ordenador, con base en el nivel y en las destrezas de su personaje.

Eso plantea la posibilidad de que ciertos fantasmas o espectros sean en verdad el «jugador» del «difunto», o al menos una versión guardada —una IA o un PNJ— de lo que era su conciencia cuando jugaba al juego. (Recordemos la fase 10 del camino que lleva al punto de simulación: la conciencia descargable). En ambos casos, el «avatar fantasma» tendría voluntad y podría decidir con quién interactuar, pero quizás estuviera limitado por no ser en ese momento un jugador del juego.

Como hemos dicho, podríamos dedicar un libro entero al análisis de los distintos fenómenos a los que nos hemos asomado brevemente en el presente capítulo. Lo que todos tienen en común es que son: (1) testimonios de muchos millares de personas, cuando no de cientos de miles o incluso de millones —y no solo en el pasado, sino también en el presente—, (2) completamente inexplicables por la ciencia actual desde una perspectiva materialista, y (3) desestimados básicamente porque «no son posibles» y no siempre pueden reproducirse cuando se quiera en un laboratorio. (Con la excepción de la visión remota, que sí que ha sido demostrada en instalaciones científicas acreditadas).

Acaso el factor común más relevante de todos estos fenómenos sea que la hipótesis de la simulación podría conllevar una mejor explicación de los mismos —y de más fenómenos inexplicados— que la ofrecida por la actual cosmovisión científica materialista. Podría incluso ofrecer una explicación mejor —más tecnocientífica— que las doctrinas religiosas u ocultistas del pasado.

Y, así, como esta parte del libro ha hecho ver, la hipótesis de la simulación no solo encaja con las tradiciones religiosas orientales, sino también con las tradiciones occidentales y con una serie de fenómenos inexplicables adicionales que llevan varias generaciones dejando a los científicos patidifusos.

Aunque pueda parecer insalvable el abismo que hoy separa a la religión y a la ciencia en el discurso público, la hipótesis de la simulación tal vez ofrezca un modo de tender un puente sobre tal abismo, ayudando a explicar lo inexplicable.

PARTE IV

SÍNTESIS

Probablemente sea cierto, en términos generales, que en la historia del pensamiento humano los avances más fructíferos se suelen producir en aquellos puntos donde dos líneas de pensamiento diferentes confluyen. Dichas líneas pueden tener sus raíces en ámbitos muy distintos de la cultura humana, en épocas o entornos culturales distintos, o en diferentes tradiciones religiosas; por eso, si llegan a juntarse, [...] cabe esperar que surjan nuevos e interesantes avances.

—WERNER HEISENBERG, PREMIO NOBEL DE FÍSICA[1]

1. Werner Heisenberg, *Physics and Philosophy* (Harper Perennial, 2007), 161.

CATORCE

ESCÉPTICOS Y CREYENTES

Indicios de computación

Una de las cosas que suelen preguntarme es si podemos demostrar mediante experimentos físicos —o por lo menos detectar— que vivimos en una simulación.

Hay quienes piensan que, para nosotros, detectar que estamos en una simulación es igual de imposible que, para un personaje artificial de videojuego como Mario, darse cuenta de que tanto él como sus múltiples compañeras son efectivamente puros personajes de videojuego.

Si no hay forma de detectar que estamos en una simulación, ¿qué más nos daría, bien mirado, que verdaderamente lo estemos o no? En cuyo caso, ¿por qué tomarse ninguna molestia? Mejor seguir jugando al juego y ya está...

Resulta, sin embargo, que sí que podría haber modos de detectar si estamos en una simulación informática (o al menos en un universo computacional que es renderizado para nosotros con base en información). En el presente capítulo examinaremos algunas de las formas que los científicos han propuesto para buscar tales indicios. Analizaremos asimismo algunos argumentos esgrimidos por escépticos que no creen que estemos en una simulación.

ENCONTRAR FALLOS EN LA SIMULACIÓN

Marcus Noack, del Laboratorio Nacional Lawrence Berkeley, es una de esas personas que creen que es imposible someter a verificación la hipótesis de la simulación en su totalidad. A juicio suyo, la mejor opción podría ser buscar posibles modos de funcionamiento de la simulación, lo que probablemente nos permitiera detectar distorsiones del sistema (acaso porque los diseñadores de la simulación incurrieran en alguna negligencia y dejaran, sin querer, pistas que luego nosotros podemos identificar).[1]

Estamos hablando, por tanto, de buscar fallos en la simulación. Hace unos años me llamaron los productores de una serie en uno de cuyos episodios los vecinos de un municipio no podían sino constatar que estaban en una simulación porque aparecía sobre su localidad un gran cartel que rezaba: «Error: cielo no encontrado». (Alusión, obviamente, al típico mensaje de error que aparece en videojuegos u otros programas informáticos que no logran encontrar o cargar determinados gráficos). Ficciones aparte, las posibles formas de determinar si estamos en una simulación serán más sutiles y menos evidentes.

Hay todo un subtipo de vídeos de YouTube y otras redes sociales que pretenden mostrar «fallos» del sistema: objetos como coches o aviones que desaparecen, gente apareciendo y desapareciendo, extrañas formaciones que surgen en las nubes... Hace unos años me llamaron del programa *Today* a propósito de una señora de Arizona que cortaba un limón, y luego se encontraba el limón de nuevo entero. En la medida en que hoy casi todos los vídeos son digitales y susceptibles de manipulación, es muy difícil decir si un vídeo ha sido alterado (o generado por IA). Mi respuesta fue que, si bien era imposible saber si el vídeo era auténtico, en un mundo simulado ciertamente cabrían fallos excepcionales que renderizasen datos «desfasados».

Nick Bostrom, en su web, despacha esta clase de supuestos fallos del sistema como probables errores de percepción (o, como él dice, «alucinaciones, problemas psiquiátricos, ilusiones ópticas, autoengaños, fraudes, etc.»). O sea, que, según él, no habría tales fallos. Yo no comparto ese desdén por cualesquiera fenómenos extraños y creo, como en el capítulo anterior expuse, que la simulación podría ser una explicación de los mismos. Considero que la ciencia avanza prestando atención a sus márgenes: poniendo sobre la mesa fenómenos que venían siendo desdeñados o ignorados por la comunidad científica y tratando de entenderlos.

David Chalmers, profesor de filosofía en la Universidad de Nueva York, acepta el argumento estadístico de Bostrom de que lo más probable es que seamos entes simulados de una simulación, pero opina que de tal

1. Corey S. Powell, «Elon Musk Says We May Live in a Simulation. Here's How We Might Tell If He's Right», *NBC News*, 2 de octubre de 2018, https://www.nbcnews.com/mach/science/what-simulation-hypothesis-why-some-think-life-simulated-reality-ncna913926.

revelación no se desprende que el mundo que nos rodea no sea «real» en cierto sentido del término. Él cree que, a pesar de que estemos en una simulación, todo lo que nos rodea existe desde el punto de vista de quienes están dentro de ella.[2] Luego Chalmers reconoce, en su libro *Reality+*, que tal vez sea imposible decir si la simulación es «perfecta».

El propio Bostrom dice que a él le encantaría, cómo no, demostrar cuál de las tres posibilidades del argumento de la simulación es cierta... pero que no cree que exista un experimento claro y obvio que pueda darnos una respuesta con una seguridad del 100 %. Incluso él reconoce, con todo, que podría haber formas de detectar algún indicio de la mayor (o menor) probabilidad de que vivamos en una simulación.[3]

Este capítulo empieza exponiendo los argumentos de una serie de escépticos que no creen que estemos en un mundo simulado. Nos ocupamos, tras ello, de algunos experimentos teóricos —y otros fácticos— que acaso muestren indicios de computación insertos en el mundo físico. Unos indicios que podrían serlo de que efectivamente vivimos en una simulación.

Las afirmaciones y los experimentos del presente capítulo no son, en modo alguno, concluyentes. Entramos, por tanto, en territorio especulativo. En las próximas décadas, conforme se vayan ideando más experimentos análogos y nuestra tecnología prosiga su avance por el camino que lleva al punto de simulación, estaremos sin duda en condiciones de ofrecer respuestas más definitivas.

LAS CATEGORÍAS DE LOS ARGUMENTOS Y EXPERIMENTOS

Los argumentos contra la hipótesis de la simulación suelen poder encuadrarse en alguna de las siguientes categorías:

- **Indicios de conciencia.** Hay un grupo de científicos —y no solo— que creen que la conciencia es un elemento esencial del universo, por ejemplo, muchos físicos como Max Planck, Amit Goswami y otros. Algunos utilizan esa idea básica sobre el

---

2. David Chalmers, «Skepticism and the Simulation Hypothesis», *Serious Science*, 18 de julio de 2016, `https://serious-science.org/skepticism-and-the-simulation-hypothesis-6189`.
3. Nick Bostrom, «The Simulation Argument FAQ», *Simulation Argument*, 2008, `https://simulation-argument.com/faq/`.

universo como argumento contra la hipótesis de la simulación, sosteniendo que el argumento de Bostrom no puede ser cierto porque afirma que solo somos seres simulados, en oposición a seres conscientes. Aquí la objeción no se le hace, por tanto, a la idea de la simulación propiamente dicha, sino al concepto de IA inerte o a la versión PNJ de la hipótesis de la simulación. Esta objeción no afecta, por consiguiente, a la variante JDR de la hipótesis: la de una simulación donde unos seres conscientes juegan a ser los personajes.

- **Indicios en contrario.** Hay tanto experimentos como argumentos que pretenden demostrar que no es posible que vivamos en una simulación generada por ordenador. En general, se aduce esta o aquella propiedad física, o bien se calculan los recursos que harían falta para generar una simulación como nuestro mundo físico. Tales experimentos y argumentos suelen hacer ver, en efecto, que una simulación del universo requeriría infinitos recursos —lo que parece imposible—, o que requeriría por lo menos, tantos átomos como ya existen en la realidad física. Y presentan la hipótesis de la simulación como algo implanteable por eso.

Inversamente, los argumentos y experimentos que se han propuesto para encontrar indicios que corroboren la hipótesis de la simulación suelen poder incluirse en alguna de las dos categorías que siguen:

- **Indicios de renderizado condicional.** En este tipo de experimentos, los físicos buscan indicios de que el universo físico funciona como un videojuego informático. En un videojuego se renderizan solo aquellos elementos directamente visibles, lo que supone una importante técnica de optimización —utilizada en todos los videojuegos tridimensionales— que ahorra potencia computacional y recursos. Los experimentos de esta categoría tienden a ser variantes del experimento de la doble rendija, o de la versión de dicho experimento con la decisión/elección retardada/diferida (véase el octavo capítulo). Algunos de estos argumentos insisten en que hace falta que haya un observador específico, en que no basta con una simple medición, lo cual parece implicar que, si estamos en un videojuego, necesitamos jugadores.

- **Indicios de píxeles o de computación.** Como en el noveno capítulo explorábamos, si vivimos en una realidad generada por ordenador, en tal caso el mundo físico tendría que dejar ciertas pistas de que es efectivamente un ordenador lo que está generando nuestra realidad. Tales pistas podrían ser la existencia de píxeles —en seguida profundizamos en esto—, fenómenos de pixelado u otras aberraciones o distorsiones de las técnicas de codificación que podrían estar insertas en la estructura de nuestro universo (aparentemente) físico. Esto incluye un tipo de argumentos que se plantean el universo como un cómputo de información (lo que se conoce como «física digital»).

BREVE APUNTE SOBRE LOS EXPERIMENTOS METAFÍSICOS Y LA CONCIENCIA

Aunque las afirmaciones de los místicos y de las tradiciones religiosas también encajan con la hipótesis de la simulación —como en la parte tercera veíamos—, a efectos del presente capítulo vamos a centrarnos en los aspectos científicos de dicha hipótesis. Vamos a analizar, así, tanto experimentos propuestos por físicos como indicios aducidos por estudiosos de la computación (los dos campos directamente relevantes de cara a las simulaciones).

El hecho de que en el presente capítulo obviemos las interpretaciones místicas no significa que no haya experimentos susceptibles de realizarse en tal terreno. De hecho, el propio Buda les dijo a sus seguidores que no aceptaran sin más lo que él decía, sino que se tomaran la molestia de verificarlo a través de su propia experiencia con meditación. Muchos son los que creen que es posible verificar por uno mismo, mediante la experiencia subjetiva directa, cada uno de los fenómenos que examinábamos en la tercera parte: los ángeles de la guarda, las experiencias cercanas a la muerte, las experiencias extracorporales y otros fenómenos paranormales.

No son solo los místicos, sino también muchos científicos quienes creen que tales técnicas tienen su valor. Carl Jung, por no ir más lejos, creía que había entes psíquicos que existían con independencia de nuestra conciencia física y que era posible comunicarse con ellos. Thomas Campbell, el estudioso de la física cuyos experimentos físicos examinaremos en seguida, también participó en experimentos del Instituto Monroe —que fue pionero en el estudio de las experiencias extracorporales—, y su adscripción a la hipótesis de la simulación viene respaldada por su labor investigativa y por su experiencia personal en tales áreas.

Han sido muchas las personas que me han dicho, en los últimos años, que sus experiencias con la DMT y otras sustancias psicodélicas las han convencido de que estamos en algún tipo de simulación. La primera vez que alguien me comentó esto fue a los pocos meses de publicarse la primera edición de este libro. Encontrándome en Hollywood, estuve comiendo con un grupo que incluía al hijo de un famoso director de allí. Esta persona me dijo que, experimentando con DMT, había podido ver las líneas de la retícula de la simulación. Desde entonces he oído multitud de historias análogas: sujetos que, bajo el efecto de sustancias psicodélicas, experimentan un mundo que es «más real» que este. Tales testimonios me traen a la cabeza otros, prácticamente idénticos, de personas que han protagonizado experiencias cercanas a la muerte como las que comentábamos en la tercera parte.

Desde que apareció la primera edición de este libro, he dedicado mucho tiempo al estudio de las asunciones filosóficas y culturales subyacentes a la epistemología occidental. Digamos que la epistemología indaga en cómo conocemos las cosas, y resulta que distintas perspectivas nos muestran diferentes modos de construir y compartir conocimiento. En Occidente estamos condicionados para pensar que únicamente es válido el conocimiento científico basado en experimentos susceptibles de repetición —lo que representa una pequeña parte de la experiencia humana del mundo—, y que cualquier otra cosa será subjetiva y sociológica, por lo que habrá de descartarse.

En cuanto a los escépticos que basan sus objeciones en el fenómeno de la conciencia —ya atribuyan esta al universo o a los jugadores individuales que se encuentran en el mismo—, también aquí ofrece una respuesta adecuada la hipótesis de la simulación. Quien haya leído con atención el presente libro habrá reparado en que la metáfora del videojuego se utiliza precisamente para dar cuenta de esa idea. En la versión JDR de la hipótesis de la simulación, somos jugadores conscientes externos al juego —entes conscientes, por tanto—, los cuales juegan a ser personajes —o avatares— dentro del videojuego.

No me parece, así las cosas, que sea razonable descartar la hipótesis de la simulación por creer, con Max Planck, que la conciencia es lo básico o primario y que el mundo material es secundario o derivado. Dicha creencia no constituye, a juicio mío, un argumento contra la hipótesis de la simulación, sino una objeción a la idea de que todos somos inteligencias artificiales (no seres conscientes). Si asumimos (1) que la «descarga» de la conciencia (*download*) es algo que se produce en el momento de nacer —lo cual requiere que el alma se codifique como información—, y también (2) que la conciencia se «sube» (*upload*) cuando morimos, entonces esta objeción se desvanece. De hecho, como en algunos de los experimentos veremos, la premisa de que ha de haber conciencia podría en realidad corroborar la versión JDR de la hipótesis de la simulación. Los entes conscientes serían jugadores, y nuestros cuerpos físicos serían los avatares/personajes del mundo virtual simulado.

LOS ESCÉPTICOS. EL ARGUMENTO DE LOS RECURSOS NECESARIOS

Si bien algunos escépticos reconocen que hay alguna probabilidad —inferior al 100 %— de que vivamos en una simulación, otros sostienen que determinados experimentos y argumentos permiten mostrar claramente que no estamos en ninguna simulación.

Pero resulta que no se trata de pruebas, sino de argumentos. Y el argumento fundamental de estos escépticos remite, básicamente, a la potencia computacional que haría falta para simular el universo, la cual en general enfocan desde nuestra concepción actual de la computación. Pretenden hacer ver, a través de experimentos o de estimaciones, que sería imposible simular un universo tan complejo como el nuestro utilizando ningún tipo de computación de cuya existencia hoy sepamos. Los recursos necesarios equivaldrían ni más ni menos que al propio universo, lo que implicaría que, al menos en términos prácticos, una simulación a gran escala del universo sería imposible.

Por ejemplo, Zohar Ringel y Dmitry Kovrizhin trabajaron, en la Universidad de Oxford, con simulaciones informáticas del efecto Hall (relativo a partículas que tienen campos magnéticos). Aquí lo que nos interesa no es el propio efecto Hall, sino la potencia computacional que hace falta para simularlo (la potencia computacional que hace falta, por extensión, para simular otras partículas o procesos cuánticos). Pues bien, en un trabajo aparecido en la revista *Science Advances*, Ringel y Kovrizhin referían que, para simular tales partículas, la cantidad de memoria e información necesaria crece de manera exponencial con el número de partículas, por lo que resulta poco práctico —al menos para los ordenadores actuales— hacer simulaciones con un número de partículas alto.

Andrew Masterson, quien fuera editor de la revista *Cosmos*, declaró que incluso una simulación informática de apenas unos cientos de partículas requeriría, con el nivel de las actuales ciencias de la computación, más átomos de los que existen en el universo hoy, siendo así que «los temores de que acaso vivamos, sin saberlo, en algún tipo de ingente Matrix quedan disipados».[4]

Rudy Rucker, profesor de ciencias de la computación y famoso escritor de ciencia ficción, dice algo parecido: que simular una Tierra cibernética requeriría el mismo número de partículas que crear la Tierra real. En cuyo caso, ¿por qué tomarse tal molestia? También él piensa, por tanto, que podemos descartar el argumento de la simulación.

Pero ¿podemos realmente descartarlo?

El argumento de que simular el universo requeriría más átomos que los que hoy existen se antoja una versión —comparativamente sofisticada— de lo que a comienzos del siglo XX planteaban aquellos astrónomos de la Corona: que jamás podríamos enviar una nave a la luna porque la cantidad de combustible que se necesitaría, haría que la nave pesara demasiado como para salir de la órbita terrestre. Aquello obviamente se dijo mucho antes de que se desarrollaran nuestros actuales conocimientos aeroespaciales, aunque el programa Apolo supuso construir el mayor cohete hasta la fecha (el Saturno V). Hoy hemos optimizado nuestros cohetes y andamos preparándonos para misiones tripuladas a Marte en un futuro próximo.

Argumentos parecidos se adujeron —antes de la redefinición del modelado en 3D, de las texturas y de las técnicas de renderización— en defensa de una supuesta imposibilidad de construir mundos tridimensionales dentro de videojuegos. Quienes así argumentan asumen, por supuesto, que no hay algoritmos de optimización que hacen la computación más eficiente. Pero por algo he colocado las ciencias de la computación en el centro de este libro: porque los videojuegos están optimizados para renderizar únicamente lo que hace falta. El resto del «mundo» en cuestión existe en cuanto que información, por lo que no se gastan recursos computacionales hasta que —y a menos que— sea necesario. Añádase que aquellos dos investigadores de Oxford trabajaban con simulaciones del método de computación intensiva Montecarlo, que tal vez no sea el mejor algoritmo desde el punto de vista de la optimización. Y no olvidemos que usaban

4. Andrew Masterson, «We're Not Living in a Computer Simulation!», *Cosmos*, 1 de octubre de 2017, `https://cosmosmagazine.com/science/physics/physicists-find-were-not-living-in-a-computer-simulation/`.

nuestros ordenadores actuales, innegablemente inadecuados para sacar adelante algo como la Gran Simulación. Incluso Ringel, principal autor del trabajo, resumiendo en *Science Advances* los hallazgos de aquel proyecto oxoniense deja abierta esta posibilidad: «¿Quién sabe cuáles sean las capacidades computacionales de lo que quiera que esté simulándonos?».[5]

De hecho, podría haber indicios de que los modelos computacionales utilizados en la simulación de nuestro universo emplean un paradigma de computación cuántica, lo que añade toda una nueva dimensión a la informatología y a las formas de almacenar, de una tacada, mucha información. En la segunda parte de este libro, uno de mis principales argumentos es que la supuesta rareza o extrañeza cuántica podría ser en realidad una rutina de optimización.

INDICIOS DE RENDERIZACIÓN CONDICIONAL

No cabe duda de que la optimización computacional —que consiste en hallar formas de usar menos recursos, ya se trate de memoria o de potencia procesadora— es un componente clave de cualquier misterio que pudiera desbloquear tanto la veracidad de la hipótesis de la simulación como la forma en que nosotros mismos podríamos implementar una simulación tipo Matrix.

Algunos físicos han planteado que hallar indicios de renderizado condicional —esto es: de que en nuestro mundo físico se «dibuje» solamente lo que el jugador ve— es el modo decisivo de probar que vivimos en un videojuego. Se trata, básicamente, de versiones más avanzadas del experimento de la elección diferida que propusiera John Wheeler: parten de ese concepto de la indeterminación cuántica que examinábamos en los capítulos séptimo y octavo. Si podemos mostrar que hace falta que alguien o algo observe los resultados para que estos se rendericen, ya solo eso puede ser indicio de un mundo simulado semejante a un videojuego. Como dije en la segunda parte, es posible que la indeterminación cuántica solo tenga sentido si formamos parte de una simulación semejante a un videojuego, y si hay alguien o algo que está jugando al juego y mirando los resultados.

Se ha llevado a cabo, en efecto, una serie de experimentos tendentes a demostrar que la observación es la clave para determinar el colapso de la onda cuántica de probabilidad, y dichos experimentos apuntan a que

5. Masterson, «We're Not Living in a Computer Simulation!».

el universo está, de algún modo, optimizando los recursos de manera similar a como los videojuegos optimizan los recursos computacionales renderizando únicamente lo que en cada momento hace falta.

De tales experimentos, uno de los más interesantes fue el realizado por el Matera Laser Ranging Observatory (MLRO), de la Agencia Espacial Italiana. Esta iniciativa del MLRO fue, en realidad, una versión del experimento de la elección postergada de Wheeler —descrito con más detalle en el capítulo octavo— en la que un fotón, después de atravesar las rendijas iniciales, tenía que viajar miles de kilómetros hasta un satélite y volver. Y el resultado fue congruente con la conclusión original de Wheeler de que la observación de una partícula, aunque se produjera claramente en el futuro —en este caso, una vez transcurrido el lapso que la partícula tardaba en viajar miles de kilómetros—, fuera como fuese influía en lo que la partícula hiciera en el pasado.

Entre tanto el exfísico de la NASA Tom Campbell, el profesor del Instituto Tecnológico de California Houman Owhadi y otros recaudaron fondos a través de la plataforma de micromecenazgo Kickstarter para efectuar y documentar experimentos dirigidos a poner a prueba la hipótesis de simulación. En 2017 publicaron un trabajo en el que afirmaban que dicha hipótesis podía sin duda verificarse. Planteaban la posibilidad de mostrar que un universo simulado era un sistema que, «como ocurre en los videojuegos, renderiza los contenidos —la realidad— únicamente en el momento en que la información pasa a estar disponible para que la observe un jugador, y no en el momento de su detección por parte de una máquina».[6] Aquel trabajo proponía dos formas generales de poner a prueba la hipótesis de la simulación:[7]

> (1) Poner a prueba el momento del renderizado. (2) Aprovechar la exigencia intrínsecamente contradictoria de preservar la congruencia lógica, pero evitar la detección, para forzar al motor de renderizado de RV a crear discontinuidades en la renderización, o a producir en nuestra realidad algún suceso constatable, el cual indique que dicha realidad es necesariamente simulada.

---

6. Tom Campbell *et al.*, «On Testing the Simulation Hypothesis», *International Journal of Quantum Foundations*, marzo de 2017, `http://www.ijqf.org/wps/wp-content/uploads/2017/03/IJQF-3888.pdf`.

7. Campbell *et al.*, «On Testing the Simulation Theory».

Campbell y sus colegas propusieron experimentos que guardan relación con la dualidad onda-partícula, y en los cuales intervienen un «borrador» cuántico y un «insertador» cuántico (una vez que la partícula ha pasado por la doble rendija). Estos experimentos comparten elementos con otros basados en el experimento original de Wheeler de la decisión retardada. La idea de los experimentos de Campbell es mostrar que la conciencia es clave de cara a la teoría cuántica, ofreciendo además indicios de la versión de la hipótesis de la simulación que este autor postula: la de que somos jugadores en un mundo cuya base es la computación.

Tras publicarse la primera edición de este libro visité la Universidad Estatal Politécnica de California, donde estaba previsto que se realizaran estos experimentos. Entonces los investigadores estaban intentando conseguir el instrumental necesario para efectuar el primero de los cinco experimentos que proponían en su mencionado artículo. Luego, Campbell ha instituido el CUSAC (Center for the Unification of Science and Consciousness, «Centro para la Unificación de la Ciencia y la Conciencia»), y, cuando escribo esto —en 2024—, dicho experimento primero de cinco está ya en marcha. Les está costando conseguir resultados definitivos, si bien Campbell me dijo a mí que van en la dirección que él preveía. Confía en ir pudiendo informar en próximos congresos, a medida que vayan sacando adelante los otros experimentos.

Sea como sea, múltiples experimentos han confirmado la necesidad de un observador como parte fundamental de la mecánica cuántica. Podemos quizás debatir si ha de ser un observador consciente —¿podría ser el observador una IA o un dispositivo de medición?—, pero los hallazgos de la física cuántica hasta la fecha son bastante concluyentes en el sentido de que la realidad no sigue el viejo modelo newtoniano. Ya la mera indeterminación cuántica es indicio de algún tipo de renderización condicional. Como en la parte segunda comentábamos, tal clase de comportamiento inexplicable parece tener sentido únicamente si la hipótesis de la simulación es cierta.

Campbell y sus colaboradores también abordan, en su mencionado trabajo, una interpretación alternativa de la mecánica cuántica llamada en inglés «QBism» y que contempla, de cara a la descripción de la realidad, ondas subjetivas individuales en vez de una única función de onda objetiva. Experimentos adicionales podrían mostrar que el mundo se renderiza jugador a jugador, lo que suscitaría todo género de preguntas sobre la naturaleza de nuestra realidad compartida. Un marco conceptual de videojuego, o de simulación JDR, acaso fuera el mejor modo de entender el posible funcionamiento de algo así. Cada jugador renderiza, en efecto, en su propio dispositivo (o, como el mencionado trabajo dice, en su propia «conciencia»).

EXPERIMENTOS PARA DEMOSTRAR LA EXISTENCIA DE PÍXELES

Hay otro tipo de experimentos que no se centran tanto en el argumento —basado en la física cuántica— del efecto del observador y del renderizado condicional. Aquí la idea es detectar directamente las distorsiones, las aberraciones, los fallos de la simulación informática del mundo en 3D que nos rodea. Si efectivamente estamos en un mundo hecho de píxeles de información, entonces tal vez podamos fijarnos en algunas de las características de los píxeles —según nosotros los concebimos en nuestra computación gráfica—, y ver si algunas de esas características se verifican en este mundo que llamamos «físico». Yo a este tipo de experimentos les doy el nombre de «búsqueda de distorsiones» en la simulación.

En su trabajo de 2012 «Constraints on the Universe as a Numerical Simulation» [Restricciones del universo en cuanto que simulación numérica], Silas Beane y sus colegas Zohreh Davoudi y Martin J. Savage —de la Universidad de Bonn, en Alemania— plantean que la estructura que habría que buscar sería la de una «retícula» que representara los píxeles tridimensiones en una realidad simulada en 3D, a fin de ver cómo tales retículas cambian con el tiempo. En una simulación —sostiene Beane—, el tiempo avanzaría en unidades discretas —aquella idea de la «frecuencia de reloj» que manejábamos en la segunda parte—, mientras que en la física actual suele basarse todavía en ecuaciones continuas.[8]

Resulta que hay ciertos tipos de rayos cósmicos que presentan este fenómeno de una menuda retícula caracterizada por tener una especie de tope —de punto a partir del cual ya no puede haber nada más pequeño— llamado «límite Greisen-Zatsepin-Kuzmin» (GZK). Dicho límite GZK es bien conocido por los físicos que estudian las partículas de alta energía. El origen, la razón de ser de tal tope, sin embargo, no lo es. Beane y

8. Emerging Technology from the arXiv, «The Measurement That Would Reveal the Universe as a Computer Simulation», *MIT Technology Review*, 10 de octubre de 2012, `https://www.technologyreview.com/2012/10/10/183354/the-measurement-that-would-reveal-the-universe-as-a-computer-simulation/`.

compañía plantean la hipótesis de que el límite GZK nos esté revelando la «geometría», si se quiere, de la simulación: las restricciones que impone el espacio reticular de esta.

Por expresarlo de una forma todavía más sencilla, el espacio reticular revelaría cómo están dispuestos u organizados los píxeles que conforman el mundo real. Además, estudiando la distribución angular de las retículas más pequeñas, los investigadores se encontraron con que la energía fluía de una retícula a la siguiente en determinadas direcciones, conforme a un tipo de geometría que recuerda a los píxeles contiguos de una imagen renderizada o de una pantalla.

INDICIOS DE COMPUTACIÓN. CÓDIGOS DE CORRECCIÓN DE ERRORES

Descubrir los píxeles de la simulación constituiría, por supuesto, un indicio directo de la misma, pero acaso haya más tipos de indicios. Con indicios de computación en el universo físico, podría ser suficiente para demostrar la hipótesis de la simulación.

James Gates, profesor de física de la Universidad de Maryland, ha estudiado la teoría de cuerdas y la supersimetría. Afirma haber encontrado, en el universo físico, lo que sería el equivalente de los llamados «códigos de corrección de errores», potente indicio de que podría generar el universo algún tipo de computadora.

En 2016, Gates colgó un vídeo en el que explicaba que había encontrado lo que se conoce como «sumas de verificación» o «de chequeo» (*checksums*) en propiedades físicas de las supercuerdas y de la supersimetría. «¿Cómo podríamos descubrir si vivimos en Matrix?», pregunta una sinopsis del vídeo. «Una posible respuesta sería: "Intentando detectar la presencia de códigos en las leyes que describen la física". Y eso es exactamente lo que ha hecho [Gates]».

Explica a continuación la sinopsis que...

> ... concretamente en las ecuaciones de la supersimetría [Gates] ha encontrado, contra todo pronóstico, lo que se conoce como «códigos de bloque —lineales binarios autocomplementarios y doblemente pares— de corrección de errores». Es una etiqueta rimbombante referida a códigos que se utilizan para eliminar errores

en transmisiones informáticas, por ejemplo, para corregir fallos en una secuencia de bits que represente un texto que se haya enviado a través de un cable.[9]

El propio Gates explica en el vídeo que...

> ... esta conexión inesperada sugiere que tales códigos acaso estén presentes por doquier en la naturaleza y podrían estar incluso insertos en la esencia de la realidad. Si tal es el caso, quizá tengamos algo en común con la serie de películas de ciencia ficción de *Matrix*, con ese mundo en el que todo lo que experimentan los seres humanos es producto de una red informática que genera una realidad virtual.[10]

Gates dice haber encontrado unos tipos de código específicos que ayudan en la transmisión de información digital por Internet, semejantes a los que detallaran los pioneros de la informatología Claude Shannon y Richard Hamming. La información se envía por Internet, en forma de secuencia de unos y ceros (o sea, de bits). ¿Cómo sabe el ordenador destinatario que está recibiendo los códigos correctos y que no hubo errores en la transmisión? Esto era todo un problema, por ejemplo, cuando las conexiones por línea conmutada transmitían información utilizando sonidos, porque podían producirse errores en cualquier punto del camino. Actualmente Internet utiliza paquetes de información en un protocolo llamado TCP/IP, y esos paquetes pueden pasar por líneas y ordenadores muy distintos antes de llegar a su destino, lo que ofrece más ocasiones todavía para que se produzcan errores.

Una sencilla explicación del modo en que los ordenadores buscan posibles errores en una transmisión es que consiste en añadir una suma de verificación a la secuencia de bits. Así, por ejemplo, dados los ocho bits de información que siguen...

0100 1001

---

9. Pao L. Chang, «Living in the Matrix: Physicist Finds Computer Code Embedded in String Theory», *Sott.net*, 9 de septiembre de 2015, `https://www.sott.net/article/301611-Living-in-the-Matrix-Physicist-finds-computer-code-embedded-in-string-theory`.

10. La cita está sacada de Chang, «Living in the Matrix». Gates ofrece otra descripción en el siguiente vídeo (colgado en YouTube en 2018): «Error Correcting Codes in Supersymmetry», `https://www.youtube.com/watch?v=tK7aDr-HgPA`.

... les añadiríamos una serie de bits al final para indicar alguna información sobre la señal original. Pongamos que añadiéramos el número de unos de la secuencia, que son tres, lo que en código binario podría representarse como «11». Añadiendo, entonces, esos dos bits al final, el ordenador destinatario podría sencillamente sumar el número de unos de la secuencia de los ocho primeros bits, y ver si el resultado coincide con la suma de verificación (que en este caso daría tres). En la suma de verificación habría que tener suficientes bits para representar el máximo número de unos que pudiera haber en la secuencia previa, por lo que en rigor habría que añadir no dos, sino cuatro bits —como a continuación se ve—, con lo que al final se estaría enviando un mensaje no de ocho, sino de doce bits.

Original: 0100 1001 Extra: 0011

Este enfoque de encontrar indicios de computación en ecuaciones —que es a lo que se refería Gates—, o bien en la estructura del espaciotiempo, podría ser un fructífero camino de cara a buscar indicios que corroboren la hipótesis de la simulación.

INFORMATOLOGÍA Y COMPUTACIÓN

Hace unos años, Melvin Vopson, experto en computación de la Universidad de Portsmouth —en el Reino Unido—, saltó a los titulares al afirmar que la propia información podría ser un modo de verificar si estamos en una simulación. En 2019, Vopson propuso, en efecto, el principio de equivalencia entre masa, energía e información, sugiriendo que la información podría en realidad tener masa. Su planteamiento era que añadir información a un dispositivo tal vez incremente, bien mirado, la masa del este —por muy pequeño que el incremento sea—, y calculaba la cantidad de información presente en el universo. Más adelante —en 2022—, Vopson propuso que la información podría ser un quinto estado de la materia (aparte de los estados sólido, gaseoso, líquido y de plasma).[11]

---

11. Véanse los siguientes artículos: Benjamin Taub, «Is Information the Fifth State of Matter? Physicist Aims to Prove It Is», *IFLScience*, 22 de marzo de 2022, `https://www.iflscience.com/information-fifth-state-matter-physicist-aims-prove-63035`; Melvin M. Vopson, «The Mass-Energy-Information Equivalence Principle», *AIP Advances* 9, n.º 9 (2019): 095206, `https://doi.org/10.1063/1.5123794`.

Esta labor pionera de Vopson continuó en 2023, cuando publicó los resultados de una serie de experimentos dirigidos a formular y validar la «segunda ley de la infodinámica y sus implicaciones para la hipótesis del universo simulado».[12] Aquellos experimentos tomaban la referencia de la segunda ley de la termodinámica, según la cual la entropía aumenta con el tiempo en los sistemas físicos. Sin embargo, al analizar determinados sistemas de información —por ejemplo, dispositivos de almacenamiento de datos y secuencias de genoma de ARN—, Vopson se encontraba con que la entropía de la información en realidad disminuía a medida que el sistema evolucionaba. Él sugería que los sistemas, incluida la disposición de los átomos, se colocan en simetría para reducir la cantidad de entropía de la información.

La de entropía de la información es otra idea que ya puso sobre la mesa Claude Shannon para describir la cantidad de «desorden» presente en un conjunto de información (esto es: en un conjunto de bits). Esto entronca con la idea de poder decir si hay errores en un sistema (y también con los algoritmos de compresión de datos). Si tenemos, pongamos, ocho bits y todos ellos son ceros, entonces la cantidad de información contenida en esos ocho bits no es mucha. Si, por el contrario, se trata de bits aleatorios y no hay ninguna estructura que pueda comprimirse —no hay un número de bits de una fila que quepa predecir—, entonces la secuencia contiene más información.

Si estamos viendo por ejemplo *Juego de tronos* y hay una escena invernal, muchos de los píxeles de la pantalla serán simplemente blancos, y en general podremos predecir qué valor tendrá el siguiente píxel: será blanco también. La información contenida en la pantalla es, por tanto, mucho menor que el número de píxeles, lo que permite comprimirla y enviarla por Internet. Las ideas de Shannon sobre la información, que hoy se llaman precisamente «teoría de la información», son una base fundamental para nuestra manera actual de enviar información por Internet.

Vopson cree que sus resultados y la segunda ley de la infodinámica constituyen poderosos indicios de que podríamos estar viviendo en una simulación.[13]

---

12. Melvin M. Vopson, «The Second Law of Infodynamics and Its Implications for the Simulated Universe Hypothesis», *AIP Advances* 13, n.º 10 (2023): 105308, `https://doi.org/10.1063/5.0173278`.

13. Michelle Starr, «Physics Revelation Could Mean We're All Living in a Simulation», *ScienceAlert*, 10 de octubre de 2023, `https://www.sciencealert.com/physics-revelation-could-mean-were-all-living-in-a-simulation`.

Vemos, una vez más, el papel crucial de la información en el mundo que nos rodea y cómo la informatología rige para lo que diríanse objetos físicos (por ejemplo, secuencias de ARN y virus que evolucionan con el tiempo).

LOS ORDENADORES CUÁNTICOS, LOS CÓDIGOS DE ERROR Y EL ENTRELAZAMIENTO CUÁNTICO

Hasta ahora nos hemos centrado sobre todo en técnicas de computación estándar, es decir, en las que emplean bits digitales para representar información (concretamente modelos informáticos y píxeles dentro de escenas).

Uno de los argumentos de los escépticos es que simular procesos cuánticos requeriría más potencia computacional de que hay disponible en el universo. Tal argumento presupone, obviamente, que intentamos hacer un modelo del universo físico usando bits informáticos tradicionales (lo que se conoce como «computación clásica»).

No obstante, si la indeterminación cuántica es una parte fundamental de la naturaleza, tendría sentido que eso mismo tuvieran en cuenta cualesquiera algoritmos o unidades de procesamiento que a dicho efecto se usaran. Del mismo modo que nosotros fuimos capaces de crear procesadores gráficos que nos ayudaran a renderizar videojuegos más sofisticados, cabe suponer que cualquier civilización que se acerque al punto de simulación y quiera poner en marcha simulaciones de antepasados habrá creado procesadores optimizados de cara a tal tarea.

Hoy estamos a las puertas de un nuevo tipo de computación: la computación cuántica, que acaso represente el primer salto verdaderamente radical en la actual computación desde los albores de la informática en la década de 1950. El primero en hablar de ordenadores cuánticos fue Richard Feynman, quien sugirió que, puestos a simular el universo físico, no tendríamos que usar como elementos de computación ordenadores clásicos, sino partículas cuánticas. La idea parecía a lo primero cosa de ciencia ficción, pero la tecnología está avanzando rápido y ya tenemos disponibles varios prototipos.

En la base de los ordenadores cuánticos están los principios de la física cuántica, concretamente la indeterminación y la superposición cuánticas. Los ordenadores tradicionales trabajan, en efecto, con tecnología digital expresada en bits, es decir, en piezas individuales de información que llevan el valor o bien de cero, o bien de uno. Si le quitamos la carcasa a un ordenador digital, encontramos transistores y compuertas lógicas booleanas —Y, NO, O— que son los elementos constituyentes básicos de los procesadores informáticos. Tales compuertas están diseñadas para recibir bits —normalmente uno o dos— a modo de entrada o *input*, y para devolver un único bit tras hacer pasar dicha entrada por el correspondiente operador.

Los ordenadores cuánticos, en cambio, basan su funcionamiento en la superposición, un concepto del que nos ocupábamos en la segunda parte y según el cual una partícula puede estar en uno de varios estados, o bien en todos esos estados al mismo tiempo, hasta que —y a menos que— nosotros la observemos.

Del mismo modo, los llamados «cúbits» o «bits cuánticos» son superposiciones de bits —pueden tener ambos valores, 0 y 1, exactamente igual que el gato de Schröndinger está vivo y está muerto— hasta que el bit en cuestión es observado. Los cúbits son bits en superposición, y una secuencia de cúbits puede asumir cada uno de los posibles valores de cada uno de los cúbits, dando todos los valores posibles simultáneamente. Esto permite que los ordenadores cuánticos resuelvan problemas más rápido que el procesamiento secuencial de muchos procesadores de los ordenadores tradicionales. Entrar en el detalle de cómo funcionan los ordenadores cuánticos excede el ámbito de este libro, pero ahondo en el tema de los ordenadores cuánticos y de las compuertas cuánticas en mi libro *The Simulated Multiverse* [El multiverso simulado].

Para que los ordenadores cuánticos implementen los cúbits, necesitan una manera física de representar la superposición, pero resulta que ya tenemos, en la naturaleza, partículas que exhiben propiedades cuánticas (los fotones, los electrones, etc).. Es cuestión de construir una máquina o un dispositivo capaz operar con base en estas propiedades cuánticas de las mencionadas partículas y de medir dichas propiedades.

Con los ordenadores cuánticos, cerramos el círculo de la idea de una sofisticada simulación que imite la realidad. Dado que la indeterminación cuántica es un rasgo de nuestra realidad física, si resulta que efectivamente estamos en una simulación, entonces esta debe tener un mecanismo para procesar tanto la incertidumbre como las ondas de probabilidad, y también un modo de forzar el colapso derivado de la observación.

La computación cuántica nos muestra que lo que consideramos que son partículas elementales es, en realidad, información. Aunque la simulación necesitara exactamente el mismo número de partículas existentes en el mundo físico, el hecho de que ya tengamos ordenadores cuánticos nos da una pista de que el universo físico es, con toda probabilidad, un ordenador cuántico supersofisticado.

LA CORRECCIÓN DE ERRORES CUÁNTICA Y EL ENTRELAZAMIENTO CUÁNTICO

Uno de los misterios de la física del último siglo ha sido cómo cuadrar la teoría de la relatividad general de Einstein —que ofrece una explicación de la gravedad— con la mecánica cuántica, que nos habla del comportamiento de las partículas subatómicas. No se habían encontrado elementos para unificar ambas hasta hace poco. El punto de contacto podría estar en el campo de la computación cuántica.

Un problema con el que se encontraron quienes empezaron a experimentar con ordenadores cuánticos fue que los cúbits tienen una marcada tendencia a «darle la vuelta» a su correspondiente valor. Se trata de una propiedad física de las sustancias utilizadas para representar los cúbits.

Una de las innovaciones del campo de la computación cuántica que han hecho posibles los ordenadores cuánticos ha sido el código de corrección de errores. Resulta, en efecto, que la forma más sencilla de corregir errores en conjuntos de cúbits es recurriendo a otra propiedad misteriosa e inexplicable de la física cuántica: el entrelazamiento cuántico.

El entrelazamiento cuántico —del cual hablábamos en la segunda parte— describe una correspondencia entre dos o más partículas, la cual se verifica con independencia de dónde estén estas situadas en el mundo físico. E igual que pueden entrelazarse partículas, pueden entrelazarse cúbits.

Sabiendo que varias partículas (o cúbits) están entrelazadas, es posible construir códigos de corrección de errores por cuya virtud, si determinado cúbit se «da la vuelta» inesperadamente, eso pueda detectarse y revertirse. Sin entrar en demasiados detalles ni de ciencias de la computación ni de física: si en modelos del universo aparecen indicios de códigos de corrección de errores, resulta ciertamente verosímil que el universo sea algún tipo de simulación que se ejecuta en un ordenador.

Ahmed Almheiri, Xi Dong y Daniel Harlow, investigadores del Instituto de Estudios Avanzados de Princeton, en Nueva Jersey —donde en su día trabajaron Einstein y John von Neumann—, han descubierto que estos códigos de corrección de errores cuántica no solo existen, sino que, al menos en sus mundos simulados, podrían definir la hechura del propio espacio-tiempo.[14] Estos estudiosos utilizaron un modelo a escala

14. Natalie Wolchover, «How Space and Time Could Be a Quantum Error-Correcting Code», *Quanta*, 3 de enero de 2019, `https://www.quantamagazine.org/how-space-and-time-could-be-a-quantum-error-correcting-code-20190103/`.

del universo —el llamado «espacio de De Sitter»—, y vieron que utilizar el entrelazamiento cuántico entre partículas les permitía reconstruir la ubicación de distintas partículas en dicha versión a escala del espacio-tiempo sin necesidad de toda la información.

Una vez más, aquí la clave reside en que la hechura del espacio-tiempo puede optimizarse teniendo la información relativa únicamente a una serie de partículas del universo. Tener la información relativa a determinadas partículas nos permite, en efecto, reconstruir dónde se encuentran las demás partículas con relación a las primeras, lo cual claramente indica que en el universo opera algún tipo de optimización que va incorporada en la propia hechura del espacio-tiempo, y que se asemeja mucho al modo en que se procesa y optimiza la computación gráfica.

Vemos, pues, nuevamente que la computación puede encontrar una manera de explicar el universo físico. Si tales conclusiones se extrapolan desde el universo «de juguete» —a escala— utilizado en los mencionados experimentos, aplicándose a nuestro universo físico, en tal caso el descubrimiento de códigos de corrección de errores podría ser, como suele decirse, esa «pistola humeante» que se «chivaría» de que el universo está siendo simulado en algún tipo de ordenador.

EL ENTRELAZAMIENTO CUÁNTICO Y LA SIMULACIÓN

El propio entrelazamiento cuántico es una misteriosa propiedad de la física cuántica que los físicos no consiguen explicar. Como antes comentábamos, a pesar de que la idea surgió de un trabajo que Einstein coescribió con Nathan Rosen y Boris Podolski, el propio Einstein la desdeñaba en cuanto que «fantasmagórica acción a distancia».

Desde entonces, hemos tenido ocasión de confirmar que el entrelazamiento cuántico existe. De hecho, se ha usado en el nuevo campo de la criptografía cuántica, cuya base es la extraña propiedad de que, si el campo cuántico colapsa —al ser leída u observada una partícula o un cúbit—, entonces la partícula entrelazada —o el cúbit entrelazado— se verá afectado también. Eso permite saber que alguien ha «leído» un mensaje secreto. Sería algo así como un sobre lacrado que se envía a un destinatario, el cual sabe que alguien ha abierto el sobre si el lacre está roto cuando le llega.

Varios experimentos recientes han mostrado que las partículas pueden entrelazarse de distintos modos. Dichos experimentos a veces entrelazaban una partícula cuántica usando cúbits. En 2017, Norbert Kalb y otros demostraron que el entrelazamiento cuántico se puede crear también entre una partícula propiamente dicha y un cúbit, y confirmaron que hubo entrelazamiento a una distancia de dos metros.[15] Esto tiene implicaciones para la computación cuántica y para el modo en que la misma puede utilizar el entrelazamiento en el futuro. En 2022 se concedió el premio Nobel de física a un grupo de investigadores que habían estudiado el entrelazamiento, y que básicamente demostraron la «no localidad» del mismo.[16] Su labor ha sido un pilar clave de la informatología y la computación cuánticas.

Que la información realmente viaje, entre partículas, más rápido que la velocidad de la luz, eso sigue siendo objeto de un acalorado debate —igual que el mecanismo del entrelazamiento—, pero ya está fuera de discusión la existencia tanto del entrelazamiento como de la no localidad.

Son el porqué y el cómo lo que nos falta. ¿Qué podría explicar esta capacidad que dos partículas muestran de estar fuertemente correlacionadas aunque estén separadas por una distancia indefinida (que teóricamente podría ser incluso de millones de kilómetros)?

La hipótesis de la simulación ofrece un modelo y una explicación interesantes, asumiendo que las partículas son píxeles del mundo renderizado. En las ciencias de la computación, cada vez que se renderiza un píxel, es con base en alguna información de la memoria, la cual contiene el valor de ese píxel. La pantalla lee dicho valor y acto seguido visualiza el píxel con base en el mismo. Lo que se renderiza es un mero reflejo de la información subyacente de la escena conforme está almacenada en la memoria.

Dos píxeles del mundo de un videojuego pueden depender de la misma ubicación de la memoria. Es una técnica que se utiliza habitualmente para optimizar las imágenes y la memoria en los videojuegos, así como para comprimir las imágenes. Por ejemplo, si tenemos una imagen del cielo nocturno, la mayoría de los píxeles serán negros; compartirán, por tanto, el mismo valor. No es necesario, al almacenar la imagen en la memoria, tener una cuadrícula de información con un valor distinto para cada píxel. Lo único que hace falta es llevar la cuenta de cuáles píxeles comparten ese valor.

---

15. American Association for the Advancement of Science, «Entangle, Swap, Purify, Repeat: Enhancing Connections Between Distant Nodes», *ScienceDaily*, 1 de junio de 2017, `http://www.sciencedaily.com/releases/2017/06/170601151921.htm`.
16. Lee Billings, «Explorers of Quantum Entanglement Win 2022 Nobel Prize in Physics», *Scientific American*, 4 de octubre de 2022, `https://www.scientificamerican.com/article/explorers-of-quantum-entanglement-win-2022-nobel-prize-in-physics1/`.

Supongamos que los píxeles A y B tienen el mismo valor en la memoria. (Aquí dependen del mismo lugar, de la misma dirección de esta). Si cambiamos ese valor de la memoria, entonces ambos píxeles cambiarán automáticamente (al menos mientras sigan ambos referidos a la misma ubicación de la memoria). Si el píxel A pasara de pronto a depender de un lugar de la memoria distinto, en tal caso dejaría de depender del mismo lugar que el píxel B y podríamos decir, con la terminología de los cúbits, que dejaría de haber entrelazamiento.

En el entrelazamiento cuántico también es posible que las partículas se desvinculen debido a su interacción con el entorno, o simplemente porque midamos el estado cuántico. Eso puede explicar cabalmente que el píxel B pase a tener su propio valor en la memoria, y que su estado pueda guardarse ya con independencia del estado del píxel A.

Esta es una explicación más bien simplista de cómo podría funcionar el entrelazamiento cuántico, utilizando una técnica —casi trivial— que es propia de la computación gráfica y de la informática.

Se trata, sin embargo, de otro ejemplo de que un modelo basado en la computación y en la información permitiría explicar algunas de las áreas fundamentales de nuestra realidad mejor que un modelo físico.

Además, los videojuegos y la computación podrían darnos el porqué de este proceso misterioso del entrelazamiento cuántico: la optimización. Lo que permite que yo me descargue un capítulo, pongamos, de *Juego de tronos* a mi dispositivo inalámbrico, es que los píxeles están, como antes dije, comprimidos. (De lo contrario sería imposible transmitir todos los píxeles de cada fotograma de un episodio de una serie). La compresión funciona buscando cuáles píxeles tienen el mismo valor —por ejemplo, los píxeles negros en una escena nocturna o los blancos en una escena invernal— y comprimiendo el conjunto de los datos de manera que se neutralice esa redundancia.

Vopson —a quien antes mencionábamos— ha planteado una explicación parecida, a saber, que, con independencia de en qué lugar del universo físico se encuentren dos partículas entrelazadas, han de estar ambas a la misma distancia de una CPU —u otro tipo de procesador— para que un cambio de una afecte a la otra.[17]

---

17. Melvin M. Vopson, *Reality Reloaded: The Scientific Case for a Simulated Universe* (IPI, 2023).

La existencia de ordenadores cuánticos y la de existencia de cúbits basados en partículas del universo físico —imposible a juicio de muchos hasta hace apenas unos años— podría constituir un indicio de que el universo físico es algún tipo de ordenador. El hecho de que hagan falta códigos de corrección de errores para que los cúbits mantengan su integridad —y el hecho de que tal vez sea ese el mecanismo subyacente a la coherencia del propio espacio-tiempo— es un ámbito de investigación bien prometedor. Es evidente, por último, que el entrelazamiento cuántico, con todo su misterio, resulta, de algún modo, fundamental de cara al modo en que funcionan las partículas y constituye un indicio adicional de que el universo acaso sea un ordenador programado para autooptimizarse.

LOS FRACTALES. INDICIOS DE COMPUTACIÓN EN LA NATURALEZA

Pero dejemos la computación cuántica y volvamos a la digital. Si es posible encontrar indicios de computación en la naturaleza —no solo en un nivel subatómico, sino en el nivel de los objetos cotidianos que nos resultan familiares—, eso supondrá un impulso para la hipótesis de la simulación.

En la primera parte, cuando repasábamos la historia de los videojuegos, explorábamos el modo en que la tecnología de la computación gráfica se utilizaba para simular el mundo real en un formato digital compuesto de píxeles. Y uno de los conceptos que hacen que los paisajes generados por ordenador y los paisajes reales se le antojen parecidos al ojo humano son los fractales.

A diferencia de lo que ocurre con los objetos creados por el hombre, en la naturaleza rara vez se encuentran líneas rectas. La geometría euclidea no es una herramienta adecuada para describir o simular el mundo natural. Aunque a simple vista sí que existen líneas rectas, si ampliamos cualquier línea de la naturaleza vemos, ya se trate del horizonte o del borde de un árbol o de una hoja, que está compuesta de patrones más pequeños. La geometría fractal permite, como vemos en la figura 36, crear unos patrones infinitamente repetidos que se asemejan mucho a lo que encontramos en los procesos naturales. Los ríos y los árboles parece que siguen patrones fractales, igual que las neuronas y otros procesos biológicos.

Los fractales exhiben patrones parecidos a escalas cada vez más pequeñas, cosa que en los programas informáticos se suele conseguir con una técnica llamada «recursividad», consistente en que un programa se da a sí mismo la orden de implementar la misma solución, pero a un nivel de complejidad más pequeño.

Según la Fractal Foundation, «un fractal es un patrón que nunca acaba. Los fractales son patrones infinitamente complejos, autosimilares a escalas distintas. Se crean repitiendo un proceso simple una y otra vez en un bucle de retroalimentación continuo».[18]

Empezó a hablarse de fractales en la década de 1980. El joven matemático e investigador Benoit Mandelbrot encontró patrones de autosimilitud a distintas escalas en problemas de tipos muy diferentes desde códigos de error en líneas telefónicas, hasta el patrón de los precios de los productos en los mercados o la estructura de una línea costera.

Figura 36: Los patrones fractales se asemejan a los procesos naturales.[19]

El ejemplo de la línea costera tal vez sea el mejor modo de entender los fractales. La respuesta a la pregunta de cuánto mide determinado segmento de un litoral depende mucho de la escala a la cual decidamos medirlo. Porque podemos hacerlo en términos de kilómetros con una imagen satelital, pero, a medida que nos acerquemos, iremos encontrando multitud de recovecos y resquicios más pequeños que, desde arriba, no advertíamos. Y, si medimos el segmento de costa siguiendo la escarpada superficie de tales recovecos, obtendremos una longitud mayor, un número más grande.

18. «What Are Fractals?», web de la Fractal Foundation, consultado el 28 de septiembre de 2024, `https://fractalfoundation.org/resources/what-are-fractals/`.

19. © 2003-2025 Shutterstock, Inc.

Y ese número puede seguir aumentando indefinidamente porque vuelven a aparecer recovecos y resquicios recursivamente (hasta llegar, por supuesto, al punto de los átomos).

Mandelbrot y otros cultores de esta ciencia en ciernes vieron que podían utilizar ordenadores para hacer un sinfín de cálculos. En los patrones fractales, el *input* para la siguiente iteración de una ecuación suele venir de los resultados de la ejecución precedente de la misma ecuación. El llamado «conjunto de Mandelbrot», uno de los fractales más famosos —generado por reglas que combinaban repetidamente números reales y complejos—, no estuvo plenamente desarrollado hasta que se hubo inventado el ordenador personal. Y es un hecho significativo, porque generar patrones fractales requiere miles o millones de iteraciones del mismo algoritmo una y otra vez, lo que significa que los fractales resultan adecuadísimos para los programas informáticos.

Desde que se descubrieron distintos tipos de patrones fractales, se ha sugerido que la naturaleza es un ordenador generador de fractales. El hecho de que en la naturaleza encontremos geometría fractal, ¿nos está dando un indicio de que hay un elemento de computación en el mundo natural que nos rodea?

Que la computación sea el único modo de obtener formas o contornos naturales parecería implicar que en dicho mundo natural opera algo como un patrón fractal compuesto de píxeles y generado por computación. Ni siquiera las limitadas versiones de fractales que actualmente visualizamos en pantallas de ordenador son, como antes señalábamos, fractales propiamente dichos, habida cuenta de que estamos limitados por los píxeles del monitor. Cada vez que hay un valor fraccionario —o un valor más pequeño que la resolución de la correspondiente pantalla en términos de píxeles—, las imágenes resultantes son meras aproximaciones de lo que el patrón fractal propiamente dicho crearía.

Hasta ahora, los fractales han sido una de las mejores técnicas disponibles para simular procesos y formas naturales (tipo líneas costeras, etc.). La geometría fractal ¿podría ser también el mejor indicio de que la propia naturaleza es objeto de computación?

LOS PROGRAMAS SIMPLES Y UN NUEVO TIPO DE CIENCIA

Con su libro de 2002 *A New Kind of Science* [Un nuevo tipo de ciencia], Stephen Wolfram, quien dirigió el diseño del software Mathematica —utilizado por ingenieros y científicos de todo el mundo—, suscitó una controversia enorme. Wolfram, estudiando los autómatas celulares y la semejanza de los mismos con la naturaleza, propuso que esta última podría ser una colección de programas informáticos. Consideraba, de hecho, que tales programas —a los que él llamaba «programas simples»— eran un elemento constituyente básico de cualquier ciencia. Porque la ciencia sería, en realidad, no ya el estudio de los procesos físicos, sino el estudio de la computación y la información (con fenómenos como la recursividad o los registros orientados a almacenar datos).

El libro de Wolfram fue objeto —como decía— de controversia en su época, pero, con el auge de Internet y de la computación —que han terminado incidiendo en todos los campos de la actividad humana—, sus ideas no parecen tan rocambolescas como cuando salió el libro. Las ciencias de la computación podrían terminar resultando fundamentales de la misma manera en que las matemáticas se consideraron una herramienta fundamental de otras ciencias, como, por ejemplo, la física. Wolfram plantea que deberíamos examinar experimentalmente esos programas simples y sus resultados, lo que básicamente implica que el mundo físico que nos rodea es, en realidad, un conjunto de algoritmos informáticos.

Aunque este autor no hablaba explícitamente ni de la hipótesis de la simulación ni de videojuegos, sí que hablaba de la necesidad de simulación informática. Wolfram pertenece, en efecto, a un grupo de pensadores pioneros que popularizaron la extrapolación, al ámbito de la naturaleza, de la idea de irreductibilidad computacional: la idea de que hace falta «computar» para obtener el resultado. (Tal es el concepto básico de una simulación).

En 2020, Wolfram anunció el Wolfram Physics Project, con el que intenta mostrar que los diagramas llamados «hipergrafos» se pueden usar, junto con las reglas de los autómatas celulares, para extraer algunos de los aspectos más fundamentales de nuestro universo físico. El autor ha afirmado, por ejemplo, que utilizando un modelo computacional está en condiciones de obtener, como resultado, la teoría de la relatividad de Einstein y otras ecuaciones.

Parece inevitable inferir que, si efectivamente hay algún tipo de computación funcionando a nuestro alrededor en la naturaleza, bien podríamos estar en algún tipo de programa informático universal (lo que yo llamo la Gran Simulación). Aunque en este libro solo he tenido espacio para mencionar brevemente estos temas —los autómatas celulares, los fractales, la computación cuántica—, los trato mucho más a fondo en mi libro *The Simulated Multiverse* [El multiverso simulado].

LA EVOLUCIÓN BIOLÓGICA COMO ARGUMENTO CONTRA LA REALIDAD

Pero también hay científicos de otros campos —no solo del campo de la computación— buscando indicios de que estamos en algún tipo de realidad virtual o en una simulación. En 2019, poco después de publicarse la primera edición de este libro, Donald Hoffman, experto en ciencias cognitivas de la Universidad de California en Irvine —antes estuvo en el MIT—, publicó un libro titulado *The Case Against Reality: Why Evolution Hid the Truth from Our Eyes* [Contra la realidad. Por qué la evolución nos quitó de la vista la verdad]. Plantea Hoffman, examinando procesos evolutivos, que la selección natural no necesariamente favorece, en tales procesos, a las especies capaces de ver la realidad como efectivamente es, sino que de hecho evolucionamos de manera que la información que percibimos sobre el mundo que nos rodea, resulte útil para nuestra supervivencia.

Hoffman primero utilizaba la metáfora del escritorio de un sistema informático. Puede, en efecto, que veamos el icono de una carpeta y luego iconos de ficheros, pero nada de eso existe verdaderamente en la naturaleza. Un fichero es, antes bien, un conjunto de bits que existen como señales eléctricas en el disco. Nos ayuda, sin embargo, ver ese icono del fichero y ver también, cuando editamos este, por ejemplo un procesador de textos como Google Docs o Microsoft Word, porque se trata de una útil representación de la información del mundo que nos rodea. Hoffman sostenía que nosotros no vemos el mundo real, sino una representación del mismo. Se basaba en la idea de que el espacio-tiempo, bien mirado, no existe: es una representación de alguna realidad fundamental.

Entrevisté a Hoffman para mi *podcast*. Desde entonces ha seguido desarrollando sus ideas sobre cómo funciona la conciencia, y ha formulado el concepto de «agentes conscientes». Su metáfora del escritorio de un sistema informático era, desde luego, potente, pero hoy este autor utiliza una metáfora más poderosa todavía: la de un casco de realidad virtual. Cuando uno tiene puesto tal casco, no ve los bits, sino una representación o, como a mí me gusta decir, un «renderizado de la información». De modo que su metáfora termina muy en la línea de la hipótesis de la simulación.

CONCLUSIÓN. LA BÚSQUEDA DE INDICIOS DE COMPUTACIÓN

Examinábamos, en el capítulo que aquí termina, varios argumentos contra la hipótesis de la simulación. Dichos argumentos se referían a los recursos necesarios, o bien a la conciencia. En el primer caso, se planteaba que harían falta demasiadas partículas para simular nuestro universo (o al menos el mismo número exacto de partículas que existen en el universo). Ninguno de ambos argumentos resiste un escrutinio riguroso. El motivo es, para el primer argumento, que la técnica básica de prácticamente cualquier realidad generada informáticamente es la optimización. Pero es que el argumento referido a la conciencia tampoco invalida la hipótesis de la simulación. De hecho, toda la parte de este libro dedicada a las tradiciones místicas y religiosas servía para mostrar que la conciencia, en un mundo semejante a un videojuego, podría descargarse en jugadores-personaje. La de la conciencia descargable es una de las fases del camino que lleva al punto de simulación.

Además, la existencia de ordenadores cuánticos podría en realidad demostrar lo contrario de lo que algunos escépticos afirman. Porque, si efectivamente hicieran falta tantos cúbits como partículas existen en el universo, eso no solo no excluiría la posibilidad de que el universo sea un ordenador, sino que podría precisamente estar mostrando que el universo es, después de todo, un gran sistema informático. (Y eso sin tomar en cuenta la optimización, que está en el centro de todos los avances que han experimentado las ciencias de la computación, la computación gráfica, Internet y los videojuegos en las últimas décadas).

Muchos de los experimentos de la física cuántica han evidenciado esa propiedad de la indeterminación cuántica que llamamos «superposición», consistente en que las partículas pueden asumir todos los valores posibles hasta que —y a menos que— sean observadas. Hay cierta discusión sobre si hace falta o no que el observador esté dotado de conciencia, pero parece que las distintas versiones del experimento de Wheeler de la elección postergada muestran que efectivamente es necesario que haya conciencia —o un jugador— para que la onda cuántica de probabilidad colapse, lo cual diríamos que corrobora los indicios de que el universo es algún tipo de simulación creada para una serie de jugadores u observadores, como no sería el caso en un universo puramente físico —determinísticamente mecánico— que existiera con independencia de los observadores.

Hay indicios de cuantización de la materia —yendo incluso más allá de la longitud de Planck— en la presencia de retículas dispuestas geométricamente. Las extrañas propiedades de los ordenadores cuánticos y de los cúbits, en realidad, revelan un nuevo tipo de código de corrección de errores que tal vez sea el modo más preciso —y optimizado— en que el espacio-tiempo puede construirse a sí mismo desde una secuencia de bits —o de partículas cuánticas— utilizando el entrelazamiento cuántico. El propio entrelazamiento cuántico permanece inexplicado y acaso tenga sentido solamente si se enfoca en términos computacionales, como yo proponía en la primera versión de este libro —en 2019— y he explicado también en el presente capítulo.

Por último, saltando del nivel micro al nivel macro, vemos indicios de computación en la naturaleza que nos rodea. La geometría fractal ha sido llamada, en efecto, «la geometría de la naturaleza», y eso pone de manifiesto que los mundos natural y biológico podrían ser algorítmicos. El modo en que la materia física se crea es siguiendo determinadas instrucciones que están codificadas en algún lugar externo al mundo renderizado, y que guardan una gran semejanza con las reglas generadoras de fractales.

Tal vez ningún experimento o argumento pueda demostrar, por sí solo, la hipótesis de la simulación de manera definitiva —como tampoco desmentirla concluyentemente—, pero todo lo recién expuesto apunta con fuerza en el sentido de que el universo sea una especie de ordenador. Eso quiere decir que lo que solíamos considerar como algo físico se reduce en verdad a información y computación.

¿Que qué es el programa informático global que dirige todo esto? A mí me gusta llamarlo la Gran Simulación.

QUINCE

LA GRAN SIMULACIÓN Y SUS IMPLICACIONES

Este capítulo pone en diálogo los distintos terrenos que hemos explorado en este libro —las ciencias de la computación, la física cuántica y la mística, tanto oriental como occidental— para así acometer una serie de cuestiones más amplias sobre la Gran Simulación, por ejemplo, quién la ejecuta o qué significa para el conjunto de nuestra especie.

Volveremos también sobre uno de los grandes debates existentes entre los adeptos de esta nueva teoría: si somos conciencias simuladas o auténticas. (En términos de videojuegos: si somos personajes jugadores —PJ—, o personajes no jugadores —PNJ— basados en inteligencias artificiales). Cerraremos el libro con una discusión sobre el modo en que la hipótesis de la simulación podría tender el primer puente plausible entre las dos búsquedas de la verdad más importantes de la historia humana: la de la comunidad científica y la de los místicos que dieron lugar a las religiones del mundo.

Pero, antes de entrar en estas grandes reflexiones finales, volvamos sobre una de las referencias más antiguas a la hipótesis de la simulación que conservamos en la tradición filosófica occidental.

LA ALEGORÍA DE LA CAVERNA DE PLATÓN Y LA HIPÓTESIS DE LA SIMULACIÓN

En su famosa *República*, Platón expone la alegoría de la caverna, que mencioné brevemente en la introducción. Se trata de una cueva en cuyo interior hay unos prisioneros encadenados que solo pueden ver una pared desnuda situada justo enfrente del acceso a la gruta. Cuando delante de la boca de la caverna se mueven formas, los prisioneros ven las sombras de las mismas proyectadas en la pared. Ellos no saben de dónde procede la luz que genera tales sombras (si de un fuego, si del sol, si de la luna...).

Platón, que escribió esta alegoría en forma de diálogo entre Sócrates y Glaucón —los cuales eran su maestro y su hermano mayor, respectivamente—, sostiene que la condición humana se asemeja a la de los prisioneros descritos: lo máximo a lo que las personas podemos aspirar es a observar sombras del mundo verdadero, en la medida en que no estamos en condiciones de percibirlo directamente. Los prisioneros pueden hablar entre ellos y ponerse de acuerdo sobre qué son las sombras y cuáles nombres darles (una persona, un libro, un caballo, etc.). Así crean, con su vocabulario asociado, una descripción completa del mundo —de la realidad— «desde su perspectiva». Los prisioneros, sin embargo, se equivocan sobre la auténtica naturaleza de lo que ven: lo que ellos nombran y describen son meras sombras del mundo real. Si alguno rompiese sus cadenas y saliera de la gruta, podría percibir a las personas y los objetos reales del exterior, en vez de puras sombras.

Plantea a continuación Platón que no es fácil, para quienes llevamos toda la vida «encadenados», abrirnos paso hasta el exterior y mirar lo que constituye una nueva realidad. (Incluso el sol y la luna serían, para nosotros, conceptos nuevos). Señala, de hecho, que ver la luz del sol por vez primera sería, ciertamente, doloroso: nuestros ojos no están acostumbrados a la luz, habiéndonos pasado la vida entera metidos en la gruta. Para colmo, cuando cierta persona a la que Platón califica de «filósofo» consigue liberarse de las cadenas y percibir el mundo real, esa persona regresa a la cueva e intenta convencer a las otras de que lo que ellas pensaban que era la realidad no eran, bien mirado, sino «sombras en una pared». Pero la gente, que llevaba encadenada a la pared toda la vida, se muestra, por utilizar un término suave, escéptica.

Aunque probablemente se trate de la referencia más famosa y antigua de la filosofía occidental a la idea de que la realidad no es lo que acaso parezca, la he dejado para el final con el objetivo de que podamos ponernos ante los ojos, ya en conjunto, qué es la Gran Simulación y qué podría significar.

Si resulta que vivimos en una simulación semejante a un videojuego, en tal caso la cárcel —la caverna— y las sombras proyectadas en su pared son los renderizados de los píxeles conforme se nos muestran a quienes estamos metidos en la simulación. ¿Que cuál sería la fuente de luz que proyecta las sombras? En un videojuego, el mundo renderizado es un conjunto de píxeles que se iluminan en virtud de alguna carga electromagnética. Sin haber salido nunca del mundo renderizado, es muy difícil imaginarse un proyector o una fuente de luz responsable de que todo lo que vemos se nos haga, en efecto, visible, pero lo cierto es que ahí está. Quien saliese del mundo renderizado y volviera se encontraría con reacciones parecidas a las que buena parte de la comunidad científica muestra hoy para con las visiones de los místicos que afirman haber estado «fuera del mundo». Acaso las reacciones también fuesen como las que muchos han mostrado inicialmente cuando se han visto ante la hipótesis de la simulación: que no puede ser verdad, que es imposible.

Si los prisioneros del relato de Platón pudieran examinar las sombras desde una perspectiva más alta, todo el asunto tendría más sentido. Básicamente, habrían encontrado un modelo más adecuado que el antiguo para describir y explicar su realidad. Eso es exactamente lo que los místicos llevan diciéndonos miles de años: que el mundo que nos rodea es una suerte de ilusión y que existe, más allá de ese mundo, una realidad que nosotros no podemos ver.

Lo mismo rige para los misterios de la mecánica cuántica: parecen estar diciéndonos que este mundo no es, en verdad, ese mundo material que solemos figurarnos; que lo que consideramos una única realidad sólida también es una especie de ilusión. Como dijo Ken Wilber en sus *Cuestiones cuánticas*: los físicos miraban sombras en la pared «desde siempre», pero la teoría cuántica les obligó a reconocer tal hecho. Los actuales científicos, sin embargo, siguen aferrándose a una visión puramente materialista del mundo que nos rodea, con lo que en cierto sentido están obviando la gran pregunta de si el mundo físico es real... mientras ahondan en la averiguación de cómo exactamente funciona nuestro motor de simulación física.

En este libro he mostrado cómo toda una serie de aspectos —concretamente la evolución de las ciencias de la computación, nuestra comprensión de cómo están construidas las simulaciones con formato de videojuego, los misterios centrales de la física cuántica, los mensajes de las filosofías orientales antiguas, las descripciones que nos ofrecen las religiones occidentales y los fenómenos paranormales inexplicados— sugieren que efectivamente vivimos dentro de una simulación, a la manera de los prisioneros del relato de Platón en su caverna. Si tal es el caso, examinemos las preguntas de entidad sobre esa Gran Simulación en que vivimos.

¿QUÉ ES LA GRAN SIMULACIÓN Y QUIÉN LA EJECUTA?

Resumiendo, la Gran Simulación es una simulación (o videojuego) hiperrealista en cuyo interior vivimos: nuestra versión de Matrix, básicamente. En tanto que estamos dentro de la simulación, somos incapaces de distinguir entre lo que es real y lo que es parte de la misma. Eso no quiere decir que la simulación no sea real desde nuestra perspectiva, del mismo modo que los videojuegos a los que nosotros jugamos son reales para nuestros avatares y para los PNJ mientras dura la partida.

Igual que no podemos decir con certeza qué hay fuera de la simulación, tampoco podemos estar seguros sobre cuántas simulaciones hay. Si resulta que estamos dentro de una simulación entre cien mil más que existen, entonces podría ser que no estuviésemos, en modo alguno, en la Gran Simulación, sino sencillamente en una simulación que, desde nuestra perspectiva, lleva en marcha miles de millones de años, pero que bien podría ser, desde el punto de vista de quienquiera que dirija o ejecute la simulación, un abrir y cerrar de ojos.

Si el mundo que nos rodea es una simulación, se impone la pregunta de quién —o qué— está fuera del mundo renderizado. ¿Quién está participando en él? ¿Quién lo creó? ¿Y quién —o qué— sigue ejecutando la simulación todavía hoy? ¿Y por qué la creó?

No tenemos forma de saber las respuestas con certeza, pero he aquí algunas de las posibilidades que más aceptación han tenido.

Otras simulaciones

Si vivimos en una simulación, entonces cualesquiera simulaciones que nosotros creáramos —donde van incluidos nuestros sofisticados juegos MMORPG y videojuegos— se considerarían simulaciones dentro de otra simulación.

Y si nuestra civilización fuese capaz de llegar al punto de simulación, en tal caso es de prever que pudiéramos crear simulaciones indistinguibles de nuestra realidad física. ¿Podría entonces continuar la cadena indefinidamente? Sería como esa anécdota de la tortuga: una señora le dijo al famoso psicólogo William James que la Tierra reposaba sobre el caparazón de una tortuga, y, al preguntarle James a la señora sobre qué reposaba entonces la tortuga, ella le dijo que lógicamente sobre otra tortuga, y esa otra tortuga sobre otra tortuga, y esa otra sobre otra, y esa otra sobre otra...

Aquí la dificultad estriba —porque se trata de una recursividad sin límite— en que un número infinito de simulaciones requeriría una potencia computacional prácticamente infinita. Como no haya alguna base, el algoritmo recursivo se prolongará indefinidamente sin devolver ningún resultado nunca. (Cada nivel está esperando a que dé un resultado el inferior). Sin embargo, en un entorno informático práctico —finito—, ni siquiera un algoritmo recursivo puede seguir ejecutándose sin término: en algún momento se agotará la memoria, saltará un error de recursos insuficientes. Bostrom dice, en su artículo pionero, que una forma de evitar esto podría ser imponer restricciones a qué puede simularse dentro de una simulación y qué no.

Esta idea de restringir el margen de acción de una civilización simulada podría desde cierto punto de vista corroborar los argumentos de los escépticos de que «no es posible» que estemos en una simulación porque simular el universo conocido exigiría demasiados recursos computacionales. Lejos de ser, sin embargo, un argumento contra la simulación, podría perfectamente convertirse en un argumento de que en efecto estamos dentro de una simulación, pero tenemos restricciones relativas a qué podemos simular con los recursos finitos de que disponemos.

Naturalmente, esta objeción de los recursos necesarios se derrumba si consideramos otros tipos de computación más sofisticados —por ejemplo la computación cuántica—, pero, incluso con una computación más convencional, dicha objeción pone de relieve la necesidad de técnicas de optimización. Parece razonable suponer que, aunque lo que exista fuera de la simulación sea «otra» simulación, tiene que haber, llegado un punto, un tope: una realidad base. De manera que esta posibilidad, por muy fascinante que resulte, bien mirado no constituye una respuesta satisfactoria.

Humanos/antepasados

Otra posibilidad es que quienquiera que esté ejecutando la simulación sea simplemente lo mismo que nosotros: un ser humano. Nuestros videojuegos, si bien empezaron con personajes no humanos muy sencillos, estilizados —*Pac Man*, *Space Invaders*—, evolucionaron y dieron lugar a personajes —o avatares— ya más parecidos a personas. Podemos elegir su género, o su tipo de cuerpo, utilizando un modelo de «edición de avatares» que se ha convertido en algo habitual.

Si estamos dentro de una simulación de antepasados, todo apunta a que los creadores hicieran que nos pareciésemos a ellos de algún modo: a que seamos, por lo menos, humanoides. El *quid* de una simulación de antepasados es simular a los antepasados de uno, lo que significa que los antepasados en cuestión tendrían un ADN parecido al de sus creadores, es decir, al de los seres que crearan la simulación. Es posible que nos crearan con el máximo detalle, reflejando fielmente cuanto conocían sobre sí mismos (codificando, por ejemplo, un ADN similar). O a lo mejor crearon un subset de lo que conocían. Es posible que lo que nosotros consideramos un ser humano sea un avatar simplificado de los «protohumanos» que existen en la realidad base que hay encima de nuestra simulación.

Las simulaciones de antepasados también suscitan la inquietud de que tal vez seamos todos PNJ, y de que los artífices de nuestra simulación la estén ejecutando nada más que para saber qué podría ocurrir si se cambian las variables. En cierto sentido, nuestro mundo podría ser un proceso complicado o caótico, y el único modo de averiguar qué podría suceder consiste, debido a la irreductibilidad computacional, en dejar que la simulación se ejecute.

Viajeros procedentes del futuro

Otra posibilidad que diríase sacada de la ciencia ficción sería la de que nuestros descendientes, a través de la simulación, estén mirando nuestra historia desde un futuro de muchos millones de años.

Esto se acerca, de hecho, a lo que creía Philip K. Dick: que nuestra historia está siendo observada y, dependiendo de adónde se dirija la línea temporal, ajustada. En *El hombre en el castillo*, este autor presenta, en efecto, una línea temporal —un mundo— en el que las potencias del Eje ganaron la Segunda Guerra Mundial, y los nazis y el Imperio de Japón se repartieron el territorio de Estados Unidos. Dick realmente creía, según su propio testimonio y el de su esposa —Tessa—, que aquella era una línea temporal real y que él tenía recuerdos de la misma. Alguien —con toda probabilidad, seres del futuro— consideró que dicha línea temporal no llevaba a resultados precisamente óptimos y decidió modificarla para que ganasen la guerra los Aliados.

El autor también creía que estaba recibiendo mensajes de seres externos al tiempo —procedentes acaso del futuro—, los cuales intentaban hacer algo parecido con el asesinato de John Fitzgerald Kennedy: volvieron y modificaron las variables en varias ocasiones para que no fuera asesinado en Dallas en 1963... pero en cada línea temporal alternativa sucedía que, o bien lo asesinaban en otro sitio, o bien había efectos colaterales indeseables (concretamente una guerra nuclear). De ahí que al final rebobinaran o echasen para atrás nuestra simulación hasta el asesinato de Kennedy en Dallas.

Formas de vida terrícolas no humanas

En el famoso libro de ciencia ficción *Guía del autoestopista galáctico* —de Douglas Adams—, la Tierra era en realidad un experimento que habían hecho unos ratones superinteligentes. Los ratones terrícolas estaban aquí para monitorizarnos a nosotros, los humanos, a medida que avanzaba el experimento. Esta situación recién descrita es improbable, pero bien pudiera ser que alguna forma de vida de cuantas existen aquí en la Tierra, esté basada en los creadores de nuestra simulación, los cuales podrían preferir estar en la misma con avatares de su forma de vida original. Obviamente, como no nos consta que en la Tierra haya ninguna otra especie con inteligencia tecnológica, si dicha forma de vida estuviera íntimamente relacionada, por dar un caso, con el chimpancé o con el delfín, entonces las versiones de tales especies que nosotros vemos en nuestro mundo, probablemente sean versiones simplificadas de los protochimpancés —o protodelfines— que crearon o están monitorizando nuestra simulación. Eso permitiría a los creadores, en efecto, monitorizar desde dentro lo que aquí sucede.

En la película *Star Trek IV. Misión: salvar la Tierra*, la tripulación de la nave Enterprise se encuentra, cuando vuelve al planeta, con que una avanzada nave alienígena lo está visitando y está a la espera señales de la única especie terrícola inteligente que conoce: la ballena jorobada (la cual, se nos dice, se ha extinguido). Eso provoca que el capitán Kirk, el Sr. Spock y la tripulación viaje al pasado para coger un par de ballenas jorobadas, que entonces logran comunicarse con la sonda alienígena del futuro, salvando así la Tierra.

Extraterrestres

Esto nos lleva a una verosímil posibilidad que ha propuesto un montón de gente —desde Elon Musk hasta Stephen Hawking—, a saber, que los creadores de la simulación sean algún tipo de especie alienígena. Por supuesto, si no fuesen humanos, pero fueran inteligentes, eso encajaría de maravilla con el modo en que nos figuramos tal tipo de especie. «Extraterrestre» es un término que denota a seres de otro planeta distinto del nuestro, pero puede extrapolarse fácilmente a seres procedentes de otra dimensión de la realidad.

Hoy el estereotipo más extendido de alienígena es el de los extraterrestres llamados «grises», que llevan décadas presentes en la ciencia ficción y en la ufología. (Pensemos en *Expediente X*, en *Encuentros en la tercera fase*, etc.). Pero es posible que una especie alienígena no sea humanoide, o que ande muy lejos del modo en que nosotros nos vemos a nosotros mismos.

Si los creadores de la simulación son algún tipo de vida alienígena, ¿por qué iban a crearnos a nosotros como humanos? A esta pregunta no cabe responder con certidumbres, pero podemos especular. Igual que nosotros creamos razas fantásticas en *World of Warcraft* —unas razas basadas en nuestra literatura y en nuestra imaginación—, los humanos habrían desempeñado algún papel —real o imaginario— en la sociedad de ellos. Luego están los testimonios de quienes afirman haber sido abducidos por una nave extraterrestre, relatos en los que un elemento recurrente es el de que los alienígenas tomarían algún tipo de muestra de nuestro material genético. ¿A lo mejor el objetivo de la simulación es hacer que nuestro ADN evolucione hasta un punto en el que pueda ser compatible con el de los alienígenas, o útil para estos?

Máquinas superinteligentes

Una teoría muy en boga es que las máquinas podrían ser los amos supremos que dirigen nuestra simulación. Tal es, de hecho, la premisa de *Matrix*.

La IA es un aspecto crucial de la hipótesis de la simulación. Los PNJ son básicamente inteligencias artificiales que existen dentro de los videojuegos que nosotros creamos. Precisamente ahora estamos llevando la IA al punto en que podemos crear agentes inteligentes capaces de ayudarnos con distintas tareas de nuestro mundo (desde marcar números de teléfono, hasta encontrar una información específica en Internet). Según algunos expertos, podríamos ser en realidad la IA de dentro de una simulación, que es otra cosa distinta que si hubieran sido máquinas inteligentes las que hubiesen «creado» la simulación, aunque quienquiera que cree una simulación de tal complejidad, lo normal será que se haya servido de una IA, como explicábamos en las partes segunda y tercera.

Un tema en boga tanto en la ciencia ficción como en la especulación científica ha sido el de que las máquinas que nosotros creamos puedan decidir, si se vuelven lo bastante inteligentes, que ellas pueden sobrevivir sin nosotros. O que decidan que sí que nos necesitan, pero manteniéndonos entretenidos con algo (que es también lo que pasaba en *Matrix*). Este escenario de una IA asesina está inquietando a no pocos científicos, a medida que nuestra tecnología se va haciendo más inteligente. Estamos, justo ahora, llegando al punto en que una máquina pueda superar el test de Turing, y la IA ya está empezando a crear mundos virtuales y sofisticadas simulaciones. Teniendo en cuenta, sin embargo, la velocidad de los avances en el campo del aprendizaje automático y de la IA, la posibilidad de que esta pueda crear simulaciones tridimensionales plenamente realistas —con seres que sean a su vez inteligencias artificiales capaces de superar el test Turing—, no es algo que, en el momento de escribir esta segunda edición, quede muy lejos.

Dios o unos dioses... y el paraíso

Y tenemos, por último, la explicación mística: que la Gran Simulación se creó, en realidad, como un lugar donde poner a prueba a seres conscientes. Las tradiciones místicas tanto orientales como occidentales comparten la idea de que el mundo que nos rodea no es el mundo real, sino un lugar de entrenamiento o puesta a prueba. En las tradiciones orientales suele tratarse de un alma que va pasando por múltiples vidas, que va jugando a ser múltiples personajes. En las tradiciones occidentales hay un Dios y ángeles —entre los cuales están nuestros ángeles custodios—, así como un paraíso y un infierno eternos. En ambos casos, encontramos un concepto común de que nuestros actos en este mundo determinan lo que nos sucede cuando lo dejamos.

Es importante señalar que todas estas distintas posibilidades que hemos visto no necesariamente se excluyen. La idea, por ejemplo, de que hay dioses o ángeles podría en realidad coincidir con la idea de que fuera de la simulación hay una IA superinteligente o alienígenas que a nosotros se nos antojan dioses o ángeles (o con la idea de que, para crear la Gran Simulación, se usó IA).

Por ejemplo, en *Star Trek. La nueva generación*, la tripulación se encuentra con una especie alienígena —conocida como el Continuo Q—, que es lo más cercano a la omnipotencia que se pueda imaginar. Dicha especie puede controlar el tiempo y el espacio, trasladar la nave Enterprise desde un lugar del universo físico a otro, crear seres nuevos y manipular cuerpos celestes a su antojo. Sus integrantes también podían adoptar apariencia humana para comunicarse con nosotros. Los que llamamos «dioses» podrían ser en realidad alienígenas, o simplemente seres de fuera de la simulación que son superusuarios de la misma y tienen el poder de manipularla.

Más allá, sin embargo, de quién o qué esté fuera de la simulación, hoy entendemos bastante bien en qué consiste esta. No podremos decir cuál es su finalidad hasta el momento en que —y a menos que— uno de nosotros logre salir de ella, pero sí que comprendemos sus elementos básicos —los cuales hemos destapado en este libro—, y también cómo la propia simulación se relaciona con diversas teorías sobre la naturaleza del mundo físico.

¿CUÁLES SON LOS PRINCIPALES ELEMENTOS DE LA GRAN SIMULACIÓN?

Buena parte de este libro se ha dedicado a examinar las distintas razones por las que tanto las ciencias de la computación, como la física cuántica —y relativista— y los místicos orientales —y algunos occidentales—, parecen coincidir en la descripción de un mundo cuya explicación más adecuada es la hipótesis de la simulación.

Basándonos en la evolución que los videojuegos han ido experimentando hasta la actualidad, podemos hacer proyecciones de la evolución futura de nuestras tecnologías a fin de ver cómo podría construirse tal simulación —un videojuego gigantesco con miles de millones, cuando no «billones» de jugadores— de manera que resulte indistinguible de la realidad física.

¿Cuáles son los componentes clave de nuestra Gran Simulación? He aquí su lista.

Un mundo compuesto de píxeles de alta resolución

Los videojuegos y la computación gráfica han evolucionado desde aquellas toscas simulaciones renderizadas con píxeles de ocho bits de los juegos *arcade* —los de los recreativos—, hasta una computación gráfica mucho más sofisticada con millones de colores y una resolución de más de 4K. De hecho, la resolución de los objetos y personajes generados por ordenador es ya tan buena, que tanto los videojuegos como los efectos especiales del cine recurren a las mismas técnicas de modelado por ordenador y de renderizado de texturas.

En vista, por tanto, del nivel de realismo de los juegos actuales si los comparamos con los de hace tan solo una década o dos, ¿cómo ha de evolucionar nuestra capacidad de renderizar mundos y personajes realistas no solo en los próximos años, sino en las próximas décadas? Todo apunta a que los ordenadores puedan generar personajes hiperrealistas. Con el advenimiento de la realidad virtual (RV), vemos cómo cualquier mundo que se renderice de una forma que funcione con nuestros ojos y con nuestras mentes puede generar una ilusión de profundidad y de realismo. Y la realidad aumentada —o la mixta— empieza a difuminar los límites entre lo físico y lo generado por ordenador. Con la IA generativa, el realismo y la amplitud y el alcance de estos mundos ilusorios crecerá rápidamente hasta que se antojen mundos infinitos...

La conclusión lógica es que, en pocas décadas, nuestra civilización será capaz de renderizar mundos indistinguibles de la realidad física. La probabilidad de que haya una civilización avanzada que vaya por delante de nosotros —que evolucionase en los miles de millones de años que ya tiene nuestra galaxia de existencia, y que ya consiguiera esto— es muy alta.

Un videojuego multijugador masivo en línea

Nuestros videojuegos también han evolucionado, desde juegos para un solo jugador que se ejecutaban —y se renderizaban— en la pantalla de una única computadora, hasta experiencias compartidas que permitían conectarse, primero, a unos pocos jugadores; luego a bastantes, y, hoy, a millones. Aunque nuestra actual tecnología no llega aún a los millares de millones de jugadores simultáneos, no hay razón para creer que tal no vaya a ser el caso en un futuro próximo, teniendo en cuenta que ya tenemos sitios web y aplicaciones que, como ocurre con Facebook, Instagram o Twitter/X, dan servicio a más de mil millones de usuarios.

En un juego multijugador hay un estado del juego, y hay personajes individuales controlados por distintos jugadores. No hay un renderizado único del juego: hay solamente información que existe «en la nube». Cada ordenador renderiza los gráficos localmente cuando hace falta y transmite información a todos los demás jugadores, lo cual ofrece una potente analogía de cómo cada uno de nosotros interactúa con este mundo aparentemente físico. La hipótesis de la simulación plantea, en efecto, que, exactamente igual que en un videojuego de rol multijugador masivo en línea, nosotros controlamos nuestros respectivos personajes, y el juego se comparte y se renderiza con base en las percepciones de nuestras mentes.

Un mundo generado por algoritmos aparentemente infinito

Los videojuegos evolucionaron desde las imágenes de mapa de bits —también llamadas «imágenes ráster»—, donde cada píxel del mundo del juego está almacenado en la definición de este, hasta mundos generados por algoritmos en los que únicamente renderizamos una parte de ese mundo cada vez. El resto del mundo está ahí, pero nosotros lo vemos solamente si podemos «viajar» hasta allí en el juego, y se renderiza «nada más que cuando hace falta». En los videojuegos que tienen universos grandes, el «resto del mundo» se genera, más allá de cierto punto, mediante algoritmos. Eso permite tener un número arbitrariamente grande de planetas o mundos que visitar, generándose cada uno según es observado a corto plazo por procedimientos y a largo plazo con IA generativa. El único límite es la capacidad de almacenamiento, y hasta eso se puede optimizar.

En nuestro mundo habría, según las estimaciones más exactas —digo esto en 2024—, entre doscientos mil millones y dos billones de galaxias, con muchos billones de estrellas e incontables planetas. Cada uno de estos es un mundo que podríamos algún día visitar si es que lográsemos atravesar la distancia de los páramos interestelares. Es posible que, a diferencia de lo que ocurre en los videojuegos, nosotros nunca consigamos visitar muchos de esos planetas, lo que suscita preguntas sobre cómo están creados y sobre si existen de verdad o son algún tipo de simulación, algún tipo de señales que se nos envían si seguimos observando cada vez más lejos en nuestro mundo. Esto pone también sobre la mesa la idea de que cualesquiera procesos físicos que pensemos construyen el mundo que nos rodea podrían ser, bien mirado, de índole computacional. La geometría fractal, cuya base son sencillos algoritmos fractales recursivos, ha resultado notablemente eficaz de cara a simular aspectos del mundo natural (estructuras arbóreas, hojas, paisajes de planetas...). Cabe la posibilidad de que el motivo por el que nunca vamos a lograr visitar todos esos mundos, sea que en realidad no existen, sino que están generados por procedimientos para darnos la impresión de que vivimos en un universo prácticamente infinito...

Los personajes jugadores, los personajes no jugadores y la IA

En los videojuegos hay, como hemos visto, PJ (personajes jugadores o avatares) y PNJ (personajes no jugadores, es decir, personajes artificiales que están controlados por el juego mediante algoritmos). Con la actual sofisticación de la IA, muchos creen que ya hemos pasado el test de Turing. Lo que aún no hemos pasado es el test de Turing para el metaverso, pero, con el ritmo al que está avanzando la IA, da la impresión de que nos faltan solamente unos años (una década a lo sumo). Si nuestra tecnología informática llega a permitirnos crear una inteligencia artificial simulada (IAS) la cual podamos meter en cuerpos de androides, los temas de la inteligencia y de la conciencia empezarán a desdibujarse y a confundirse con conceptos atinentes a las ciencias de la computación y a la pregunta de qué está «vivo». Como la saga de *Star Trek* y otras obras de ciencia ficción plantean, una vez que se llega a ese punto clave, ¿quién puede decir que no seamos, de hecho, algún tipo de IA nosotros mismos?

El argumento original de Nick Bostrom sobre la simulación postula que no solo formamos parte de un mundo simulado, sino que además probablemente seamos, en vez de seres reales, conciencias simuladas. Eso no cuadra con los modelos que los místicos plantean de una conciencia o alma que entra y sale del mundo renderizado, pero ambas posibilidades están ahí y no se pueden descartar.

La conciencia descargable

Los actuales científicos creen que, si logran capturar los billones de interacciones neuronales del cerebro de una persona, pueden simular, una vez muerta esta, su conciencia y sus maneras de pensar. Aunque este objetivo de la conciencia descargable queda fuera de nuestro alcance por el momento, hay quien piensa que es una cuestión de décadas. Según los místicos, fue mediante tal clase de descarga como vinimos a parar a este cuerpo: cuando nacemos, nuestra conciencia, que viene de un alma, es efectivamente descargada en nuestro cuerpo. Esta cuestión de la conciencia descargable suscita interesantes preguntas sobre si somos seres reales o mera información, y hay referencias a ella en la mayoría de las tradiciones místicas y religiosas.

Una realidad de naturaleza cuantizada (compuesta de píxeles)

La física cuántica surge de la idea de que en realidad no vivimos en un mundo físico de macroobjetos, sino en un mundo compuesto de objetos de menor tamaño. Parece que existe un límite práctico respecto a cuán pequeños pueden ser los elementos constituyentes de la materia: un límite más allá del cual es imposible efectuar ninguna medición. La idea es que la realidad física no es continua, sino que está cuantizada. Los cuantos inicialmente eran niveles de energía y de hecho, en el nivel atómico, la mayor parte de lo que consideramos objetos físicos es, en realidad, espacio vacío. La naturaleza cuantizada del espacio y la naturaleza invariable de la velocidad de la luz apuntan a que también la idea de «tiempo cuantizado» forme parte de nuestra realidad física.

Eso quiere decir que dicha realidad física no responde tanto a las características de una realidad analógica, sino más bien a las de una realidad digital compuesta de piezas de información discretas (a la manera de los píxeles de un juego de ordenador o de los bits que se almacenen en la información digital). En este modelo, los bits se asemejan más a cúbits —a bits cuánticos— que no a simples unos y ceros digitales. Así y todo, el hecho de que vivamos en una realidad cuantizada evoca un mundo renderizado con píxeles. Que dicho mundo se vea tridimensional —cosa que en el pasado habría sido un argumento contra la simulación— lo único que significa es que nuestros píxeles no están en una pantalla de dos dimensiones. Las impresoras 3D nos han hecho ver que incluso los objetos tridimensionales pueden renderizarse utilizando modelos en 3D y píxeles que se construyen utilizando algún tipo de píxel u «objeto» mínimo.

Un motor de renderizado basado en la indeterminación cuántica

La mayoría de los juegos —y de programas informáticos en general— requieren la optimización de los recursos computacionales. Únicamente renderizan aquello que hace falta renderizar desde el punto de vista del jugador (desde su ángulo de visión subjetiva). Esto guarda una relación directa con la idea de la indeterminación cuántica, según la cual el mundo físico tal vez exista solamente cuando alguien lo observa. La indeterminación cuántica se convierte, por tanto, en una técnica de optimización. Exactamente igual que en los videojuegos que carecen de un único mundo renderizado —porque su mundo se renderiza en el hardware de cada jugador—, en la Gran Simulación es posible que nuestro hardware sea nuestra conciencia y que cada quien vea, aunque exista una realidad compartida, únicamente las partes de dicha realidad que haga falta, lo cual explicaría esa idea moderna de la indeterminación cuántica.

Un motor de física basado en la física clásica y en la cuántica

Todos los videojuegos que tienen un mundo virtual tienen un motor de simulación física que determina las reglas de la física dentro de ese mundo. Dichas reglas pueden corresponderse o no con las de fuera del mundo virtual.

En el motor de física de nuestra simulación, resulta que la velocidad de la luz es una constante en el espacio-tiempo físico. Si el espacio-tiempo está compuesto de píxeles, entonces podemos utilizar esa velocidad constante para calcular un tiempo cuantizado, una frecuencia de reloj de la simulación. También en los videojuegos hay restricciones sobre cuánto se tarda en ir de un punto a A a un punto B, salvo que el personaje se teletransporte dentro de ese mundo cibernético. Los puentes de Einstein-Rosen —los agujeros de gusano— muestran un modo de teletransportarse en nuestra realidad espacio-temporal simulada. Además, el entrelazamiento cuántico y la no localidad muestran que puede haber modos de transmitir información entre distintas partes del sistema a una velocidad superior a la de la luz, cuando no instantáneamente.

Si tal es el caso, entonces tiene que haber modos de transmitir información sin someterse a las restricciones espacio-temporales estándar. Todo lo cual apunta a que hay algo fuera del espacio-tiempo normal, lo que quiere decir que el espacio-tiempo es un constructo, una suerte de simulación. El entrelazamiento cuántico parece demostrar que la información puede al menos compartirse de manera instantánea, y eso se explica mejor con la hipótesis de la simulación, que no con nuestra actual concepción de la física.

Todos estos elementos combinan ideas de los modernos videojuegos de un modo susceptible de aplicarse a un videojuego de rol compartido en línea por más de mil millones de jugadores. Pero no es solo que tales elementos resulten aplicables, sino que, como hemos visto a lo largo de este libro, la naturaleza del mundo físico que nos rodea apunta, según la descubre la física y según ofrecen modelos de ella las ciencias de la computación, a que el escenario de la hipótesis de la simulación es altamente verosímil.

SERES CONSCIENTES O SIMULACIONES INCONSCIENTES. LOS PJ VS. LOS PNJ

Uno de los debates abiertos entre quienes especulamos sobre la hipótesis de la simulación es el de si somos meros seres simulados, es decir, si somos personajes no jugadores (PNJ) de una simulación, tal sería la implicatura del argumento original de Bostrom.

El motivo, sin embargo, por el que yo he elegido la metáfora del videojuego —la versión JDR (*j*uego *d*e *r*ol) de la hipótesis de la simulación— es que dicha metáfora abre la posibilidad de que seamos auténticos jugadores existentes fuera del videojuego, los cuales controlan o habitan sus personajes dentro del mismo. Escogí esta metáfora deliberadamente porque creo que los místicos orientales acaso estén más cerca de la naturaleza de la Gran Simulación que muchos de nuestros científicos, si bien la hipótesis de la simulación tiende un puente sobre tal abismo, salvándolo de maravilla. Eso no quiere decir que la Gran Simulación no tenga unos fundamentos tecnológicos. Una de las fases cruciales del camino que lleva al punto de simulación es, de hecho, la décima: la de la conciencia descargable.

¿Te acuerdas de los argumentos que explorábamos en la tercera parte sobre que la hipótesis de la simulación no solo encaja con las palabras de los místicos que afirman haberse «asomado afuera de la simulación», sino que además da una base científica a tales palabras? (Estamos hablando de sabios como Buda o como los misteriosos *rishis* que escribieron los Vedas, por no hablar de los fundadores de las religiones occidentales, donde van incluidos Moisés, Jesús, Mahoma y otros profetas de la línea abrahámica).

La naturaleza onírica de la realidad

Los místicos de todas las tradiciones nos han dicho que lo que percibimos como realidad se asemeja, bien mirado, más a un sueño. Esto ocurre sobre todo en las tradiciones hindú y budista. En los Vedas hindúes encontramos la idea de *lila*, del gran juego escénico en el cual nos vemos atrapados, equivalente del espejismo (*maya*) que formó la base del budismo. En ciertas formas de budismo tántrico, hay auténticas escuelas de entrenamiento relativo al yoga de los sueños, que consiste en aprender a reconocer que se está soñando. En un sueño no nos damos cuenta de que hay otra parte nuestra que está dormida en la cama; los elementos de dentro del sueño se nos antojan reales mientras estamos en él. De hecho, vemos que los sueños en realidad ya presentan toda la tecnología a la que nos hemos referido al describir el camino que lleva al punto de simulación.

Las almas, la reencarnación, el karma y las misiones

Las tradiciones religiosas orientales nos enseñan, sobre la base de la idea moderna de la conciencia descargable, que somos un alma —o una conciencia— que efectivamente se descarga en un cuerpo físico mientras dura ese estado onírico que llamamos «vida». Eso ocurre en múltiples ocasiones, es decir, en múltiples vidas («vidas» en el sentido de las de los videojuegos).

En estas tradiciones hay una parte de nosotros que está fuera de la simulación, y hay un registro de todo cuanto va sucediéndonos mientras jugamos a ser nuestros personajes (exactamente igual que en los videojuegos llevamos la cuenta de los puntos de experiencia, de los niveles y de las misiones). El concepto subyacente es el karma: la ley de la causa y el efecto. El karma es, de hecho, como un interminable motor de misiones de los que hay en los videojuegos: va llevando la cuenta de nuestros logros y de nuestros objetivos, y va creando situaciones con otros jugadores a los cuales necesitamos para resolver karma previo. En el budismo, la rueda infinita del karma es lo que nos impulsa a seguir volviendo (lo que sería una «hoja de misiones» dinámica). Creamos nuevas misiones para nosotros mismos a través de nuestros actos.

¿Dónde están almacenadas esas misiones? Se almacenan, igual que ocurre en un videojuego multijugador, fuera del mundo renderizado. Y la lógica que sea que se utilice para ir llevando el registro de tales misiones es lo que nos mantiene en movimiento. ¿Qué clase de ser o ente podría llevar la cuenta de miles de millones de ítems de karma y de experiencia distintos? Lo más verosímil es que sea algún tipo de ordenador o de IA. Así dejamos de necesitar a esos metafóricos «señores del karma».

Una IA que diríase divina, los ángeles y el más allá

En las tradiciones religiosas occidentales, el estándar es que elevemos súplicas a Dios y que Dios envíe ángeles que vayan tomando nota de nuestras acciones (esos «ángeles registradores» que escriben en el «pergamino de las obras» islámico, o en el «libro de la vida» bíblico). Eso podría apuntar a la existencia de algún tipo de ente semejante a un dios situado fuera de la Gran Simulación, el cual fuese capaz de ir llevando la cuenta de miles de millones de personas —de jugadores— y de sus actos.

También son congruentes con la hipótesis de la simulación las descripciones que en las religiones occidentales encontramos tanto de los ángeles, como del juicio al que se somete al alma eterna con base en su conducta en el mundo físico. Porque, igual que ocurre en los videojuegos, nuestras acciones se van registrando —se encarga el ángel custodio/registrador— y sirven para ir llevando la puntuación de nuestros hechos.

De modo que las tradiciones religiosas y místicas, en su intento de explicar la naturaleza de la realidad, se refieren al mundo físico que nos rodea como un lugar en el cual se nos «descarga» (*download*), y en el cual nuestras obras van siendo registradas; después, volvemos a algún lugar que está fuera del mundo físico. En la terminología de las modernas ciencias de la computación, la Gran Simulación explica esto perfectamente y, si hubiera habido ordenadores y videojuegos en la Antigüedad, es muy posible que nuestras tradiciones religiosas hubieran empleado una terminología muy parecida a la utilizada en el presente libro.

VISIÓN DE CONJUNTO. LA INFORMACIÓN Y LA COMPUTACIÓN ESTÁN EN LA BASE DEL RESTO DE LAS CIENCIAS

En cuanto que diseñador de videojuegos, he encontrado pasmosa la rapidez con que estos han evolucionado, desde aquellos simplicísimos juegos tipo *arcade* de ocho bits a los que yo jugaba cuando era joven, hasta unos complejísimos videojuegos de rol multijugador en línea con posibilidades aparentemente infinitas e incontables mundos que explorar.

La primera vez que oí hablar de la hipótesis de la simulación, mi reacción fue, como la de tantos otros, escéptica. A medida que fui profundizando en el tema —sirviéndome de mi formación de informático—, vi que la hipótesis era congruente con el punto al que nuestra tecnología se dirige. También vi que ponía en diálogo múltiples aspectos diferentes de la búsqueda del conocimiento o de la verdad última, una búsqueda que, lejos de limitarse a la ciencia, incluye la filosofía y la religión.

Parece, además, que, con cada año que pasa, mayor se hace la expansión de la informatología más allá de nuestra mera comprensión de la informática. No es solamente que el software esté dirigiendo el mundo. Parafraseando a Marc Andreessen, fundador de Netscape —quien una vez dijo que el software se estaba «comiendo el mundo»—, podríamos decir que la informatología se está comiendo al resto de las ciencias, incluyendo a la física y a la química y a la biología.

Esto es algo que vemos por doquier en el mundo actual. La tecnología de las comunicaciones, por ejemplo, que empezó transmitiendo señales físicas por cables —con dispositivos como el telégrafo o el teléfono—, hoy es un campo digital consistente en bits de información que se empaquetan y se transmiten en niveles de algoritmos. La industria del entretenimiento, que empezó con fotogramas de película física, es hoy mera información susceptible de ser transmitida por el aire, abandonando la tradicional retransmisión televisiva en favor de un mundo plenamente digital.

La información del mundo está siendo digitalizada y, a medida que avanzamos con la impresión 3D, más evidente resulta que los objetos físicos se pueden construir con facilidad utilizando modelos informáticos y máquinas que convierten la información en píxeles físicos en el mundo tridimensional que nos rodea. Aunque esto acaso ya empezara con el diseño asistido por ordenador, está quedando ahora de manifiesto que los objetos y procesos físicos se representan mucho mejor en cuanto que información, y unas máquinas digitales más inteligentes pueden convertir esa información en objetos físicos de un modo mucho más eficiente que las máquinas tradicionales de la Revolución industrial.

Incluso el mundo biológico —que se concibe como un campo muy aparte de las ciencias de la computación— está empezando poco a poco a solaparse con la informatología. Resulta, en efecto, que también dicho mundo de lo vivo está basado en información (aunque es un tipo de información muy distinto: es una información que crea células con base en las instrucciones del ADN a través de una serie de procesos biológicos). En el ámbito de las ciencias de la computación y de la IA, los procesos biológicos han mostrado que pueden utilizarse para lograr unos resultados mucho más inteligentes y mucho más únicos: la mayoría del aprendizaje automático actual se basa en el condicionamiento de redes neuronales cuya base son algoritmos biológicos. Falta aún camino por recorrer, pero el pujante campo de la bioinformática y del modelado de procesos biológicos ha hecho de la información y de la computación una parte integral del mundo orgánico.

Y, sobre todo, el mundo físico, que en la física clásica se concebía como un conjunto de objetos que iban siguiendo caminos continuos por los cielos, se ha actualizado. A medida que la física cuántica pone de manifiesto que eso que llamamos «objetos físicos» no existe —que la mayoría de los objetos son espacio vacío y electrones—, empezamos a entrar en preguntas metafísicas sobre qué es real en el mundo. Porque el espacio y el tiempo cuantizados empiezan a asemejarse mucho más a los píxeles digitales y a la frecuencia de reloj digital; cosas, ambas, inventadas para los modernos ordenadores (a una escala mucho más finita). La información, el «estado» de una partícula —que es algo que está usándose en la computación cuántica—, tal vez sea la única forma posible de definir una partícula. Y vemos cómo cobran una importancia cada vez mayor en la física, de nuevo, la «información» y la «computación».

Incluso el legendario físico John Wheeler, que tamaño papel desempeñó en muchos de los conceptos que aquí hemos visto de física cuántica, terminó llegando a la conclusión de que la mayor parte de la física se basa en información. (Tal es el sentido de la famosa frase *It from bit*, que le debemos a él). En su autobiografía, Wheeler resume tres fases de su dilatada carrera de físico: un «Todo son partículas» que evolucionó a un «Todo son campos» que terminó evolucionando a un «Todo es información».[1] El *it* es, en efecto, el mundo físico. El bit es la información. (Adviértase que, cuando Wheeler escribió eso, aún no había ordenadores cuánticos, pero él consignó la idea de la información del espín de las partículas, que luego sería la base de los cúbits de dichos ordenadores).

Este cambio de enfoque se traduce sobre todo en el campo de la física digital. Según la conocida web de filosofía PhilPapers...

> ... la expresión «física digital» en ocasiones se utiliza para expresar la controvertida idea de que el objeto de estudio de la física —concretamente, de la física cuántica— es en realidad la información, si bien a veces se usa para expresar la idea —todavía más controvertida— de que la realidad física fundamental sencillamente es información.[2]

El futuro de casi todos los campos de la ciencia —la cual empezó como una vía para explorar los misterios del mundo físico— parece que evoluciona principalmente hacia el terreno de la computación y la información. En el MIT, uno de los centros de ciencia y tecnología más destacados del mundo, hasta hace poco no había sino cinco facultades, pero acaban de crear una nueva en reconocimiento de la idea de que la computación y la IA están afectando a todos los campos del humano empeño. En 2020 se fundó, en efecto —con una dotación de mil millones de dólares—, el Schwarzman College of Computing, específicamente dedicado a la idea de que las ciencias de la computación en general, pero la IA en particular, lejos de ser el coto privado de un grupo de informáticos, va a incidir en todas las demás ciencias e industrias.

Antes la mayoría de los científicos pensaban que la hipótesis de la simulación era más apta para la ciencia ficción —para una novela, pongamos, de Philip K. Dick—, que no para el estudio riguroso. Pero eso ha

---

1. Rachel Thomas, «It from Bit?», *Plus*, 18 de diciembre de 2015, `https://plus.maths.org/content/it-bit`.
2. «Digital Physics», *PhilPapers*, `https://philpapers.org/browse/digital-physics`.

dejado de ser así. Uno de los motivos por los que esta hipótesis se toma más en serio actualmente ha sido la evolución de los videojuegos y, sobre todo, de la informatología, de la computación y de la inteligencia artificial. Cada vez más estamos viendo que, de hecho, acaso las distintas ciencias no constituyan campos diferentes, sino que estén todas conectadas por un estrato de información y computación. Eso quiere decir que las ciencias de la computación tal vez sean, a semejanza de las matemáticas, un elemento constituyente fundamental del universo que nos rodea. Tal tendencia no hace sino acelerarse y hemos de ver a más científicos tomar más en serio la hipótesis de la simulación en los años y decenios por venir.

REFLEXIONES FINALES. TENDIENDO UN PUENTE SOBRE LA GRAN DIVISORIA

Uno de los grandes debates de los últimos quinientos años ha sido la dicotomía de, por un lado, la naturaleza física de la realidad que postula la ciencia, y por otro lado la naturaleza espiritual —eufemismo de «no física»— que para la realidad postulan, en cambio, la religión y la mística. Aunque a lo largo de la historia predominaron los enfoques religiosos, en los siglos XIX y XX la ciencia se convirtió en la manera dominante de describir el mundo que nos rodea, mientras que la religión fue relegada a una rama secundaria de la realidad relativa a la moral y a la espiritualidad, quedando apartada para siempre del estudio serio del mundo físico.

Einstein dijo una vez que «la ciencia, sin religión, está coja; la religión, sin ciencia, está ciega». Digamos que rechazaba la idea de que entre ambas hubiera conflicto. Resulta, sin embargo, que, conforme el siglo XXI ha ido avanzando, muchos científicos rechazan que la religión pueda ser, en modo alguno, científica o que los místicos puedan estar diciéndonos algo literalmente verdadero. El estudio de la conciencia queda, así, reducido a la química, y el estudio de la religión y de las experiencias espirituales queda reducido a una ciencia social que estudia lo que la gente cree. La consecuencia es que la mayoría de los estudiosos han dejado de intentar crear modelos científicos que pudieran ser congruentes con la cosmovisión mística, la cual nos dice que la realidad física que nos rodea no es todo lo que hay, y que la conciencia es importante. El gigante de la física Max Planck escribió en una ocasión: «Considero fundamental la conciencia», lo que supone una visión del mundo que ha sido abandonada por la mayor parte de nuestros científicos *mainstream* (con algunas valientes excepciones).

El desarrollo y la evolución de la computación y de la informatología nos ha proporcionado, de hecho, un modelo alternativo y una forma de tender un puente sobre ese abismo que hoy existe entre la ciencia, la conciencia y muchos conceptos religiosos. Como nos dice en el epígrafe que abre esta parte última del libro Werner Heisenberg —otro premio nobel pionero de la física cuántica—, cuando se encuentran dos líneas de pensamiento distintas —procedentes de culturas y épocas diferentes—, «cabe esperar que surjan nuevos e interesantes avances».

La hipótesis de la simulación es uno de esos nuevos e interesantes avances. Puede que no sea sino la respuesta que ofrece un marco conceptual unitario, un modelo coherente que incluye tanto a la ciencia como a la religión, de forma que no debamos ser esclavos de una única manera de conocer la verdadera naturaleza de la realidad.

Einstein dijo una vez: «Dios es un misterio... pero un misterio comprensible». Tal vez ahora estemos en condiciones de entender y de explicar —y, pronto, con el avance de la tecnología de la simulación, también de reconstruir— muchos elementos de ese misterio nosotros mismos.

APÉNDICE

Preguntas frecuentes sobre la hipótesis de la simulación

Como dije en el prólogo, en los aproximadamente cinco años transcurridos desde que publiqué la primera edición de *La hipótesis de la simulación*, he interactuado con miles de lectores tanto en persona como en redes sociales o por correo electrónico. Sin perjuicio de que cada intercambio fuera único, observé que determinadas preguntas aparecían de manera recurrente. He aquí una lista, por tanto, de preguntas frecuentes sobre la hipótesis de la simulación y mis ideas más recientes respecto a cada una.

¿VERDADERAMENTE PIENSAS QUE VIVIMOS EN UNA SIMULACIÓN?

Sí. No habría escrito este libro si no pensara que estamos en algún tipo de simulación. Luego están las sutilezas, claro.

La verdadera dificultad de contestar a esta pregunta —y a la siguiente—, reside en que depende de en cuál «tipo de simulación» vivamos. Yo suelo decir que la hipótesis de la simulación son varias ideas distintas envueltas juntas, y que algunas de tales ideas no son tan controvertidas, mientras que otras son sumamente especulativas y otras se antojan auténticos dislates.

Por ejemplo: una de las ideas clave de este libro —de hecho, a lo mejor te has hartado de que no parase de repetirla— es que «el universo no está hecho de materia, sino de información, y que dicha información es computada y renderizada para nosotros, dando lugar a lo que consideramos el universo físico». Pues bien: hace poco estuve en la Universidad de Cambridge —en el Reino Unido— con un físico galardonado con el premio Nobel, y esta persona sugería que la primera parte de mi tesis —la de que el universo está hecho de información— ya no es objeto de controversia.

La mayoría de la gente no se da cuenta de lo lejos que ha llegado esta idea en el mundo de la física: hay toda una nueva rama llamada «física digital» (véase el capítulo decimocuarto). Cuando era niño, nos enseñaban leyes como la conservación de la energía, la conservación del momento y la segunda ley de la termodinámica. Eran ideas de la física clásica y, aunque la mecánica cuántica llevaba sobre la mesa por lo menos cincuenta años cuando yo iba al colegio, la gente en general seguía concibiendo el mundo conforme a los esquemas clásicos (igual que sigue sucediendo, a decir verdad).

Hoy, sin embargo, tenemos el principio de la «conservación de la información» —frente a los recién mencionados de la conservación del momento y o de la energía—, y los físicos empiezan a hacerse preguntas sobre cuánta información hay en el mundo, si es posible destruirla y qué ocurre si se pierde información.

Parece que el universo es algún tipo de máquina computadora. Como expuse con cierto detalle en mi libro *The Simulated Multiverse* [El multiverso simulado] —y como mencioné brevemente en la parte cuarta del presente libro—, el físico reconvertido en estudioso de la computación Stephen Wolfram está trabajando en un método que utiliza autómatas celulares como modelo del funcionamiento del universo, a cuyo efecto se basa, más que en las matemáticas, en la computación. Y en el capítulo decimocuarto también veíamos la segunda ley de la infodinámica que Vopson propuso sobre qué ocurre con la entropía de la información —frente a lo que sucede con la entropía física— a medida que un sistema evoluciona, lo que también diríase, a simple vista, que se corresponde con el llamado «proceso fundamental» de Campbell (al menos en la medida en que la función de conveniencia representa, para los sistemas biológicos, un estado de entropía mínima, como veíamos en el capítulo octavo). En el pasado, la física se describía utilizando las matemáticas. En el futuro, tal vez se describa mediante computación.

Otra parte de esta afirmación es que el universo está hecho de información y no de materia. Esta parte puede resultar un poco más controvertida, pero acaso no tanto como de entrada parece. Yo suelo señalar que, cuanto más busca uno eso que llamamos «materia física», más complicado se vuelve encontrarlo (sobre todo si se le pregunta a un físico). Este escritorio sobre el que está mi ordenador en este instante mientras escribo esto, está hecho en más de un 99 % —tal vez incluso en un 99'9 %— de espacio vacío. Y si bajamos a las moléculas y a los átomos nos encontramos con... lo mismo: espacio vacío por doquier. Igual que ocurre con esas muñecas rusas huecas que tienen otras muñecas dentro —las llamadas *matrioshkas* o *bábushkas*—, si continúo pasando a definiciones de materia de nivel cada vez más pequeño, ¿con qué me encuentro al final? Diríase una pregunta fácil cuya respuesta cualquiera conoce, pero resulta que no tenemos ningún modo sencillo de contestar. Como en el capítulo decimoquinto comenté, John Wheeler acuñó la expresión *It from bit* («la cosa/lo material [procede] del bit») porque llegó a la conclusión de que, en el nivel más pequeño —en el nivel final—, lo único que distingue a una partícula de otra son respuestas a preguntas de «sí»/«no», o, dicho de otro modo, una secuencia de bits.

De manera que, una vez más, la idea de que el universo no está hecho de materia, sino de información, no suscita especial controversia (la aceptan incluso algunos físicos). La cuestión de cómo esa información se nos presenta en cuanto que «mundo físico» —o sea, como espacio y tiempo—, en realidad todavía no la entendemos, más allá de que el cerebro acepte un *input* sensorial y, a continuación, lo procese, generando así el mundo conforme lo vemos. Para mí, la metáfora de un videojuego —consistente en que se toma del servidor una información, la cual es acto seguido renderizada— constituye la mejor explicación de cómo acaso funcione tal cuestión. Y, si resulta que estamos haciendo lo mismo todos —si resulta que todos estamos recibiendo información, procesándola y aumentándola, y sobre todo que estamos renderizando el mundo físico—, entonces de repente estamos ante un videojuego de rol multijugador masivo en línea.

Esta perspectiva ya es más controvertida: hay quien piensa que no deja de haber un mundo físico, pero que nuestras percepciones del mismo podrían no ser correctas y que por eso nos formamos una imagen inadecuada de ese mundo físico a través de los estímulos que recibimos, a través de nuestros *inputs* sensoriales, lo cual nos devuelve al mundo de la filosofía: al genio maligno de Descartes, por ejemplo, o a aquella metáfora inicial de Donald Hoffman del escritorio de un sistema informático (la comentábamos en el capítulo decimocuarto).

Si se trata de un videojuego informático acorde al modo en que venimos concibiendo los ordenadores hasta la fecha —con una arquitectura computacional Von Neumann clásica, por tanto—, eso es una cuestión que sigue abierta y que suscita parte del debate. Dos destacados estudiosos de la computación cuántica como son Seth Lloyd —del MIT— y David Deutsch —de Oxford— han planteado que el universo está constantemente computando. Deutsch propuso una versión alternativa de la fórmula de Wheeler, a saber, *It from qubit* («la cosa/lo material [procede] del cúbit/del bit cuántico»). Tanto la computación cuántica como los cúbits —descritos ambos brevemente en este libro— se describen con más detalle en mi libro *The Simulated Multiverse* [El multiverso simulado].

La segunda gran idea que forma parte de la hipótesis de la simulación —una gran idea que deriva de la primera, al mismo tiempo que la informa— es la de que el mundo que nos rodea no es real, lo cual va más allá que decir que es una mera interfaz de usuario, insistiendo en cambio en que el universo que vemos es una suerte de «engaño deliberado» o embeleco. Esta idea nos llega tanto de la filosofía como de la religión. De hecho, entre las religiones del mundo no resulta en absoluto controvertida (véase la parte tercera de este libro). A mí me gusta decir que se trata de uno de los artículos de fe más básicos de las distintas religiones del mundo.

Combinando estas ideas —la de que el universo físico está hecho de información y es renderizado para nosotros, y la de que el mundo es algún tipo de engaño deliberado—, obtenemos la esencia de aquello a lo que yo le doy el nombre de «hipótesis de la simulación». Ambas versiones de la misma —la variante PNJ y la variante JDR—, así como las versiones intermedias, todas caben en este modelo. Si indagas con honestidad en estas dos grandes ideas, yo creo que llegarás a una conclusión parecida a la mía: que el universo físico que conocemos es algún tipo de simulación o videojuego, un mundo postizo que está construido sobre información y no es exactamente lo que parece.

¿CUÁLES SON LAS PROBABILIDADES DE QUE VIVAMOS EN UNA SIMULACIÓN?

He dicho en otras ocasiones —y me ratifico— que hay una probabilidad del 51 % de que vivamos en una simulación, es decir, que es más probable que estemos en una simulación, que no lo contrario. Cuando hice aquella declaración en 2019 —poco después de publicarse la primera edición de este libro—, la anécdota se hizo viral: un «profesor del MIT»[1] afirmaba que vivimos en una simulación...

Antes y después de aquello, ha habido numerosos intentos de reflejar en términos porcentuales las probabilidades de que estemos en un mundo simulado. Se han usado distintas metodologías, aunque todas eran dependientes, en mayor o menor medida, del argumento de la simulación de

1. Cosa que yo, en rigor, no era (a pesar de haberme formado allí, y de estar entonces dirigiendo en el campus un programa para *startups* que se llamaba Play Labs @ MIT).

Bostrom. En los cinco años transcurridos desde aquellas declaraciones mías iniciales, he actualizado mi cálculo de probabilidad porcentual de que estemos dentro de una simulación. Pero, antes de darte ese porcentaje mío actualizado, voy a repasar brevemente los otros intentos.

En el capítulo sexto exponíamos el argumento de la simulación de Bostrom y sus tres opciones, cuyas respectivas probabilidades han de sumar el 100 % (lo que quiere decir que una de las tres posibilidades tiene que ser cierta). Me gusta llamar a esto «trilema de Bostrom» y voy a volver a exponerlo aquí, pero, en vez de utilizar su terminología original —que incluía el término «posthumano»—, yo empleo, por los motivos que arriba comentábamos, mi propia terminología del «punto de simulación». Mi terminología incluye, en efecto, no solo la capacidad de tener simulaciones con IA posthumana, sino también la capacidad de incluir avatares de personajes «reales». En lugar de formularlas como probabilidades que han de sumar, entre todas, el 100 %, voy a presentar el nivel de verosimilitud de que estemos en una simulación en el supuesto de que cada opción del trilema sea cierta:

- Opción 1: ninguna civilización alcanza nunca el punto de simulación.
    - Probabilidad de que estemos en una simulación si eso es verdad: cero por ciento (0 %).
- Opción 2: todas las civilizaciones que alcanzan el punto de simulación deciden prohibir la creación de «simulaciones de antepasados» y no crean ninguna.
    - Probabilidad de que estemos en una simulación si eso es verdad: baja, casi cero (~ < 1 %).
- Opción 3: una o más civilizaciones alcanzan el punto de simulación, y cada una crea un gran número de universos simulados que son indistinguibles del nuestro.
    - Probabilidad de que estemos en una simulación si eso es verdad: estamos casi con total seguridad en una simulación (~ > 99 %).

Adviértase que el propio Bostrom, en su artículo original, no puso ningún porcentaje en ninguna de estas tres posibilidades. Suele asumirse que la tercera opción es el argumento de Bostrom propiamente dicho, y que este autor concluía que estamos casi con total seguridad en una simulación. (Lo cierto es que solamente utilizaba la expresión «hipótesis de la simulación» con referencia a la tercera opción de su trilema). Cuando le pidieron que le asignara un porcentaje de probabilidad, Bostrom primero dijo que las tres opciones le parecían igualmente verosímiles. (Cada una tendría su 33'333... %). Más adelante, cuando le presionaron para que diese una respuesta actualizada, dijo que pondría la opción tercera un poco por debajo de las otras dos: hacia un 20 %. Pero tal respuesta venía dada básicamente por la intuición.[2]

Esto desde luego no cuadra con la opinión de alguien como Elon Musk, quien en 2016 declaró que las probabilidades de que estemos en una realidad base —es decir, de que no estemos en una simulación— son de uno entre miles de millones. Eso significaría que las probabilidades de que estemos en una simulación son de miles de millones contra uno (o, técnicamente, de «miles de millones menos uno», lo cual sigue sin ser un número preciso). Digamos que Musk establece un 99'999... % de probabilidad. Sin embargo, su argumento se basa en la opción tercera del argumento de la simulación de Bostrom, por lo que habría que multiplicar 99'999... por la probabilidad porcentual de dicha tercera opción —el 33'333... %, según la primera estimación de Bostrom—, lo que sigue estando muy cerca de un tercio (dependiendo de hasta dónde llevemos los nueves y los treses de los decimales).

En 2020, David Kipping, astrónomo de la Universidad de Columbia, publicó un artículo en el que intentaba calcular, utilizando el razonamiento bayesiano, las probabilidades de que estemos en una simulación. Las situaba ligeramente por debajo del 50 %, lo que cuadra con la estimación del 50 % del astrónomo Neil deGrasse Tyson.

David Chalmers, quien escribió su artículo original sobre la hipótesis Matrix en el mismo año en que apareció el artículo de Bostrom (2003), dice que, si la simulación fuese perfecta, no habría forma de saber si estamos en una simulación o no. A juicio mío, eso equivale a decir que es como echar una moneda al aire, es decir, que hay un 50 % de probabilidad de que estemos en una simulación (aunque Chalmers no propone de manera explícita dicho porcentaje).

Todas estas formulaciones presuponen, como vemos, que alguien haya construido la simulación (véase la próxima pregunta: «¿Quién creó la simulación?»). Eso requiere haber superado primero los sucesivos obstáculos, las sucesivas fases del camino que lleva al punto de simulación. Dicho de otro modo: «tiene que ser posible» llegar al punto de simulación para que el porcentaje sea superior a cero.

---

2. Nick Bostrom, «The Simulation Argument FAQ», en su web *Simulation Argument*, 2008, `https://simulation-argument.com/faq/`.

Mi porcentaje actualizado se basa parcialmente en estas ideas, pero la última observación es crucial: si es posible construir una simulación tipo Matrix —si es posible, con otras palabras, llegar al punto de simulación—, entonces «es verosímil que ya lo haya conseguido alguien y que ya estemos en una simulación».

Si los videojuegos, sus interfaces y sus IA siguen mejorando, en tal caso resulta indudable que llegaremos al punto de simulación. Si tenemos un 100 % de probabilidades de alcanzar dicho punto, entonces lo más verosímil es que terminemos en la tercera opción de Bostrom: la de que estamos casi con total seguridad en una simulación (obviando, de momento, la opción de que las simulaciones se prohíban). Es decir, que, como dijo Musk, las probabilidades de que estemos en una realidad base son infinitesimalmente pequeñas.

El porcentaje de probabilidad puede variar, por tanto, desde el 0 % hasta casi el 100 % dependiendo de cuán probable consideremos alcanzar el punto de simulación. Hasta la fecha tenemos la referencia de una sola civilización tecnológica: la nuestra.

Pero entonces nosotros —la única civilización tecnológica que, como digo, podemos utilizar de referencia—, ¿cuán cerca estamos del punto de simulación? Yo diría que hemos recorrido ya un 67 % —o sea, más o menos dos tercios— del camino que lleva a dicho punto.

En ese camino hay diez fases (descritas en la primera parte de este libro). Eso no significa, sin embargo, que hayamos cubierto el 100 % de las siete primeras, y el 0 % de las tres restantes. Me refiero, antes bien, a un promedio global teniendo en cuenta cuánto hemos recorrido de cada fase (véase, para más detalles, la pregunta «¿Cuándo llegaremos al punto de simulación?», abajo en este mismo apartado).

Yo diría, así, que tenemos —cuando escribo esto en 2024— aproximadamente un 70 % de probabilidades de estar dentro de una simulación informática. Esto es, por supuesto, con base sobre todo en el argumento tecnológico, el cual sin embargo obvia las otras pistas, los otros indicios de que estamos en una simulación (la mecánica cuántica y las «rarezas» de la física, los relatos de todos los místicos, etc.).

Mi respuesta revisada a esta pregunta en esta segunda edición es, por tanto, la siguiente: «tenemos unas probabilidades del 50 % como mínimo de estar en una simulación, y es altamente verosímil que dichas probabilidades se sitúen más cerca del 70 %».

¿QUIÉN CREÓ LA SIMULACIÓN?

Esta es una de las preguntas que más me hace la gente. Otra manera de formularla es: «¿Quiénes son los simuladores?».

Traté de contestar en el capítulo decimoquinto, pero, si examinamos el argumento original de Bostrom, él se centraba sobre todo en la posibilidad de que humanos del futuro creasen simulaciones de antepasados: algo así como si nosotros creáramos una simulación de la antigua Roma o de la antigua Grecia. (Los occidentales somos, en cierto sentido, descendientes de los romanos —o de los antiguos hindúes, o de quienes corresponda—, por lo que ellos son nuestros antepasados).

Hablar de «humanos del futuro» puede inducir, sin embargo, a confusión, dado que implica que aún no existen. En el supuesto de una simulación de antepasados, nosotros seríamos simulaciones de los antepasados de quienes estuvieran haciendo la simulación. Teóricamente, esta terminará cuando llegue al punto temporal de quienes la están construyendo, aunque podría seguir para simular el futuro si los simuladores manipulan o alteran el tiempo interno de la simulación a fin de que transcurra más rápido (una posibilidad muy concreta).

Es por eso por lo que yo prefiero, si hablamos de simulaciones de antepasados, no llamar a los simuladores «humanos del futuro», sino hablar de una «especie más avanzada». Podría tratarse de una especie humana —en una Tierra externa a la simulación— o de alguna inteligencia no humana —¿alienígenas?— que decidiera simular nuestra civilización. Adviértase que esto rige tanto para la versión PNJ como para la versión JDR. Otra consecuencia de esto sería que una simulación de antepasados bien hecha se convierte en una especie de viaje simulado a través del tiempo. (Tal es la idea de un juego como por ejemplo el *Assassin's Creed*).

Aunque la mayoría de los avatares que creamos en las simulaciones son humanos, hay un importante porcentaje de los personajes que podrían ser de otra especie totalmente distinta. De hecho, la finalidad de la simulación podría ser ver cómo los humanos podrían evolucionar en cuanto que especie computacional y qué podrían ser capaces de conseguir (tanto colectiva como individualmente).

En *Matrix*, los creadores de la simulación son, en realidad, superinteligencias artificiales. Y esa es otra teoría en boga: que los creadores de la simulación, lejos de ser humanos, son precisamente nuestras antiguas máquinas. Pero ¿por qué iban a simularnos ellas? Podemos especular al respecto, si bien a mí el escenario apocalíptico de *Matrix* —que las máquinas nos usan de baterías— se me antoja improbable e innecesario.

Yo me tomo más en serio que la mayoría de los estudiosos la idea de que «nosotros seamos los creadores», pero es posible que ese «nosotros» en modo alguno se refiera a seres (humanos o alienígenas) biológicos. Podría ocurrir que fuésemos seres espirituales sin cuerpos físicos, pero que diéramos la impresión de tener existencia corpórea. Por eso dediqué la tercera parte de este libro a examinar paralelismos entre la hipótesis de la simulación y las religiones del mundo.

Esto deja abierta la idea de que somos los creadores —o al menos los arquitectos— de nuestro destino, de a qué juegos vamos a jugar. Cabe también que haya jugadores más avanzados y, si le damos un giro tecnológico a la teología tradicional, podría haber efectivamente un creador único —o uno al cual considerásemos Dios—, o bien una serie de creadores, lo cual se me antoja, teniendo en cuenta que las simulaciones suelen mostrar signos de diseño inteligente, una conclusión razonable que de nuevo muestra la relación entre la teoría de la simulación y las religiones del mundo.

¿CUÁL ES LA FINALIDAD DE LA SIMULACIÓN?

Me preguntan esto mucho y me gusta contestar con dos preguntas relacionadas:

- ¿Por qué jugamos a videojuegos?
- ¿Por qué ejecutamos simulaciones informáticas?

Estas dos preguntas pueden parecer muy diferentes a primera vista, pero yo creo que tocan temas subyacentes parecidos, y que estos tienen que ver con los costes y beneficios de ejecutar simulaciones. Examinemos cada pregunta individualmente.

El motivo por el que jugamos a videojuegos suele ser alguna variante del «porque es divertido». Los motivos por los cuales jugar a videojuegos resulte divertido pueden variar, sin embargo, según a quién preguntemos y según de qué juegos se trate. Si hablamos de juegos comparativamente realistas —por ejemplo, de juegos MMORPG tridimensionales—, mi respuesta a esta pregunta es que nos permiten tener experiencias —y tomar decisiones— a las que en el mundo físico no tenemos acceso. Siempre me gusta decir, en plan de broma, que yo en el mundo «real» no puedo volar a lomos de un dragón y disparar flechas a orcos, pero que mi personaje de un videojuego sí puede. Del mismo modo, la mayoría de la gente no sabe hacer cosas ilegales como robar coches o pegar palizas —ni lo haría aunque supiese—, pero de repente prueba en un juego como *Grand Theft Auto*. Tampoco podemos —todavía— explorar otros planetas ni pilotar naves espaciales o participar en batallas de láser en el espacio exterior... salvo con juegos MMORPG de temática espacial. En cierto sentido, este tipo de juegos nos permiten —ya sean JDR de fantasía o mundos virtuales multijugador— tener experiencias impensables en el mundo «corriente» del mundo externo al juego.

Eso incluye tanto experiencias colaborativas grupales y en equipo, como relaciones individuales con otras personas. Cuando pasaba tiempo en *Second Life* —uno de los primeros mundos virtuales o metaversos que tuvieron buena acogida—, vi que los jugadores se conectaban para tener experiencias sociales interesantes y multitud de relaciones virtuales. Esto a veces se traducía, por dar un caso, en tener un trabajo virtual de camarero tras la barra de una discoteca. Eran trabajos que se pagaban en una divisa virtual, pero eso era lo de menos. Claramente no era una cuestión de dinero, sino que aquellos empleos cibernéticos les daban a aquellas personas la sensación de que tenían un objetivo, algo que hacer en el juego; y a lo mejor les ofrecían un nivel de socialización que acaso no tuvieran en sus trabajos normales cotidianos. A diferencia de los juegos de disparos o de acción tradicionales —que en general apuntaban a un público eminentemente masculino—, los mundos virtuales tenían una proporción casi pareja de usuarios de ambos géneros, lo que ponía de relieve que verdaderamente eran mundos sociales cibernéticos.

Yo a menudo actuaba como un antropólogo virtual, preguntando a los jugadores o personajes que me iba encontrando qué hacían en la vida real, qué les gustaba hacer en sus vidas virtuales y por qué. Había casos de mujeres —y de hombres— que estaban casadas y decidían casarse otra vez en Internet —con alguien de otra parte del mundo—, mientras que otras personas que estaban casadas IRL (*In Real Life*, «en la vida real») decidían volverse promiscuas y experimentar con múltiples parejas en el mundo virtual. Había quien visitaba simulaciones temáticas sobre *Star Trek* u otros videojuegos, y había quien iba de *furry* (o sea, con un avatar de animal tipo gato, perro, etc., pero antropomorfizado). Había gente a la que le gustaba interpretar a alguien de esta o aquella época histórica o de determinado mundo ficcional. A menudo querían tener experiencias a las que acaso no tuvieran acceso en el mundo real, o bien querían simplemente experiencias parecidas, pero con gente distinta de la de sus vidas normales cotidianas. En ocasiones terminaban conociendo a sus parejas románticas virtuales IRL, con resultados variables.

Al final, la idea de que los videojuegos —y los mundos virtuales— pueden darnos experiencias que no tenemos IRL o fuera del juego nos ofrece al menos una explicación parcial de la finalidad de los videojuegos tipo JDR: vivir experiencias. Como dije en el capítulo decimosegundo, el mundo sería, según distintas tradiciones religiosas, una suerte de juego. En árabe, el término que el Corán emplea para «juego» es *al ghouriri matau* («deleitoso embeleco»), y en las tradiciones hindúes se utiliza el término *maya* con referencia a una «fantasmagoría cuidadosamente elaborada», pero también se emplea la voz *lila*, que denota el «divino juego de los dioses». Tal vez las experiencias que podemos tener aquí —del placer y del dolor, de las relaciones y emociones que vivimos en el juego— sean cosas que no podemos conocer en un mundo espiritual...

Esto incluye experiencias desagradables, ya sean de índole social —como la traición, las rupturas, la cólera—, o apuros como la enfermedad física o el quebranto financiero, por no hablar de las guerras y del sufrimiento en general. Diré que esto proporciona un marco o una perspectiva desde la que ver lo potencialmente valioso de nuestras experiencias en el mundo físico: soltarse y disfrutar (aun cuando la partida resulta un desastre). Siempre me gusta señalar que, cuando a los actores los nominan y ganan un premio como el Óscar, suele ser cuando interpretan papeles que han atravesado apuros graves y una vida difícil... pero gratificante.

La segunda pregunta era sobre el porqué de ejecutar simulaciones. Pues bien: cuando lo hacemos, es para averiguar qué podría suceder. Dicho de otro modo: cuál es el resultado más plausible, o quizás el resultado más (o menos) deseable. El motivo por el que ejecutamos simulaciones informáticas es que podemos ejecutar, en lugar de una sola, múltiples versiones. Solemos terminar ejecutando una simulación una vez... y luego cambiando las variables y ejecutando la misma simulación una y otra vez hasta que decidimos cuáles son los resultados más plausibles o más deseables.

Las simulaciones son útiles para procesos donde puede haber muchas variables independientes y resulta, por tanto, complicado —cuando no imposible— saber en qué quedará un proceso después de un lapso temporal dilatado (un año, cinco años, diez años, etc.). A diferencia de lo que ocurre con los procesos estables o periódicos —donde podemos predecir qué ocurrirá en el paso dosmilésimo con base en lo que está ocurriendo ahora—, los procesos caóticos o complejos son difíciles de predecir. El único modo de saber qué ocurrirá en el paso dosmilésimo es cambiar las variables iniciales e ir hasta el paso milésimo noningentésimo nonagésimo noveno. El problema es que, para saber cómo podría ser dicho paso milésimo noningentésimo nonagésimo noveno, no queda otra que volver y simular hasta el paso milésimo noningentésimo nonagésimo octavo, y así sucesivamente. O sea, que estamos hablando de procesos «computacionalmente irreductibles», es decir, de procesos que no cabe reducir a una mera fórmula. Uno de los ejemplos más famosos de esta clase de procesos es el llamado «problema de los tres cuerpos», en el que efectivamente tres cuerpos están gravitacionalmente en un sistema. (Pongamos que se trata de un sistema estelar triple). ¿Llegará tal sistema a una configuración estable? ¿Colisionará una de las estrellas con otra? ¿Se irá una volando por la galaxia? Es complicado responder... salvo si se ejecuta una simulación de lo que ocurrirá.

Casualmente, cuando entrevisté a Tessa —la esposa del legendario escritor de ciencia ficción Philip K. Dick—, ella se refirió al famoso discurso que el autor pronunció en un festival de ciencia ficción de Metz, Francia, en 1977. Me animó a ir más allá de las palabras que entonces se hicieron famosas —las cuales cité antes: «Vivimos en una realidad programada informáticamente»—, y a fijarme en el resto de la frase: «Y el único indicio que tenemos al respecto es cuando se modifica alguna variable y en nuestra realidad se produce alguna alteración». Aquel discurso, cuyo título rezaba «If You Think This World Is Bad, You Should See Some of the Others» [Si este mundo te parece malo, tendrías que ver algunos otros], era un fascinante artefacto en el que Dick intentaba articular sus teorías de que no solo estamos en una simulación, sino que hay unos seres capaces de cambiar las variables de esta y volver a ejecutar las líneas temporales. Cada línea temporal distinta era como otro mundo nuevo. Tessa me dijo que Dick llegó al convencimiento de que su libro *El hombre en el castillo*, donde las potencias del Eje —Alemania y Japón— ganan la Segunda Guerra Mundial, era una línea temporal real que había sido «deshecha». Escribir *The Simulated Multiverse* [El multiverso simulado], para mí fue un experimento mental provocado, en parte, por la reflexión sobre el mencionado discurso de Dick y sobre una de las ideas nucleares del mismo: la posibilidad de que pudiéramos modificar las variables y ejecutar múltiples líneas temporales en una simulación.

Aquí la clave está en que el propósito de la simulación reside, en muchos casos, en ver cuál es el resultado de un proceso computacionalmente irreductible; y el único modo de hacer eso consiste en ejecutar la simulación. Ya nos planteemos la versión JDR o la versión PNJ, contestar a estas dos preguntas puede darnos una buena primera respuesta a la cuestión de por qué podríamos estar en una simulación.

¿CUÁNDO LLEGAREMOS AL PUNTO DE SIMULACIÓN?

Cuando escribí la primera edición de este libro, pensaba que para llegar al punto de simulación nos faltaban, en el mejor de los casos, unas décadas, y en el peor de los casos un siglo (o dos). Aunque tardáramos el doble —o incluso mil o diez mil años todavía—, eso en tiempo cosmológico sigue siendo un suspiro. Siempre y cuando no nos destruyamos a nosotros mismos en el proceso, lo esperable es que efectivamente lleguemos en el futuro al punto de simulación. De hecho, si nos fijamos en las asunciones estándar de la ciencia ficción, o incluso en las asunciones estándar sobre nuestra galaxia —adoptando por un momento la premisa de que estamos en un universo físico—, lo normal sería que hubiera civilizaciones que estén mil o diez mil años más avanzadas que nosotros. En la serie de novelas del llamado «Ciclo de Hainish» de la famosa escritora de ciencia ficción Ursula K. Le Guin, por ejemplo, hay vestigios de una avanzada civilización que ha existido durante millones de años.

Podemos concluir que es razonable suponer que, en una galaxia física, ya habrán llegado al punto de simulación muchas civilizaciones, y la conclusión de Bostrom de que lo más probable es que estemos en una simulación es válida.

Como ya dije, yo tiendo a pensar que nos faltan entre cincuenta y cien años, pero, teniendo en cuenta el ritmo al que estamos construyendo la inteligencia artificial general (IAG), muchos expertos creen que va a ser mucho menos tiempo, cuestión incluso de algunos años nada más. Dada la rapidez con que está evolucionando también el renderizado de videojuegos basado en IA, podemos asumir que, en cuanto lleguemos a unas prestaciones conversacionales de nivel humano con los bots de chat —cosa que, cuando escribo esto en 2024, muchos piensan que ya se ha producido—, dichos bots podrán equipararse a avatares semejantes a humanos, y el sistema de IA se antojará real, superando el test de Turing para el metaverso (como las novias virtuales de *Her* y *Blade Runner 2049*). Hoy, en 2024, tenemos ya a mucha gente recurriendo a seres-IA como novios y novias virtuales (véase el capítulo quinto).

Creo, en cualquier caso, que, si bien la IA será capaz de desempeñar con desenvoltura —dentro de esta misma década— múltiples cometidos de los que hasta ahora se encargaban los humanos, así y todo una IA verdaderamente semejante a una persona, es decir, una IA capaz de aprender de su entorno —en un mundo virtual— y de tener conciencia de su propio cuerpo virtual sin fallos significativos, eso yo creo que nos llevará todavía unos años. Considero que estamos en la segunda gran ola de la IA. La primera fueron los llamados «sistemas expertos», basados en reglas. (Y en la década de 1980 se estimaba que, para finales de la misma, tendríamos ya algo como una IAG). Esta segunda ola actual se basa en datos —ya no en reglas— y en modelos de entrenamiento con y sin supervisión como los modelos extensos de lenguaje —LLM por *Large Language Models*—, gracias a los cuales pudieron ofrecer un servicio de generación de texto realista bots de chat como ChatGPT o como el Gemini de Google. En otros casos, la actual IA utiliza modelos probabilísticos de difusión para generar nuevas imágenes desde su set de datos de entrenamiento. Los LLM en realidad no siguen reglas ni son capaces de calcular.

Dicho lo cual, yo creo que estamos a las puertas de una tercera gran ola de la IA en la que se combinará el aprendizaje automático con el razonamiento basado en reglas: una arquitectura de IA análoga a la arquitectura computacional Von Neumann (que es la arquitectura computacional estándar hasta la fecha). De hecho, en septiembre de 2024, OpenAI ofrecía un adelanto del que ha de ser su último modelo, el cual afirman que ya es capaz de efectuar un razonamiento semejante al humano. El resultado serán agentes que no solamente hagan aquello para lo cual se les haya entrenado, sino que tomen decisiones propias con base en la lógica y sepan aplicar reglas preexistentes y nuevas. En el momento de mandar a la imprenta este libro, los directores ejecutivos de OpenAI y Anthropic han declarado abiertamente que la IAG estará disponible ya en 2025 o para 2027. Tú estarás en condiciones de juzgar, cuando leas este libro, si ya estamos en ese punto o no.

En mi opinión todavía nos faltan por lo menos cinco años —y acaso una década— para tener personajes virtuales que sean inteligencias artificiales generales capaces de superar el test de Turing para el metaverso. (Ya he visto algunas de las demostraciones, que impresionan). También tenemos aún que solucionar, para llegar al punto de simulación, las dificultades que entraña comprender cómo construir interfaces cerebro-ordenador óptimas (fases 7-8 del camino que lleva al mencionado punto de simulación).

A juicio mío, las interfaces cerebro-ordenador podrían ser de las fases más difíciles, por lo que van a llevarnos otra década como mínimo. No está claro cuánto tiempo nos llevará la conciencia descargable. (Ni siquiera está claro si va a ser posible, pero asumamos que lo sea en aras de la exposición). Yo estimo, por consiguiente, que para llegar al punto de simulación tardaremos fácilmente hasta 2049 por lo menos, y pudiera ser que hasta 2075 (lo que supondría, a lo sumo, cincuenta años desde el momento actual). Sea como sea, yo creo que, incluso haciendo la estimación más conservadora, para finales del siglo XXI habremos llegado al punto de simulación.

¿CARECE DE SENTIDO LA VIDA SI VIVIMOS EN UNA SIMULACIÓN?

Hay quien considera la hipótesis de la simulación un poco nihilista, cuando no solipsista. Dicen que creer que estamos en una simulación justificaría comportamientos egoístas o depravados. Si no te acuerdas de qué significan exactamente esas dos palabras que acabo de decir, no te preocupes: yo también tuve que buscarlas para asegurarme de que estaba entendiéndolas debidamente.

- Nihilismo: «Rechazo de cualesquiera principios religiosos y morales, con base en la creencia de que la vida carece de sentido».[3]
- Solipsismo: «Condición de quien es muy egocéntrico/egoísta», o, en filosofía, «visión o teoría de que el yo es cuanto puede ser conocido o cuanto existe».[4]

Antes que nada, quisiera señalar que, para que la gente justifique comportamientos terriblemente egocéntricos o malos, no hace falta la teoría de la simulación: basta con echar un vistazo al mundo actual. Individuos, empresas, Estados-nación...: el comportamiento egocéntrico está a la orden del día.

Me gustaría poner de relieve, sin embargo, que ambas actitudes mencionadas apuntan a una importante distinción existente entre las distintas versiones de la hipótesis de la simulación. Me refiero al eje PNJ vs. JDR. Se trata, como ya he dicho, de un eje que va del 0 al 100 %. Y ambas versiones recién dichas de la hipótesis —la versión PNJ y la versión JDR— se sitúa en sendos extremos de este eje. Consideremos el número de jugadores partícipes en el juego:

- $n = 0$. En este caso extremo no hay jugadores reales (o sea, seres que existan fuera de la simulación, y que tengan avatares en esta). Eso quiere decir que el mundo de la simulación está poblado al 100 % por PNJ.
- $n = 1$. En este caso hay un único jugador en la simulación y cuanto ocurre es en beneficio de dicha persona.

3. Definición de *nihilism* de Oxford Languages, Google.com, consultado el 24 de septiembre de 2024.
4. Definición de *solipsism* de Oxford Languages, Google.com, consultado el 24 de septiembre de 2024.

- *n* = 2-99 %. En este caso hay múltiples jugadores y numerosos PNJ, dependiendo de en qué punto del amplio rango posible queramos fijar el porcentaje.
- *n* = 100 %. En este caso extremo, todo el mundo es un jugador real y no hay PNJ.

Adviértase que una respuesta nihilista cuadra con la idea de que no hay ningún jugador real y todo el mundo es PNJ y puro código informático (la propia persona incluida). Si nadie es «de verdad», eso lleva a pensar que todo da lo mismo. Y, si todo da lo mismo, puede uno hacer en la simulación cualquier barrabasada.

La visión solipsista es que yo soy la única persona de verdad en la simulación, lo que cuadra con el formato de simulación que tiene un único jugador real. (Los del gremio hablamos de videojuegos «de un solo jugador»). De hecho, muchos de los videojuegos a los que se jugaba en el ordenador o en la consola eran inicialmente de un solo jugador (o de dos jugadores si tenías a un amigo al lado). Esto lleva igualmente a la conclusión de que no pasa nada por maltratar a quien sea —como por ejemplo en *Grand Theft Auto*— porque probablemente se trate de un PNJ.

Esto es lo que, llevado al extremo, se conoce como «defensa *Matrix*», la cual de hecho contemplaron los abogados de Joshua Cooke, quien con diecinueve años mató a sus padres y alegó que fue porque había visto esa película demasiadas veces: porque, si el mundo era una simulación informática, entonces daba igual. Los juristas consideran que esto básicamente equivale a alegar enajenación mental, pero es importante señalar que semejante defensa no le valió ante el tribunal a Cooke (ni a nadie). Y el lector sagaz se habrá percatado de que tal planteamiento que presupone, de nuevo, una versión PNJ de la hipótesis de la simulación.

Sin embargo, si nos movemos hacia el extremo JDR del eje —hacia el enfoque, por tanto, de que todas las personas con las que uno se encuentra, o bien la mayoría de las mismas son jugadores reales—, entonces sí que importa qué trato se les dispense. De hecho, como he señalado en la tercera parte de este libro —y en tantas presentaciones—, la versión JDR de la hipótesis de la simulación no es tan distinta de la mayoría de las religiones del mundo, las cuales nos dicen que existimos fuera del mundo físico en cuanto que almas, y que tenemos avatares o personajes dentro del videojuego. No obstante tal estructura, matar es prácticamente lo peor que cabe hacer en la tierra, según todas las religiones. No matar es uno de los Diez Mandamientos que Dios le dio a Moisés, y el homicidio ocupa un puesto primordial entre los pecados o el mal karma en otras religiones.

Incluso dentro del hinduismo y del budismo —según los cuales, uno simplemente «despertará» e irá a otra vida si muere—, matar a alguien se considera un karma pésimo que ha de afectar al autor del homicidio durante múltiples vidas subsiguientes. Tenemos la célebre historia budista de la cabra y el sacerdote. (Yo la vi al principio de la película *Pequeño buda*, en forma de cuento referido por un lama tibetano). En esta historia, un sacerdote (no budista) se dispone a sacrificar una cabra, cuando repara en que el animal está sonriendo. El sacerdote le pregunta a la cabra que por qué sonríe, y la cabra le dice que lleva quinientas vidas siendo cabra, pero que ahora por fin va a «subir de nivel» —sí, bueno, ya sé que mi lenguaje no es como el del relato tradicional—, que por fin va reencarnarse como ser humano. Entonces se pone a llorar. El sacerdote le pregunta que por qué llora y contesta: «Lloro porque yo era, igual que tú, un sacerdote que mataba cabras... y por eso he tenido que vivir quinientas vidas siendo cabra».

Voy a parar, básicamente, a que, quien crea que vivir en una simulación JDR le legitima para hacer fechorías al prójimo, está diciendo, bien mirado, que las religiones del mundo legitiman al individuo precisamente para hacer fechorías al prójimo. De hecho, quien pensara así no habría entendido ni el meollo de todas las religiones del mundo ni el meollo de la versión JDR de la hipótesis de la simulación. (Lógicamente, aquí estoy hablando de lo que las religiones dicen, y no de lo que los adeptos de las religiones hagan en la práctica; porque estos de repente pueden ser tan egocéntricos y tribalistas como el que más y cometer todo género de atrocidades).

Como dije en las partes primera y tercera, el repaso de la vida es uno de los principales componentes de las experiencias cercanas a la muerte que confieren peso a la idea de que vivimos dentro de un mundo en 3D que está siendo grabado y generado a demanda, y en el cual cada escena es susceptible de volver a visualizarse luego. Pero la clave está en que tal visionado retrospectivo del «juego» de la vida nos indica ni más ni menos que la finalidad de esta: en la medida en que luego debemos revivir cada momento suyo, pero desde la perspectiva de otras personas, el auténtico propósito de la vida es ser bueno con los demás —y con los otros seres vivos— y tratarlos bien. De hecho, las personas que han tenido experiencias cercanas a la muerte las cuales han incluido repasos de sus vidas nos dicen que pequeños detalles como sonreírle a alguien que está teniendo un día malo —o decirle a alguien una palabra amable o regar una planta—, cosas así a menudo importan mucho más que lo que solemos considerar grandes cosas, como, por ejemplo, dar dinero a organizaciones benéficas. Y maltratar a otras personas —emocional o físicamente—, eso es una experiencia que luego uno debe revivir... desde la perspectiva de las personas maltratadas.

Además, el modelo PNJ es comparable, en cierto sentido, a la visión materialista de la realidad, según la cual no hay vida después de la muerte: únicamente sabemos lo que aprendemos en el mundo material, y, cuando nos vayamos, nada de lo que hayamos hecho importará. Pero resulta que muchos científicos que suscriben una cosmovisión materialista y atea luego son de las personas más morales que pueda haber. Y eso muestra que no hace falta ser una persona religiosa para ser una persona moral o para tratar bien al prójimo. A mí me parece que la hipótesis de la simulación no es ninguna dispensa para no tratar debidamente a los demás. De hecho, es exactamente al revés si uno cree en la versión JDR.

Luego está también el enfoque de que, solo porque algo ocurra dentro de un videojuego o de una realidad virtual, eso no significa que dé lo mismo o que no sea «real». Supongamos que aprendemos un idioma en una realidad virtual. ¿No tendría repercusión en nuestra vida tanto en el mundo cibernético como fuera del mismo? David Chalmers, el conocido filósofo que ha escrito sobre los mundos virtuales, en su libro *Reality+* planteaba, en efecto, que el hecho de que algo sea virtual no quiere decir que no sea real. Puede uno tener una conversación real con personas en el mundo cibernético, y ahí por supuesto que importa lo que uno haga y diga.[5]

Además, creer que el mundo físico es un juego puede ser reconfortante en ciertas situaciones difíciles (físicas, económicas o sociales). Puede uno creer, igual que un actor a quien eso luego le vale un Óscar, que ha sido seleccionado para asumir papeles complicados —o misiones complicadas—, y que ha aprendido lo que necesitaba aprender de tales experiencias y ya está listo para seguir adelante.

---

5. El lector encontrará en mi *podcast* una conversación entre David y yo: Rizwan Virk (presentador), *The Simulated Universe with Riz Virk*, temporada 2, episodio 7, «Virtual Reality, Simulation Hypothesis, and the Metaverse with David Chalmers», enero de 2022, `https://simulateduniverse.podbean.com/e/virtual-reality-simulation-hypothesis-and-the-metaverse-with-david-chalmers/`.

¿HAY INFINITAS SIMULACIONES RECURSIVAS?

Me preguntan con frecuencia por las «simulaciones apiladas» o «anidadas», o sea, recursivas: cuando una simulación crea otra simulación dentro de sí misma. Adviértase que, si efectivamente estamos dentro de una simulación —y este libro ha versado sobre todos los múltiples motivos por los cuales eso bien podría ser así—, y si además alcanzamos el punto de simulación, en tal caso estaremos en condiciones de crear, en cuanto que civilización tecnológica, subsimulaciones o simulaciones derivadas o simulaciones dentro de simulaciones.

Es este un tema complejo que ya ha sido explorado en el ámbito de la ciencia ficción, y una vez más depende de en qué punto del eje PNJ-JDR entendamos que queda nuestra simulación.

Este tema a veces se menciona queriendo refutar el argumento de la simulación de Bostrom. Recordemos que, en la versión simplificada de dicho argumento, una civilización tecnológica creará multitud de simulaciones. (En el artículo original de Bostrom, estas probablemente sean simulaciones de antepasados; pero no tiene que ser así por fuerza). El mencionado argumento simplificado plantea que hay múltiples mundos simulados, y una única realidad base (véase el capítulo sexto).

Pues bien: en la formulación original —y a primera vista—, diríase que estamos hablando de un sinfín de simulaciones paralelas. Pero, si pueden crearse simulaciones dentro de simulaciones —simulaciones apiladas—, entonces cada una de estas simulaciones nuevas creará, a su vez, simulaciones derivadas las cuales crearán otras nuevas, y así sucesivamente generándose una estructura en árbol. El argumento básico sigue en pie; es solo que, en vez de tener simulaciones paralelas, tenemos simulaciones anidadas.

Lo cual nos lleva a una serie de complicaciones. Para empezar, en el marco de la potencia computacional de los entornos informáticos clásicos, cada simulación derivada tendrá menos potencia computacional que la anterior y, teóricamente, menos complejidad. No está claro si eso seguiría siendo así en el marco de la computación cuántica, porque la idea sería usar el mismo dispositivo computacional que el universo anfitrión.

El argumento que algunos esgrimen contra la hipótesis de la simulación —por ejemplo el físico Sean Carroll— es que, en semejante estructura en árbol, la mayoría de las simulaciones estarían en el nivel inferior, por lo que se trataría de simulaciones muy poco realistas. Y, según eso, nosotros tendríamos que estar en un mundo no solamente simulado, sino de un realismo endeble. O sea, que tendríamos que estar en un mundo de ocho bits que básicamente tuviera el aspecto de los juegos de ocho bits (*Pac Man*, *Space Invaders*, etc.). Y, en la medida en que el mundo que nos rodea es complejo, la inferencia razonable sería que no estamos en una simulación.

Una variante de este argumento reza que la creación de infinitas simulaciones derivadas sucesivas coparía la potencia computacional del sistema informático de la realidad base, provocando lo que los programadores llaman un «error de desbordamiento de pila» (*sc.* de memoria). Tal error era frecuente, en efecto, cuando escribíamos los programas manualmente e introducíamos un algoritmo recursivo que no tenía tope. El ordenador se quedaba sin memoria. (Adviértase que eso no ocurre simplemente por ejecutar la misma operación un número infinito de veces; ocurre cuando, cada vez que la operación se ejecuta, se utiliza más memoria, pero luego esa memoria utilizada no se libera y se genera lo que los informáticos llamamos un «recolector de basura» y la memoria se termina agotando, que es lo que se conoce como una «fuga de memoria»).

Este error infinito de desbordamiento de pila podría ser una buena razón por la que no se permitiesen las simulaciones infinitas. A diferencia de lo que sucede entre los físicos —que a menudo basan sus argumentos en lo infinito—, aquí incluso Bostrom parte, en su artículo original, de un número de simulaciones no infinito (pero grande). No hay ninguna razón por la que pensar, en efecto, que las simulaciones derivadas siempre puedan generar a su vez simulaciones. El proceso no tiene por qué ser infinito y podría haber, como digo, restricciones. Eso, de hecho, tal vez sea incluso una pista de que estamos en una simulación, si resultara que los recursos computacionales se mermaran en simulaciones derivadas y ya no pudiéramos crear más.

Si llegamos al punto de simulación, podremos crear simulaciones indistinguibles de nuestra realidad física. Eso no quiere decir que sean tan complejas como esta, siendo el motivo las técnicas de optimización que cabe usar. Los actuales videojuegos de alta fidelidad —y los vídeos generados con IA— se están acercando muchísimo al fotorrealismo y diríanse, en muchos casos, iguales a nuestro mundo, pero eso no quiere decir que tengan la misma complejidad.

Además, el mero hecho de que nuestro universo parezca increíblemente complejo no significa, en modo alguno, que tenga el mismo nivel de complejidad que la realidad base. Por poner un ejemplo sencillo: cuando los juegos y los ordenadores eran de ocho bits, los colores disponibles quedaban limitados a una pequeña paleta. (Ocho bits permiten concretamente 265 valores distintos). Luego, en la década de 1980, recuerdo cuando salieron ordenadores más sofisticados y en los anuncios ponían de relieve que permitían tener millones de colores. Parecía un número impresionante. Lógicamente, poder crear imágenes vívidas no depende solo del número de colores, sino también del número de píxeles y de que se pueda simular profundidad.

Si estuviésemos dentro de un juego de ocho bits, tal vez no nos percataríamos de no estar viendo todos los colores posibles a menos que saliéramos del juego. ¿Que si eso ha ocurrido? Vuelvo a remitirme a quienes han tenido experiencias cercanas a la muerte (véase el capítulo decimosegundo). Estas personas a menudo refieren que, cuando salieron de sus cuerpos, fueron a un mundo —que hay quien llama «cielo» o «paraíso», pero llamémoslo aquí, como hacen muchos estudiosos de las religiones, «realidad última» o «suprema»— el cual tiene significativamente más colores y sonidos que nuestro mundo físico. De hecho, en ciertos casos afirman que «ese mundo» era «más real» que este: que era más intenso y colorido, y que tenía unos matices y unas sutilezas y unas frecuencias en forma de música que no tenemos modo de replicar en nuestro limitado mundo «falso», lo cual ciertamente implica que la realidad base podría ser más complicada y tener una resolución y una nitidez mayores que esta realidad de aquí. Pero eso no quiere decir necesariamente que haya múltiples niveles anidados más allá (aunque desde luego podría haberlos). Podríamos estar en una serie de simulaciones «apiladas», pero que solo llegaran acaso hasta cierto nivel de recursividad.

Por último, la capacidad de crear simulaciones anidadas tal vez sea un componente clave de cualquier entorno simulado. De hecho, volviendo a la pregunta de cuál sea la finalidad, el propósito de la simulación, bien podría tratarse de ver cuántas de esas simulaciones anidadas son capaces de llegar —si es que alguna lo logra— a cierto filtro o singularidad: a salir del planeta, a hacerse saltar a sí misma por los aires, a construir inteligencia artificial... o a llegar incluso al punto de simulación.

Voy a aducir un ejemplo de ciencia ficción para ver cómo, o por qué, podría o no podría estar permitido crear simulaciones anidadas. Al final de la película *Nivel 13* —que probablemente sea una representación de las simulaciones de antepasados mejor incluso que *Matrix*, siendo esta cinta mucho más famosa—, nos enteramos de que la de 1999 no era sino una simulación entre miles. Fue, sin embargo, de entre todos esos miles de simulaciones la única que consiguió crear sus propias simulaciones anidadas. Y los simuladores —que estaban en 2024, que casualmente es el año en que yo estoy escribiendo esta segunda edición— iban a cerrar aquella simulación porque les estaba chupando demasiada potencia computacional.

Tal capacidad de afectar al entorno computacional del mundo anfitrión —sea este simulado o no lo sea— podría ser una importante pista... y quizás lo que efectivamente estemos haciendo nosotros con nuestras simulaciones anidadas, lo cual también provoca un importante vuelco en el argumento de la simulación.

En condiciones normales, yo diría, en efecto, que, si podemos llegar al punto de simulación, entonces es más probable que estemos en una simulación, que no lo contrario. Ahora bien, ¿y si no pudiéramos llegar al punto de simulación? Según la lógica que antes utilizábamos, inferiríamos que «no estamos» en una simulación. Sin embargo, las reglas a propósito de las simulaciones recursivas podrían echar por tierra semejante inferencia. Aunque no pudiéramos llegar al punto de simulación, eso podría ser indicio de que, estando en una simulación, o bien los simuladores hubiesen limitado nuestra capacidad de llegar a dicho punto, o bien no nos hubieran dejado la suficiente potencia computacional como para crear simulaciones que se viesen como la nuestra. Ambos motivos implican que, incluso en el supuesto de que no pudiéramos llegar al punto de simulación, podríamos estar dentro de una simulación así y todo.

ÍNDICE ALFABÉTICO

J

K

L

M

N

O

P

Q

R

S